PyQt 5
快速开发与实战

王硕 孙洋洋 著

电子工业出版社
Publishing House of Electronics Industry
北京·BEIJING

内 容 简 介

本书既是介绍 PyQt 5 的快速入门书籍，也是介绍 PyQt 5 实战应用的书籍。PyQt 5 是对 Qt 所有类的 Python 封装，既可以利用 Qt 的强大功能，也可以利用 Python 丰富的生态圈，同时能够结合 Python 简洁的语法进行操作，其结果就是使用 PyQt 5 可以高效、简单地开发出自己想要的程序。本书内容丰富，对 PyQt 5 基础知识的介绍比较全面，同时对新手使用 PyQt 5 的一些重点、难点都有专门的章节进行针对性分析，还重点介绍了如何把 Python 的一些重量级模块（Pandas、Matplotlib 和 Plotly）嵌入到 PyQt 5 中，从而极大地节约开发时间。最后，本书给出一些综合性较强的实战案例，帮助读者快速掌握 PyQt 5 的实战应用。

总而言之，本书旨在帮助读者以最短的时间掌握 PyQt 5 的基础知识并能够实战应用，希望本书对有 Python 程序开发需求的读者有帮助。

图书在版编目（CIP）数据

PyQt 5 快速开发与实战 / 王硕，孙洋洋著. —北京：电子工业出版社，2017.10
ISBN 978-7-121-32291-4

Ⅰ. ①P… Ⅱ. ①王… ②孙… Ⅲ. ①软件工具—程序设计 Ⅳ. ①TP311.561

中国版本图书馆 CIP 数据核字（2017）第 176717 号

策划编辑：黄爱萍
责任编辑：葛 娜
印　　刷：北京盛通数码印刷有限公司
装　　订：北京盛通数码印刷有限公司
出版发行：电子工业出版社
　　　　　北京市海淀区万寿路 173 信箱　邮编：100036
开　　本：787×1092　　1/16　印张：35.75　　字数：756 千字
版　　次：2017 年 10 月第 1 版
印　　次：2024 年 1 月第 19 次印刷
定　　价：128.00 元

凡所购买电子工业出版社图书有缺损问题，请向购买书店调换。若书店售缺，请与本社发行部联系，联系及邮购电话：(010) 88254888，88258888。
质量投诉请发邮件至 zlts@phei.com.cn，盗版侵权举报请发邮件至 dbqq@phei.com.cn。
本书咨询联系方式：(010) 51260888-819，faq@phei.com.cn。

本书编委名单

邢梦来：5 年股票实盘经验，拥有证券从业资格证书、基金从业资格证书、期货从业资格证书，通过期货投资分析考试。精通量学，擅长多空对比分析，对多空趋势平衡有独特的见解，对交易心理状况有深入的研究，擅长数据分析，熟悉机器学习，精通 Tensorflow、PyTorch，擅长 Python 数据分析。

唐舜：管理学博士，金融学博士后，中投证券资产管理部投资经理，擅长量化套利策略研究与交易。

余舟：智信创富资产管理有限公司交易总监，擅长量化投资策略构建和风险控制，对市场行情走势有着精准的判断，实盘管理上亿资产。

刘赣：北卡罗来纳大学教堂山分校统计运筹学硕士，擅长各类机器学习模型，有多年数据分析经验，并且熟悉网站架构和数据可视化。

薛金典：钜盛华股份有限公司量化交易员，擅长时间序列分析、机器学习以及数据挖掘，有多年量化投资实盘操作经验，并熟悉 Web 开发。

陈晓楠：5 年 Python 开发经验，精通 Python 网络监控、Python 自动化运营和 Python 数据分析，有 10 年以上的网络服务器、路由器和防火墙维护经验，拥有思科的 CCIE 证书。

楚建欣：北京交通大学软件工程硕士，有 20 年 IT 工作经验，曾任软件开发工程师、测试工程师、项目经理、测试部门经理，目前从事专业软件测试的咨询和实施工作。精通 VBS、C#、Python、JavaScript。拥有 ISTQB（国际软件测试认证）。

胡乐：高级软件工程师，有 10 多年的工作经验，精通 Java、Python、Web 开发，擅长业务分析，以及对新技术的研究及实践，喜爱开源，热爱挑战自我，目前正在研究大数据、Drupal8 和新一代的 CMS。

徐楠：现在专职炒股。有 18 年炒股经验、10 年期货经验。精通缠论、波浪理论。在缠论的基础上，独创了一套自己的炒股实战战法，曾在 2013—2015 年实现 10 倍的收益。

张剑：手游高级研发工程师，有 3 年产品经理经验、多年 C++游戏开发经验和数据分析经验。熟练使用 UE4、VS、Cocos2dx，精通 C/C++、Python。有丰富的手游开发经验，目前研究方向是手游开发和大数据。

李桐：曾服务于 Oracle 和中国最大的数据库公司 TalkingData，现任量化派互联网高级运维研发工程师，有丰富的服务器运维和大数据相关工作经验，目前研究方向是大数据和自动化运维。

程华峰：高级软件工程师，数据库系统管理员，中间件系统开发工程师。一直致力于软件系统的研究和实践，对常用的软件架构产品理论及实践都有透彻的研究，总结出丰富的实用技术。领导并负责参与完成多项大型复杂项目，所参与开发和实施的项目涉及教育、农业、电信和军工等相关领域。既通晓软件领域相关理论和新技术，又具有丰富的项目经验。

吴娜：曾服务于久游游戏和中国移动等公司，现任电信集团互联网数据挖掘工程师，具有丰富的市场运营和数据分析工作经验，能准确、有效地定位业务问题，精通数理统计和常用数据挖掘算法，目前研究方向是数据挖掘和大数据，著有《游戏数据分析的艺术》。

袁泉：上海大学应用数学专业在读，FRM Level I，通过中国期货投资分析考试，擅长机器学习、优化算法与 CTA 策略开发。

郜晶：10 年项目管理及产品研发经验，企业管理软件业务专家，擅长新技术研究及落地，目前研究方向为机器学习技术及区块链技术在企业管理过程中的应用。

前　言

　　Python 可以说是世界上最广泛、最简单的编程语言之一，Qt 可以说是世界上最好的程序开发库之一。Python 与 Qt 结合的产物就是 PyQt，因此，PyQt 就成了 Python 中程序开发最棒的库之一（当然，笔者认为它在 Python 程序开发中就是最棒的）。由于 PyQt 是 Python 与 Qt 的结合，所以它既可以利用 Python 强大而又简洁的语法，又不会丢失 Qt 强大的功能。从 Python 的角度来说，凡是 Python 涉及的所有简洁、易用性的语法，PyQt 都可以使用；凡是 Python 涉及的所有开源模块，PyQt 也都可以使用。从 Qt 的角度来说，由于 PyQt 完成了对 Qt 的所有类的封装，因此，从理论上说，使用 Qt 能开发出来的东西，使用 PyQt 也可以开发出来，因此，PyQt 可以利用 Qt 强大的功能。由于充分利用了双方的优点，所以 PyQt 在开发程序的过程中会带来一些意想不到的收获，利用 Python 的简洁语法与强大而又丰富的生态圈，有些程序逻辑在 Qt 中实现会比较复杂，而在 PyQt 中却很简单，这才是 PyQt 最大的魅力之处。

　　近年来 PyQt 发展很快，从 1998 年最初的 PyQt 0.1，到 PyQt 1、PyQt 2、PyQt 3、PyQt 4 以及最新的 PyQt 5.9（截至 2017 年 8 月 9 日），并且实现了 PyQt 与 Qt 的同步更新。有一点非常遗憾的是，PyQt 5 与 PyQt 4 并不兼容，PyQt 4 的代码无法在 PyQt 5 中运行。PyQt 5 的诞生时间是 2013 年 4 月，至今，PyQt 5 经过了快速发展，现在已经非常成熟，并且 Qt 开发团队已经明确宣布从 2015 年开始就放弃了对 Qt 4（对应 PyQt 4）的支持，因此，对于想要学习 PyQt 的朋友来说，一开始就学习 PyQt 5 是一个最好的选择。

　　然而，非常遗憾的是，市面上并没有一本真正指导新手学习 PyQt 5 的教材，网络上针对 PyQt 5 的学习案例的知识结构也都非常零碎，无法形成一个学习 PyQt 5 的系统化框架。因此，对于新手来说，想要快速接受 PyQt 5 系统性的训练是一件非常困难的事情，笔者最初学习 PyQt 5 的时候也吃尽了苦头，查阅了 PyQt 5 与 Qt 5 的大量官方文献资料，并结合几年的实战应用之后，才可以说有一些水平。

编程是一个熟能生巧的活儿，目前 PyQt 5 的开发技术算是掌握一些了，但是如果未来不使用这项技术，那么再过几年说不定就完全忘记 PyQt 5 是如何使用的了，如果是这样的话就会给自己留下一些遗憾。考虑到现在个人还有一些额外的时间与精力，考虑到目前市面上还没有一本关于 PyQt 5 使用的教材，于是本书应运而生。

写书是一项神圣而又艰辛的工作，在本书的创作期间，为了让本书包含更多的内容，同时又让其变得更容易理解，我和搭档孙洋洋查阅了大量的 PyQt 5 官方文献资料，花费了很大的时间和精力在其中。本书得以顺利出版，是无数个日日夜夜调试和写作的成果。写作本书时总会遇到一些复杂的 PyQt 5 技术问题，我和搭档孙洋洋常常连续几天熬夜讨论，在每一个细节上反复推敲，每当攻克技术难点的时候，我们都感到无比快乐。我要特别感谢搭档孙洋洋，没有你的坚持和鼓励，就不会写出这么精彩的书籍，感谢你那较真的性格，谢谢你。

经过近一年的不懈付出，这本介绍 PyQt 5 的书终于出版了，希望这本书可以帮助更多的朋友掌握 PyQt 5 技术，少走些技术弯路。同时这本书能够按时出版，我感到无比欣慰，无论近一年吃了多少苦、牺牲了多少时间都是值得的。

本书结构

本书共有 11 章，基本包含了笔者在使用 PyQt 的过程中遇到的绝大多数技术及一些经典的应用。书中有些章节是具有独立性的，读者可以针对自己的实际情况选择阅读。

第 1 章介绍 PyQt 的入门知识，讲述 PyQt 的安装配置，以及 Eric 6 这个 IDE 的简单使用方法。已经有一定 PyQt 基础的朋友可以略去这一章。

第 2 章简单介绍 Python 的基本语法。本章内容针对一些没有接触过 Python 的读者，已经有一些 Python 基础的朋友可以略去这一章。

第 3 章介绍 Qt Designer 的使用方法。Qt Designer 是一个 PyQt 的可视化界面编辑程序，它的作用是帮助用户快速开发出界面文件，我们可以通过其他方式把界面文件转换成 Python 代码文件。对于不懂太多 PyQt 知识的读者来说，本章内容可以让你快速入门；同时，本章也是让你的 PyQt 技术快速进步的最重要章节。

第 4 章介绍 PyQt 5 的基本窗口控件的使用方法。如果读者的时间并不充裕，只对部分控件感兴趣，则可以选择相应的小节阅读。

第 5 章介绍 PyQt 5 的高级界面控件的使用方法。如果读者对 PyQt 的表格、树、容器（多窗口控件）、多线程等感兴趣，则可以选择相应的小节阅读。

第 6 章介绍 PyQt 5 的布局管理（在第 3 章中阐述 Qt Designer 的使用方法时已经做了介绍，当时是通过 Qt Designer 这个代码生成器进行介绍的，而这里通过手工输入代码的方法进行介绍）。由于布局管理非常重要，值得我们用单独一章来介绍。如果读者对用纯代码实现布局管理器感兴趣，则可以参考这一章；如果对用代码生成器 Qt Designer 实现布局管理器感兴趣，则可以忽略这个章节。实际上，这两种方法并没有本质的区别。

第 7 章介绍 PyQt 5 信号与槽的应用。信号与槽是 PyQt 的核心，想要掌握 PyQt 的高级玩法，则可以仔细阅读这个章节。

第 8 章介绍 PyQt 5 的图形和特效。本章内容适用于有 PyQt 绘图、美化窗口需求的读者。

第 9 章介绍 PyQt 5 的扩展应用。如果你想知道如何把 Python 的一些非常流行的模块如 PyInstaller、Pandas、Matplotlib、PyQtGraph、Plotly 等与 PyQt 结合，则可以选择性阅读这个章节。

第 10 章通过几个例子介绍 PyQt 5 的实战应用。想要了解一些简单的程序是如何开发的朋友，则可以选择性阅读这个章节。

第 11 章介绍 PyQt 5 在金融领域的应用，这是本书作者孙洋洋在金融公司工作期间积累的一些实战性较高的案例，展示如何将 PyQt 5 应用到投资研究系统、量化投资以及金融工具开发中，读者可以根据自己的需求选择性阅读。

本书附赠内容

附录 A：PyQt 5 整体结构

附录 B：Python 开发技巧与实践

附录 C：Python 在线学习资料

附赠内容保存在 github 上，网址是：https://github.com/cxinping/PyQt5，读者可自行下载。祝读者学习顺利、事业有成。

本书读者

本书适合具有 Python 基础的读者，通过本书可熟悉 Python 基础知识并加深巩固。本书结构合理，内容翔实，适合对 Python、Qt 和 PyQt 编程感兴趣的科教人员和广大的计算机编程爱好者阅读，也可作为相关机构的培训教材。

致谢

首先，我要感谢我的父亲。在我上大学期间由于家庭变故，我的父亲王贵诚生病去世了，这对我打击很大。我一直很内疚，在他走之前，没能见上他最后一面。在最后一次谈话中，他要求我做一个对社会有用的人，实现自己的最大价值，尽自己的所能无私地帮助别人。如果时间可以倒流，我渴望给父亲一个拥抱，对他说："我明白，一代人做一代事"。作为其子，我愿意为您分忧。父亲教会我人生的意义，让我懂得人活着就要做有意义的事情，快乐地过每一天。我爱我的父亲，我爱这个家。谢谢父亲这些年的细心教导，让我懂得生活的意义。谢谢您，我的父亲。

其次，我要感谢我的叔叔王辉和婶婶一家，我的叔叔是我的偶像，也是我做人做事的榜样。他教会我作为一个匠人，应该有的尊严和骄傲，他在我最困难的时候给予我无私的帮助，鼓励我追寻心中的梦想。他经常跟我说，"一生之计在于勤，一天之计在于晨"，刚开始我觉得道理浅显易懂，后来随着年龄的增长、社会阅历的增多，才逐渐明白，一个人只有付出不亚于任何人的努力，在自己的领域一直努力钻研，锲而不舍，才能成功。这个道理很浅显易懂，当时年幼不觉得如何有用，直至今日，方才明白是至理名言。

本书的出版要特别感谢电子工业出版社的黄爱萍和葛娜，感谢她们在选题策划和稿件整理方面做出的大量工作。

同时，在本书创作过程中，感谢编委会的全体成员，提出很多宝贵的意见。感谢编委会的邢梦来，牺牲了大量的业余时间，积极和作者讨论写书细节，校对了全部课件程序，对每个程序都做了中文注解。

感谢兄长徐楠光，教会我用感恩的心去工作，积极主动地面对困难，让我对拥有的一切心怀感激。

感谢我的母亲徐素萍，感谢我的妻子李蕾，感谢你们在我写书的时候给我提出的建议，鼓励我写成此书。感谢母亲多年来含辛茹苦的培养，您对我的默默支持，是我积极向上的精神动力。

感谢我的好兄弟王祥平，在本书的出版过程中提出了很多宝贵的意见。在我心力交瘁时，鼓励我永不放弃，在科大学习期间是我一生中最快乐的日子。

感谢我的师傅张云河，您是我做人做事的榜样。感谢您教会我宝贵的专业知识，在我最落魄的时候给予我巨大的帮助，让我有能力去实现自己的梦想。我将继续追随您，为梦想而努力。

感谢潭州教育的众位老师，IOS 学院的院长 Dream 老师，Python 学院的院长强子老师，Android 学院的院长 Hank 老师，教会我专业的技术，使我的技术突飞猛进，还鼓励我要为社会做出更多的贡献，实现自己的人生价值。

感谢罗曦、张剑、陈晓楠三位同学，为本书的编写提供了大量支持。

感谢洛基英语（Rocky English）的韩宏术老师、查理老师和刘安乐老师，使我的英语水平得到提高，让我掌握了地道、流利、准确的英语发音，可以无障碍地阅读英文技术文档。给予我信心，帮助我建立人生的目标和梦想。

最后，特别感谢克亚营销的刘克亚老师，拜读您写的《超高价营销》时，经常激动得彻夜难眠，书中的每个观点都让我兴奋不已，"一二三成功模式"更是坚定我写本书的原因，您教导我要先无私地给予别人，帮助别人成功，然后自己才能成功，推崇共赢而不是竞争。作为您的学生受益良多，您提出的克亚营销铁律，教会我如何实现自我价值。在此，让我怀着激动的心情写出克亚营销铁律。

第一，你的所有营销沟通和活动，都必须 100% 从对方的角度思考。

第二，为对方产生结果贡献价值，促成对方最轻松、最快速地实现梦想，是你一切营销的终极目标。

第三，你必须保证结果，提供零风险承诺是你的责任，更是你的义务。

第四，你永远不会考虑说什么才能说服对方，你始终问自己，"给什么才能让对方明白购买你的产品或服务是他唯一合理的选择"。

第五，你永远不会等到对方购买后，才开始对他的人生和梦想贡献价值。

第六，你永远不会因为对方已经购买就停止对他的人生和梦想贡献价值。

第七，你为对方创造 10 倍的价值，才索取 1 倍的回报。

第八，有价值的教育是给予，也是贡献。

第九，你必须让对方能够轻松、快速、方便地购买和使用你的产品或服务，并从中受益。

第十，你只推崇共赢，从不相信竞争，在你的书本里，当创造力熄灭的时候，才是竞争开始的时候。

第十一，你必须让对方发自内心地感到，认识你并和你交往是幸运的，也是快乐的。

第十二，你坚信世界上最自私的行为是无私。

刘克亚老师的克亚营销思想是 PC 互联网时代强大的营销利器，更是移动互联网时代基本的营销必备工具，因为它的理论根植于人性的基本规律和商业的客观规律。当接触克亚营销后，我才明白如何打造出爆款产品（这里的产品指一切可以销售的商品，软件也属于商品的一种）。以前我只认识到软件开发的重要性，但接触克亚营销后才发现，最重要的一环是软件销售，只有销售成功了，才能为企业带来足够的利润，企业才有能力继续维护和开发下一版软件，进入良性循环中，这种软件才可以称得上是成功的软件。所以，我以此书向刘克亚老师致敬，谢谢您。

轻松注册成为博文视点社区用户（www.broadview.com.cn），扫码直达本书页面。

- **下载资源**：本书所提供的示例代码及资源文件，均可在 下载资源 处下载。
- **提交勘误**：您对书中内容的修改意见可在 提交勘误 处提交，若被采纳，将获赠博文视点社区积分（在您购买电子书时，积分可用来抵扣相应金额）。
- **交流互动**：在页面下方 读者评论 处留下您的疑问或观点，与我们和其他读者一同学习交流。

页面入口：*http://www.broadview.com.cn/32291*

目　　录

第 1 章

认识 PyQt 5

1.1 PyQt框架简介

在目前的软件设计过程中，图形用户界面（GUI）的设计相当重要，美观、易用的用户界面能够在很大程度上提高软件的使用量，因此许多软件都在用户界面上倾注了大量的精力。

在介绍 PyQt 框架之前，我们先来了解什么是图形用户界面（GUI）。

> 百度百科：GUI 词条
>
> GUI 是 Graphical User Interface 的英文简称，即图形用户界面，准确地说，GUI 就是屏幕产品的视觉体验和互动操作部分。GUI 是一种结合计算机科学、美学、心理学、行为学及各商业领域需求分析的人机系统工程，强调人—机—环境三者作为一个系统进行总体设计。

Python 最初是作为一门脚本语言开发的，并不具备 GUI 功能，但由于其本身具有良好的可扩展性，能够不断地通过 C/C++模块进行功能性扩展，因此目前已经有相当多的 GUI 控件集（Toolkit）可以在 Python 中使用了。

在 Python 中经常使用的 GUI 控件集有 PyQt、Tkinter、wxPython、Kivy、PyGUI 和 Libavg，其中 PyQt 是 Qt 为 Python 专门提供的 GUI 扩展。

> 百度百科：PyQt 词条
>
> PyQt 是一个用于创建 GUI 应用程序的跨平台的工具包，它将 Python 编程语言和 Qt 库成功融合在一起。Qt 库是目前最强大的 GUI 库之一。
>
> PyQt 是由 Phil Thompson 开发的，实现了一个 Python 模块集。PyQt 拥有 620

多个类、将近 6000 个函数。PyQt 可以运行在所有主流的操作系统上，包括 UNIX、Windows 和 Mac OS。PyQt 采用双许可证，开发人员可以选择 GPL 和商业许可。在此之前，GPL 版本只能用在 UNIX 上；从 PyQt4 开始，GPL 版本可用于所有支持的平台上。

访问 PyQt 5 的官方网站：https://www.riverbankcomputing.com/，如图 1-1 所示。截至本书成书之时，PyQt 的最新版本是 5.9。PyQt 是 Python 下的一套图形用户界面库，可以在 Python 中调用 Qt 的图形库和控件。

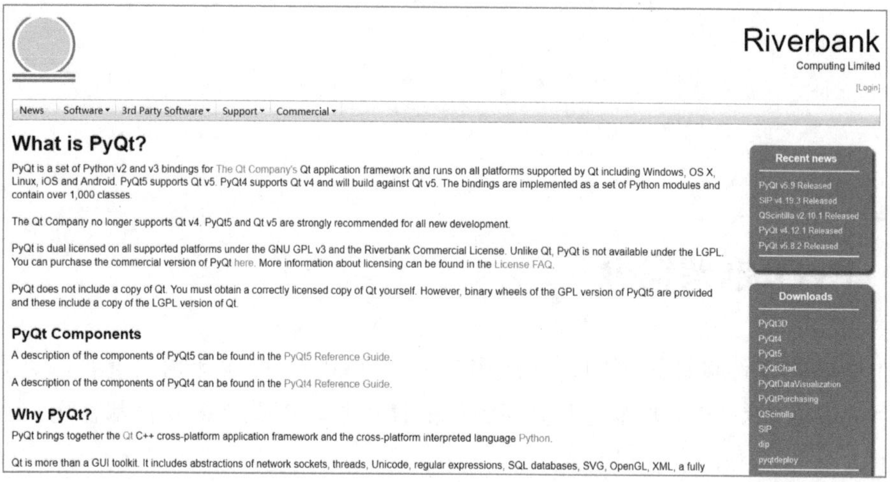

图 1-1

Qt 是挪威 Trolltech（奇趣科技公司）开发的一个 C++ GUI 应用程序，其包括跨平台类库、集成开发工具和跨平台 IDE，既可以用于开发 GUI 程序，也可以用于开发非 GUI 程序。使用 Qt 只需开发一次应用程序，便可跨不同桌面和嵌入式操作系统部署该应用程序，而无须重新编写源代码。和 Python 一样，Qt 也具有相当优秀的跨平台特性，使用 Qt 开发的应用程序能够在 Windows、Linux 和 Mac OS 平台之间轻松移植。

2008 年 6 月，Trolltech 被 Nokia（诺基亚）收购，Qt 也因此成为诺基亚旗下的编程语言工具；2012 年 8 月，Qt 业务又被芬兰 IT 业务供应商 Digia 从诺基亚手中全面收购。现在的 Qt 既有开源版本，也有商业版本，Digia 通过开源授权（LGPL 和 GPL）以及商业授权的方式对 Qt 进行授权。

开源软件需要解决的最大问题是如何处理开发者使用开源软件来完成个人或商业目标的情况，其中包括版权与收益的问题。当一个软件开发者打算将自己写的代码开源时，通常选择自由软件协议，即 GPL（GNU General Public License，GNU 通用公共许可证）。因此，PyQt 5 选择了 GPL 协议，所以开发者可以放心使用 PyQt 5 开发软件。

> GPL 协议：软件版权属于开发者本人，软件产品受国际相关版权法的保护。允许其他用户对原作者的软件进行复制或发行，并且可以在更改之后发行自己的软件。但新软件在发布时也必须遵守 GPL 协议，不得对其进行其他附加的限制。在 GPL 下不存在"盗版"一说，但用户不能将软件据为己有，比如申请软件产品"专利"等，因为这将违反 GPL 协议并且侵犯了原作者的版权。

目前，PyQt 官网提供了 PyQt 4 和 PyQt 5 两种版本的文档说明。本书主要以 PyQt 5 为例进行讲解。

1.1.1　PyQt 5 的特点

自从 Qt 移植到 Python 上形成 PyQt 框架以来，已开发出 PyQt 3、PyQt 4 和 PyQt 5 三个版本。PyQt 于 1998 年首次发布，当时名字叫 PyKDE，如今改名为 PyQt 并提供 GPL 版和商业版。

注意

> PyQt 5 严格遵循 Qt 的发布许可，拥有双重协议，自由开发者可以选择使用免费的 GPL 版本，如果准备将 PyQt 用于商业活动，则必须为此交付商业许可费用。

最后，让我们来看看 Qt 官网（https://www.qt.io/cn/）上的官方宣传壁纸，如图 1-2 所示，答案就在其中。

图 1-2

《财富》全球 500 强企业中的前 10 家企业，有 8 家在使用 Qt 开发软件，如图 1-3 所示。

《财富》全球500强企业中的前10家企业，有8家使用Qt
Qt帮助您更快、更智能地创建设备、UI及跨屏应用。

图 1-3

PyQt 正受到越来越多的 Python 程序员的喜爱，这是因为 PyQt 具有如下优秀的特性。

- 基于高性能的 Qt 的 GUI 控件集。
- 能够跨平台运行在 Windows、Linux 和 Mac OS 等系统上。
- 使用信号 / 槽（signal/slot）机制进行通信。
- 对 Qt 库的完全封装。
- 可以使用 Qt 成熟的 IDE（如 Qt Designer）进行图形界面设计，并自动生成可执行的 Python 代码。
- 提供了一整套种类繁多的窗口控件。

1.1.2 Qt 与 PyQt 的关系

首先，PyQt 是 Qt 框架的 Python 语言实现。PyQt 提供了一个设计良好的窗口控件集合，每一个 PyQt 控件都有其对应的 Qt 控件。所以 PyQt 与 Qt 的类库和 API 非常详细，而且 PyQt 不再使用 qmake 系统和 Q_OBJECT 宏，使得 PyQt 再也没有编译链接错误，PyQt 的代码也更加友好。

其次，在开发速度上，由于 PyQt 的核心就是 Qt 库，也是用 C++编写的，所以即使逻辑代码运行速度慢一点，也不会成为性能瓶颈。在使用方式上，PyQt 也没有失去 Python 的优雅语法、快速开发的能力。Python 相对于 C++的优点是在编程效率上，可以看到标准的 Qt 例子移植到 PyQt 后的代码具有相同的功能，使用相同的应用程序接口，Python 版本的代码只有原来的 50%~60%，而且更容易阅读。在开发效率上，由于 Python 是一种面向对象的语言，语法简单、高效，相对于 C++而言，使用 Python 编写程序可以提高开发效率，减少开发成本。

最后，PyQt 向 Python 程序员提供了使用完整的 Qt 应用程序接口的函数，几乎可以用 Python 做任何 Qt 能做的事。Qt 和 PyQt 的设计都是完全面向对象的。Qt 使用一种称为信号 / 槽的机制在窗口控件之间传递事件和消息。这种机制完全不同于其他图形界面开发库所采用的回调（callback）机制，使用信号 / 槽可以使程序更加安全和简洁。所开发的应用程序越大，Qt/PyQt 的这个优势就越明显。

1.1.3 其他图形界面开发库介绍

从 Python 语言的诞生之日起，就有许多优秀的 GUI 工具集被整合到 Python 当中，使得 Python 也可以在图形界面编程领域大展身手。由于 Python 的流行，许多应用程序都是用 Python 结合这些优秀的 GUI 工具集编写的。下面分别介绍 Python GUI 编程的各种实现（内容来自维基百科）。

1. Tkinter

Tkinter 是绑定了 Python 的 Tk GUI 工具集，就是 Python 包装的 Tcl 代码，通过内嵌在 Python 解释器内部的 Tcl 解释器实现。将 Tkinter 的调用转换成 Tcl 命令，然后交给 Tcl 解释器进行解释，实现 Python 的 GUI。Tk 和其他语言的绑定，比如 PerlTk，是直接由 Tk 中的 C 库实现的。

Tkinter 是 Python 事实上的标准 GUI，在 Python 中使用 Tk GUI 工具集的标准接口，已经包含在 Python Windows 安装程序中，著名的 IDLE 就是使用 Tkinter 实现 GUI 的。

2. wxPython

wxPython 是 Python 对跨平台的 GUI 工具集 wxWidgets（用 C++编写）的包装，作为 Python 的一个扩展模块来实现。

wxPython 是比较流行的 Tkinter 的一个替代品，在各种平台上都表现良好。

3. PyGTK

PyGTK 是 Python 对 GTK+GUI 库的一系列包装。

PyGTK 是比较流行的 Tkinter 的一个替代品，Gnome 下许多著名应用程序的 GUI 都是使用 PyGTK 实现的，比如 BitTorrent、GIMP 等。

PyGTK 和 Gedit 都有可选的实现，在 Windows 平台上似乎表现不太好，这一点也无可厚非，毕竟使用的是 GTK 的 GUI 库。

4. PySide

PySide 由 Qt 官方维护，目前最新版本是 1.2.4，完成了对 Qt 4.8 版本的完整实现。PySide 是 Python 对跨平台的 GUI 工具集 Qt 的另一个包装，捆绑在 Python 当中。

PySide 是比较流行的 Tkinter 的一个替代品，拥有 LGPL 2.1 授权许可，允许进行免费的开源软件和私有的商业软件的开发。

在上面的图形界面开发库中，由于前三个没有类似于 Qt Designer（UI 制作工具，它可以通过可视化操作创建 UI 文件，然后通过工具快速编译成 Python 文件，因此也可以把它视为一个代码生成器）的工具，所有的代码都需要手动输入，学习曲线非常陡峭；而第四个 PySide 本质上也是 Qt 的 Python 封装，只是支持 Qt 的版本比较老，最新版本才支持到 Qt 4.8，而且官方已经停止维护这个库，最近一次更新是在 2015 年 10 月 14 日。所以，对于 Python 使用者来说，使用 PyQt 进行 GUI 开发是最好的选择，这也是本书选择 PyQt 的原因。

1.1.4　PyQt 4 / PyQt 5

PyQt 5 不再向下兼容使用 PyQt 4 编写的程序，因为 PyQt 5 有如下几个较大的改变。

（1）PyQt 5 不再对 Python 2.6 以前的版本提供支持，它对 Python 3 的支持比较完善，官方默认只提供 Python 3 版本的安装包，如果需要使用 Python 2.7，则需要自行编译 PyQt 5 程序。

（2）PytQt5 对一些模块进行了重新构建，一些旧的模块已经被舍弃，比如 PyQt 4 的 QtDeclarative、QtScript 和 QtScriptTools 模块；一些模块被拆分到不同的模块中，比如 PyQt 4 的 QtWebKit 模块被拆分到 PyQt 5 的 QtWebKit 和 QtWebKitWidgets 模块中。

（3）PyQt 5 对网页的支持更是与时俱进。PyQt 4 的 QtWebKit 模块是 Qt 团队基于开源的 WebKit 引擎开发维护的，由于它使用的 WebKit 引擎版本比较老，对互联网的新生事物尤其是对 JavaScript 的支持不是很完美；PyQt 5 所使用的 QtWebKitWidgets 模块（PyQt 5.7 以上版本）是谷歌团队开发的 chromium 内核引擎，由于更新维护速度很快，基本上完美支持互联网的新生事物。

（4）PyQt 5 仅支持新式的信号和槽，对旧式的信号和槽的调动将不再支持，新式的信号和槽使用起来更简单。

（5）PyQt 5 不支持在 Qt 5.0 中标记为已放弃或过时的 Qt API 部分。

（6）PyQt 5 在程序需要时才释放 GIL，而 PyQt 4 是执行完程序后强制释放 GIL。

由于官方对 PyQt 4 不再有重大的更新和维护，对于新手来说，建议直接从 PyQt 5 入手。

1.1.5　Python 2 / Python 3

Python 2 与 Python 3 虽然语法结构有些类似，但是却不能完全兼容。本书主要介绍的是 PyQt 5，所使用的语言开发环境是 Python 3，原因如下。

（1）目前，Python 2 的绝大部分框架都提供了对 Python 3 的支持，并且一些新框架如 TensorFlow 等只提供了对 Python 3 的支持。

（2）对于 Python 2 官方只支持到 2020 年，而 PyQt 5 是一个新框架，新框架往往不会对即将被淘汰的语言提供太多的支持。

（3）Python 3 默认使用 UTF-8 编码，对中文字符串无缝兼容。

（4）使用 Python 3 开发 PyQt 5，不用考虑中文编码的问题，不需要使用类似于 Qstring()这样的函数转换含有中文的字符串，可以节省大量的时间和精力，代码看起来也更加舒服。

（5）PyQt 5 官方默认只提供对 Python 3 的支持，如果必须使用 Python 2，则需要自行编译，特别麻烦。

最后两点是重要原因，使用 Python 3 是最好的选择，所以本书使用的是 Python 3 的语言开发环境。

1.2　PyQt 5环境搭建

本节讲解如何在最常见的 PC 操作系统平台上配置 PyQt 5 开发环境，包括搭建 Python 3 解释器环境和编程库等。

对于新手来说，独立配置 PyQt 5 的安装环境是比较困难的，为了减轻读者的负担，笔者为本书封装了可以运行书中所有程序的绿色版的 PyQt 5 环境，解压缩后即可使用，不会影响系统的默认环境，适合对 Python 刚入门的新手或不想为本书重新安装一个环境的老手。详细情况和下载地址见笔者的 github 主页（https://github.com/cxinping/PyQt5）。

1.2.1　在 Windows 下搭建 PyQt 5 环境

本节讲解在 Windows 下安装并配置 PyQt 5 开发环境。
安装环境信息如表 1-1 所示。

表 1-1

操作系统	Windows 8 64 位平台
Python	3.5.3
PyQt	5.9
Eric	6.17

安装软件如图 1-4 所示。

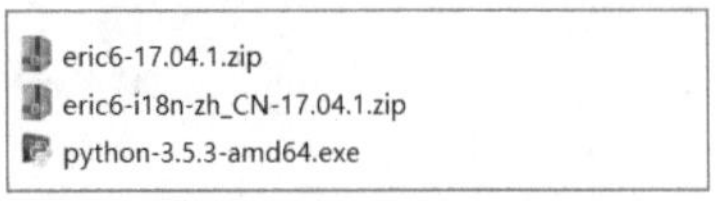

由于 Python 是解释性编程语言，所以需要解释器将源码翻译成机器语言。运行 Python 需要事先配置好 Python 环境。

　eric6-17.04.1.zip
　eric6-i18n-zh_CN-17.04.1.zip
　python-3.5.3-amd64.exe

图 1-4

目前 Python 在生产环境中用得比较多的版本是 Python 2.7 和 Python 3.5，这通常会给 Python 的初学者造成一些困扰，不知道该学习老版本 Python 2 还是最新版本 Python 3。根据笔者的经验，完全不必有这种困扰，只要学会 Python 3，再花一点时间学习 Python 2 的语法，那么 Python 2 和 Python 3 就都学会了。Python 2 和 Python 3 只有少量的语法差异，而在软件开发中最重要的是编程思想。

需要注意的是，Python 3 不向后兼容，因为从 Python 2 到 Python 3 发生了语法的变化。虽然最新版本 Python 3 发布了很久，但仍然有很多软件包没有升级到最新版本，所以使用第三方 Python 库时要注意区分不同的版本，避免出现不兼容问题。

1. 安装 Python 3 运行环境

访问 Python 官方网站：https://www.python.org。

因为要使用的是最新版本 PyQt 5.9，它要求使用 Python 3，所以 Python 的版本应该在 3.5 及以上，这里使用 Python 3.5.3。在下载页面（https://www.python.org/downloads/windows/）中下载 PyQt 5 库所需要的 Python 3.5.3 版本，读者可根据自己使用的平台选择相应的版本进行下载。对于 Windows 用户来说，如果是 32 位系统，则选择 x86 版本；如果是 64 位系统，则选择 x86-64 版本。下载完成后，会得到一个以.exe 为扩展名的文件，双击该文件进行安装，如图 1-5 所示。

图 1-5

选择自定义安装 Python 3.5.3，如图 1-6 所示。安装路径可以自己决定，笔者的安装路径是 E:\installed_software\python35，如图 1-7 所示。

注意

在安装过程中按照提示一步步操作就行，但安装路径尽量不要带有中文或空格，以避免在使用过程中出现一些莫名的错误。

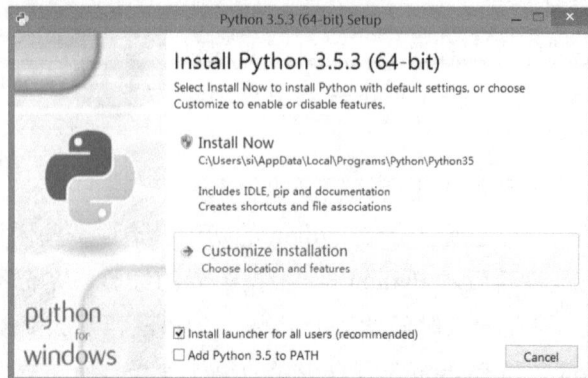

图 1-6

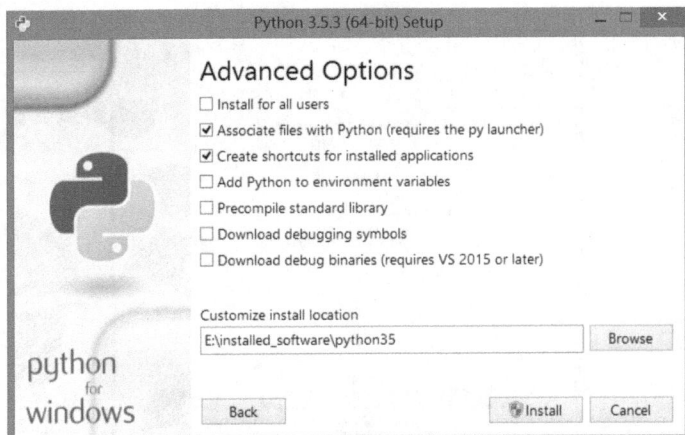

图 1-7

安装完成后，可以在"开始"菜单中看到 Python 3.5 目录，如图 1-8 所示。

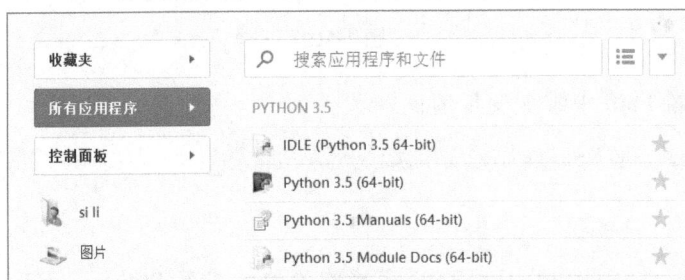

图 1-8

打开 Python 自带的 IDLE(Python 3.5 64-bit)，就可以编写 Python 程序了。Python Shell 界面如图 1-9 所示。

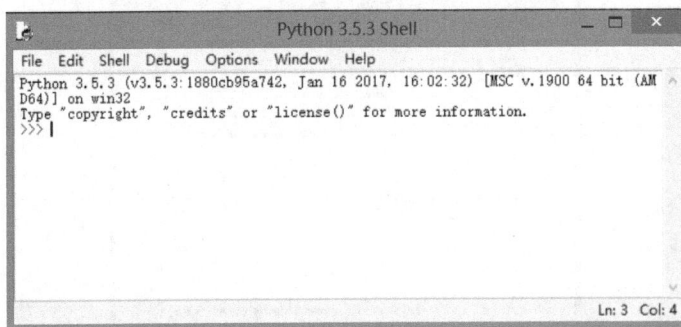

图 1-9

还需要把 Python 的安装目录添加到系统环境变量 Path 中，在桌面上右击"我的电脑"，弹出快捷菜单，选择"属性"→"高级系统设置"→"高级"，单击"环境变量"按钮，如图 1-10 所示。

图 1-10

在系统变量 Path 中添加变量值：

```
E:/installed_software/python35;E:/installed_software/python35/Scripts;
```

🌐 **注意**

E:/installed_software/Python35 是笔者在本机上安装 Python 3.5.3 的位置，读者需要根据自己机器上的实际情况进行修改。

添加变量值成功后，如图 1-11 所示。

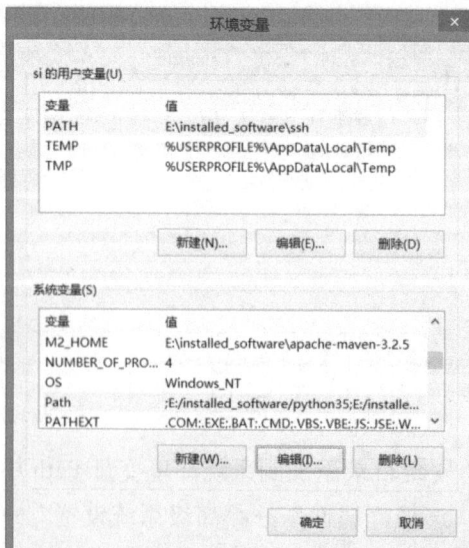

图 1-11

现在，我们检验一下 Python 是否安装成功。按"Win+R"快捷键运行 cmd 命令，进入 DOS 模式，如图 1-12 所示。

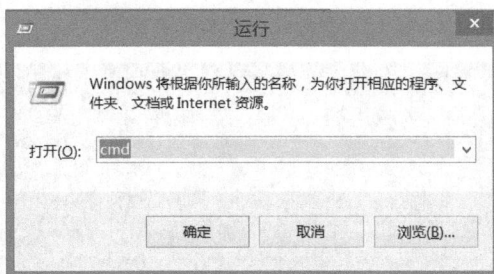

图 1-12

在命令行输入 python，开始启动 Python IDLE（Python 交互环境），需要几秒钟的时间。启动后，读者就可以看到它的界面中包含了一个交互式终端，也可以看到所安装的 Python 版本号，如图 1-13 所示。这时 Python 的运行环境就安装好了。

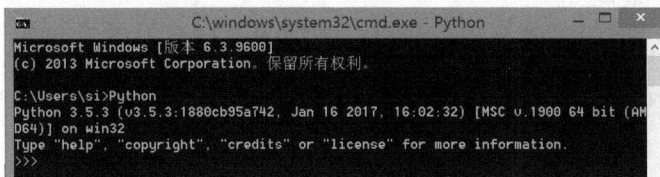

图 1-13

它的行首显示的 3 个大于号（>>>）是命令提示符，当你看到这个提示符时，就表示解释器正在等待输入命令。下面尝试在命令提示符后输入：

```
print("hello python")
```

按回车键，Python 就会执行所输入的命令，并在窗口中显示运行结果，如图 1-14 所示。

也可以把命令行看成计算器来计算表达式的值。把在命令提示符后面输入的每一条命令看成一个程序，命令行每次只运行这个程序中的一行，如图 1-15 所示。

还可以在命令行中创建变量或导入模块，如图 1-16 所示。

图 1-14

图 1-15

图 1-16

import 命令把 Python 数学函数库的功能都导入到程序中供你使用。上面的程序使用了变量和赋值运算符（=），其含义是对 9 开平方根，并把结果赋值给 r，最后把结果打印到屏幕上。

可以通过 help 命令获取某个函数，以及模块的 Python 功能描述，如图 1-17 所示。

```
help("print")
```

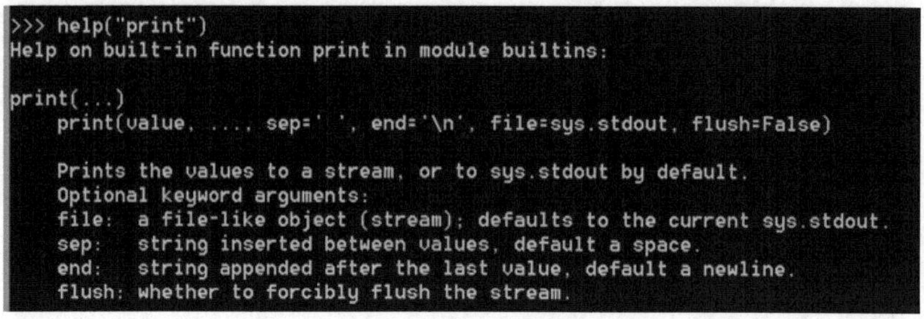

图 1-17

如果想退出命令行模式，请按"Ctrl+C"快捷键或输入 exit()。

2. 安装 PyQt 5

PyQt 5 的官方网站是：https://www.riverbankcomputing.com/。截至本书成书之时，PyQt 5 的最新版本是 5.9。安装 PyQt 5 有两种方式：既可以下载 PyQt 5 的最新源码进行编译安装，也可以使用 pip install 进行在线安装。对于初学者来说，通过编译 PyQt 5 源码的方式进行安装和配置环境比较麻烦，笔者推荐使用 pip install 命令在线安装 PyQt 5，这种"一键式"的安装方式是最简单的，只需要运行一行命令即可。但需要注意的是，Python 安装模块使用的镜像默认是国外的，因为网络问题，在国内下载国外的 Python 模块会比较慢，还经常会下载失败，所以需要使用国内的镜像下载 Python 模块。比如在下面命令中加上参数"-i https://pypi.douban.com/simple"，就表示使用豆瓣提供的镜像服务。

```
pip install PyQt5 -i https://pypi.douban.com/simple
```

安装成功后，如图 1-18 所示。

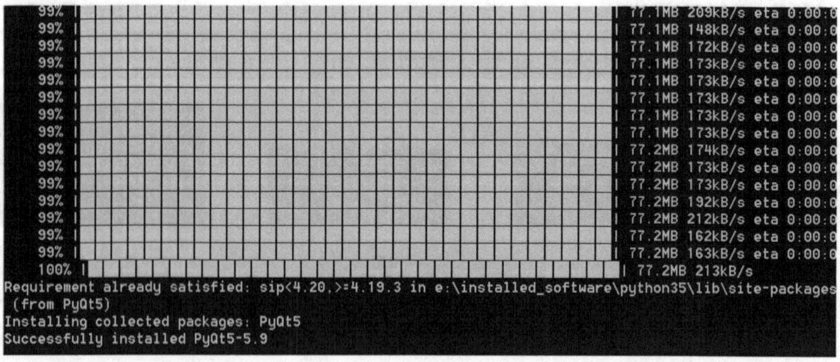

图 1-18

PyQt 5.9 不再提供常用的 Qt 工具，比如图形界面开发工具 Qt Designer、国际化翻译工具 Liguist，所以还需要使用如下命令安装常用的 Qt 工具。

```
pip install PyQt5-tools -i https://pypi.douban.com/simple
```

安装成功后，如图 1-19 所示。

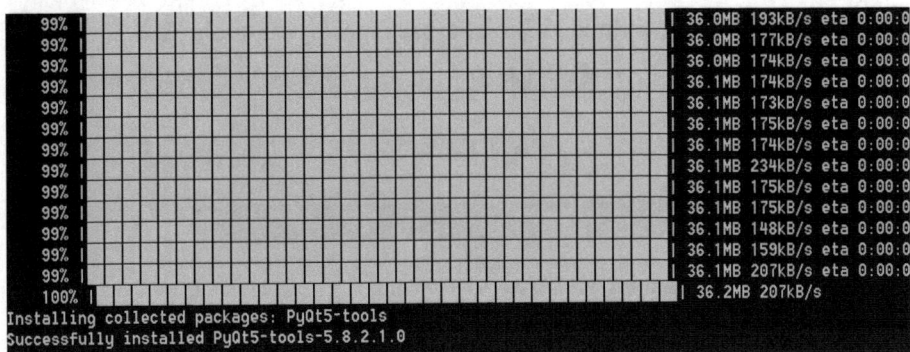

图 1-19

使用 pip install 命令安装 PyQt 5、PyQt5-tools 成功后，会在%\python35\Lib\site-packages 目录下看到安装包 PyQt5、pyqt5-tools。笔者的安装目录是 E:\installed_software\python35\Lib\site-packages，如图 1-20 所示。

图 1-20

为了让 Windows 系统能够正确识别 PyQt5-tools 的常用命令，还需要把 PyQt5-tools 的安装目录添加到系统环境变量 Path 中。在桌面上右键单击"我的电脑"，弹出快捷菜单，选择"属性"→"高级系统设置"→"高级"，单击"环境变量"按钮，在系统变量 Path 中添加以下变量值，如图 1-21 所示。

```
E:/installed_software/python35/Lib/site-packages/pyqt5-tools;
```

注意

E:/installed_software/python35/Lib/site-packages/pyqt5-tools 是笔者在本机上安装 PyQt5-tools 的位置，读者需要根据自己机器上的实际情况进行修改。

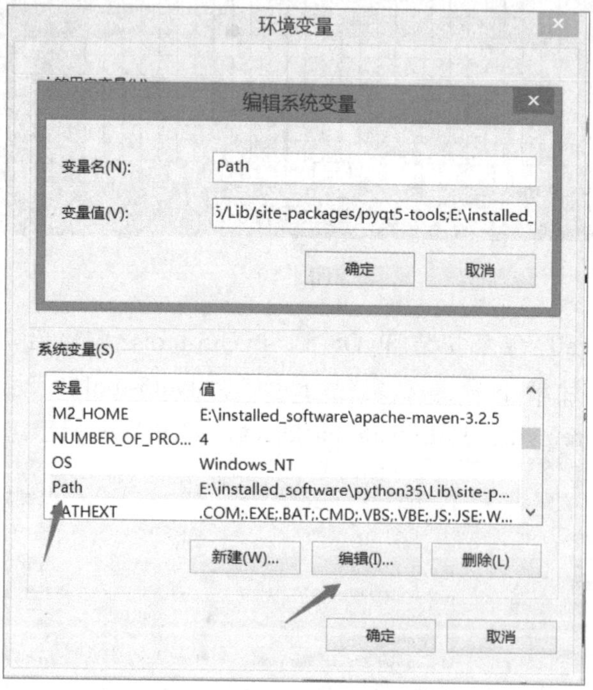

图 1-21

然后，在 Windows 的命令行窗口中输入 path 命令，如果一切正常，则会在所返回的 Path 路径中看到刚才配置的 python35 和 PyQt5-tools 的安装路径，如图 1-22 所示。

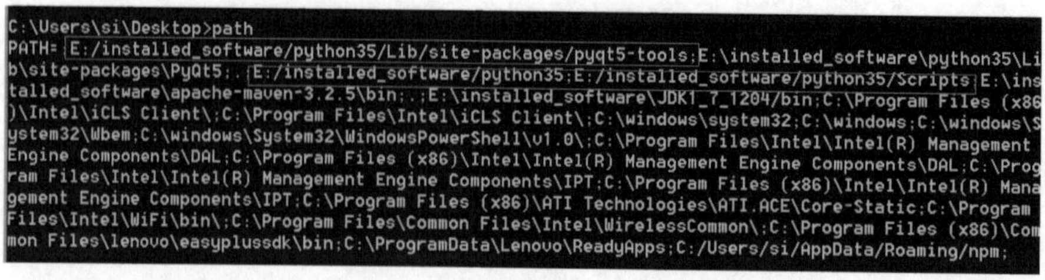

图 1-22

最后，测试 PyQt 5 环境是否安装成功，文件名为 PyQt5/Chapter01/qt101_testPyQt.py，.py 是 Python 文件的扩展名。其完整代码如下：

```
import sys
from PyQt5 import QtWidgets, QtCore

app = QtWidgets.QApplication(sys.argv)
widget = QtWidgets.QWidget()
widget.resize(360, 360)
widget.setWindowTitle("hello, pyqt5")
widget.show()
sys.exit(app.exec_())
```

在 Windows 系统中，双击 qt101_testPyQt.py 文件，或者在 Windows 命令行窗口中运行如下命令：

```
python qt101_testPyQt.py
```

如果没有报错，弹出如图 1-23 所示的窗口（Widget）界面，则说明 PyQt 5 环境安装成功。

图 1-23

1.2.2　在 Mac OS 下搭建 PyQt 5 环境

本节讲解在 Mac OS 下安装并配置所需的 PyQt 5 开发环境，包括基于 Python3.5 开发环境的搭建。在 Mac OS 下安装 PyQt 5 环境需要使用 Linux 命令，比在 Windows 下安装麻烦些，但只要熟悉安装命令还是很简单的。

在 Mac OS 平台下需要通过源码来安装 PyQt 5。在构建（build）前，必须安装 SIP。

安装环境信息如表1-2所示。

表 1-2

操作系统	Mac OS X El Capitan 版本 10.11.5
Python	3.5.3
Qt	qt-opensource-mac-x64-5.9.1
PyQt	5.9
SIP	4.19.3

截至本书成书之时，在 Mac OS 下最稳定的版本是 PyQt 5.9。安装开发环境所需要的软件如图 1-24 所示。

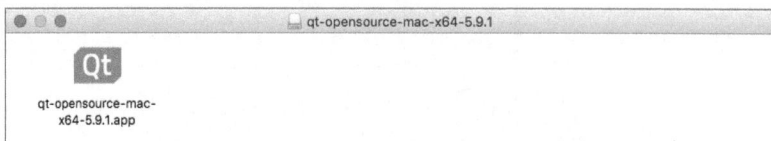

名称	^	修改日期	大小	种类
PyQt5_gpl-5.9.tar.gz		今天 下午4:26	3.1 MB	gzip 压缩归档
python-3.5.3-macosx10.6.pkg		2017年1月25日 上午11:48	24.8 MB	安装器软件包
qt-opensource-mac-x64-5.9.1.dmg		今天 下午5:18	3.74 GB	磁盘映像
sip-4.19.3.tar.gz		今天 下午4:47	1 MB	gzip 压缩归档

图 1-24

1. 安装 Qt 5.9.1

双击 app 开始安装 Qt 5.9.1，如图 1-25 所示。安装路径可以自定义，笔者的安装路径是/Users/xinping/Qt5.9.1，如图 1-26 所示。xinping 是笔者登录 Mac OS 系统的用户名，读者需要根据实际情况进行修改。

图 1-25

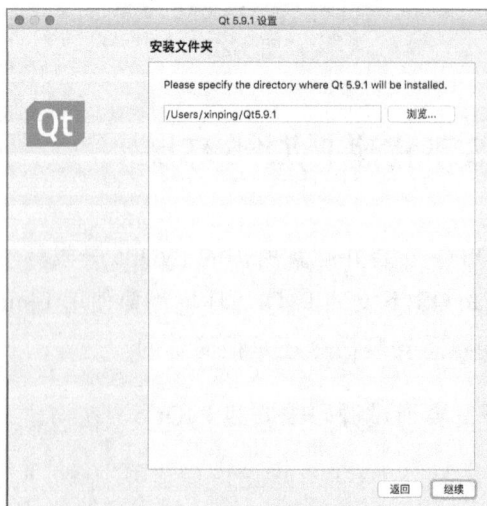

图 1-26

接下来，按照默认设置进行操作即可，如 1-27 所示。

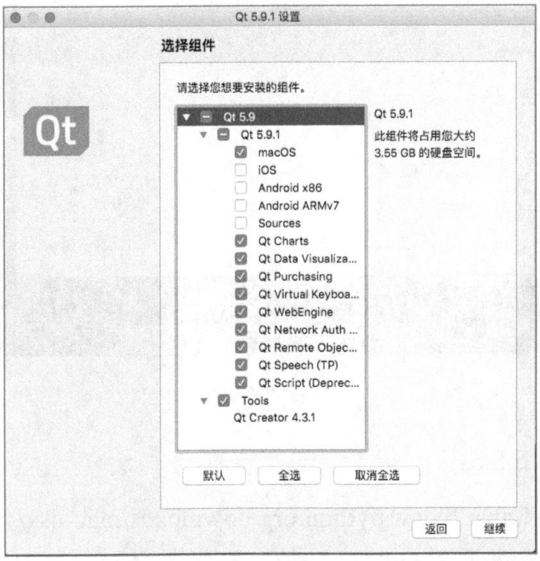

图 1-27

单击"继续"按钮，按照提示安装 Qt 5.9.1，如果出现如图 1-28 所示的画面，则说明 Qt 5.9.1 安装成功。

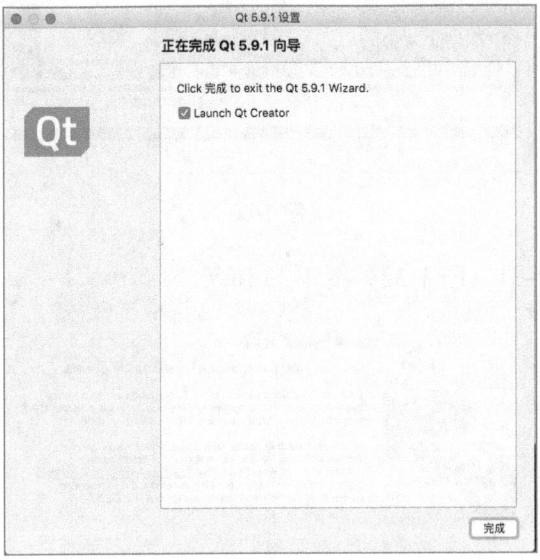

图 1-28

默认选中"Launch Qt Creator"复选框，单击"完成"按钮，就会打开 Qt 自带的开发工具 Qt Creator，通过该工具能够利用 Qt 这个应用程序框架更加快速地完成开发任务，如图 1-29 所示。

图 1-29

2. 安装 Python 3.5.3

进入下载页面 https://www.python.org/downloads/mac-osx/，选择 Mac 版本的 Python 3.5.3，下载安装文件 python-3.5.3-macosx10.6.pkg。双击 pkg 文件开始安装 Python 3.5.3，如图 1-30 所示。

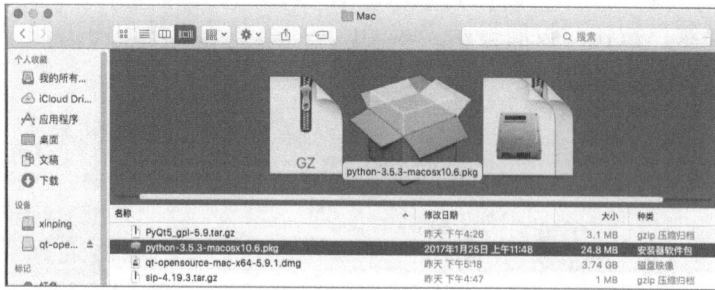

图 1-30

安装过程如图 1-31、图 1-32、图 1-33 所示。

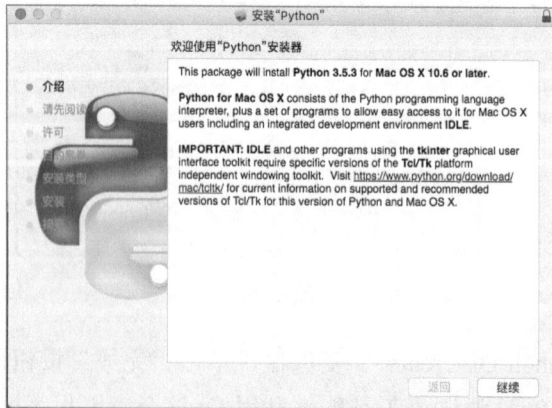

图 1-31

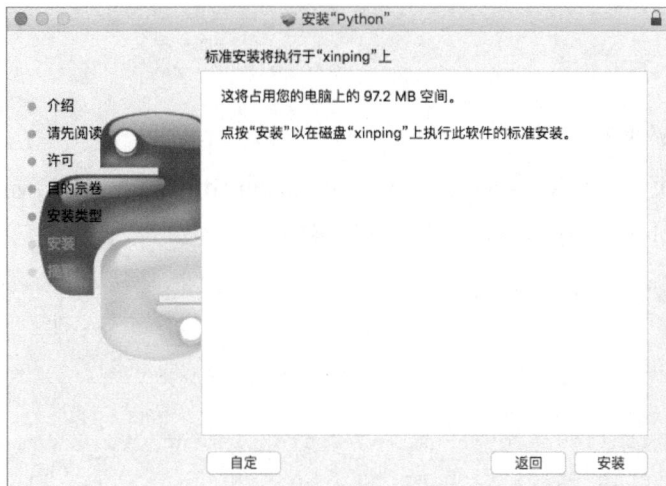

图 1-32

图 1-33

3. 安装 SIP 4.19.3

进入下载页面 https://www.riverbankcomputing.com/software/sip/download，下载安装文件 sip-4.19.3.tar.gz。编译并安装步骤如下：

```
tar xvf sip-4.19.3.tar.gz

cd sip-4.19.3

python3.5 configure.py -d /Library/Frameworks/Python.framework/
Versions/3.5/lib/python3.5/site-packages

make
```

```
make install
```

4. 安装 PyQt 5.9

进入下载页面 https://riverbankcomputing.com/software/pyqt/download5，下载安装文件 PyQt-gpl-5.9.tar.gz。编译并安装步骤如下：

```
tar xvf PyQt-gpl-5.9.tar.gz

cd PyQt-gpl-5.9

python3.5 configure.py --qmake /Users/xinping/Qt5.9.1/5.9.1/clang_64/
bin/qmake -disable-QtPositioning -d
/Library/Frameworks/Python.framework/Versions/3.5/lib/python3.5/site-pac
kages

make

sudo make install
```

--qmake 选项用于指定 qmake 的路径，路径中的用户名是"xinping"，读者需要根据实际情况进行修改。另外，在编译时需要加上编译选项 disable-QtPositioning，否则会出现编译错误。

5. 测试开发环境

在 Terminal（终端）输入如图 1-34 所示的代码，如果没有报错，则说明安装成功。

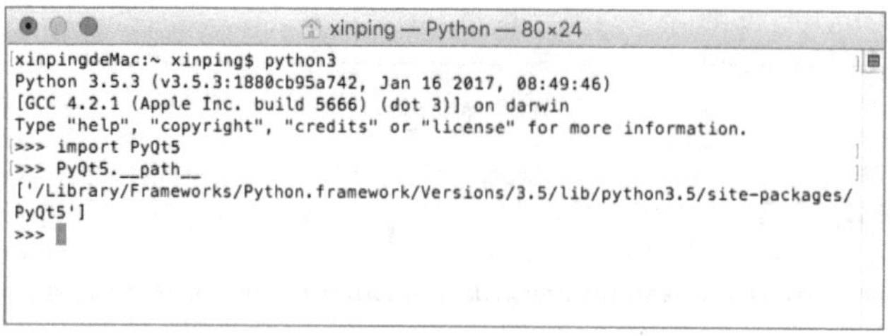

```
xinpingdeMac:~ xinping$ python3
Python 3.5.3 (v3.5.3:1880cb95a742, Jan 16 2017, 08:49:46)
[GCC 4.2.1 (Apple Inc. build 5666) (dot 3)] on darwin
Type "help", "copyright", "credits" or "license" for more information.
>>> import PyQt5
>>> PyQt5.__path__
['/Library/Frameworks/Python.framework/Versions/3.5/lib/python3.5/site-packages/
PyQt5']
>>>
```

图 1-34

1.2.3 PyQt 5 的安装测试

在 Windows 系统下，按"Win+R"快捷键弹出运行窗口，如图 1-35 所示，输入 cmd 命令，进入 DOS 控制台，然后输入 python 命令，进入 Python 交互环境，如图 1-36

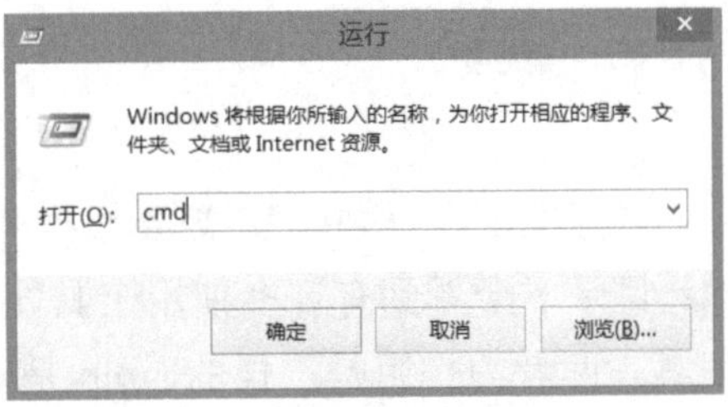

图 1-35

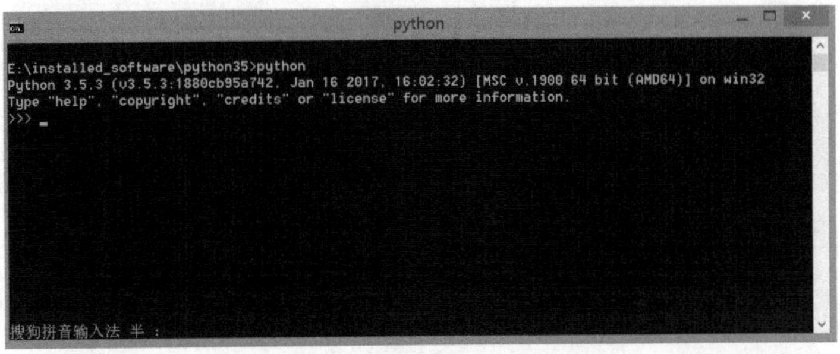

图 1-36

接下来输入以下脚本，如果运行成功，则说明 PyQt 5 安装成功。

```
import PyQt5
```

如果想要了解 PyQt 5 所依赖的模块，则可以通过 help 命令来查看。

```
help(PyQt5)
```

PyQt 5 所依赖的模块如图 1-37 所示。

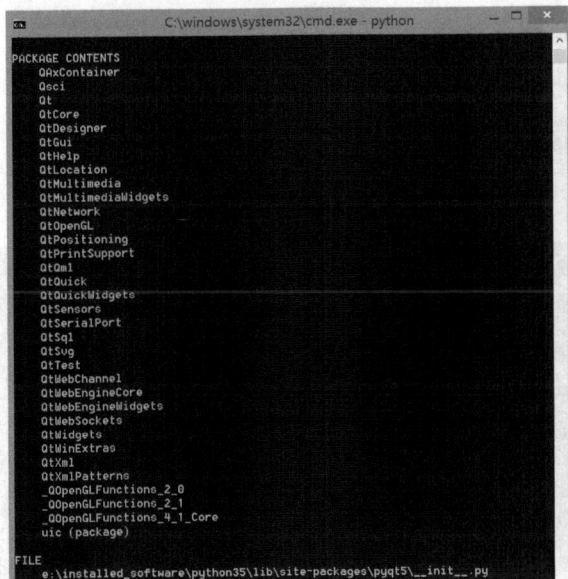

图 1-37

1.2.4　安装其他 Python 模块

安装好 Python 3.5 后，在实际的开发中，还需要根据业务选择安装其他 Python 模块。在 python35\Scripts 目录下会看到有许多使用工具，其中 pip 和 easy_install 是在线一键安装模块的工具，两者的作用是一样的，pip 是 easy_install 的升级版本，如图 1-38 所示。

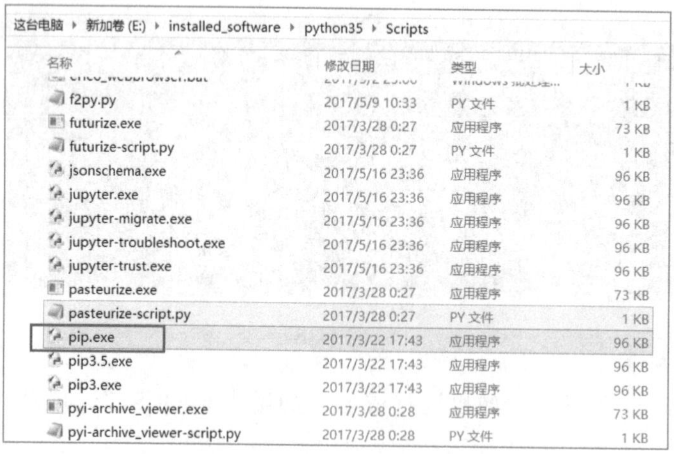

图 1-38

下面以安装 matplotlib 模块为例来进行说明。从 Python 官网的 matplotlib 介绍可知，安装这个模块，需要安装许多其他的依赖模块，如 setuptools、numpy、python-dateutil、pytz、pyparsing、cycler 等，如果手动一个个去下载这些模块来安装，那就太费力了，所以此时 easy_install 和 pip 工具就非常有用了。

使用以下命令来安装 matplotlib：

```
pip install matplotlib
```

如果一切顺利，matplotlib 将安装成功，如图 1-39 所示。

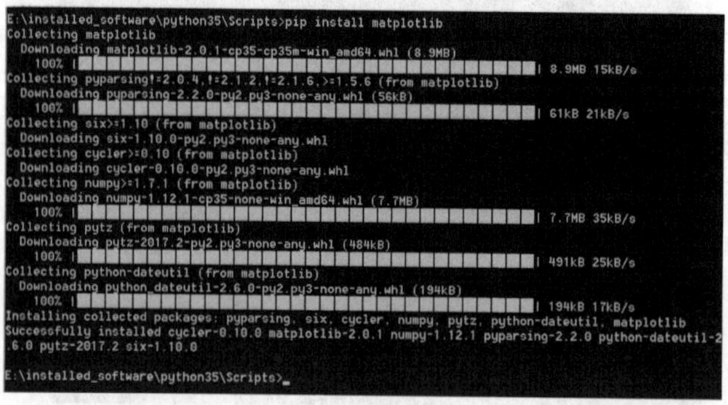

图 1-39

从图 1-39 可以看到，matplotlib 所依赖的各模块都安装好了。

1.2.5　使用 PyQt 5 的 API 文档

安装好 PyQt 5 后，如果想知道 widget 类及其子类有哪些属性和函数，应该如何查看呢？

方法一：通过命令查看 PyQt 5 类或对象的所有属性。

这里先介绍两个内置函数：dir()和 help()。

dir()用来查询一个类或者对象的所有属性。在 Python 交互环境下输入以下代码：

```
from PyQt5.QtWidgets import QWidget
dir( QWidget )
```

QWidget 类是 PyQt 5 的窗口基础类，需要从 PyQt5.QWidgets 包中导入，使用 dir()函数打印 QWidget 对象的属性和函数。返回结果如图 1-40 所示。

图 1-40

help()用来查看类的说明文档。同理，如果要查看 PyQt 5 类的说明文档，则需要在 Python 交互环境下输入以下代码：

```
from PyQt5.QtWidgets import QWidget
help( QWidget )
```

返回结果如图 1-41 所示。

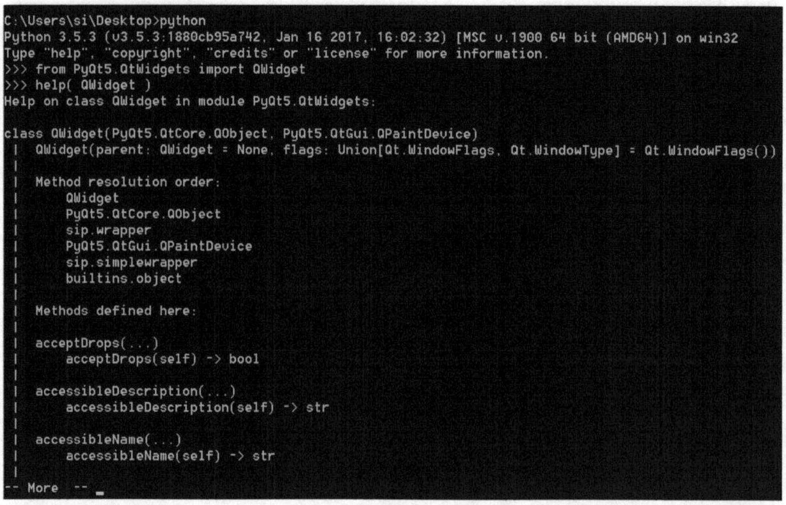

图 1-41

虽然可以通过 help()函数在终端查看指定 PyQt 5 类的帮助信息，但是在输出的帮助信息比较多的情况下，查看就不太方便了，那有没有一种方法可以把帮助信息输出到指定文件中呢？

答案是肯定的，本例文件名为 **PyQt5/Chapter01/qt102_PrintApi.py**，将 PyQt 5 中的 **QWidget** 类的使用手册保存到本地硬盘上。其完整代码如下：

```
import sys
from PyQt5.QtWidgets import QWidget


out = sys.stdout
sys.stdout = open(r'E:\QWidget.txt' , 'w')
help( QTableWidget )
sys.stdout.close()
sys.stdout = out
```

运行代码后，打开 E 盘中的 **QWidget.txt** 文件，在这个文件中即可查看 QWidget 类的详细使用 API（Application Programming Interface，应用程序编程接口），如图 1-42 所示。

方法二：查看在线帮助文档。

如果需要查看 PyQt 5 的详细介绍，则可以访问在线的 PyQt 5 说明文档，地址是：http://pyqt.sourceforge.net/Docs/PyQt5/class_reference.html，如图 1-43 所示。

图 1-42

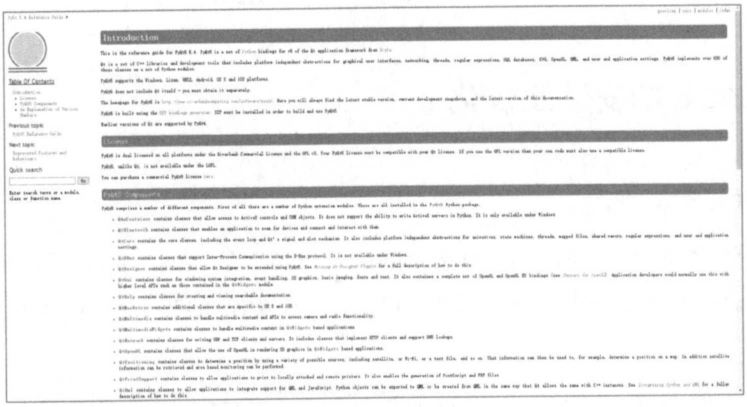

图 1-43

1.3　Eric 6的安装与使用

Eric 是一个全功能的 Python 编辑器和 IDE，是用 Python 编写的。它是基于跨平台的 Qt GUI 工具包、整合灵活的编辑器控件。Eric 包含一个插件系统，允许扩展 IDE 的功能插件请从网上下载。Eric 6 与 PyQt 5 的结合，非常方便实现界面与业务逻辑的分离，以满足 Python 的快速 GUI 开发需求，用户只需要关注业务的逻辑实现，而不需要在界面上花很多时间。Eric 6 具有如下优点。

- 跨 Windows/Linux/Mac OS 等开发平台。
- 调试器支持设置断点、单步调试、查看变量值等。
- 支持工程。
- 支持自动补全，即变量输入一半就能提示剩下的一半。
- 支持智能感知，即输入变量名和一个点，就会自动提示可能的函数。
- 支持自动语法检查，每次保存时都会进行自动检查。

- 支持自动缩进，会自动判断 if、while 等语句。
- 编辑器支持代码折叠。
- 支持第三方插件。
- 支持很多小工具，如正则表达式生成器/测试器。
- 支持宏录制。
- 与 Qt Designer（PyQt 5 的界面设计器）结合得很好，方便 GUI 程序开发。
- 支持代码版本管理（如 SVN 等）。
- 使用 PyQt 5 作为图形库，界面美观、大方。
- 支持在线自动更新。

工欲善其事，必先利其器。我们首先应该找到一个趁手的工具——Eric，可以说 Eric 是开发 PyQt 的“完美利器”。本节重点介绍 Eric 6 的使用方法。

1.3.1 Eric 6 的安装及汉化

1. 下载 Eric 6

访问 Eric 官网：http://eric-ide.python-projects.org/，从 https://sourceforge.net/projects/eric-ide/files/eric6/stable/地址下载最新的 Windows 操作系统下的 Eric 6 安装包和汉化包。

截至本书成书时，Eric 的最新版本为 eric6-17.04.1，如图 1-44 所示。

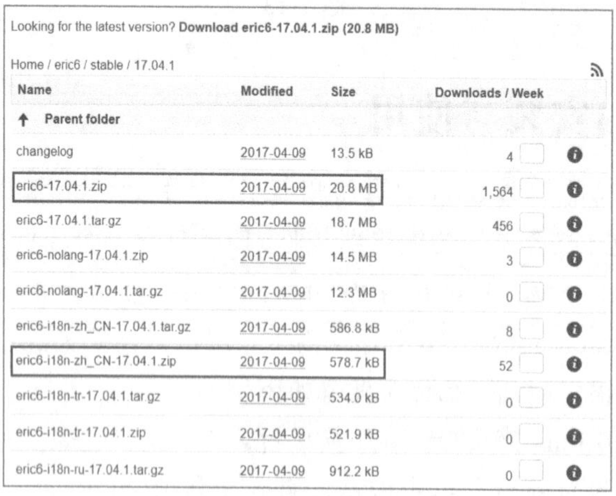
Looking for the latest version? **Download eric6-17.04.1.zip (20.8 MB)**

Home / eric6 / stable / 17.04.1

Name	Modified	Size	Downloads / Week
Parent folder			
changelog	2017-04-09	13.5 kB	4
eric6-17.04.1.zip	2017-04-09	20.8 MB	1,564
eric6-17.04.1.tar.gz	2017-04-09	18.7 MB	456
eric6-nolang-17.04.1.zip	2017-04-09	14.5 MB	3
eric6-nolang-17.04.1.tar.gz	2017-04-09	12.3 MB	0
eric6-i18n-zh_CN-17.04.1.tar.gz	2017-04-09	586.8 kB	8
eric6-i18n-zh_CN-17.04.1.zip	2017-04-09	578.7 kB	52
eric6-i18n-tr-17.04.1.tar.gz	2017-04-09	534.0 kB	0
eric6-i18n-tr-17.04.1.zip	2017-04-09	521.9 kB	0
eric6-i18n-ru-17.04.1.tar.gz	2017-04-09	912.2 kB	0

图 1-44

2. 解压缩 Eric 6安装包和汉化包

将解压缩后的 eric6-17.04.1 文件夹改名为 eric6，将汉化包解压缩后的 eric 文件夹和其他两个文件复制到 eric6 文件夹中，如图 1-45 所示。

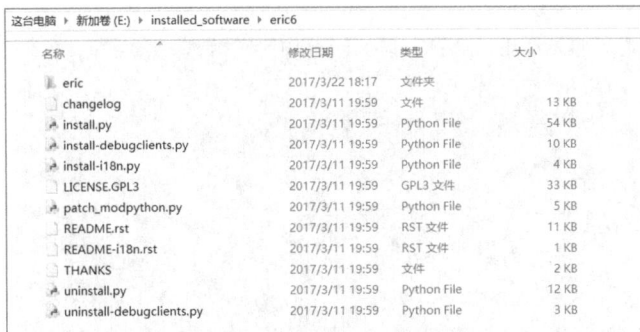

图 1-45

在正式安装 Eric 6 之前，还需要使用 pip install 命令安装 Qsci 模块，否则会报出"Error: cannot import name 'Qsci'"异常，如图 1-46 所示。

图 1-46

安装 Qsci 模块成功后，如图 1-47 所示。

```
pip install QScintilla  -i https://pypi.douban.com/simple
```

图 1-47

准备好安装环境后，现在开始正式安装 Eric 6。双击 install.py 文件开始安装 eric6-17.04.1，或者在命令行输入如下脚本：

```
python install.py
```

如果没有提示出错，那么 Eric 6 安装成功，如图 1-48 所示。

安装完成之后，如果在 eric6 文件夹中没有生成 eric.bat 文件，就需要进入 eric6\eric 文件夹中双击 eric6.pyw 文件，打开 Eric 6，如图 1-49 所示。

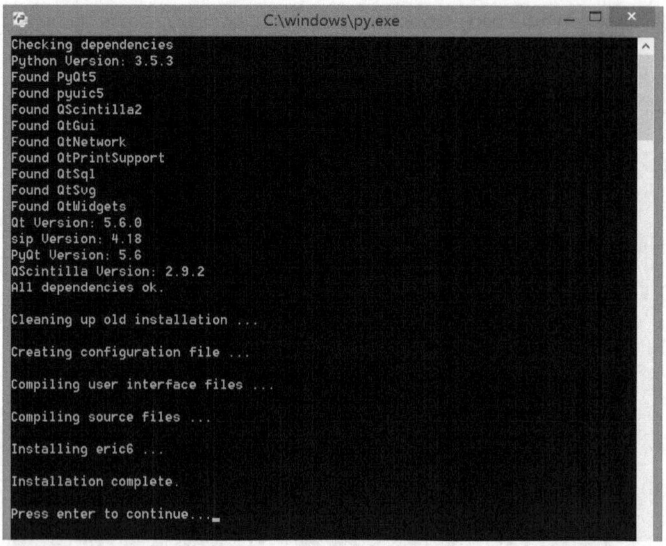

图 1-48

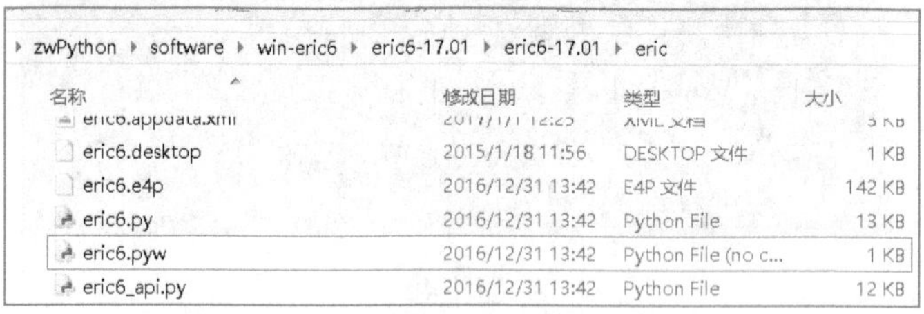

图 1-49

如果界面显示为简体中文，则说明汉化成功，如 1-50 所示。

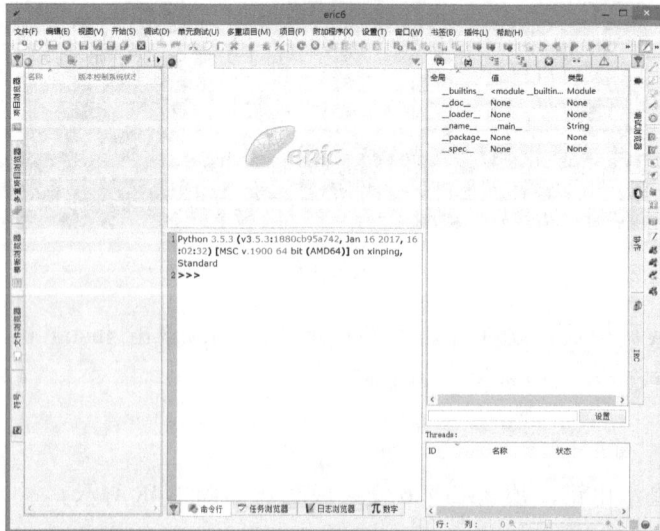

图 1-50

1.3.2　Eric 6 的相关配置

第一次打开 Eric 6 时可能需要进行配置。如果没有自动弹出配置窗口，则可以手动打开配置窗口：单击"设置"→"首选项"。

（1）单击"Qt"，在配置 Qt Designer 栏目中，在"Tools Directory"文件夹中指向 pyqt5-tools 安装包的路径。pyqt5-tools 存放了 Qt 的常用工具，使用 pip install 命令安装成功后，存放在%\python35\Lib\site-packages 目录下，如图 1-51 所示。

图 1-51

（2）单击"编辑器"→"自动完成"→"QScintilla"，勾选"显示单条"和"使用填充符号"复选框，如图 1-52 所示。

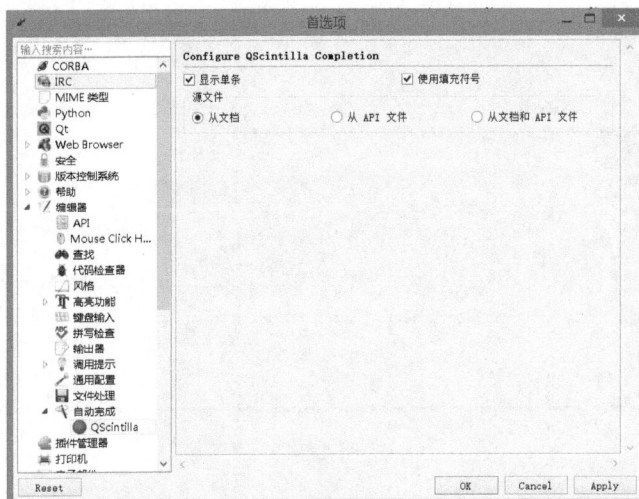

图 1-52

（3）单击"编辑器"→"自动完成"，勾选"启用自动补全"复选框，如图 1-53 所示。

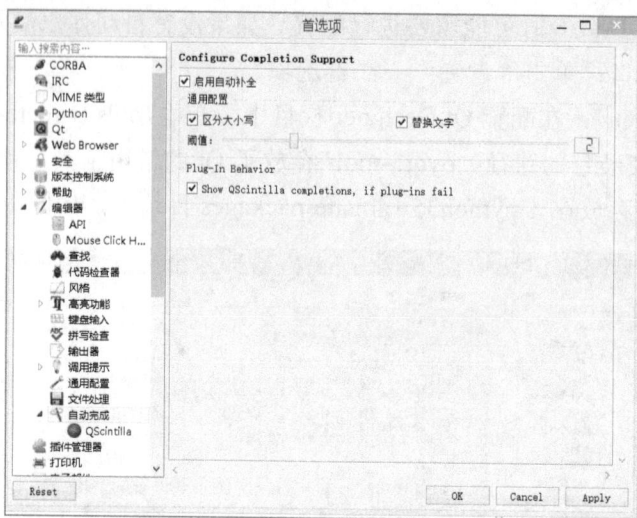

图 1-53

进行了上面配置后，Eric 6 就有了智能提示功能。

（4）单击"编辑器"→"API"，语言选择"Python3"，然后单击"从已安装的 API 中添加"按钮，从 E:\installed_software\python35\Lib\site-packages\PyQt5\qsci\api\python 导入 eric6.api，单击"编译 API"按钮，最后单击"OK"按钮，如图 1-54 所示。

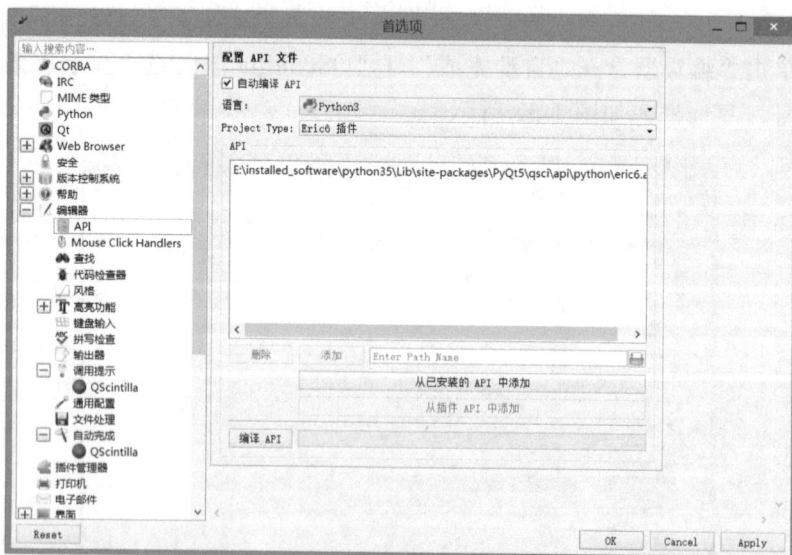

图 1-54

还要选择 PyQt 5 的 API，如图 1-55 所示。

图 1-55

配置 Python 使用的编码格式为 "utf-8"，避免应用出现乱码，如图 1-56 所示。

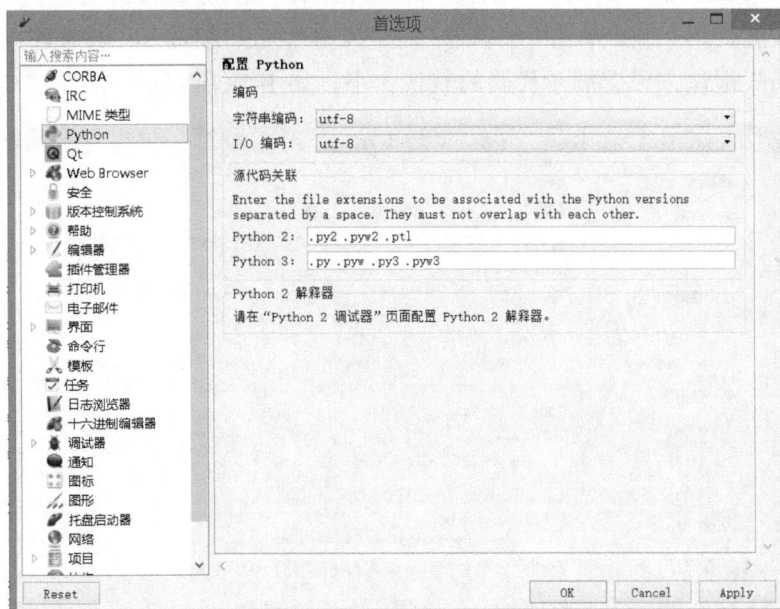

图 1-56

（5）单击 "项目" → "多重项目"，在 "工作区" 区域通过单击最右侧的图标选择一个位置，这里选择的是 E:\testPyQt5 文件夹，然后单击 "OK" 按钮，如图 1-57 所示。

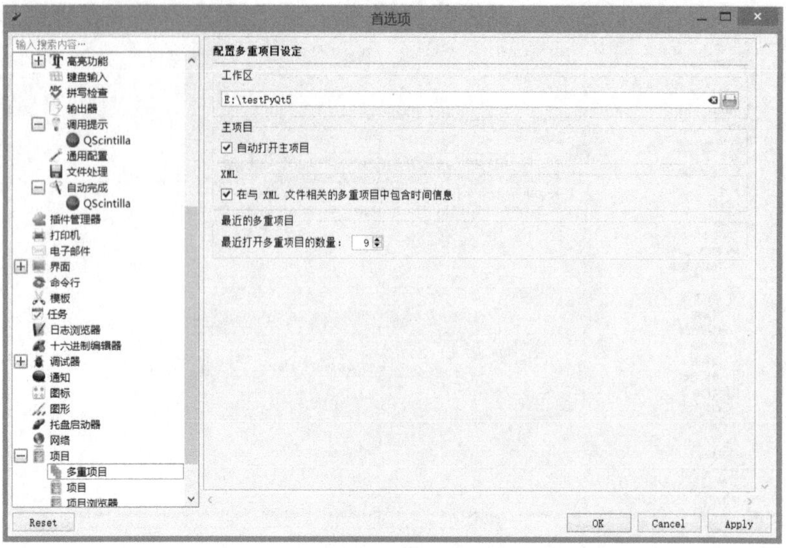

图 1-57

这样简单配置后，我们就可以使用 Eric 6 来体验极速 GUI 开发了。

（6）设置代码风格。单击"编辑器"→"风格"，在"缩放"区域通过拖动"Initial zoom factor"滑块来设置展示代码的默认大小，如 1-58 所示。

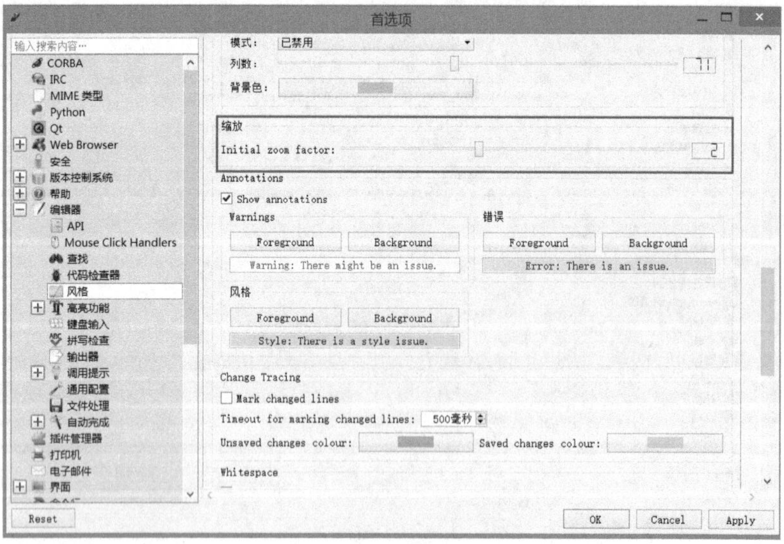

图 1-58

（7）Eric 6语法错误提示。Eric 6语法错误提示会有一个昆虫标志，如图1-59所示。

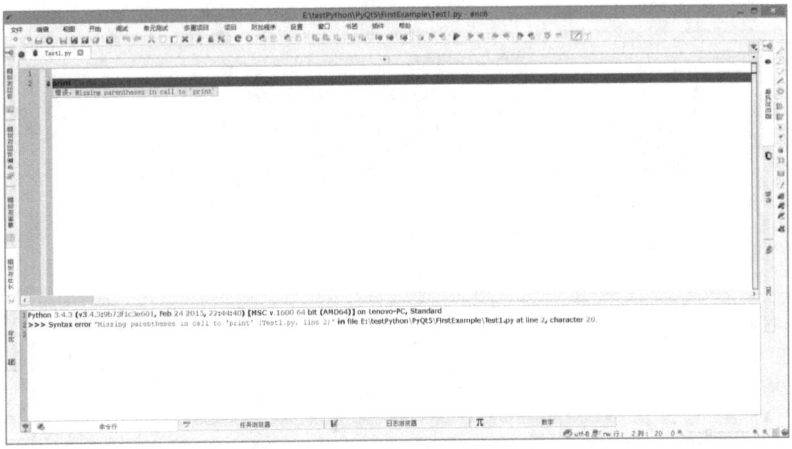

图 1-59

1.3.3　安装自动补全插件 jedi

　　jedi 是一个超级棒的 Python 自动补全库，可以在 IDE 或者文本编辑器中使用。jedi 好用并且快速，它理解所有的 Python 基础语法元素，包括许多内建函数。除此之外，jedi 还支持两种不同的 goto 功能、重命名、pydoc 和一些与 IDE 有关的特性。

　　jedi 可以在很多编辑器中使用，主流的有 Eric IDE、Vim、Emacs、Sublime Text、TextMate、Kate、Atom、SourceLair、GNOME Builder、Visual Studio Code、Gedit、wdb 等。

1. 安装 jedi

使用以下命令安装 jedi。

```
pip install jedi
```

如果安装成功，则会显示如图 1-60 所示的信息。

图 1-60

2. 为 Eric 6 安装 jedi 插件

　　为了使 Eric 6 的自动补全功能更加完善，现在为 Eric 6 安装 jedi 插件。打开 Eric 6，选择菜单"插件"→"插件储存库"，进行 jedi 插件的安装，如图 1-61 至图 1-64 所示。

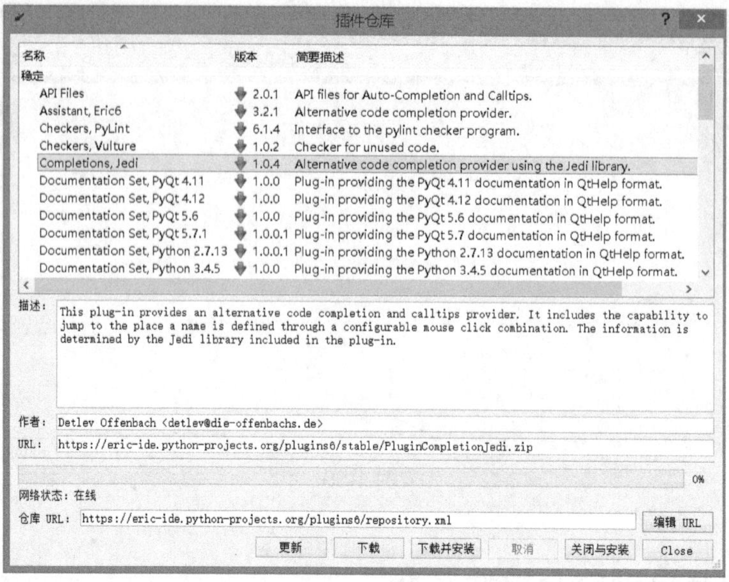

图 1-61

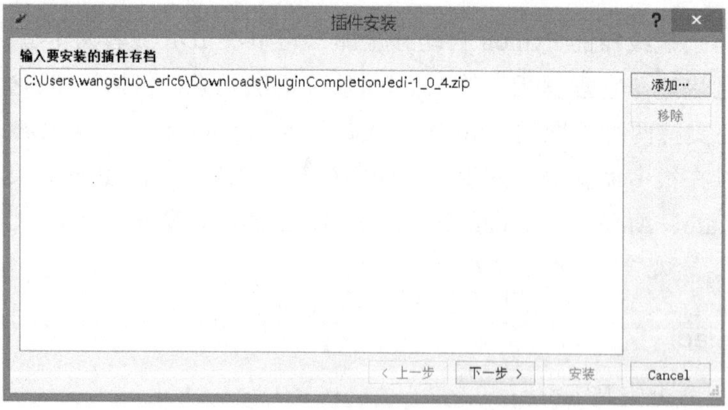

图 1-62

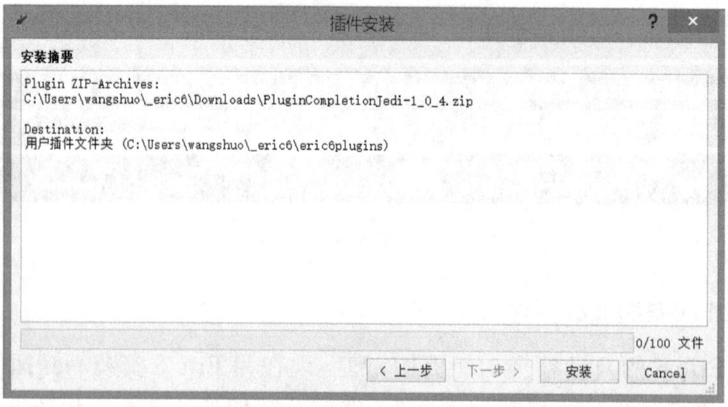

图 1-63

图 1-64

1.3.4　测试 Eric 6

在 Eric 6 中新建.py 文件，输入如图 1-65 所示的代码并运行，弹出窗口即说明 Eric 6 安装成功了。

```python
1   import sys
2   from PyQt5.QtWidgets import QWidget, QApplication
3
4 - if __name__ == '__main__':
5       app = QApplication(sys.argv)
6       q = QWidget()
7       q.show()
8       sys.exit(app.exec_())
```

图 1-65

1.3.5　Eric 6 的基本使用

这一节主要讲解使用 Eric 6 开发 PyQt 5 应用。下面的例子文件保存在 PyQt5/Chapter01/EricPro01 目录下。

（1）建立 PyQt 5 项目。打开 Eric 6，选择菜单"项目"→"新建"，如 1-66 所示。

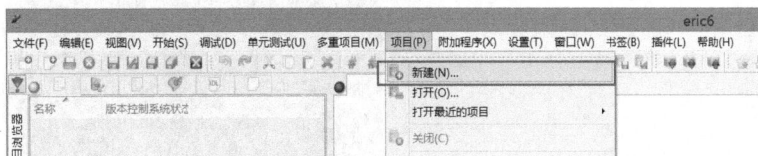

图 1-66

（2）填写项目信息，然后单击"OK"按钮，如图 1-67 所示。以下为本例项目信息。

项目名称：FirstPyQtPro

项目类型：PyQt5 GUI

项目文件夹：E:\quant\PyQt5\Chapter01\EricPro01（可以选择本地硬盘上的任意文件夹）

（3）弹出一个窗口，问是否要添加已有文件到项目中，通常单击"No"按钮，如 1-68 所示。

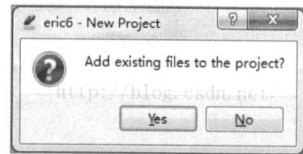

图 1-67   图 1-68

（4）新建一个 Python 文件。选择菜单"文件"→"新建"，Eric 会新建一个名为"无标题 1"的标签，但在项目浏览器中并没有"无标题 1"，如图 1-69 所示。

图 1-69

（5）单击工具栏中的"另存为"图标，将"无标题 1"保存成.py 格式的文件，如 1-70 所示。

图 1-70

（6）在保存文件对话框中，输入要保存的文件名 FirstWin.py，保存类型选择"Python3 Files(*.py)"，然后单击"保存"按钮，如图 1-71 所示。

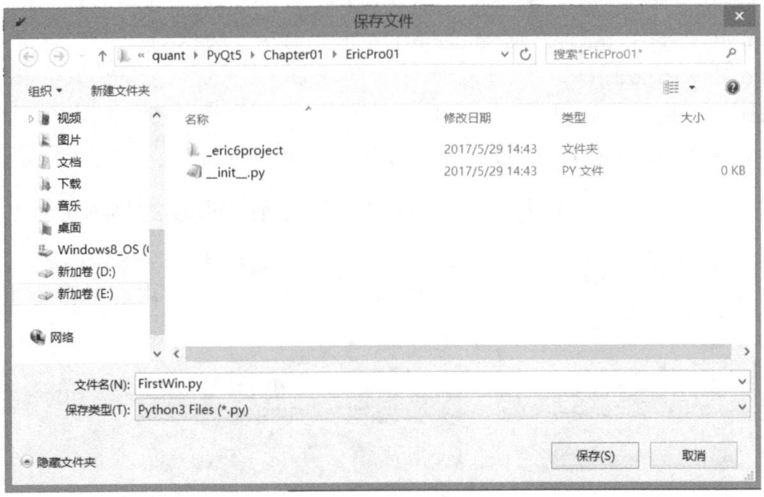

图 1-71

"无标题 1"已变成刚输入的名称，并且为.py 格式，项目浏览器中也有了该文件，如 1-72 所示。

图 1-72

在文件 FirstWin.py 中输入以下脚本，然后单击工具栏中的"保存"图标进行保存。

```
import sys
from PyQt5.QtWidgets import QPushButton, QApplication, QWidget

class WinForm( QWidget):
    def __init__(self, parent = None):
        super(WinForm,self).__init__(parent)
        self.setGeometry(300, 300, 350, 350)
        self.setWindowTitle('点击按钮关闭窗口')
        quit = QPushButton('Close', self)
        quit.setGeometry(10, 10, 60, 35)
        quit.setStyleSheet("background-color: red")
        quit.clicked.connect(self.close)

if __name__ == "__main__":
    app = QApplication(sys.argv)
    win = WinForm()
    win.show()
    sys.exit(app.exec_())
```

单击菜单"开始"→"运行脚本"，就可以运行刚才保存的脚本了，如 1-73 所示。

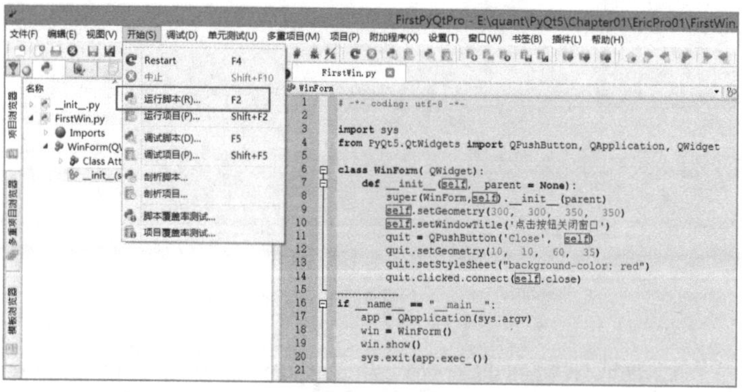

图 1-73

如果能弹出如图 1-74 所示的窗口，则说明脚本运行成功。

图 1-74

1.4　本书程序下载

本书程序存放在 GitHub 上，通过访问 https://github.com/cxinping/PyQt5 地址（注意字母大小写）手动下载。

或者通过下面的方式获得完整的代码。

首先，访问 Git 官网 https://git-scm.com/download/win 下载安装软件 Git-1.9.4-*.exe。

然后，在本地硬盘上新建一个文件夹，比如 E:/temp2，在文件夹中单击鼠标右键，在弹出的快捷菜单中选择"Git Bash"，如图 1-75 所示。

✴ 显示卡属性	
◆ 配置可交换显示卡	
查看(V)	▶
排序方式(O)	▶
分组依据(P)	▶
刷新(E)	
自定义文件夹(F)...	
粘贴(P)	
粘贴快捷方式(S)	
撤消 复制(U)	Ctrl+Z
Git Init Here	
Git Gui	
Git Bash	
共享(H)	▶
新建(W)	▶
属性(R)	

图 1-75

最后，在弹出的 cmd 窗口中输入以下命令：

```
git clone https://github.com/cxinping/PyQt5.git
```

如果看到如图 1-76 所示的命令提示，就说明下载成功了。

```
E:\temp2> git clone https://github.com/templarXpWs/PyQt5.git
Cloning into 'PyQt5'...
remote: Counting objects: 13, done.
remote: Compressing objects: 100% (11/11), done.
remote: Total 13 (delta 0), reused 13 (delta 0), pack-reused 0
Unpacking objects: 100% (13/13), done.
Checking connectivity... done.
```

图 1-76

如果下载有问题，请发送电子邮件联系笔者，邮箱为 xpws2006@163.com，邮件主题为"PyQt5 代码"。

成功执行 git 命令后，就把程序下载到本地了，如图 1-77 所示。

名称	修改日期	类型	大小
.git	2017/8/27 20:11	文件夹	
Chapter01	2017/8/7 10:26	文件夹	
Chapter02	2017/7/7 17:03	文件夹	
Chapter03	2017/8/7 10:26	文件夹	
Chapter04	2017/8/7 10:33	文件夹	
Chapter05	2017/8/24 20:50	文件夹	
Chapter06	2017/8/8 13:29	文件夹	
Chapter07	2017/8/7 10:37	文件夹	
Chapter08	2017/8/7 10:38	文件夹	
Chapter09	2017/8/27 19:54	文件夹	
Chapter10	2017/8/7 10:42	文件夹	
Chapter11	2017/8/27 14:21	文件夹	
tool	2017/8/27 19:46	文件夹	
README.md	2017/8/25 8:58	MD 文件	5 KB

图 1-77

本书配套程序的工作目录是 PyQt5，主要存放案例脚本源码。有关的程序如果有改变，则会在 GitHub 上发布更新，请读者手动下载。如果已经使用 git clone 命令下载了全部案例脚本源码，则可以使用 git pull 命令更新脚本。

PyQt5 目录结构中的子目录说明如下。

- \PyQt5\Chapter*\：这些目录是最重要的，存放本书 11 个章节中讲解的 PyQt 5 所有知识点对应的案例脚本。

- \PyQt5\tool\：存放 PyQt 5 案例使用的 Windows 平台下的 SQLite 数据库、ClassGraphics.edx、书中涉及的 UML 类图，以及 PyQt 5 的离线帮助手册。

第2章

2

Python 基本语法

2.1 Python简介

Python 是最适合初学者使用的编程语言，它也是目前 IT 行业唯一的入门简单、功能强大的商业级开发平台。事实上，Python 已经超越普通的编程语言，几乎成为 IT 行业万能的开发平台。

（1）入门简单。任何熟悉 JS 脚本、VB、C、Delphi 的用户，通常一天即可学会 Python。即使是不会编程的设计师、打字员，一周内也能熟练掌握 Python，其学习难度绝对不会比学习 Photoshop、五笔打字难度大。

（2）功能强大。海量级的 Python 模块库提供了 IT 行业最前沿的开发功能。

- 大数据：pandas、Numpy 库已经逐步碾压 R 语言。
- CUDA：高性能计算，Python、C（C++）和 FORTRAN 是 NVIDIA 官方认可的三种编程语言，也是目前唯一适合 PC 平台的 CUDA 编程工具。
- 机器学习：scikit-learn、Theano、pattern 是国际上最热门的机器学习平台。
- 自然语言：NLTK，全球首选的自然语言处理平台；spaCy，工业级 NLP 平台。
- 人脸识别：使用 Python 的 OpenCV 库，可以轻松、高效地实现图片中的人脸检测、眼睛检测和笑脸检测。
- 游戏开发：pygame 提供了图像、音频、视频、手柄、AI 等全套游戏开发模块库。
- 字体设计：fontforge 是唯一的商业级字体设计开源软件，其内置的脚本和底层核心的 fonttools 都是用 Python 开发的。
- 电脑设计：Blend、GIMP、Inkscape、Maya、3D Max 都内置或扩展了 Python

语言支持。

（上面提到的 pandas、CUDA、scikit-learn、Theano、pattern，是 Python 模块库或 IT 行业术语。）

Python 是由荷兰计算机程序员 Guido van Rossum（吉多·范罗苏姆）开发的，他对 Python 的目标是：

- 一门简单、直观的语言，并与主要竞争者一样强大。
- 开源，以便任何人都可以为它做贡献。
- 代码像纯英语那样容易理解。
- 适用于短期开发的日常任务。

Python 是一种学习简单、功能强大的工业级编程语言，也是一种真正的终身编程语言，适合 8 岁到 80 岁的用户学习编程，是小学生和博士生通用的编程语言。2011 年 1 月，在 TIOBE 编程语言排行榜中，Python 被评为 2010 年度语言。

🌐 提示

> TIOBE 编程语言排行榜是编程语言流行趋势的一个指标，每月更新一次，这个排行榜排名基于互联网上有经验的程序员、课程和第三方厂商的数量，排名是使用著名的搜索引擎（如 Google、MSN、Yahoo!、Wikipedia、YouTube 以及 Baidu 等）进行计算的。请注意，这个排行榜只是反映某种编程语言的热门程度，并不能说明它好不好，或者它所编写的代码数量多少。

Python 是一种动态语言，支持交互式编程、面向对象编程和函数式编程，具有类、函数、异常处理、列表（List）、字典（Dictionary）和元祖（Tuple）等数据类型。从 2017 年 6 月编程语言排行榜 TOP20 榜单来看，Python 编程语言在兵器谱上排名第四，前三名分别是 Java、C 和 C++，如图 2-1 所示。2017 年 6 月，江湖上人称"四哥"的，就是 Python 大侠。

python 语法是编程语言基础中的基础，即使你是一位有经验的程序员，再看看这些 Python 编程语法，也会对 Python 语言的细节有更多的认识。

Jun 2017	Jun 2016	Change	Programming Language	Ratings	Change
1	1		Java	14.493%	-6.30%
2	2		C	6.848%	-5.53%
3	3		C++	5.723%	-0.48%
4	4		Python	4.333%	+0.43%
5	5		C#	3.530%	-0.26%
6	9	^	Visual Basic .NET	3.111%	+0.76%
7	7		JavaScript	3.025%	+0.44%
8	6	∨	PHP	2.774%	-0.45%
9	8	∨	Perl	2.309%	-0.09%
10	12	^	Assembly language	2.252%	+0.13%
11	10	∨	Ruby	2.222%	-0.11%
12	14	^	Swift	2.209%	+0.38%
13	13		Delphi/Object Pascal	2.158%	+0.22%
14	16	^	R	2.150%	+0.61%
15	48	⌃⌃	Go	2.044%	+1.83%
16	11	⌄⌄	Visual Basic	2.011%	-0.24%
17	17		MATLAB	1.996%	+0.55%
18	15	∨	Objective-C	1.957%	+0.25%
19	22	^	Scratch	1.710%	+0.76%
20	18	∨	PL/SQL	1.566%	+0.22%

图 2-1

2.2　数据类型

Python 有 5 种基本数据类型：

- Number（数字）
- String（字符串）
- List（列表）
- Tuple（元组）
- Dictionary（字典）

注意

（1）Python 的数据类型和 C 语言的不同，其有复数形式，比如(-6+4j)和 (5.3-7.6j)。

（2）Python 没有 char 单字符类型。

数字类型用于存储数值。

当给一个变量赋值时，Number 数据类型就会被创建：

```
x=1
y=911
```

Python 支持 4 种不同的数字类型：

- int（有符号整型）
- long（长整型，也可以代表八进制和十六进制数）
- float（浮点型）
- complex（复数）

Python 常用的计算符号有：

- +，加法。
- -，减法。
- *，乘法。
- /，除法。
- //，整除。
- %，取模，余数。
- **，乘方

案例 2-1　基本运算

案例 2-1 文件名为 py201math.py，保存路径为 PyQt5/Chapter02/py201math.py，

主要介绍 Python 数值的基本运算。其核心代码如下：

```
#1
print('\n#1')
x=10
y=22
z=35
print('x,y,z,',x,y,z)

#2
print('\n#2')
a=x+y;print('a=x+y,',a)
b=x-y;print('b=x-y,',b)
c=z-x*y;print('c=z-x*y,',c)

#3
print('\n#3')
a=z/x;print('a=z/x,',a)
b=z//x;print('b=z//x,',b)
c=z%x;print('c=z%x,',c)

#4
print('\n#4')
a=x**2;print('a=x**2,',a)
b=x**3;print('b=x**3,',b)
```

对应的输出信息如下：

```
#1
x,y,z, 10 22 35

#2
a=x+y, 32
b=x-y, -12
c=z-x*y, -185

#3
a=z/x, 3.5
b=z//x, 3
c=z%x, 5

#4
a=x**2, 100
b=x**3, 1000
```

2.3　String（字符串）

字符串是由数字、字母、下画线组成的一串字符，一般采用单引号或者双引号的形式：

```
str='abcd'
str="hello ziwang.com"
```

Python 语言的字符串类似于传统语言的字符数组模式，也可以看作字符列表，有两种取值顺序：

- 从左到右索引默认从 0 开始，最大范围是字符串长度少 1。
- 从右到左索引默认从-1 开始，最大范围是字符串开头。

如果要实现从字符串中获取一段子字符串的话，使用变量[头下标:尾下标]，就可以截取相应的字符串，其中下标是从 0 开始算起的，可以是正数或负数，下标可以为空，表示取到头或尾。

📖 案例 2-2　字符串入门

案例 2-2 文件名为 py202str.py，保存路径为 PyQt5/Chapter02/py202str.py，主要介绍字符串的基本用法。其核心代码如下：

```
dss='hello pyqt5'
print('dss',dss)

#1
print('\n#1')
s2=dss[1:];print('s2,',s2)
s3=dss[1:3];print('s3,',s3)
s4=dss[:3];print('s4,',s4)

#2
print('\n#2')
s2=dss[-1];print('s2,',s2)
s3=dss[1:-2];print('s3,',s3)
dn=len(dss);print('dn,',dn)

#3
print('\n#3')
print('s2+s3,',s2+s3)
print('s3*2,',s3*2)
```

对应的输出信息如下：

```
dss hello pyqt5

#1
s2, ello pyqt5
s3, el
s4, hel

#2
s2, 5
s3, ello pyq
dn, 11

#3
s2+s3, 5ello pyq
s3*2, ello pyqello pyq
```

在字符串运算中，加号（+）是字符串连接运算符，乘号（*）表示重复操作。

案例 2-3 字符串常用方法

Python 语言的字符串其实是一种对象，内置了大量实用的字符串函数和方法，几乎包括了所有常用的 Python 字符串操作，如字符串的替换、删除、截取、复制、连接、比较、查找、分割等。

案例 2-3 文件名为 py203str2.py，主要介绍字符串内置函数和方法的，所以程序代码较长，我们分组进行说明。

程序代码	对应的输出信息
#1 dss=' hello pyqt5,,' print('\n#1,去空格及特殊符号') s1=dss.strip().lstrip().rstrip(',') print('s1,',s1)	#1,去空格及特殊符号 s1, hello pyqt5
#2 print('\n#2,字符串连接') s2=dss.join(['a','.','c']) print('s2,',s2) s3='s3' s3+='xx' print('s3,',s3)	#2,字符串连接 s2, a hello pyqt5,,. hello pyqt5,,c s3, s3xx

程序代码	对应的输出信息
#3 print('\n#3,查找字符') css='abc1c2c3' pi=css.find('c') print('pi,',pi)	#3,查找字符 pi, 2
#4,字符串比较 print('\n#4,字符串比较') print(s1 > s2) print(s1 == s2) print(s1 < s2)	#4,字符串比较 True False False
#5 print('\n#5,字符串长度') s1,s2='abc','c123' print('len(s1),',len(s1)) print('len(s2),',len(s2))	#5,字符串长度 len(s1), 3 len(s2), 4
#6 print('\n#6,大小写转换') s1,s2='abc','ABC123efg' print('大写，s1.upper(),',s1.upper()) print('小写，s2.lower(),',s2.lower()) print('大小写互换，s2.swapcase(),',s2.swapcase()) print('首字母大写，s1.capitalize(),',s1.capitalize())	#6,大小写转换 大写，s1.upper(), ABC 小写，s2.lower(), abc123efg 大小写互换，s2.swapcase(), abc123EFG 首字母大写，s1.capitalize(), Abc
#7 print('\n#7,分割字符串') s2=' hello, ziwang,com,,' print('s2.split,',s2.split(','))	#7,分割字符串 s2.split, [' hello', ' ziwang', 'com', '', '']

2.4　List（列表）

列表用[ ]标识，是 Python 中最常用的数据类型。列表类似于传统语言中的数组，但它更加灵活、强大。

列表支持字符、数字、字符串，甚至可以包含列表（所谓嵌套）。

列表中的每个元素都分配一个数字，即它的位置或索引，第一个索引是 0，第二个索引是 1，依此类推。从右到左索引默认从-1 开始，下标可以为空，表示取到头或尾。

案例 2-4　列表操作

案例 2-4 文件名为 py204list.py，保存路径为 PyQt5/Chapter02/py204list.py，主要介绍列表的基本用法。其核心代码如下：

```
#1
print('\n#1')
zlst=['hello','PyQt5','.','com']
vlst=['Top','Quant','.','vip']
print('zlst,',zlst)
print('vlst,',vlst)

#2
print('\n#2')
s2=zlst[1:];print('s2,',s2)
s3=zlst[1:3];print('s3,',s3)
s4=vlst[:3];print('s4,',s4)

#3
print('\n#3')
print('s2+s3,',s2+s3)
print('s3*2,',s3*2)
```

对应的输出信息如下：

```
#1
zlst, ['hello', 'PyQt5', '.', 'com']
vlst, ['Top', 'Quant', '.', 'vip']

#2
s2, ['PyQt5', '.', 'com']
s3, ['PyQt5', '.']
s4, ['Top', 'Quant', '.']

#3
s2+s3, ['PyQt5', '.', 'com', 'PyQt5', '.']
s3*2, ['PyQt5', '.', 'PyQt5', '.']
```

加号（+）是列表连接运算符，乘号（*）表示重复操作。

列表操作常用函数和方法如下。

（1）列表操作包含以下函数。

- cmp(list1, list2)：比较两个列表的元素。
- len(list)：列表元素个数。
- max(list)：返回列表元素的最大值。
- min(list)：返回列表元素的最小值。
- list(seq)：将元组转换为列表。

（2）列表操作包含以下方法。

- list.append(obj)：在列表末尾添加新的对象。
- list.count(obj)：统计某个元素在列表中出现的次数。
- list.extend(seq)：在列表末尾一次性追加另一个序列中的多个值（用新列表扩展原来的列表）。
- list.index(obj)：从列表中找出某个值第一个匹配项的索引位置。
- list.insert(index, obj)：将对象插入列表中。
- list.pop(obj=list[-1])：移除列表中的一个元素（默认是最后一个元素），并且返回该元素的值。
- list.remove(obj)：移除列表中某个值的第一个匹配项。
- list.reverse()：反向列表中元素。
- list.sort([func])：对原列表进行排序。

2.5 Tuple（元组）

元组用"( )"标识，内部元素用逗号隔开，它是列表数据格式的简化版本，不能二次赋值，类似于只读列表。

案例 2-5 元组操作

案例 2-5 文件名为为 py205tuple.py，保存路径为 PyQt5/Chapter02/py205tuple.py，主要介绍元组的基本用法。其核心代码如下：

```
#1
print('\n#1')
zlst=('hello','PyQt5','.','com')
vlst=('Top','Quant','.','vip')
print('zlst,',zlst)
print('vlst,',vlst)
```

```
#2
print('\n#2')
s2=zlst[1:];print('s2,',s2)
s3=zlst[1:3];print('s3,',s3)
s4=vlst[:3];print('s4,',s4)

#3
print('\n#3')
print('s2+s3,',s2+s3)
print('s3*2,',s3*2)
```

对应的输出信息如下：

```
#1
zlst, ('hello', 'PyQt5', '.', 'com')
vlst, ('Top', 'Quant', '.', 'vip')

#2
s2, ('PyQt5', '.', 'com')
s3, ('PyQt5', '.')
s4, ('Top', 'Quant', '.')

#3
s2+s3, ('PyQt5', '.', 'com', 'PyQt5', '.')
s3*2, ('PyQt5', '.', 'PyQt5', '.')
```

2.6　Dictionary（字典）

字典用"{ }"标识，由索引（key）和它对应的值（value）组成，是除列表以外，Python 中最灵活的内置数据结构类型，类似于其他语言的 k-v 数据类型。列表是有序的对象结合，而字典是无序的对象集合。

Python 字典是另一种可变容器模型，且可存储任意类型的对象，如字符串、数字、元组等其他容器模型。

字典由键和对应的值成对组成，字典也被称作关联数组或哈希表。字典中的元素是通过 key 关键字来存取的，而不是通过偏移存取的。

案例 2-6　字典操作

案例 2-6 文件名为 py206dict.py，保存路径为 PyQt5/Chapter02/py206dict.py，主

要介绍字典的基本用法。其核心代码如下：

```
#1
print('\n#1')
zdict={}
zdict['w1']='hello'
zdict['w2']='ziwang.com'
print('zdict,',zdict)

#2
print('\n#2')
vdict={'url1':'TopQuant.vip'
        ,'url2':'www.TopQuant.vip'
        ,'url3':'ziwang.com'}
print('vdict,',vdict)

#3
print('\n#3')
s2=zdict['w1'];print('s2,',s2)
s3=vdict['url2'];print('s3,',s3)
```

对应的输出信息如下：

```
#1
zdict, {'w2': 'ziwang.com', 'w1': 'hello'}

#2
vdict, {'url3': 'ziwang.com', 'url2': 'www.TopQuant.vip', 'url1':
'TopQuant.vip'}

#3
s2, hello
s3, www.TopQuant.vip
```

字典内置函数和方法如下。

（1）Python 字典包含以下内置函数。

- cmp(dict1, dict2)：比较两个字典元素。
- len(dict)：计算字典元素的个数，即键的总数。
- str(dict)：输出字典可打印的字符串标识。
- type(variable)：返回输入的变量类型，如果变量是字典，就返回字典类型。

（2）Python 字典包含以下内置方法。

- radiansdict.clear()：删除字典内所有元素。

- radiansdict.copy()：返回一个字典的浅复制。
- radiansdict.fromkeys()：创建一个新字典，以序列 seq 中的元素做字典的键，val 为字典所有键对应的初始值。
- radiansdict.get(key, default=None)：返回指定键的值，如果值不在字典中，则返回 default 值。
- radiansdict.has_key(key)：如果键在字典中，则返回 true；否则返回 false。
- radiansdict.items()：以列表形式返回可遍历的(键，值) 元组数组。
- radiansdict.keys()：以列表形式返回一个字典中所有的键。
- radiansdict.setdefault(key, default=None)：和 get()类似，但如果键已经不存在于字典中，则将添加键并将值设为 default。
- radiansdict.update(dict2)：把 dict2 的键-值对更新到字典中。
- radiansdict.values()：以列表形式返回字典中所有的值。

2.7　数据类型转换

有时候，需要对数据内置的类型进行转换，只要将数据类型作为函数名即可。

以下几个内置函数可以执行数据类型之间的转换，这些函数返回一个新的对象，表示转换的值。

- int(x [,base])：将 x 转换为一个整数。
- long(x [,base])：将 x 转换为一个长整数。
- float(x)：将 x 转换为一个浮点数。
- complex(real)：创建一个复数。
- str(x)：将对象 x 转换为字符串。
- repr(x)：将对象 x 转换为表达式字符串。
- eval(str)：用来计算字符串中有效的 Python 表达式，并返回一个对象。
- tuple(s)：将序列 s 转换为一个元组。
- list(s)：将序列 s 转换为一个列表。
- chr(x)：将一个整数转换为字符。
- unichr(x)：将一个整数转换为 Unicode 字符。
- ord(x)：将一个字符转换为它的整数值。
- hex(x)：将一个整数转换为十六进制字符串。
- oct(x)：将一个整数转换为八进制字符串。

2.8 控制语句

Python 语言的控制语句和其他编程语言类似，常用的有 if...else、while、for 语句。

案例 2-7 控制语句

案例 2-7 文件名为 py207ctrl.py，保存路径为 PyQt5/Chapter02/py207ctrl.py，主要介绍 Python 常用的控制语句。由于程序代码较长，我们分组进行说明。

第 1 组代码，说明 if-else 语句：

```
#1
print('\n1,if')
x,y,z=10,20,5
if x>y:
    print('x>y')
else:
    print('x<y')
```

对应的输出信息如下：

```
1,if
x<y
```

第 2 组代码，说明 elif 语句：

```
#2
print('\n#2,elif')
x,y,z=10,20,5
if x>y:
    print('x>y')
elif x>z:
    print('x>z')
```

对应的输出信息如下：

```
#2,elif
x>z
```

第 3 组代码，说明 while 循环语句：

```
#3
print('\n#3,while')
x=3
```

```
while x>0:
    print(x)
    x-=1
```

对应的输出信息如下：

```
#3,while
3
2
1
```

第 4 组代码，说明 for 循环语句的第一种用法：

```
#4
print('\n#4,for')
xlst=['1','b','xxx']
for x in xlst:
    print(x)
```

对应的输出信息如下：

```
#4,for
1
b
```

第 5 组代码，说明 for 循环语句的第二种用法：

```
#5
print('\n#5,for')
for x in range(3):
    print(x)
```

对应的输出信息如下：

```
#5,for
0
1
2
```

在 Python 控制语句中，需要注意的是 for 循环语句，其采用的是迭代模式，与传统编程语言差异较大；对于其他控制语句，用法都差不多。

2.9 自定义函数

Python 语言没有子程序，只有自定义函数，目的是方便我们重复使用相同的一段程序。将常用的代码块定义为一个函数，以后想实现相同的操作时，只要调用函数名就可以了，而不需要重复输入所有的语句。

函数的定义使用 def 命令。

案例 2-8　函数定义

案例 2-8 文件名为 py208fun.py，保存路径为 PyQt5/Chapter02/py208fun.py，主要说明自定义函数的使用。其核心代码如下：

```
def f01(a,b,c):
    print('a,b,c,',a,b,c)
    a2,b2,c2,=a+c,b*2,c*2
    return a2,b2,c2

#1
print('\n#1')
x,y,z=f01(1,2,3)
print('x,y,z,',x,y,z)

#2
print('\n#2')
x,y,z=f01(x,y,z)
print('x,y,z,',x,y,z)
```

运行结果如下：

```
#1
a,b,c, 1 2 3
x,y,z, 4 4 6

#2
a,b,c, 4 4 6
x,y,z, 10 8 12
```

在以上代码和输出信息中，需要注意的是：

- a、b、c 的输出信息是由自定义函数 f01 实现的。
- 调用 f01 函数时，变量 x、y、z 既是输入参数，也是输出变量。
- Python 函数支持多个返回数据。

2.10　函数partial

典型的，函数在执行时，要带上所有必要的参数进行调用。然而，有时参数可以在函数被调用之前提前获知。在这种情况下，一个函数有一个或多个参数预先就能用上，以便函数能用更少的参数进行调用。

在使用 partial 函数前，首先需要导入 functools 模块。

```
import functools
```

案例 2-9　partial 函数的使用

案例 2-9 文件名为 py209fun.py，保存路径为 PyQt5/Chapter02/py209fun.py，主要说明 partial 函数的使用。其核心代码如下：

```
import functools

def add(a, b):
    return a + b

#1
print('\n#1')
rst1 = add(4, 2)
print('add(4, 2)=' , rst1)

plus3 = functools.partial(add, 3)
plus5 = functools.partial(add, 5)

#2
print('\n#2')
rst2 = plus3(4)
print('plus3(4)=' , rst2)

rst3 = plus3(7)
print('plus3(7)=' , rst3)

rst4 = plus5(10)
print('plus5(10)=' , rst4)
```

运行结果如下：

```
#1
add(4, 2)= 6

#2
plus3(4)= 7
```

```
plus3(7)= 10
plus5(10)= 15
```

一个函数可以有多个参数，在有些情况下有的参数可以先得到，而有的参数需要在后面的情景中才能知道，Python 提供了 partial 函数用于携带部分参数生成一个新函数。

```
plus3 = functools.partial(add, 3)
```

把参数'3'先传入函数 add()中，生成一个新的函数 plus3()。

```
rst3 = plus3(4)
```

把最后获得的参数'7'传入函数 plus3()中，因为第一个参数'3'已经先行传入，所以最后的结果是 3+4=7。

```
plus3(7)= 10
```

同理，把最后获得的参数'7'传入函数 plus3()中，最后获得的结果是 3+7=10。

通过以上例子可以发现：

- partial 函数定义了一个匿名函数。
- partial 并不会带来程序运行效率的提高，只会使代码更简洁。

2.11　lambda表达式

lambda 的一般形式是在关键字 lambda 后面跟一个或多个参数，之后再紧跟一个冒号，接下来是一个表达式。lambda 是一个表达式，而不是一个语句，它能够出现在 Python 语法不允许 def 出现的地方。作为表达式，lambda 返回一个值（即一个新的函数）。lambda 用来编写简单的函数，而 def 用来处理更强大的任务。

案例 2-10　lambda 表达式操作

案例 2-10 文件名为 py210fun.py，保存路径为 PyQt5/Chapter02/py210fun.py，主要说明 lambda 表达式的使用。其核心代码如下：

```
fun1 = lambda x,y : x + y
print('fun1(2,3)=' , fun1(2,3))

fun2 = lambda x: x*2
print('fun2(4)=' , fun2(4) )
```

运行结果如下：

```
fun1(2,3)= 5
fun2(4)= 8
```

从上面代码可以看出，lambda 表达式是为了减少单行函数的定义而存在的。lambda 的使用大量简化了代码，使代码简练、清晰。

2.12　类和实例

类和对象是面向对象编程的两个主要方面。类创建一个新类型，而对象是这个类的实例，类使用 class 关键字创建。类的域和方法被列在一个缩进块中，一般函数也可以被叫作方法。

（1）类的变量：由一个类的所有对象（实例）共享使用，只有一个类变量的拷贝，所以当某个对象对类的变量做了改动时，这个改动会反映到其他所有的实例上。笔者的理解是：其实它就是一个类的全局变量，类实例化后的对象都可以调用该变量。

（2）对象的变量：由类的每个对象/实例拥有，因此每个对象都有自己对这个域的一份拷贝，即它们不是共享的，在同一个类的不同实例中，虽然对象的变量有相同的名称，但是它们互不相关。笔者的理解是：不同的对象调用该变量，其值改变后互不影响。

属于类级别的变量，在使用时一定要带上类型名称，比如 MyClass.count；属于每个对象级别的变量，在调用时一定要带上 self 表明属于当前对象，比如 self.name。

案例 2-11　类和实例的使用

案例 2-11 文件名为 py211class.py，保存路径为 PyQt5/Chapter02/py211class.py，主要介绍类和实例的变量。其核心代码如下：

```
class MyClass:
    count = 0
    name = 'DefaultName'

    def __init__(self, name):
        self.name = name
        print('类的变量是%s\n 对象的变量是%s' % ( MyClass.name,
self.name) )
```

```
    def setCount(self, count ):
        self.count = count

    def getCount(self):
        return self.count

if __name__ == "__main__":
    cls = MyClass('lisi')
    cls.setCount(10)
    print('count=%d' % cls.getCount())
```

运行结果如下：

```
类的变量是 DefaultName
对象的变量是 lisi
对象的 count: 10
```

__init__方法属于 Python 语言的构造函数，一个类只能有一个__init__方法，用于初始化类及其变量。

通过对象的 setCount()、getCount()函数处理它的变量。

2.13　类的属性和方法

类的方法：在类的内部可以使用 def 关键字定义一个方法。与一般函数不同，类的方法必须包含参数 self，且为第一个参数。

类的私有方法：在类的内部使用，命名格式为 __private_method。私有方法以两个下画线开头，声明该方法为私有的，不能在类的外部调用，只能在类的内部调用，比如 self.__private_methods。

类的私有属性：在类的内部使用，命名格式为__private_attrs。私有属性以两个下画线开头，声明该属性为私有的，不能在类的外部使用或直接访问，只能在类内部的方法中使用，比如 self.__private_attrs。

案例 2-12　类的属性和方法的使用

案例 2-12 文件名为 py212privateProperty.py，保存路径为 PyQt5/Chapter02/py212privateProperty.py，主要介绍类的属性和方法的使用。其核心代码如下：

```
class MyCounter:
    __secretCount = 0  # 私有变量
    publicCount = 0    # 公共变量
```

```
    def __privateCountFun(self):
        print('这是私有方法')
        self.__secretCount += 1
        self.publicCount += 1
        #print (self.__secretCount)

    def publicCountFun(self):
        print('这是公共方法')
        self.__privateCountFun()

if __name__ == "__main__":
    counter = MyCounter()
    counter.publicCountFun()
    counter.publicCountFun()
    print ('instance publicCount=%d' % counter.publicCount)
    print ('Class publicCount=%d' % MyCounter.publicCount)
```

运行结果如下：

```
这是公共方法
这是私有方法
这是公共方法
这是私有方法
instance publicCount=2
Class publicCount=0
```

从上面的代码可以看出：

- 可以在类的内部调用私有方法，不能在类的外部调用。
- 可以在类的内部访问私有属性，不能在类的外部访问。
- 对象属性类型的声明。

Python 的一大特色就是无须声明类型变量，它会自动判断。

注意

　　以下调用方法是错误的，仅供学习语法使用，方便理解语法，不要在实际环境中使用。

读者可以尝试使用如下方法调用类的私有方法和私有属性，程序会抛出异常。

```
if __name__ == "__main__":
    counter = MyCounter()

    # 报错，实例不能访问私有变量
    print (counter.__secretCount)
```

```
# 报错，实例不能访问私有方法
counter.__privateCountFun()
```

2.14　类的动态属性

如果不希望类的某属性被悄悄地访问、赋值或修改，希望在被访问、赋值或修改时能得到一些通知，那么可以使用函数 property()。函数原型是：

```
property([fget[, fset[, fdel[, doc]]]])
```

它返回新式类（继承了 object 的类）的一个属性，其中 fget 是属性被访问时执行的方法，fset 是属性被赋值时执行的方法，fdel 是属性被删除时执行的方法。

案例 2-13　类的动态属性操作

下面代码定义了一个 MyClass 类，该类必须继承自 object 类，它有一个私有变量_param。

方法一：使用类的属性。

案例 2-13 文件名为 py213property01.py，保存路径为 PyQt5/Chapter02/py213property01.py，主要介绍使用类的属性访问类的私有变量。其核心代码如下：

```
class MyClass(object):
    def __init__(self):
        self._param = None

    def getParam(self):
        print( "get param: %s" % self._param)
        return self._param

    def setParam(self, value):
        print( "set param: %s" % self._param )
        self._param = value

    def delParam(self):
        print( "del param: %s" % self._param)
        del self._param

    param = property(getParam, setParam, delParam)

if __name__ == "__main__":
```

```
cls = MyClass()
cls.param = 10
print("current param : %s " % cls.param )
del cls.param
```

运行结果如下：

```
set param: None
get param: 10
current param : 10
del param: 10
```

在访问对象属性 param 时，对应执行了 property(getx, setx, delx) 所指定的方法而做了一些额外的事情。

方法二：使用@property 访问类的属性。

同方法一，首先定义了一个 MyClass 类，该类必须继承自 object 类，它有一个私有变量_param。@property 可以将 Python 定义的函数"当作"属性访问，从而提供更加友好的访问方式，但是有时候 setter/getter 也是需要的。

案例 2-13 文件名为 py213property02.py，保存路径为 PyQt5/Chapter02/py213 property02.py。其核心代码如下：

```
class MyClass(object):
    def __init__(self):
        self._param = None

    @property
    def param(self):
        print( "get param: %s" % self._param)
        return self._param

    @param.setter
    def param(self, value):
        print( "set param: %s" % self._param )
        self._param = value

    @param.deleter
    def param(self):
        print( "del param: %s" % self._param)
        del self._param

if __name__ == "__main__":
    cls = MyClass()
    cls.param = 10
```

```
    print("current param : %s " % cls.param )
    del cls.param
```

运行结果如下：

```
set param: None
get param: 10
current param : 10
del param: 10
```

方法二的效果同方法一，但是方法二更加灵活、简单，在开发中经常使用。

第 3 章

Qt Designer 的使用

制作程序 UI 界面，一般可以通过 UI 制作工具和纯代码编写两种方式来实现。在 PyQt 5 中，也可以采用这两种方式。这一章主要讲解通过 Qt Designer 工具来制作 UI 界面。

3.1　Qt Designer快速入门

Qt Designer，即 Qt 设计师，是一个强大、灵活的可视化 GUI 设计工具，可以帮助我们加快开发 PyQt 程序的速度。Qt Designer 是专门用来制作 PyQt 程序中 UI 界面的工具，它生成的 UI 界面是一个后缀为.ui 的文件。该文件使用起来非常简单，可以通过命令将.ui 文件转换成.py 格式的文件，并被其他 Python 文件引用；也可以通过 Eric 6 进行手工转换。本章以命令的方式为主，手工的方式为辅，但是原理和结果是一样的，读者可以根据自己的偏好进行选择。示例如图 3-1 所示。

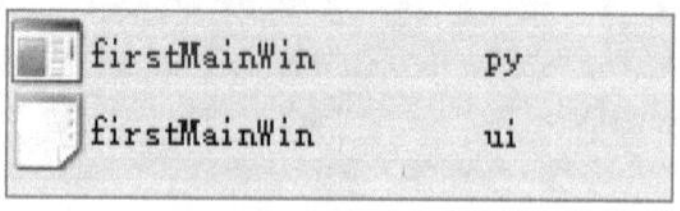

图 3-1

Qt Designer 符合 MVC（模型—视图—控制器）设计模式，做到了显示和业务逻辑的分离。

Qt Designer 具有以下优点。

- 使用简单，通过拖曳和点击就可以完成复杂的界面设计，而且还可以随时预览查看效果图。
- 转换 Python 文件方便。Qt Designer 可以将设计好的用户界面保存为.ui 文件，

其实是 XML 格式的文本文件。为了在 PyQt 中使用.ui 文件，可以通过 pyuic5
命令将.ui 文件转换为.py 文件件，然后将.py 文件引入到自定义的 Python 代码中。

Qt Designer 默认安装在%/python3.*/site-pages/pyqt5-tools 目录下，在笔者的机器
上 Qt Designer 的安装路径是 E:\installed_software\python35\Lib\site-packages\pyqt5-tools。

Qt Designer 的启动文件为 designer.exe，如图 3-2 所示。

图 3-2

3.1.1 新建主窗口

在 Qt Designer 的安装路径下双击 designer.exe 文件，打开 PyQt 5 的 Qt Designer，
会自动弹出"新建窗体"对话框，如图 3-3 所示。在模板选项中，最常用的就是 Widget
（通用窗口）和 Main Window（主窗口）。在 PyQt 5 中 Widget 被分离出来，用来替
代 Dialog，并将 Widget 放入了 QtWidget 模块库中。

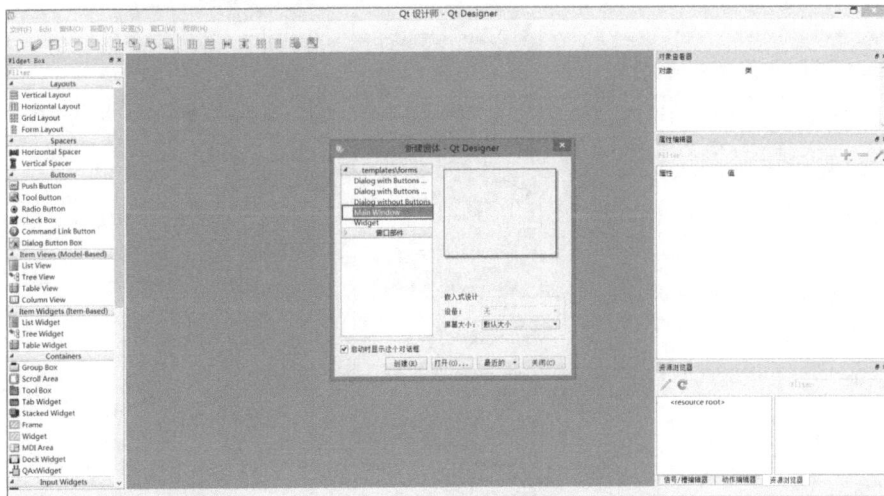

图 3-3

模板选择"Main Window"，创建一个主窗口，保存并命名为 firstMainWin.ui，如图 3-4 所示，主窗口默认添加了菜单栏、工具栏和状态栏。

图 3-4

3.1.2　窗口主要区域介绍

在图 3-4 中标注了窗口的主要区域，区域 1 是 Widget Box（工具箱），如图 3-5 所示，其中提供了很多控件，每个控件都有自己的名称，提供不同的功能，比如常用的按钮、单选钮、文本框等，可以直接拖放到主窗口中。在菜单栏中选择"窗体"→"预览"，或者按"Ctrl+R"快捷键，就可以看到窗口的预览效果了。

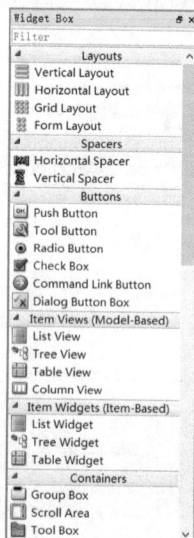

图 3-5

可以从 Buttons 栏拖曳一个按钮到主窗口（区域 2）中，如图 3-6 所示。

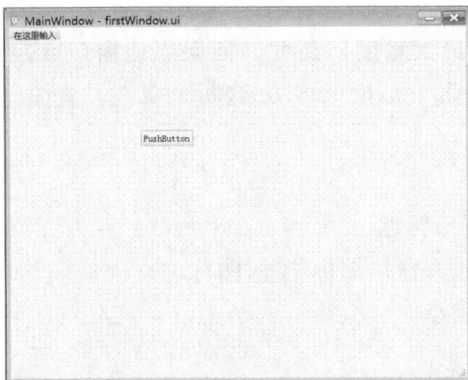

图 3-6

在对象查看器（区域 3）中，可以查看主窗口中放置的对象列表，如图 3-7 所示。

图 3-7

区域 4 是 Qt Designer 的属性编辑器，其中提供了对窗口、控件、布局的属性编辑功能，如图 3-8 所示。

图 3-8

- objectName，控件对象名称。
- geometry，相对坐标系。

- sizePolicy，控件大小策略。
- minimumSize，最小宽度、高度。
- maximumSize，最大宽度、高度。如果想让窗口或控件的大小固定，则可以将 minimumSize 和 maximumSize 这两个属性设置成一样的数值。
- font，字体。
- cursor，光标。
- windowTitle，窗口标题。
- windowsIcon/icon，窗口图标/控件图标。
- iconSize，图标大小。
- toolTip，提示信息。
- statusTip，任务栏提示信息。
- text，控件文本。
- shortcut，快捷键。

区域 5 是信号/槽编辑器、动作编辑器和资源浏览器，其中在信号/槽编辑器中，可以为控件添加自定义的信号和槽函数，编辑控件的信号和槽函数，如图 3-9 所示。

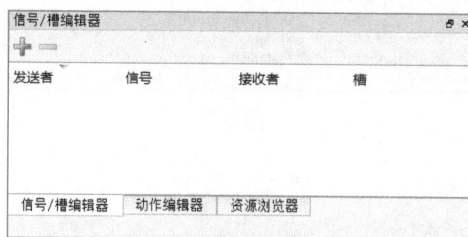

图 3-9

在资源浏览器中，可以为控件添加图片，比如 Label、Button 的背景图片，如图 3-10 所示。

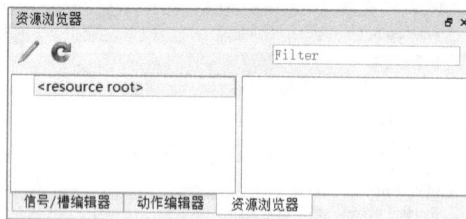

图 3-10

3.1.3　查看 UI 文件

采用 Qt Designer 工具设计的界面文件默认为.ui 文件，描述了窗口中控件的属性列表和布局显示。.ui 文件里面包含的内容是按照 XML（可扩展标记语言）格式处理的。

　　首先，使用 Qt Designer 工具打开 PyQt5/Chapter03/firstMainWin.ui 文件，可以看到在主窗口中放置了一个按钮，其 objectName 为"pushbutton"，它在窗口中的坐标为(490,110)，按钮的宽度为 93px，高度为 28px，如图 3-11 所示。

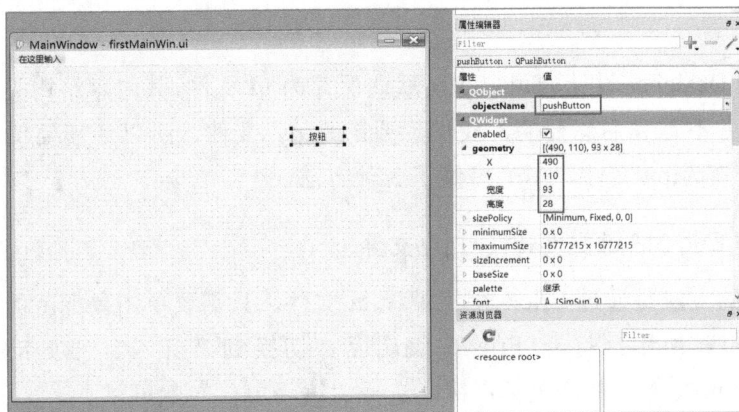

图 3-11

　　然后，使用文本编辑器打开 firstMainWin.ui 文件，显示的内容如图 3-12 所示。

图 3-12

从图 3-12 可以看出，按钮的设置参数与使用 Qt Designer 打开.ui 文件时显示的信息是一致的。有了 Qt Designer，开发者就能够更快地开发设计出程序界面，避免了用纯代码来编写的烦琐，从而不必担心底层的代码实现。

3.1.4 将.ui 文件转换为.py 文件

使用 Qt Designer 设计的用户界面默认保存为.ui 文件，其内容结构类似于 XML，但这种文件并不是我们想要的，我们想要的是.py 文件，所以还需要使用其他方法将.ui 文件转换为.py 文件。本书提供了 3 种方法。

1. 通过 Eric 6 把.ui 文件转换为.py 文件

最简单的方法是通过 Eric 6 手工编译.ui 文件，只需要单击鼠标就能完成。

如图 3-13 所示，打开 Eric 6 编辑器，切换到"窗体"选项卡，然后选中 firstMainWin.ui 文件，单击鼠标右键，选择"编译窗体"就可以了。

注意

如果找不到 firstMainWin.ui 文件，则可以通过单击鼠标右键，选择"添加窗体"或"添加窗体文件夹"来手动添加 firstMainWin.ui 文件，这里添加的是 PyQt5-codes 文件夹。

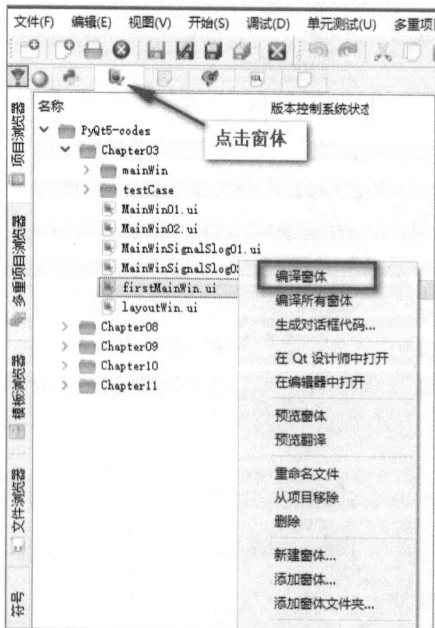

图 3-13

上述操作完成之后，切换回"源代码"选项卡，如图3-14所示，可以看到生成了一个 Ui_firstMainWin.py 文件，这就是编译后的结果。

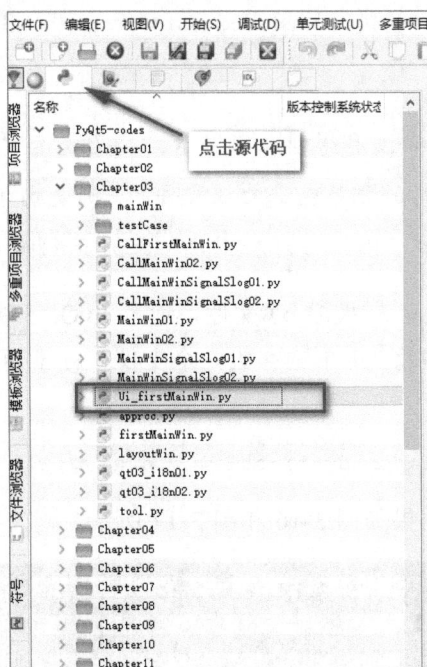

图 3-14

双击 Ui_firstMainWin.py 文件，然后单击"开始"菜单→"运行脚本"或者按F2键，运行结果如图3-15所示。与 firstMainWin.ui 所呈现的结果一致，这说明成功地把.ui 文件转换成了.py 文件。

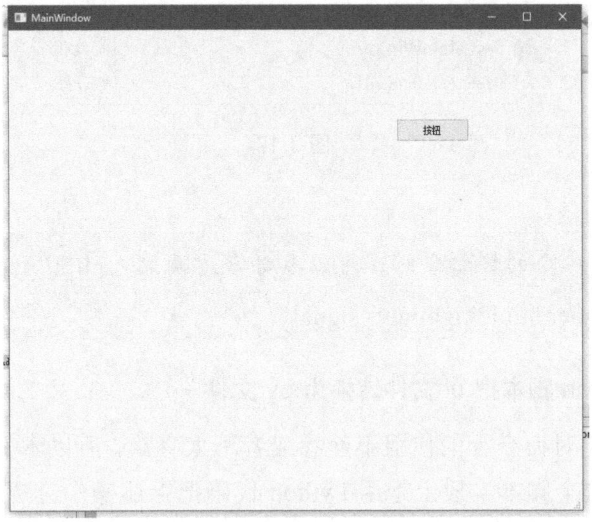

图 3-15

2. 通过命令行把.ui 文件转换为.py 文件

PyQt 5 安装成功后，pyuic5 命令默认安装在%/python3x/Scripts 目录下，在笔者的机器上 pyuic5 的安装路径是 E:\installed_software\python35\Scripts。

注意

如果输入 pyuic5 命令没有得到正确提示，而是提示"pyuic5 不是内部命令或外部命令，也不是可运行的程序或批处理文件"，则是由于 Python 3.*环境配置出错导致的，请参考 1.2 节"PyQt 5 环境搭建"配置正确的 Python 环境。

要想将 firstMainWin.ui 转换成.py 文件，通过 PyQt 5 提供的命令行工具 pyuic5 可以轻松实现。这里一般将 UI 单独存成一个文件，便于更新。输入以下命令把 UI 文件转换成 Python 文件。

```
pyuic5 -o firstMainWin.py firstMainWin.ui
```

如果转换成功，则结果如图 3-16 和图 3-17 所示。

图 3-16

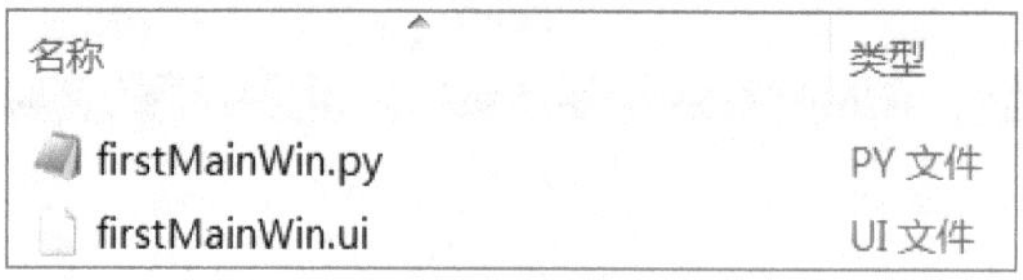

图 3-17

提示

关于 pyuic5 命令的详细介绍，可以参考官方网站：http://pyqt.sourceforge.net/Docs/PyQt5/designer.html?highlight=signal。

3. 通过 Python 脚本把.ui 文件转换为.py 文件

有些读者可能对命令行的使用不熟悉或者不太喜欢，所以本书提供了 Python 脚本来完成转换，这个脚本本质上是用 Python 代码把上述操作封装起来。本例文件名为 PyQt5/Chapter03/tool.py，其完整代码如下：

```
import os
import os.path

# UI 文件所在的路径
dir = './'

# 列出目录下的所有 UI 文件
def listUiFile():
    list = []
    files = os.listdir(dir)
    for filename in files:
        #print( dir + os.sep + f  )
        #print(filename)
        if os.path.splitext(filename)[1] == '.ui':
            list.append(filename)

    return list

# 把扩展名为 .ui 的文件改成扩展名为 .py 的文件
def transPyFile(filename):
    return os.path.splitext(filename)[0] + '.py'

# 调用系统命令把 UI 文件转换成 Python 文件
def runMain():
    list = listUiFile()
    for uifile in list :
        pyfile = transPyFile(uifile)
        cmd = 'pyuic5 -o {pyfile}
{uifile}'.format(pyfile=pyfile,uifile=uifile)
        #print(cmd)
        os.system(cmd)

###### 程序的主入口
if __name__ == "__main__":
    runMain()
```

　　只要把 tool.py 放在需要转换界面文件的目录下，双击 tool.py 就可以直接运行。就是这么简单，其执行效果和直接执行转换命令是一样的。

　　使用 Qt Designer 制作的图形界面如图 3-18 所示。界面文件为 firstMainWin.ui。

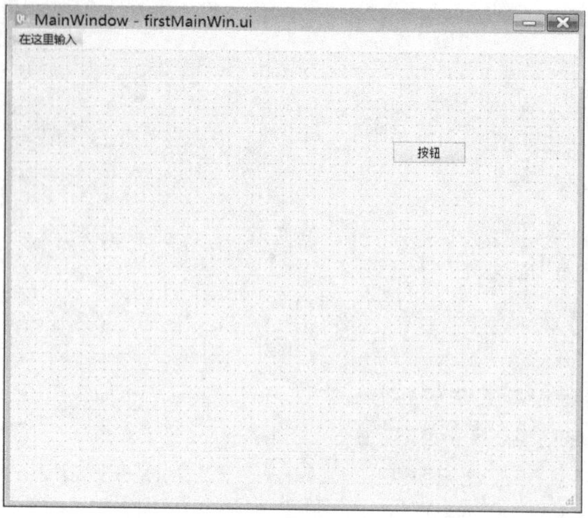

图 3-18

注意

通过本节内容，我们得到了两个文件 firstMainWin.py 和 Ui_firstMainWin.py，这两个文件只是名字有些不同，内容是一样的。接下来将重点使用 firstMainWin.py 文件进行分析。

3.1.5 界面与逻辑分离

我们通过之前的内容学会了如何制作.ui 文件，以及如何把.ui 文件转换成.py 文件。值得注意的是，由于这里的.py 文件是由.ui 文件编译而来的，因此当.py 文件发生变化时，对应的.py 文件也会发生变化。我们把这种由.ui 文件编译而来的.py 文件称为界面文件。由于界面文件每次编译时都会初始化，所以需要新建一个.py 文件调用界面文件，这个新建的.py 文件被称为逻辑文件，也可以称为业务文件。界面文件和逻辑文件是两个相对独立的文件，通过上述方法就实现了界面与逻辑的分离（也就是我们之前所说的"显示和业务逻辑的分离"）。

实现界面与逻辑的分离方法很简单，只需要新建一个 CallFirstMainWin.py 文件，并继承界面文件的主窗口类即可。其完整代码如下：

```
import sys
from PyQt5.QtWidgets import QApplication , QMainWindow
from firstMainWin import *

class MyMainWindow(QMainWindow, Ui_MainWindow):
    def __init__(self, parent=None):
```

```
        super(MyMainWindow, self).__init__(parent)
        self.setupUi(self)

if __name__=="__main__":
    app = QApplication(sys.argv)
    myWin = MyMainWindow()
    myWin.show()
    sys.exit(app.exec_())
```

在上面的代码中实现了业务逻辑，代码结构也清晰很多。如果以后想要更新界面，只需要对.ui 文件进行更新，然后再编译成对应的.py 文件即可；而逻辑文件则视情况做一些调整，一般情况下不需要调整太多。

PyQt 支持界面与逻辑的分离，这对于新手来说无疑是最大的福音。当然，要做出华丽的界面还是要学一些代码的，Qt Designer 提供了一些解决方法。另外，也可以通过 Qt Designer 生成的代码来学习一些窗口控件的用法。

3.2　布局管理入门

在 3.1 节中我们只介绍了一个按钮控件，如果需要更多的控件，则可以从左侧的 Widget Box（工具箱）中进行拖曳。本节重点介绍对这些控件的布局。

Qt Designer 提供了 4 种窗口布局方式，分别是：Vertical Layout（垂直布局）、Horizontal Layout （水平布局）、Grid Layout（栅格布局）和 Form Layout（表单布局）。它们位于 Qt Designer 主窗口左侧区域的 Widget Box（工具箱）里的 Layouts（布局）栏中，如图 3-19 所示。

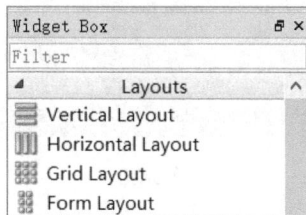

图 3-19

- 垂直布局：控件默认按照从上到下的顺序进行纵向添加。
- 水平布局：控件默认按照从左到右的顺序进行横向添加。
- 栅格布局：将窗口控件放入一个网格之中，然后将它们合理地划分成若干行（row）和列（column），并把其中的每个窗口控件放置在合适的单元（cell）中，这里的单元即是指由行和列交叉所划分出来的空间。

- 表单布局：控件以两列的形式布局在表单中，其中左列包含标签，右列包含输入控件。

一般进行布局有两种方式：一是通过布局管理器进行布局；二是通过容器控件进行布局。

3.2.1 使用布局管理器布局

以水平布局为例，打开 Qt Designer，新建一个 QWidget 控件，然后在其中放入两个子控件：一个文本框（lineEdit）和一个按钮（pushButton）。选中这两个控件，然后单击鼠标右键，在弹出的快捷菜单中选择"布局"的子菜单就可以指定该控件的布局方式了，此处选择"水平布局"，如图 3-20 所示。

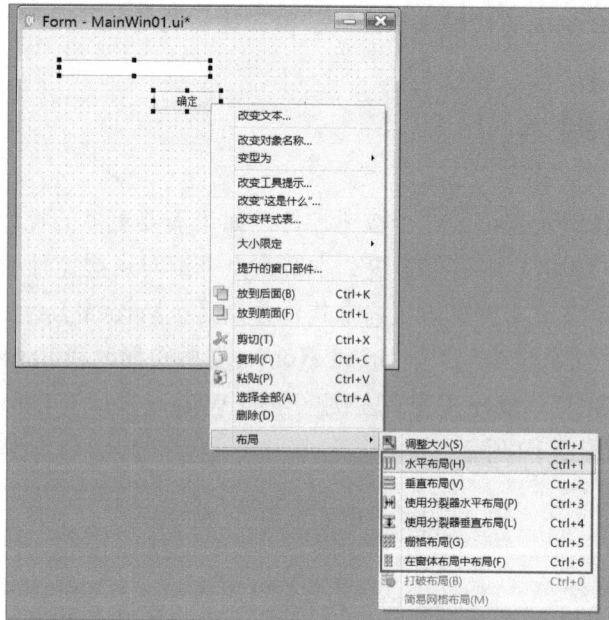

图 3-20

将 .ui 文件转换成 .py 文件后，可以看到如下内容。本例文件名为 PyQt5/Chapter03/MainWin01.py。

```
from PyQt5 import QtCore, QtGui, QtWidgets


class Ui_Form(object):
    def setupUi(self, Form):
        Form.setObjectName("Form")
        Form.resize(511, 443)
```

```
        self.widget = QtWidgets.QWidget(Form)
        self.widget.setGeometry(QtCore.QRect(50, 40, 273, 30))
        self.widget.setObjectName("widget")
        self.horizontalLayout = QtWidgets.QHBoxLayout(self.widget)
        self.horizontalLayout.setContentsMargins(0, 0, 0, 0)
        self.horizontalLayout.setObjectName("horizontalLayout")
        self.lineEdit_2 = QtWidgets.QLineEdit(self.widget)
        self.lineEdit_2.setObjectName("lineEdit_2")
        self.horizontalLayout.addWidget(self.lineEdit_2)
        self.pushButton_2 = QtWidgets.QPushButton(self.widget)
        self.pushButton_2.setObjectName("pushButton_2")
        self.horizontalLayout.addWidget(self.pushButton_2)

        self.retranslateUi(Form)
        QtCore.QMetaObject.connectSlotsByName(Form)

    def retranslateUi(self, Form):
        _translate = QtCore.QCoreApplication.translate
        Form.setWindowTitle(_translate("Form", "Form"))
        self.pushButton_2.setText(_translate("Form", "确定"))
```

可以看到，子控件 QpushButton（按钮）和 QlineEdit（文本框）在构建的时候指定的父控件对象就是 QWidget，布局对象 QHBoxLayout 指定的父控件对象也是 QWidget。这与在 Qt Designer 的对象查看器中看到的对象依赖关系是一样的，如图 3-21 所示。

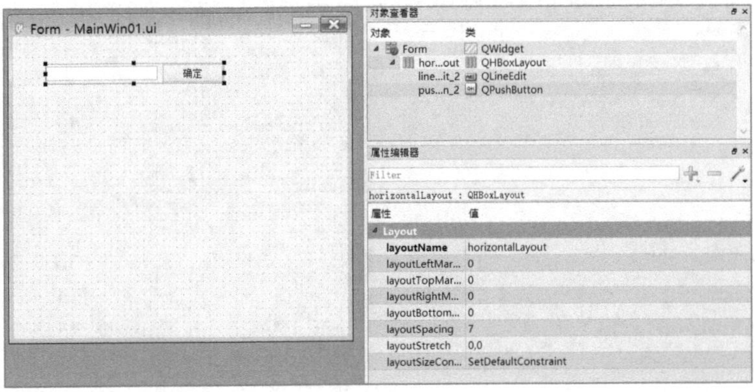

图 3-21

注意

如果是从工具箱中拖放布局控件的，那么其属性中的*Margin（*是通配符，可以匹配一个或多个字符）默认都是 0。

我们新建一个 MainWindow，以同样的方式进行水平布局、垂直布局、网格布局和表单布局，并对其中的一些控件进行简单的重命名操作，效果如图 3-22 所示。本例文件名为 PyQt5/Chapter03/layoutWin.ui。

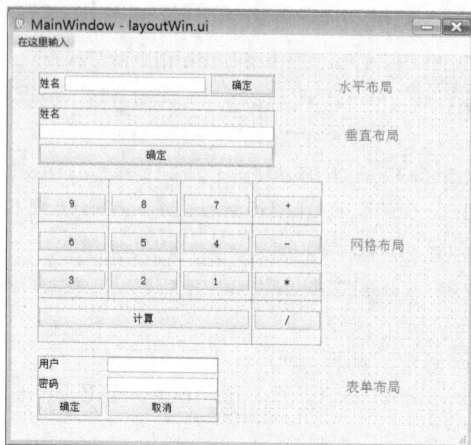

图 3-22

注意

　　GridLayout 中的"计算"按钮默认占据一个方格，对其进行拉伸就可以占据 3 个方格。

布局之后，需要对层次有所了解。在程序设计中，一般用父子关系来表示层次，就像在 Python 中规定代码缩进量代表不同层次一样，如图 3-23 所示。

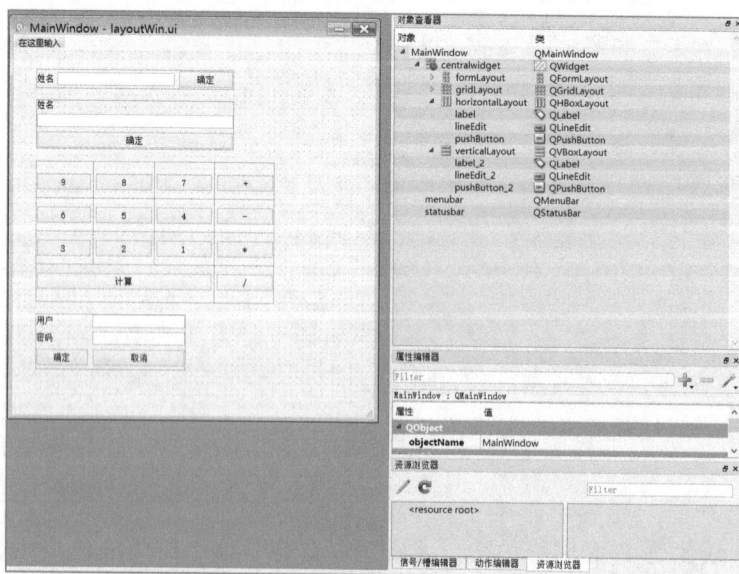

图 3-23

在对象查看器中，我们可以方便地看出窗口（MainWindow）→布局（Layout）→控件（这里是 pushButton 按钮、QLabel 标签）的层次关系。窗口一般作为顶层显示，然后将控件按照我们所要求的布局方式进行排列。

3.2.2 使用容器进行布局

所谓容器控件，就是指能够容纳子控件的控件。使用容器控件，目的是将容器控件中的控件归为一类，以有别于其他控件。当然，容器控件也可以对其子控件进行布局，只不过没有布局管理器常用。下面对其进行简单介绍。

同样以水平布局为例，新建一个 MainWindow，从左侧容器（Containers）导航栏拖入一个 Form 控件，然后在 Form 控件中放入 Label、LineEdit、Button 控件，并对其进行重命名，如图 3-24 所示。

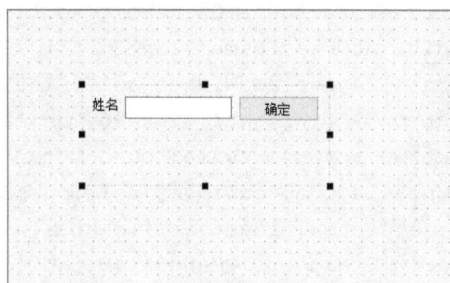

图 3-24

然后选中 Form 控件，单击鼠标右键，选择"布局"→"水平布局"，结果如图 3-25 所示。

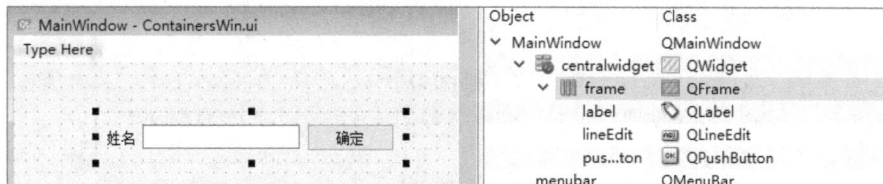

图 3-25

本例文件名为 PyQt5/Chapter03/ContainersWin.ui。将 ContainersWin.ui 编译为 ContainersWin.py，代码如下：

```
# -*- coding: utf-8 -*-

from PyQt5 import QtCore, QtGui, QtWidgets
```

```python
class Ui_MainWindow(object):
    def setupUi(self, MainWindow):
        MainWindow.setObjectName("MainWindow")
        MainWindow.resize(800, 600)
        self.centralwidget = QtWidgets.QWidget(MainWindow)
        self.centralwidget.setObjectName("centralwidget")
        self.frame = QtWidgets.QFrame(self.centralwidget)
        self.frame.setGeometry(QtCore.QRect(70, 40, 264, 43))
        self.frame.setFrameShape(QtWidgets.QFrame.StyledPanel)
        self.frame.setFrameShadow(QtWidgets.QFrame.Raised)
        self.frame.setObjectName("frame")
        self.horizontalLayout = QtWidgets.QHBoxLayout(self.frame)
        self.horizontalLayout.setObjectName("horizontalLayout")
        self.label = QtWidgets.QLabel(self.frame)
        self.label.setObjectName("label")
        self.horizontalLayout.addWidget(self.label)
        self.lineEdit = QtWidgets.QLineEdit(self.frame)
        self.lineEdit.setObjectName("lineEdit")
        self.horizontalLayout.addWidget(self.lineEdit)
        self.pushButton = QtWidgets.QPushButton(self.frame)
        self.pushButton.setObjectName("pushButton")
        self.horizontalLayout.addWidget(self.pushButton)
        MainWindow.setCentralWidget(self.centralwidget)
        self.menubar = QtWidgets.QMenuBar(MainWindow)
        self.menubar.setGeometry(QtCore.QRect(0, 0, 800, 23))
        self.menubar.setObjectName("menubar")
        MainWindow.setMenuBar(self.menubar)
        self.statusbar = QtWidgets.QStatusBar(MainWindow)
        self.statusbar.setObjectName("statusbar")
        MainWindow.setStatusBar(self.statusbar)

        self.retranslateUi(MainWindow)
        QtCore.QMetaObject.connectSlotsByName(MainWindow)

    def retranslateUi(self, MainWindow):
        _translate = QtCore.QCoreApplication.translate
        MainWindow.setWindowTitle(_translate("MainWindow",
"MainWindow"))
        self.label.setText(_translate("MainWindow", "姓名"))
        self.pushButton.setText(_translate("MainWindow", "确定"))
```

注意容器 QFrame 与子控件之间有一个 QHBoxLayout。可以看到，使用容器进行控件布局本质上还是调用布局管理器进行的。

3.3　Qt Designer 实战应用

通过前面的介绍，我们基本了解了使用 Qt Designer 的整个流程以及简单的布局管理。掌握了这些内容，对 PyQt 也算是入门了。但是想用这些知识进行实战是不够的，根据笔者的经验，新手学习 PyQt 最大的坑还是在布局管理器上，因此本节仍然从布局管理器入手，对布局管理器的一些细节和要点进行详细介绍，帮助读者快速学会布局管理器的高级应用，并以此为基础引出程序开发的完整流程，对各个流程进行解读。

为了能够快速理解本节的内容，我们先从 Qt Designer 入手对与布局相关的一些基本概念进行解读。

打开 Qt Designer，新建一个主窗口（Main Window），然后从左侧的 Buttons 栏拖动一个 Push Button 放到窗口中，并重命名为"开始"。查看右侧的属性编辑器，这里重点对 geometry、sizePolicy、minimumSize、maximumSize 属性进行解读，如图 3-26 所示。明白了这几个属性，也就明白了控件在窗口中的位置是如何确定的。

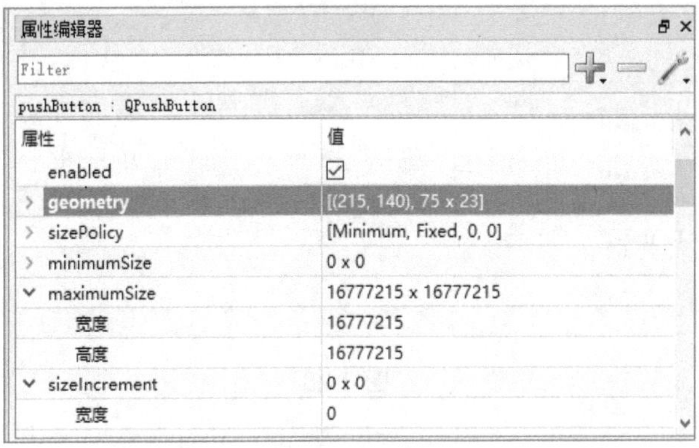

图 3-26

3.3.1　绝对布局

最简单的布局方法就是设置 geometry 这个属性。Geometry 属性在 PyQt 中主要用来设置控件在窗口中的绝对坐标与控件自身的大小，如图 3-27 所示。

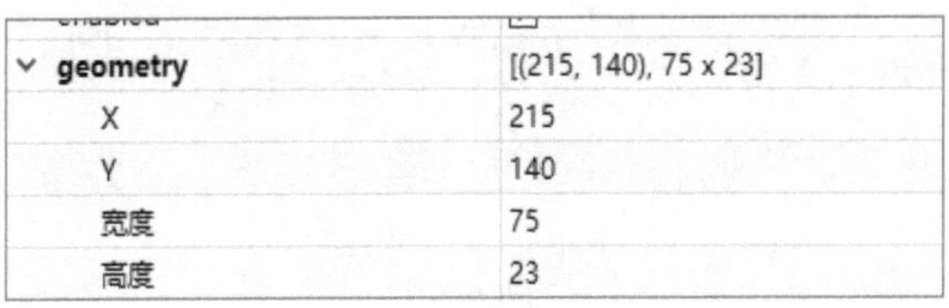

图 3-27

　　这里设置的意思是，这个按钮控件左上角距离主窗口左侧为 215px，上侧为 140px，控件宽度为 75px，高度为 23px。对应的代码如下：

```
self.pushButton = QtWidgets.QPushButton(self.centralwidget)
self.pushButton.setGeometry(QtCore.QRect(215, 140, 75, 23))
self.pushButton.setObjectName("pushButton")
```

　　你可以随意更改这些属性值来查看控件在窗口中的位置变化，也可以通过更改控件在窗口中的位置及其大小来查看属性值的变化，以此更深刻地理解属性的含义。

　　通过以上方法，我们可以对任何一个窗口控件按照要求进行布局。这就是最简单的绝对布局。

　　作为一个完整的示例，我们在其中再添加一些控件。从 Display Widgets 栏找到 Label 控件，以及从 Input Widgets 栏找到 Double Spin Box 控件，将它们拖曳到主窗口中，如图 3-28 所示。

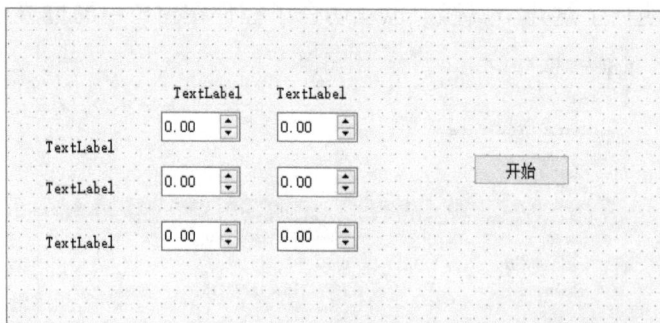

图 3-28

　　然后对 label 和 doubleSpinBox 控件进行重命名（对于 doubleSpinBox 控件，依次命名为 doubleSpinBox_returns_min、doubleSpinBox_returns_max、doubleSpinBox_maxdrawdown_min、doubleSpinBox_maxdrawdown_max、doubleSpinBox_sharp_min 和 doubleSpinBox_sharp_max），如图 3-29 所示。

图 3-29

这样对一些窗口控件就完成了界面布局。对应的部分代码如下：

```
self.label = QtWidgets.QLabel(self.centralwidget)
self.label.setGeometry(QtCore.QRect(140, 80, 54, 12))
self.label.setObjectName("label")

self.doubleSpinBox_returns_max =
QtWidgets.QDoubleSpinBox(self.centralwidget)
self.doubleSpinBox_returns_max.setGeometry(QtCore.QRect(220, 100, 62,
22))
self.doubleSpinBox_returns_max.setObjectName
("doubleSpinBox_returns_max")
```

3.3.2　使用布局管理器布局

在 3.3.1 节"绝对布局"中，我们通过设置每个窗口控件的绝对坐标和大小，对其进行了布局管理。但是这样做每次都要手工矫正位置，感觉非常麻烦，而且有时候会要求窗口控件随着窗口的大小而动态调整自己的大小，这时候布局管理器就派上用场了。

虽然在 3.2 节"布局管理入门"中已经介绍了布局管理器的使用方法，但是在实际应用中，布局管理器的使用远没有这么简单，本节将通过一个相对复杂的案例来介绍布局管理器相对高端的用法。虽然本节有些内容与前面会有重复，但是相信读者看完本节之后会有新的收获。

我们注意到图 3-30 左侧第一列有 3 行数据，第二列和第三列分别有 4 行数据，这样不便于进行布局管理，因此在"收益"标签上面再添加一个标签，并命名为空。

1．垂直布局

选中左侧的 4 个标签，单击鼠标右键，在弹出的快捷菜单中选择"布局"→"垂直布局"，效果如图 3-30 所示。图中左侧矩形框中的 4 个标签在布局管理器中是按照纵向排列的。

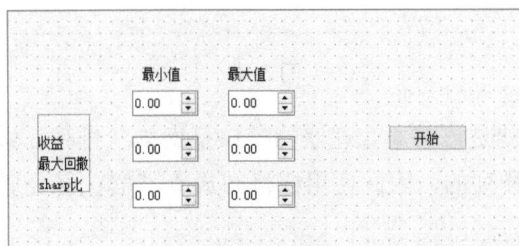

图 3-30

对应的代码如下：

```
self.verticalLayout = QtWidgets.QVBoxLayout()
self.verticalLayout.setObjectName("verticalLayout")
self.verticalLayout.addWidget(self.label_6)
self.verticalLayout.addWidget(self.label_3)
self.verticalLayout.addWidget(self.label_4)
self.verticalLayout.addWidget(self.label_5)
```

注意

这里之所以没有改变这些 Label 控件的名称，是因为在实际处理业务逻辑时，不会与这些 Label 控件有任何交集。也就是说，这些 Label 控件的作用仅仅是显示"收益""最大回撤""sharp 比"这些名字，当对这些 Label 进行重命名时，它们的使命也就完成了。如果以代码形式来写这些 Label，那么肯定是要给它们起个名字的，而使用 Qt Designer 则没有这个烦恼，这也是使用 Qt Designer 的好处之一。

注意到使用布局管理器之后，在属性编辑器中看到这 4 个标签的 geometry 属性变成了灰色不可用，这说明这些标签的位置与大小已经由垂直布局管理器接管，与 geometry 无关了。我们查看源代码，也可以发现这时候已经没有类似于

```
self.label.setGeometry(QtCore.QRect(140, 80, 54, 12))
```

这样的代码了。

2. 网格布局

选中中间两列的 8 个窗口控件，单击鼠标右键，在弹出的快捷菜单中选择"布局"→"栅格布局"，效果如图 3-31 所示。

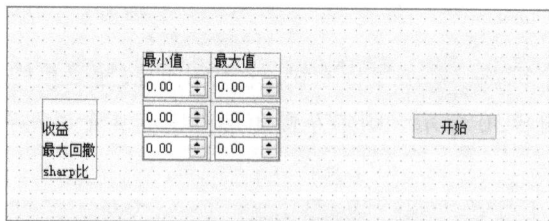

图 3-31

栅格布局的意思就是该布局管理器的窗口呈网格状排列。本来这 8 个零散的窗口控件就是要呈网格状排列的，因此使用栅格布局管理器正好合适。对应的代码如下：

```
self.gridLayout = QtWidgets.QGridLayout()
self.gridLayout.setObjectName("gridLayout")
self.gridLayout.addWidget(self.label, 0, 0, 1, 1)
```

```
# gridLayout.addWidget(窗口控件，行位置，列位置，要合并的行数，要合并的列
数)，后两个是可选参数
    self.gridLayout.addWidget(self.label_2, 0, 1, 1, 1)
    self.gridLayout.addWidget(self.doubleSpinBox_returns_min, 1, 0, 1, 1)
    self.gridLayout.addWidget(self.doubleSpinBox_returns_max, 1, 1, 1, 1)
    self.gridLayout.addWidget(self.doubleSpinBox_maxdrawdown_min, 2, 0, 1,
1)
    self.gridLayout.addWidget(self.doubleSpinBox_maxdrawdown_max, 2, 1, 1,
1)
    self.gridLayout.addWidget(self.doubleSpinBox_sharp_min, 3, 0, 1, 1)
    self.gridLayout.addWidget(self.doubleSpinBox_sharp_max, 3, 1, 1, 1)
```

3．水平布局

从 Spacers 栏分别将 Horizontal Spacer 和 Vertical Spacer 窗口控件拖入主窗口中，
从 Display Widgets 栏将 Horizontal Line 窗口控件拖入主窗口中，效果如图 3-32 所示。

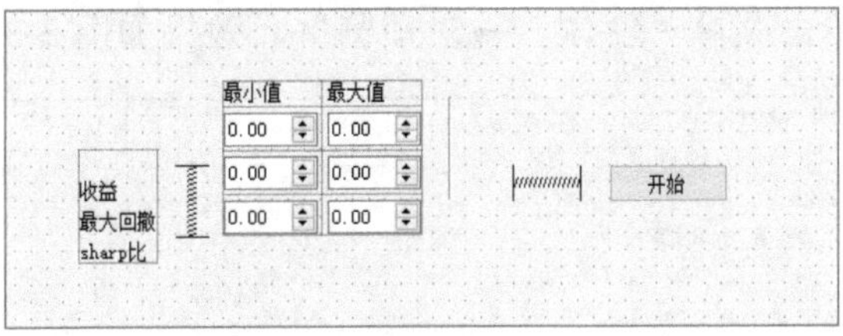

图 3-32

- Vertical Spacer 表示两个布局管理器不要彼此挨着，否则视觉效果会不好看。
- Horizontal Spacer 表示"开始"按钮应该与栅格布局管理器尽可能离得远一些，
  否则视觉效果也会不好看。
- Horizontal Line 表示"开始"按钮与左边的两个布局管理器根本不是同一个
  类别，用一条线把它们区分开来。

对应的代码如下：

```
self.line = QtWidgets.QFrame(self.widget) # 设置 Horizontal Line
self.line.setFrameShape(QtWidgets.QFrame.VLine)
self.line.setFrameShadow(QtWidgets.QFrame.Sunken)
self.line.setObjectName("line")

spacerItem1 = QtWidgets.QSpacerItem(200, 20, QtWidgets.QSizePolicy.
Preferred, QtWidgets.QSizePolicy.Minimum) # 设置 Horizontal Spacer，注意200
是自己手动调整的结果，下面会给出说明

spacerItem = QtWidgets.QSpacerItem(20, 40, QtWidgets.QSizePolicy.
Minimum, QtWidgets.QSizePolicy.Expanding) # 设置 Vertical Spacer
```

　　然后，选中所有的窗口控件，单击鼠标右键，在弹出的快捷菜单中选择"布局"
→"水平布局"，效果如图 3-33 所示。

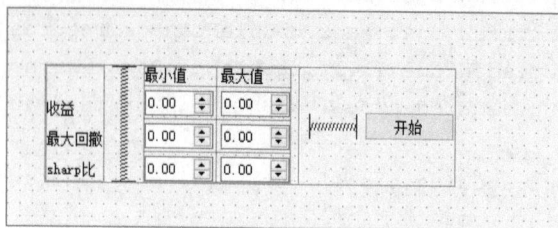

图 3-33

　　感觉"开始"按钮应该离布局管理器更远一些比较合适，所以单击
horizontalSpacer，更改 sizeType 属性为 preferred，更改 sizeHint 的宽度为 200。这样
做的意思是 horizontalSpacer 窗口控件希望（preferred）达到尺寸提示（sizeHint）的
尺寸 200×20。

　　最后，保存，单击菜单"窗体"→"预览"，效果如图 3-34 所示。

图 3-34

　　可以看出，呈现的结果基本上符合我们对布局管理的预期。对应的代码如下：

```
class Ui_LayoutDemo(object): # 这里修改了主窗口的对象名为 LayoutDemo
    def setupUi(self, LayoutDemo):
LayoutDemo.setObjectName("LayoutDemo") # 创建主窗口
LayoutDemo.resize(800, 600)
        self.centralwidget = QtWidgets.QWidget(LayoutDemo)
        # centralwidget 的父类是主窗口
        self.centralwidget.setObjectName("centralwidget")
        self.layoutWidget = QtWidgets.QWidget(self.centralwidget)
        # layoutWidget 的父类为 centralwidget
        self.layoutWidget.setGeometry(QtCore.QRect(90, 90, 391, 161))
        self.layoutWidget.setObjectName("layoutWidget")
        self.horizontalLayout = QtWidgets.QHBoxLayout(self.layoutWidget)
```

```
# horizontalLayout 的父类是 layoutWidget
self.horizontalLayout.setObjectName("horizontalLayout")

# horizontalLayout 也有很多子类
self.horizontalLayout.addLayout(self.verticalLayout)
self.horizontalLayout.addItem(spacerItem)
self.horizontalLayout.addLayout(self.gridLayout)
self.horizontalLayout.addWidget(self.line)
self.horizontalLayout.addItem(spacerItem1)
self.horizontalLayout.addWidget(self.pushButton)
```

需要说明的是，PyQt 有一个基本原则：主窗口中的所有窗口控件都有自己的父类。从上面代码中可以看到，从主窗口 LayoutDemo 到窗口控件是如何一步步继承传递的，这些事情都不需要我们操心，因为 Qt Designer 已经帮助做好了，这也是使用 Qt Designer 的方便之处之一。

接下来介绍 minimumSize、maximumSize 和 sizePolicy 属性。之所以要介绍这三个属性，是因为使用布局管理器之后，控件在布局管理器中的位置管理可以通过它们来描述。

4．minimumSize 和 maximumSize 属性

minimumSize 和 maximumSize 属性用来设置控件在布局管理器中的最小尺寸和最大尺寸，我们对 Button（按钮）的这两个属性按照图 3-35 所示进行设置。

属性	值
∨ **minimumSize**	100 x 100
宽度	100
高度	100
∨ **maximumSize**	300 x 300
宽度	300
高度	300

图 3-35

对应的代码如下：

```
self.pushButton.setMinimumSize(QtCore.QSize(100, 100))
self.pushButton.setMaximumSize(QtCore.QSize(300, 300))
```

然后选择最顶层的布局管理器进行压缩或伸展。这里有一个很方便的选择方法——因为布局管理器特别小，用鼠标基本很难选择成功，所以可以在对象查看器中进行选择，如图 3-36 所示。

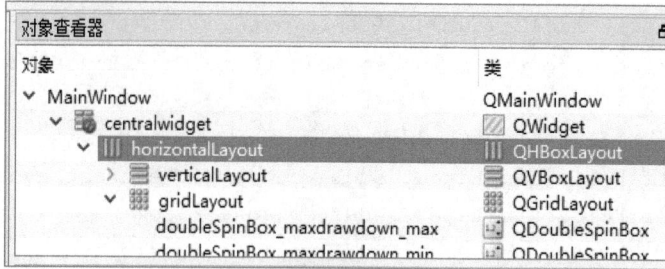

图 3-36

我们看到，无论如何压缩这个按钮，都不可能让它的宽度和高度小于 100；无论如何伸展这个布局管理器，都不可能让它的宽度和高度大于 300，如图 3-37、图 3-38 所示。

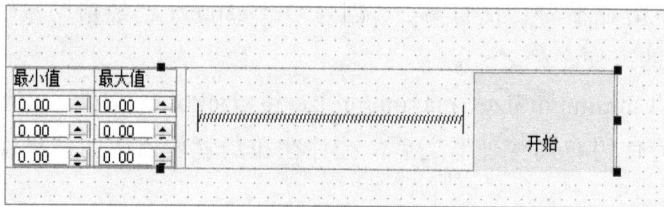

图 3-37

注意

这个"开始"按钮的高度其实是 100，只是该控件的下面有一部分"溢出"了布局管理器，如图 3-38 所示。

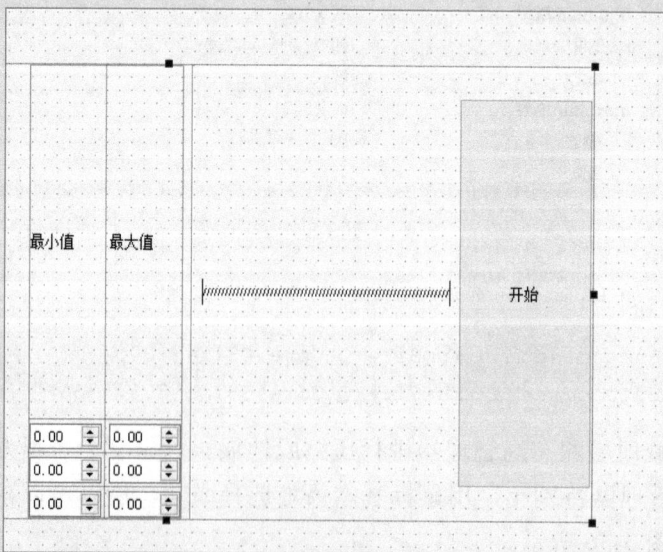

图 3-38

为了不影响下面的分析，我们把"开始"按钮的这两个属性还原为默认设置。在每个属性的右上侧都有一个还原的快捷入口，如图 3-39 所示，点击之后就可以还原为默认设置了。

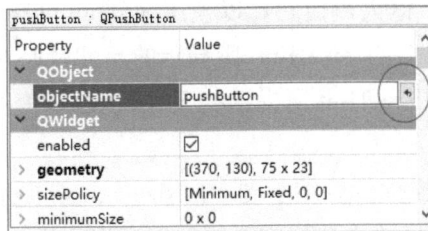

图 3-39

5．sizePolicy 属性

在介绍 sizePolicy 属性之前，我们需要对 sizeHint 和 minisizeHint 有一些了解。

每个窗口控件都有属于自己的两个尺寸：一个是 sizeHint（尺寸提示）；一个是 minimumSize（最小尺寸）。前者是窗口控件的期望尺寸，后者则是窗口控件压缩时所能够被压缩到的最小尺寸。

sizePolicy 的作用是，如果窗口控件在布局管理器中的布局不能满足我们的需求，那么就可以设置该窗口控件的 sizePolicy 来实现布局的微调。sizePolicy 也是每个窗口控件所特有的属性，不同的窗口控件的 sizePolicy 可能不同。

如图 3-40 所示是按钮控件的默认 sizePolicy 设置。

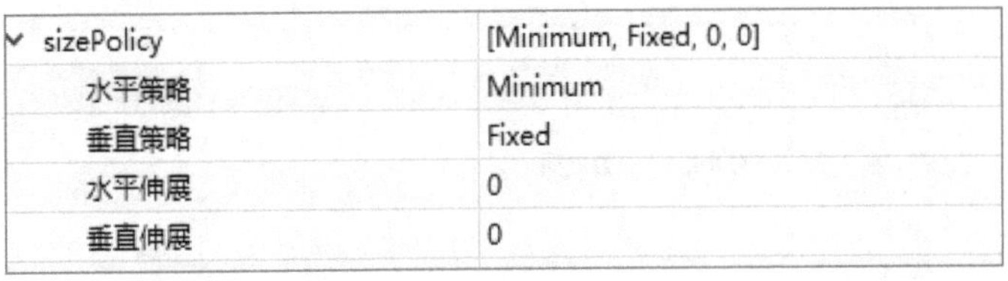

图 3-40

对应的代码如下：

```
sizePolicy = QtWidgets.QSizePolicy(QtWidgets.QSizePolicy.Fixed,
QtWidgets.QSizePolicy.Minimum)
    sizePolicy.setHorizontalStretch(0) # 水平伸展 0
    sizePolicy.setVerticalStretch(0) # 垂直伸展 0
    sizePolicy.setHeightForWidth(self.pushButton.sizePolicy().
hasHeightForWidth())
    self.pushButton.setSizePolicy(sizePolicy)
```

对于水平策略和垂直策略，相关的解释如下。

● Fixed：窗口控件具有其 sizeHint 所提示的尺寸且尺寸不会再改变。

- Minimum：窗口控件的 sizeHint 所提示的尺寸就是它的最小尺寸；该窗口控件不能被压缩得比这个值小，但可以变得更大。
- Maximum：窗口控件的 sizeHint 所提示的尺寸就是它的最大尺寸；该窗口控件不能变得比这个值大，但它可以被压缩到 minisizeHint 给定的尺寸大小。
- Preferred：窗口控件的 sizeHint 所提示的尺寸就是它的期望尺寸；该窗口控件可以缩小到 minisizeHint 所提示的尺寸，也可以变得比 sizeHint 所提示的尺寸还要大。
- Expanding：窗口控件可以缩小到 minisizeHint 所提示的尺寸，也可以变得比 sizeHint 所提示的尺寸大，但它希望能够变得更大。
- MinimumExpanding：窗口控件的 sizeHint 所提示的尺寸就是它的最小尺寸；该窗口控件不能被压缩得比这个值还小，但它希望能够变得更大。
- Ignored：无视窗口控件的 sizeHint 和 minisizeHint 所提示的尺寸，按照默认来设置。

值得注意的是，Minimum 指的是该窗口控件的尺寸不能低于 sizeHint 所提示的尺寸；Maximum 指的是该窗口控件的尺寸不能高于 sizeHint 所提示的尺寸。这与我们平常所理解的 Minimum 和 Maximum 的含义有些差别。

关于水平伸展和垂直伸展，可以通过一个简单的例子来理解。

我们设置"收益""最大回撤""sharp 比"这三个标签的垂直伸展分别为 1、3 和 1，然后拉宽 horizontalLayout，效果如图 3-41 所示。

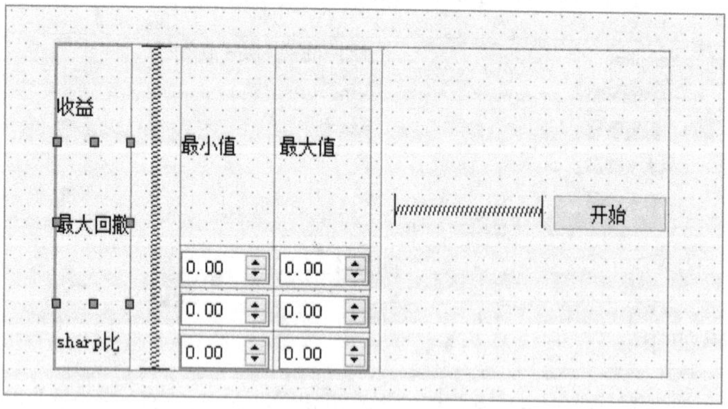

图 3-41

可以看到，"收益""最大回撤""sharp 比"这三个标签会分别按照 1：3：1 来放缩。对应的代码如下：

```
sizePolicy = QtWidgets.QSizePolicy(
QtWidgets.QSizePolicy.Preferred, QtWidgets.QSizePolicy.Preferred)
sizePolicy.setHorizontalStretch(0)
sizePolicy.setVerticalStretch(1)
```

```
    sizePolicy.setHeightForWidth(self.label_3.sizePolicy().
hasHeightForWidth())
    self.label_3.setSizePolicy(sizePolicy)

    sizePolicy = QtWidgets.QSizePolicy(
QtWidgets.QSizePolicy.Preferred, QtWidgets.QSizePolicy.Preferred)
    sizePolicy.setHorizontalStretch(0)
    sizePolicy.setVerticalStretch(3)
    sizePolicy.setHeightForWidth(self.label_4.sizePolicy().
hasHeightForWidth())
    self.label_4.setSizePolicy(sizePolicy)

    sizePolicy = QtWidgets.QSizePolicy(
QtWidgets.QSizePolicy. Preferred, QtWidgets.QSizePolicy.Preferred)
    sizePolicy.setHorizontalStretch(0)
    sizePolicy.setVerticalStretch(1)
    sizePolicy.setHeightForWidth(
self.label_5.sizePolicy(). hasHeightForWidth())
    self.label_5.setSizePolicy(sizePolicy)
```

　　至此，我们基本上可以按照自己的要求对窗口控件进行布局管理了，对于绝大部分程序界面，都可以使用这种方式进行布局管理。至于在里面添加一些高级控件来实现特定的功能，在后面的章节中会讲述。

3.3.3　其他需要注意的内容

　　前面我们对 PyQt 布局管理做了详细介绍，对于一般的应用程序来说，学会这些已经基本可以满足需求了。但是 PyQt 作为一个能够开发大型系统的框架，其功能不仅仅局限于此，接下来通过 Qt Designer 来解释其他相关内容。

1．Qt Designer 布局的顺序

使用 Qt Designer 开发一个完整的 GUI 程序流程如下.

（1）将一个窗口控件拖入窗口中并放置在大致正确的位置上。除了容器（container）窗口，一般不需要调整窗口的尺寸大小。

（2）对于要用代码引用的窗口控件，应指定一个名字；对于需要微调的窗口控件，可以设置其对应的属性。

（3）重复步骤 1 和 2，直到所需要的全部窗口控件都放到了窗口中。

（4）如有需要，在窗口控件之间可以用 Vertical Spacer、Horizontal Spacer、Horizontal Line、Vertical Line 隔开（实际上前两步就可以包含这部分内容）。

（5）选择需要布局的窗口控件，使用布局管理器或者切分窗口（splitter）对它们进行布局。

（6）重复步骤 5，直到所有的窗口控件和分隔符都布局好为止。

（7）单击窗口，并使用布局管理器对其进行布局。

（8）为窗口的标签设置伙伴关系。

（9）如果按键次序有问题，则需要设置窗口的 Tab 键次序。

（10）在适当的地方为内置的信号和槽建立信号与槽连接。

（11）预览窗口，并检查所有的内容能否按照设想进行工作。

（12）设置窗口的对象名（在类中会用到这个名字）、窗口的标题并进行保存。

（13）使用 Eric 或有类似功能的工具（如在命令行中使用 pyuic5）编译窗口，然后根据需要生成对话框代码（Eric 在逻辑文件上建立信号与槽连接的方式，本章会在 3.4.2 节"快速进阶"中进行介绍）。

（14）进行正常的代码编写工作，即编写业务逻辑文件。

我们看到，步骤 1~6 和 11~14 前面已经介绍过了，只有步骤 7~10 还没有介绍，下面开始介绍步骤 7~9，最后介绍步骤 10。

2. 使用布局管理器对窗体进行布局

使用布局管理器对窗体进行布局是针对整个窗体的。一般情况下，当想要将窗口控件塞满整个窗体时才会考虑对窗体进行布局。本示例仅仅演示将窗口控件显示在窗体的部分空间，因此用不到窗体级别的布局管理。

使用布局管理器对窗体进行布局的方法是，单击窗体（就是在窗体空白处单击，注意不要单击任何控件），然后单击鼠标右键，在弹出的快捷菜单中选择"布局"→"水平布局（或垂直布局）"，效果如图 3-42 所示。

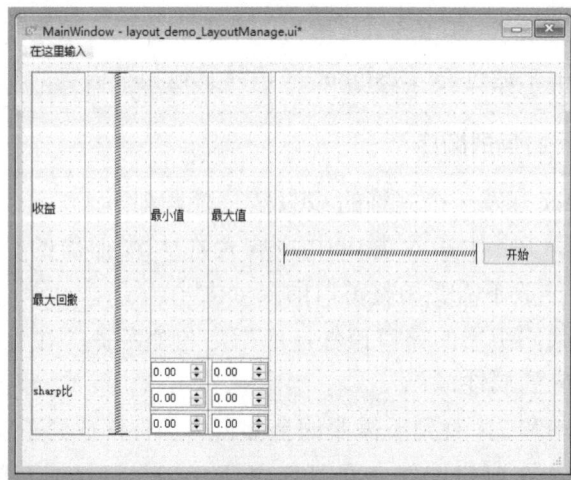

图 3-42

可以看到布局管理器充满了整个屏幕，这不是我们想要的结果，所以撤销这个操作。

针对不合理的布局，还有一种比较实用的解决方法是打破布局。单击窗体，然后单击鼠标右键，在弹出的快捷菜单中选择"布局"→"打破布局"，可以看到效果和撤销操作一致。打破布局适用于布局错了很多步的情况，此时使用撤销方法没有打破布局后进行重新布局方便。

3. 设置伙伴关系

我们将"sharp 比"标签重命名为"&sharp 比"，然后单击菜单"Edit"→"编辑伙伴"，用鼠标左键按住"sharp 比"标签不动，向右拉动到"doubleSpinBox_sharp_min"，如图 3-43 所示。

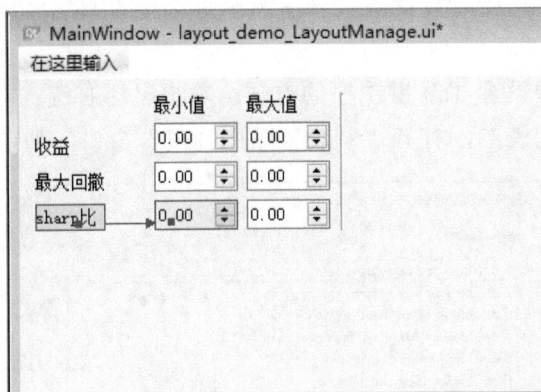

图 3-43

对应的代码如下：

```
self.label_5.setBuddy(self.doubleSpinBox_sharp_min)
```

最后，保存，单击菜单"窗体"→"预览窗体"（或按"Ctrl+R"快捷键）。

这时候我们按"Alt+S"快捷键，会发现光标快速定位到"doubleSpinBox_sharp_min"，这就是 label 和 doubleSpinBox 之间的伙伴关系。对 Display Widgets 设置快捷键，当触发快捷键时，光标会立刻定位到与 Display Widgets 有伙伴关系的 Input Widgets 上。

需要注意的是，设置伙伴关系只对英文名字的 Display Widgets 有效，该示例的显示名字大多数是中文的，所以"收益"和"最大回撤"这两个标签实际上是设置不了伙伴关系的。

4. 设置 Tab 键次序

单击菜单"Edit"→"设置 Tab 键次序"，效果如图 3-44 所示。

图 3-44

图 3-44 中所示的 1~7 数字表示我们按 Tab 键时光标跳动的顺序。这个顺序符合预期，所以就不用修改了。

如果想要对这个次序进行修改，只需按照自己想要的顺序依次点击这 7 个空间就可以了。

这里推荐另一种设置 Tab 键次序的方法：单击鼠标右键，在弹出的快捷菜单中选择"制表符顺序列表"，打开"制表符顺序列表"窗口，如图 3-45 所示。

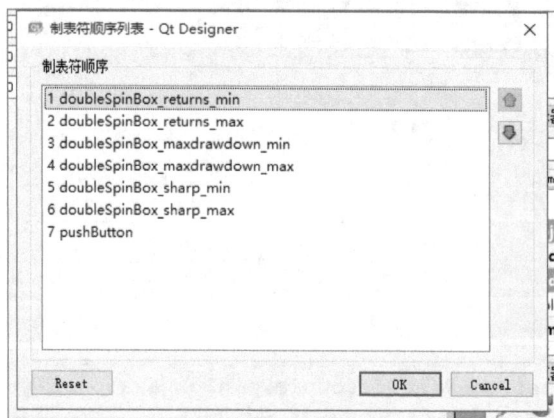

图 3-45

在这里，你可以选择某一个控件，然后上下拖动，其他控件的顺序就会进行相应的调整。

至此，就基本介绍完了使用 Qt Designer 进行布局管理的所有内容，接下来是时候测试一下这个程序了。

3.3.4 测试程序

我们利用 3.1.4 节的方法，使用 Eric 6 将 layout_demo_LayoutManage.ui 编译为

Ui_layout_demo_LayoutManage.py，然后新建一个文件 layout_demo_LayoutManage.py，并写入下面的代码：

```python
# -*- coding: utf-8 -*-

"""
Module implementing LayoutDemo.
"""

from PyQt5.QtCore import pyqtSlot
from PyQt5.QtWidgets import QMainWindow, QApplication
from Ui_layout_demo_LayoutManage import Ui_LayoutDemo

class LayoutDemo(QMainWindow, Ui_LayoutDemo):
    """
    Class documentation goes here.
    """
    def __init__(self, parent=None):
        """
        Constructor

        @param parent reference to the parent widget
        @type QWidget
        """
        super(LayoutDemo, self).__init__(parent)
        self.setupUi(self)

    @pyqtSlot()
    def on_pushButton_clicked(self):
        """
        Slot documentation goes here.
        """
        print('收益_min:',self.doubleSpinBox_returns_min.text())
        print('收益_max:',self.doubleSpinBox_returns_max.text())
        print('最大回撤_min:',self.doubleSpinBox_maxdrawdown_min.
text())
        print('最大回撤_max:',self.doubleSpinBox_maxdrawdown_max.
text())
        print('sharp比_min:',self.doubleSpinBox_sharp_min.text())
        print('sharp比_max:',self.doubleSpinBox_sharp_max.text())

if __name__ == "__main__":
```

```
import sys

app = QApplication(sys.argv)
ui = LayoutDemo()
ui.show()
sys.exit(app.exec_())
```

注意

对于如下代码：

```
@pyqtSlot()
def on_pushButton_clicked(self):
```

需要做一些解释——这里实际上利用了 Eric 的"生成对话框代码"的功能，它是 Eric 在逻辑文件上建立信号与槽连接的方式，本章会在 3.4.2 节"快速进阶"中进行说明。关于信号与槽的更详细的用法，会在第 7 章进行介绍。

运行程序，对窗口中 doubleSpinBox 进行修改，如图 3-46 所示。

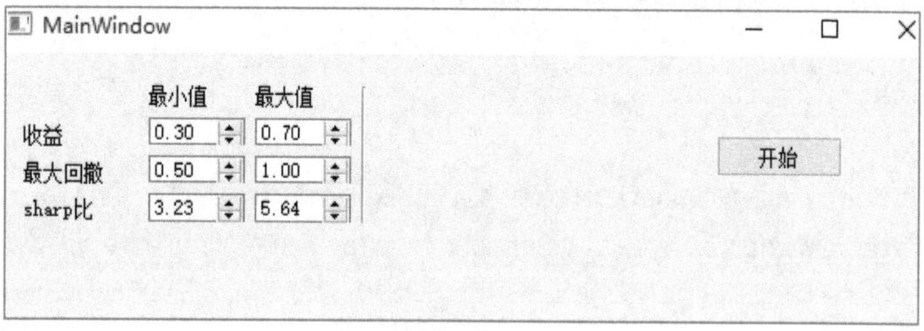

图 3-46

单击"开始"按钮，会看到控制台输出如图 3-47 所示的内容，结果符合预期。

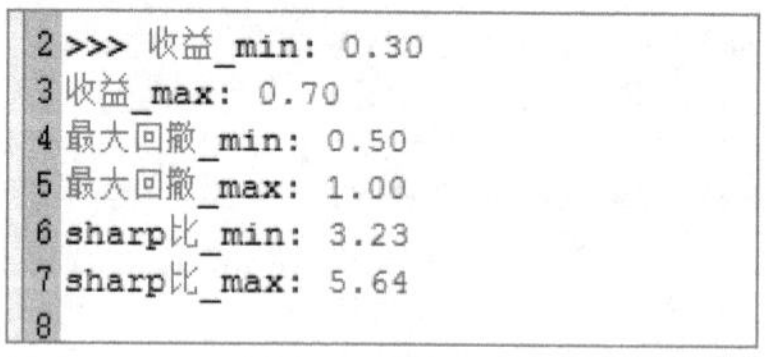

图 3-47

3.4 信号和槽关联

信号（signal）和槽（slot）是 Qt 的核心机制。在创建事件循环之后，通过建立信号和槽的连接就可以实现对象之间的通信。当信号发射（emit）时，连接的槽函数将会自动执行。在 PyQt 5 中，信号和槽通过 QObject.signal.connect()连接。

所有从 QObject 类或其子类（如 QWidget）派生的类都能够包含信号和槽。当对象改变其状态时，信号就由该对象发射出去。槽用于接收信号，但它们是普通的对象成员函数。多个信号可以与单个槽进行连接，单个信号也可以与多个槽进行连接。总之，信号和槽构建了一种强大的控件编程机制。

在 Qt 编程中，通过 Qt 信号槽机制对鼠标或键盘在界面上的操作进行响应处理，例如对鼠标单击按钮的处理。Qt 中的控件能够发射什么信号，以及在什么情况下发射信号，在 Qt 的文档中有说明，不同的控件能够发射的信号种类和触发时机也是不同的。

那么如何为控件发射的信号指定对应的处理槽函数呢？一般有三种方法，第一种是在窗口的 UI 设计中操作添加信号和槽；第二种是通过代码连接信号和槽；第三种是通过 Eric 的"生成对话框代码"的功能产生信号和槽。

3.4.1　简单入门

Qt Designer 提供了基本的编辑信号槽方法。首先，新建一个模板名为"Widget"的简单窗口，该窗口文件名为 MainWinSignalSlog01.ui。本例文件名为 PyQt5/Chapter03/MainWinSignalSlog01.ui，它要实现的功能是，当单击关闭按钮后关闭窗口。

在 Qt Designer 窗口左侧有一个 Buttons 栏，找到 QPushButton 控件，把它拖到窗体 Form 中。在属性编辑器中，找到按钮对应的 text 属性，把属性值改为"关闭窗口"，并将 objectName 属性值改为"closeWinBtn"，如图 3-48 所示。

图 3-48

单击工具栏上的"编辑信号/槽"（或者通过单击"Edit"（编辑）菜单→"编辑信号/槽"），进入信号槽编辑模式，可以直接在发射者（"关闭窗口"按钮）上按住鼠标左键不放，拖动到接收者（Form 窗体）上，这样就建立起了连接，如图 3-49 所示。

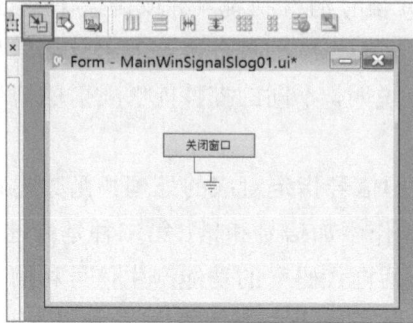

图 3-49

接着会弹出"配置连接"对话框，如图 3-50 所示。

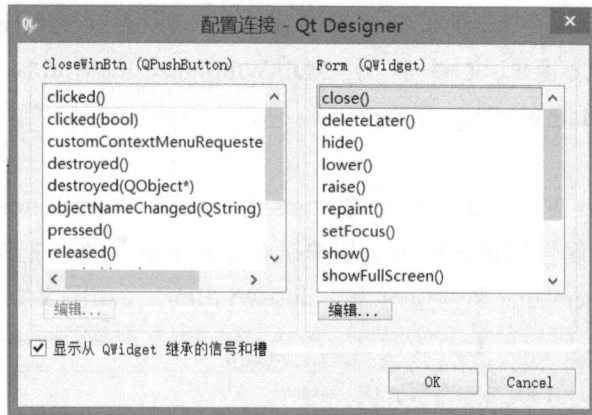

图 3-50

可以看到按钮控件会发射很多信号，只要选择一个信号，然后单击"OK"按钮，就会生成对应的槽函数对按钮发射的该信号进行处理。

由于要达到单击按钮关闭窗口的效果，所以这里勾选"显示从 QWidget 继承的信号和槽"复选框。在左侧的 closeWinBtn 按钮的信号栏里选择 clicked()信号，在右侧的 Form 槽函数中选择 close()，这意味着对"关闭窗口"按钮单击会发射 clicked 信号，这个信号会被 Form 窗体的槽函数 close()捕捉到，并触发该窗体的 close 行为（也就是关闭该窗体）。

连接信号和槽成功后，会发现在"编辑信号/槽"模式下，所创建的信号和槽关系的连线是红色的，如图 3-51 所示。

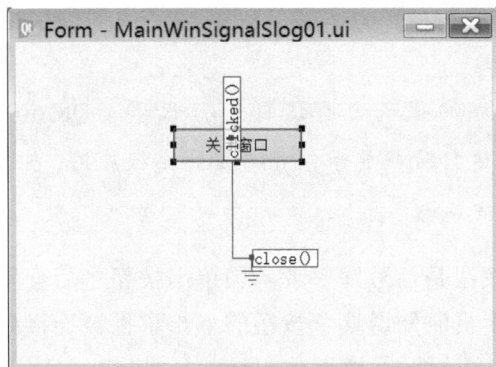

图 3-51

将界面文件转换为 Python 文件，需要输入以下命令把 MainWinSignalSlog01.ui
文件转换为 MainWinSignalSlog01.py 文件。如果命令执行成功，在
MainWinSignalSlog01.ui 的同级目录下会生成一个同名的.py 文件。

```
pyuic5 -o MainWinSignalSlog01.py MainWinSignalSlog01.ui
```

查看 MainWinSignalSlog01.py 文件，生成的代码如下：

```python
from PyQt5 import QtCore, QtGui, QtWidgets

class Ui_Form(object):
    def setupUi(self, Form):
        Form.setObjectName("Form")
        Form.resize(452, 296)
        self.closeWinBtn = QtWidgets.QPushButton(Form)
        self.closeWinBtn.setGeometry(QtCore.QRect(150, 80, 121, 31))
        self.closeWinBtn.setObjectName("closeWinBtn")

        self.retranslateUi(Form)
        self.closeWinBtn.clicked.connect(Form.close)
        QtCore.QMetaObject.connectSlotsByName(Form)

    def retranslateUi(self, Form):
        _translate = QtCore.QCoreApplication.translate
        Form.setWindowTitle(_translate("Form", "Form"))
        self.closeWinBtn.setText(_translate("Form", "关闭窗口"))
```

在使用 pyuic5 命令生成的 Python 代码中,是通过如下代码直接连接 closeWinBtn
按钮的 clicked()信号和槽函数 Form.close()的。注意：使用 QObject.signal.connect()
连接的槽函数不要加括号，否则会出错。

```python
self.closeWinBtn.clicked.connect(Form.close)
```

注意

> 通过 pyuic5 生成的代码中有这样一行代码：QtCore.QMetaObject.connect
> SlotsByName(Form)，这行代码属于信号与槽的高级应用，在这个案例中可有可无，
> 第 7 章会对其进行重点解读。

其实现流程是：按钮是信号发射者，当单击按钮之后会发射一个信号，通过这行代码程序内部的通信机制知道这个按钮的单击事件被连接到窗体的关闭事件上，然后通知接收者窗体，可以运行槽函数 close()。

为了使窗口的显示和业务逻辑分离，再新建一个调用窗口显示的文件
CallMainWinSignalSlog01.py，其完整代码如下：

```python
import sys
from PyQt5.QtWidgets import QApplication , QMainWindow
from MainWinSignalSlog01 import Ui_Form

class MyMainWindow(QMainWindow, Ui_Form):
    def __init__(self, parent=None):
        super(MyMainWindow, self).__init__(parent)
        self.setupUi(self)

if __name__=="__main__":
    app = QApplication(sys.argv)
    myWin = MyMainWindow()
    myWin.show()
    sys.exit(app.exec_())
```

效果如图 3-52 所示。

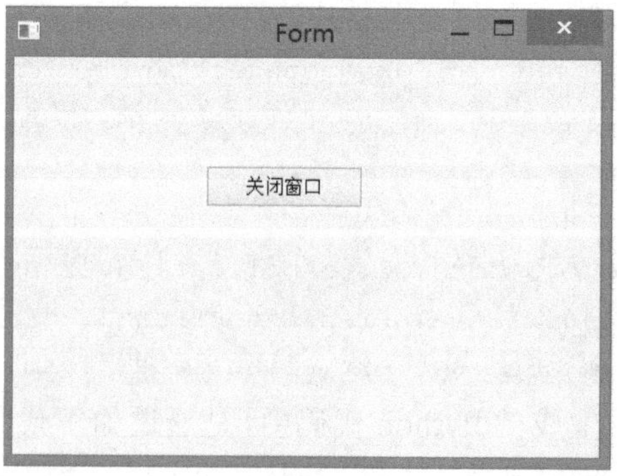

图 3-52

3.4.2　快速进阶

对于新手来说，在学习信号与槽的过程中必须面对两个问题：第一个是 PyQt 默认有哪些信号与槽；第二个是如何使用这些信号与槽。

对于第一个问题，可以通过图 3-50 所示的方法来获取默认可用的信号与槽的列表。但是使用这种方法有一个缺点，如果发现信号与槽连接错误，使用这种方法进行手工调整容易出现失误。更简单的方法是使用右下侧的信号与槽编辑窗口来进行调整，如图 3-53 所示。

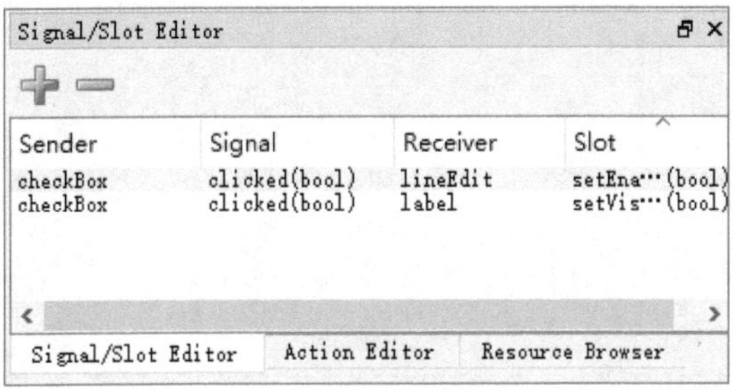

图 3-53

本例涉及的文件包括 MainWinSignalSlog03.ui、MainWinSignalSlog03.py 和 CallMainWinSignalSlog03.py。运行 CallMainWinSignalSlog03.py，结果如图 3-54 所示。

图 3-54

单击两次"选择"，结果如图 3-55 所示。

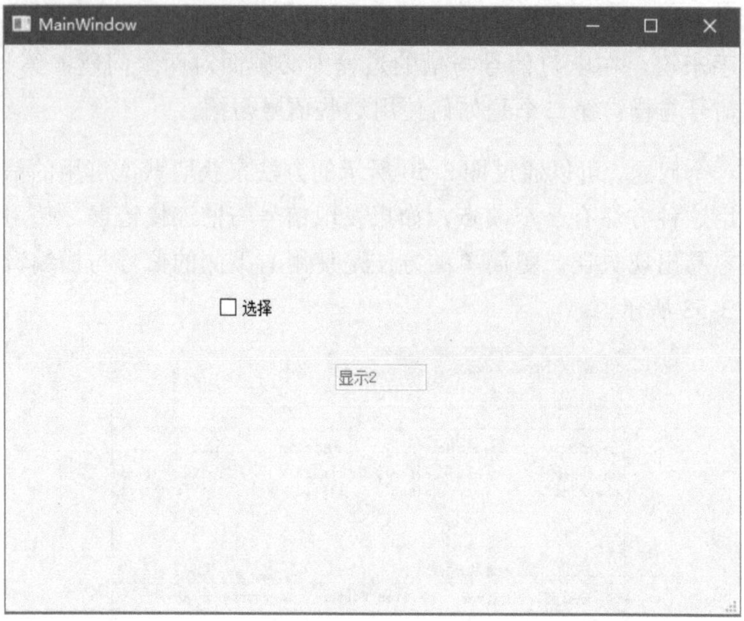

图 3-55

涉及的代码如下，表示当 checkBox 选择为真时，发射的信号会设置 label.setVisible 和 lineEdit.setEnable 为 True，反之亦反。

```
self.checkBox.clicked['bool'].connect(self.label.setVisible)
self.checkBox.clicked['bool'].connect(self.lineEdit.setEnabled)
```

对于第二个问题，最简单的方法就是把含有信号与槽的.ui 文件编译成.py 文件，然后在.py 文件中找出相应信号与槽的使用方法。掌握这种方法的读者，就可以解决实际中遇到的绝大多数业务逻辑问题了。

另外，对于有些熟悉 Eric 的读者，可能更倾向于使用 Eric 来生成信号和槽，这就是前面经常提到的 Eric 的"生成对话框代码"的功能。这也是一种不错的方法，具体如下。

把 MainWinSignalSlog03.ui 另存为 MainWinSignalSlog04.ui，然后打开，去掉其中的信号与槽并保存。

切换到 Eric 的"窗体"选项卡，选中 MainWinSignalSlog04.ui 并单击鼠标右键，选择"编译窗体"，生成 Ui_MainWinSignalSlog04.py 文件。再单击鼠标右键，选择"生成对话框代码"，如图 3-56 所示。

图 3-56

📖 **注意**

如果使用 Eric 找不到这个文件，则可以通过单击鼠标右键，选择"添加窗体"，然后在源文件一栏添加所需要的文件。

执行上面的操作后会弹出一个窗口，按照图 3-57 所示进行设置。

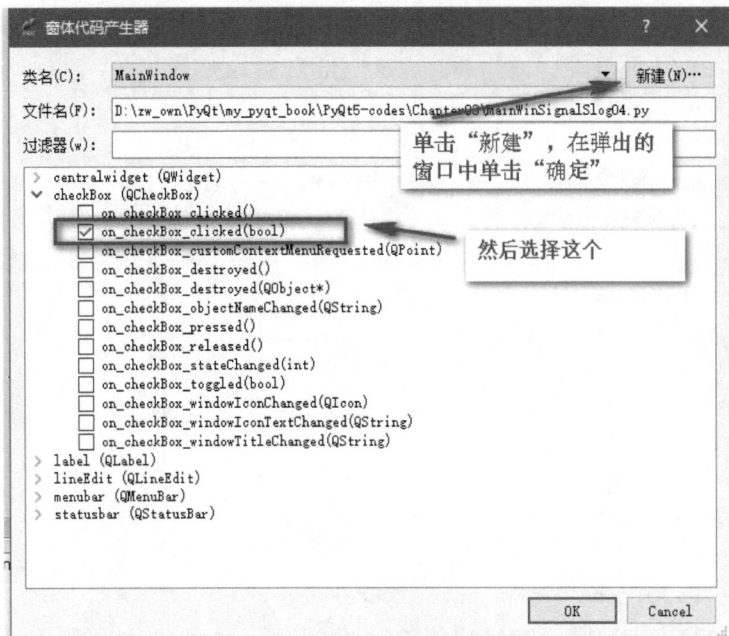

图 3-57

单击"OK"按钮后，会发现在当前文件夹下多出了一个文件 MainWinSignalSlog04.py，代码如下：

```
# -*- coding: utf-8 -*-

"""
Module implementing MainWindow.
"""

from PyQt5.QtCore import pyqtSlot
from PyQt5.QtWidgets import QMainWindow

from Ui_MainWinSignalSlog04 import Ui_MainWindow
```

#注：原代码为 from .Ui_MainWinSignalSlog04 import Ui_MainWindow，运行出错，需要去掉

```
class MainWindow(QMainWindow, Ui_MainWindow):
    """
    Class documentation goes here.
    """
    def __init__(self, parent=None):
        """
        Constructor

        @param parent reference to the parent widget
        @type QWidget
        """
        super(MainWindow, self).__init__(parent)
        self.setupUi(self)

    @pyqtSlot(bool)
    def on_checkBox_clicked(self, checked):
        """
        Slot documentation goes here.

        @param checked DESCRIPTION
        @type bool
        """
        # TODO: not implemented yet
        raise NotImplementedError
```

上面的代码显然是不可运行的，需要对其进行改写，改写后的代码如下（文件

名仍为 MainWinSignalSlog04.py，对原文件进行了覆盖处理）：

```python
# -*- coding: utf-8 -*-

"""
Module implementing MainWindow.
"""

from PyQt5.QtCore import pyqtSlot
from PyQt5.QtWidgets import QMainWindow,QApplication

from Ui_MainWinSignalSlog04 import Ui_MainWindow
```

#注：原代码为 from .Ui_MainWinSignalSlog04 import Ui_MainWindow，运行出错，需要去掉

```python
class MainWindow(QMainWindow, Ui_MainWindow):
    """
    Class documentation goes here.
    """
    def __init__(self, parent=None):
        """
        Constructor

        @param parent reference to the parent widget
        @type QWidget
        """
        super(MainWindow, self).__init__(parent)
        self.setupUi(self)
        self.checkBox.setChecked(True)  # 设置 checkBox 默认的初始状态为选择

    @pyqtSlot(bool)
    def on_checkBox_clicked(self, checked):
        """
        Slot documentation goes here.

        @param checked DESCRIPTION
        @type bool
        """
        self.label.setVisible(checked)
        self.lineEdit.setEnabled(checked)

if __name__ == "__main__":
```

```
import sys
app = QApplication(sys.argv)
myWin = MainWindow()
myWin.show()
sys.exit(app.exec_())
```

运行上面文件，可以发现结果和图 3-55 所示的一致——通过不同的信号与槽的触发机制实现了相同的功能。

这两种方法都有自己的优点，读者可以根据自己的偏好选择任意一种方法来学习，也可以通过本例来学习这两种方法是如何转化的。如果掌握了这两种方法，那么在 PyQt 的信号与槽机制方面就达到了中级水平，因为你此时已经具备了学习 PyQt 的自我成长的能力。

PyQt 的信号与槽机制是其核心内容，第 7 章还会详细介绍这部分知识点。

3.5 菜单栏与工具栏

3.5.1 界面设计

MainWindow 即主窗口，主要包含菜单栏、工具栏、任务栏等。双击菜单栏上的"在这里输入"，然后输入文字，最后按回车键即可生成菜单。对于一级菜单，可以通过输入"文件(&F)"和"编辑(&E)"来加入菜单的快捷键，如图 3-58 所示。注意：要按回车键来确认菜单的输入。

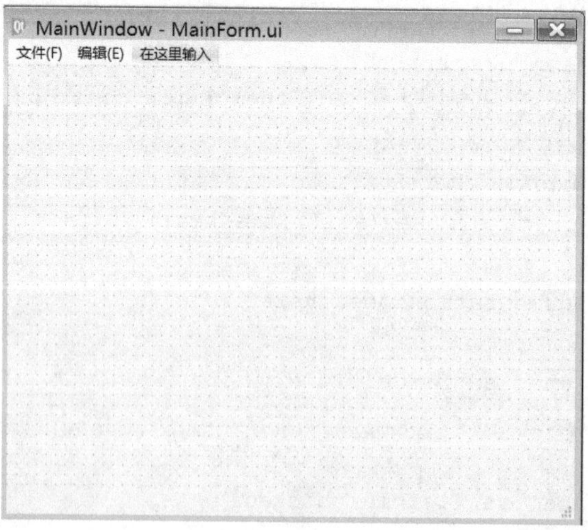

图 3-58

在 Qt Designer 中单击菜单"窗体"→"预览"，可以快速预览所生成的窗口效果（或者按"Ctrl+R"快捷键进行预览），如图 3-59 所示。

图 3-59

在本例中，我们输入"文件"菜单，然后再输入"打开""新建"和"关闭"三个子菜单。子菜单可以通过动作编辑器或者属性编辑器中的 Shortcut 来添加快捷键，如图 3-60 所示。

图 3-60

双击需要编辑的动作，可以对其进行设置并添加图标、快捷键等，如图 3-61 所示。

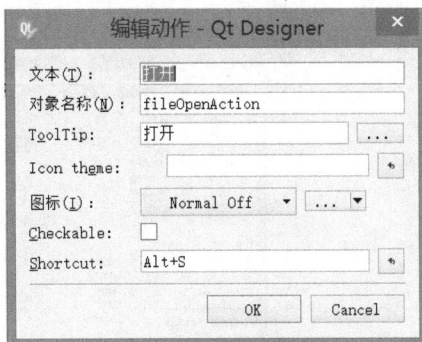

图 3-61

现在来添加主窗口的工具栏。使用 Qt Designer 默认生成的主窗口中不显示工具栏，可以通过单击鼠标右键来添加工具栏，如图 3-62 所示。

图 3-62

在 Qt Designer 的属性编辑器中新建 addWinAction，其详细信息如图 3-63 所示。

图 3-63

可以通过属性编辑器来修改图标的大小。工具栏上的图标，可以通过动作编辑器建立并拖入工具栏中，如图 3-64 所示。

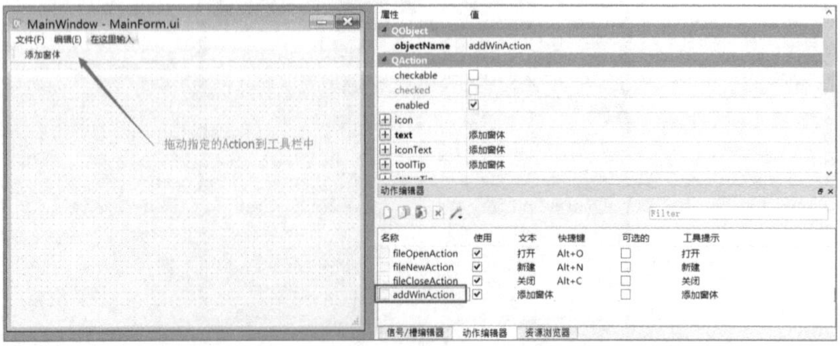

图 3-64

在动作编辑器中自定义的 Action 如表 3-1 所示。

表 3-1

对象名称	文　本	快 捷 键
fileOpenAction	打开	Alt + O
fileNewAction	新建	Alt + N
fileCloseAction	关闭	Alt + C
addWinAction	添加窗体	

最后，使用 pyuic5 命令将 UI 文件转换为 Python 文件。

```
pyuic5 -o MainForm.py MainForm.ui
```

MainForm.py 文件保存在 **PyQt5/Chapter03/mainWin** 目录下，其完整代码如下：

```python
from PyQt5 import QtCore, QtGui, QtWidgets


class Ui_MainWindow(object):
    def setupUi(self, MainWindow):
        MainWindow.setObjectName("MainWindow")
        MainWindow.resize(588, 476)
        self.centralwidget = QtWidgets.QWidget(MainWindow)
        self.centralwidget.setObjectName("centralwidget")
        MainWindow.setCentralWidget(self.centralwidget)
        self.menubar = QtWidgets.QMenuBar(MainWindow)
        self.menubar.setGeometry(QtCore.QRect(0, 0, 588, 26))
        self.menubar.setObjectName("menubar")
        self.menu = QtWidgets.QMenu(self.menubar)
        self.menu.setObjectName("menu")
        self.menu_E = QtWidgets.QMenu(self.menubar)
        self.menu_E.setObjectName("menu_E")
        MainWindow.setMenuBar(self.menubar)
        self.statusbar = QtWidgets.QStatusBar(MainWindow)
        self.statusbar.setObjectName("statusbar")
        MainWindow.setStatusBar(self.statusbar)
        self.toolBar = QtWidgets.QToolBar(MainWindow)
        self.toolBar.setObjectName("toolBar")
        MainWindow.addToolBar(QtCore.Qt.TopToolBarArea, self.toolBar)
        self.fileOpenAction = QtWidgets.QAction(MainWindow)
        self.fileOpenAction.setObjectName("fileOpenAction")
        self.fileNewAction = QtWidgets.QAction(MainWindow)
        self.fileNewAction.setObjectName("fileNewAction")
        self.fileCloseAction = QtWidgets.QAction(MainWindow)
```

```
            self.fileCloseAction.setObjectName("fileCloseAction")
            self.addWinAction = QtWidgets.QAction(MainWindow)
            self.addWinAction.setObjectName("addWinAction")
            self.menu.addAction(self.fileOpenAction)
            self.menu.addAction(self.fileNewAction)
            self.menu.addAction(self.fileCloseAction)
            self.menubar.addAction(self.menu.menuAction())
            self.menubar.addAction(self.menu_E.menuAction())
            self.toolBar.addAction(self.addWinAction)

            self.retranslateUi(MainWindow)
            QtCore.QMetaObject.connectSlotsByName(MainWindow)

        def retranslateUi(self, MainWindow):
            _translate = QtCore.QCoreApplication.translate
            MainWindow.setWindowTitle(_translate("MainWindow",
"MainWindow"))
            self.menu.setTitle(_translate("MainWindow", "文件(&F)"))
            self.menu_E.setTitle(_translate("MainWindow", "编辑(&E)"))
            self.toolBar.setWindowTitle(_translate("MainWindow",
"toolBar"))
            self.fileOpenAction.setText(_translate("MainWindow", "打开"))
            self.fileOpenAction.setShortcut(_translate("MainWindow",
"Alt+O"))
            self.fileNewAction.setText(_translate("MainWindow", "新建"))
            self.fileNewAction.setShortcut(_translate("MainWindow",
"Alt+N"))
            self.fileCloseAction.setText(_translate("MainWindow", "关闭"))
            self.fileCloseAction.setShortcut(_translate("MainWindow",
"Alt+C"))
            self.addWinAction.setText(_translate("MainWindow", "添加窗体"))
```

3.5.2 效果测试

可以通过界面文件与逻辑文件分离的方式来测试所呈现的界面效果，只需使用
pyuic5 命令将 MainForm.ui 文件转换成 MainForm.py 文件，然后在 CallMainWin01.py
文件中导入对应的类并继承就可以了。CallMainWin01.py 文件保存在
PyQt5/Chapter03/mainWin 目录下，其完整代码如下：

```
import sys
from PyQt5.QtWidgets import QApplication , QMainWindow, QWidget ,
```

```
QFileDialog
    from MainForm import Ui_MainWindow

    class MainForm( QMainWindow , Ui_MainWindow):
        def __init__(self):
            super(MainForm,self).__init__()
            self.setupUi(self)
            # 菜单的点击事件，当点击关闭菜单时连接槽函数 close()
            self.fileCloseAction.triggered.connect(self.close)
            # 菜单的点击事件，当点击打开菜单时连接槽函数 openMsg()
            self.fileOpenAction.triggered.connect(self.openMsg)

        def openMsg(self):
            file,ok= QFileDialog.getOpenFileName(self,"打开","C:/","All
Files (*);;Text Files (*.txt)")
            # 在状态栏显示文件地址
            self.statusbar.showMessage(file)

    if __name__=="__main__":
        app = QApplication(sys.argv)
        win = MainForm()
        win.show()
        sys.exit(app.exec_())
```

运行脚本，显示效果如图 3-65 所示。

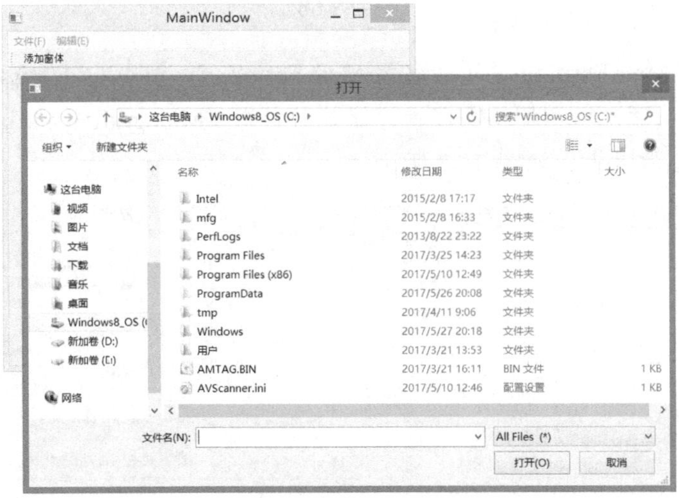

图 3-65

运行脚本所生成的界面和使用 Qt Designer 设计的界面是一样的，并且在类的初始化中为菜单选项"打开"和"关闭"的信号绑定了自定义的槽函数。

```
# 菜单的点击事件，当点击关闭菜单时连接槽函数 close()
self.fileCloseAction.triggered.connect(self.close)
# 菜单的点击事件，当点击打开菜单时连接槽函数 openMsg()
self.fileOpenAction.triggered.connect(self.openMsg)
```

3.5.3　应用：加载其他窗口

本节介绍一种在当前窗口中嵌入另一个窗口的方法。

（1）首先使用 Qt Designer 新建一个普通窗口，命名为"ChildrenForm2，并在 ChildrenForm2 中放置 QTextEdit 控件，如图 3-66 所示。

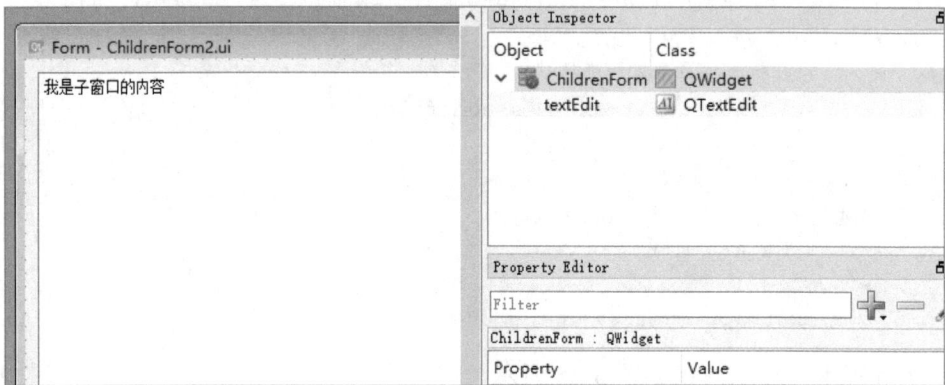

图 3-66

然后复制 MainForm.ui 并重命名为 MainForm2.ui，使用 Qt Designer 打开，在主窗口的空白中央添加一个栅格布局管理器并命名为"MaingridLayout"，等会需要将 ChildrenForm2 放进去，如图 3-67 所示。

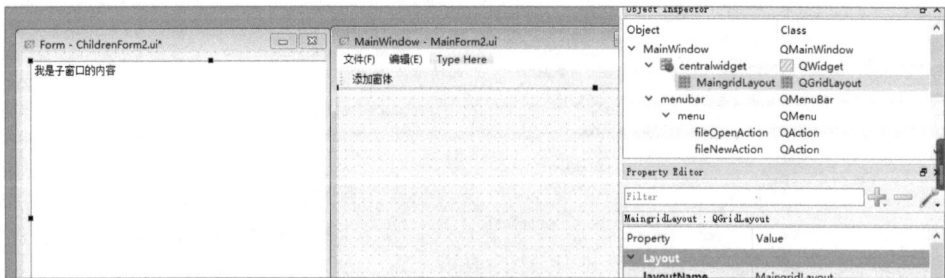

图 3-67

（2）使用 pyuic5 命令将.ui 文件转换为.py 文件。

```
pyuic5 -o MainForm2.py MainForm2.ui
pyuic5 -o ChildrenForm2.py ChildrenForm2.ui
```

MainForm2.py 文件保存在 PyQt5/Chapter03/mainWin 目录下。

（3）调用主窗口类。为了实现调用代码与界面的分离，需要新建一个文件 CallMainWin02.py，直接继承界面类和主窗口类。同理，子窗口类 ChildrenForm2 的声明也放在了调用类 CallMainWin02.py 文件中。CallMainWin02.py 文件保存在 PyQt5/Chapter03/mainWin 目录下，其完整代码如下：

```python
# -*- coding: utf-8 -*-

import sys
from PyQt5.QtWidgets import QApplication, QMainWindow, QWidget,
QFileDialog
from MainForm2 import Ui_MainWindow
from ChildrenForm2 import Ui_ChildrenForm

class MainForm(QMainWindow, Ui_MainWindow):
    def __init__(self):
        super(MainForm, self).__init__()
        self.setupUi(self)

        # self.child = children()生成子窗口实例self.child
        self.child = ChildrenForm()

        # 菜单的单击事件，当单击关闭菜单时连接槽函数 close()
        self.fileCloseAction.triggered.connect(self.close)
        # 菜单的单击事件，当单击打开菜单时连接槽函数 openMsg()
        self.fileOpenAction.triggered.connect(self.openMsg)

        # 单击 actionTst，子窗口就会显示在主窗口的 MaingridLayout 中
        self.addWinAction.triggered.connect(self.childShow)

    def childShow(self):
        # 添加子窗口
        self.MaingridLayout.addWidget(self.child)
        self.child.show()

    def openMsg(self):
        file, ok = QFileDialog.getOpenFileName(self, "打开", "C:/", "All
Files (*);;Text Files (*.txt)")
        # 在状态栏显示文件地址
        self.statusbar.showMessage(file)

class ChildrenForm(QWidget, Ui_ChildrenForm):
    def __init__(self):
        super(ChildrenForm, self).__init__()
        self.setupUi(self)
```

```
if __name__ == "__main__":
    app = QApplication(sys.argv)
    win = MainForm()
    win.show()
    sys.exit(app.exec_())
```

运行脚本，显示效果如图 3-68 所示。

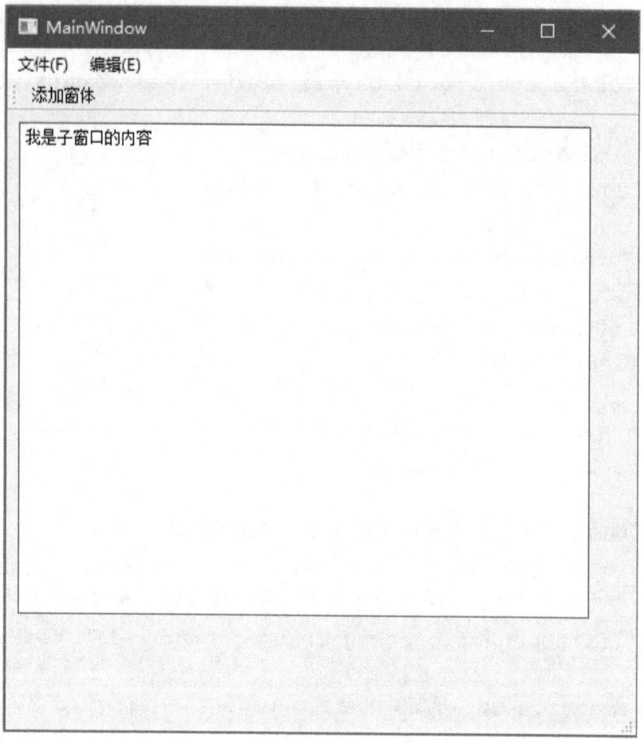

图 3-68

在这个例子中，当单击 MainWindow 工具栏中的"添加窗体"按钮时，在主窗口 MainForm 中会动态加载子窗口 ChildrenForm2。

单击工具栏上的按钮时，触发信号绑定自定义的槽函数 childShow()。

```
# 单击 actionTst，子窗口就会显示在主窗口的 MaingridLayout 中
self.addWinAction.triggered.connect(self.childShow)


def childShow(self):
    # 添加子窗口
    self.MaingridLayout.addWidget(self.child)
    self.child.show()
```

3.6　打包资源文件

使用 PyQt 5 生成的应用程序引用图片资源主要有两种方法，第一种方法是将资源文件转换为 Python 文件，然后引用 Python 文件；第二种方法是在程序中通过相对路径引用外部图片资源。由于第一种方法会涉及 Qt Designer，所以放在本章介绍；对于第二种方法，使用起来非常简单，读者可以查看第 4 章中的案例 4-7。下面详细介绍第一种方法的实现过程。

3.6.1　使用 Qt Designer 加载资源文件

在 Qt Designer 中设计界面时是不能直接加入图片和图标等资源的，而是需要在 PyQt 开发目录下编写.qrc 文件（可以用文本编辑器打开扩展名为.qrc 的资源文件）。

（1）新建一个资源文件 apprcc.qrc，它的内容如下：

```
<rcc version="1.0">
    <qresource>
    </qresource>
</rcc>
```

也可以使用 Eric 创建这个文件，操作如图 3- 69 所示。然后在弹出的窗口中新建文件 apprcc.qrc 就可以了，它会自动帮你生成上面的代码。

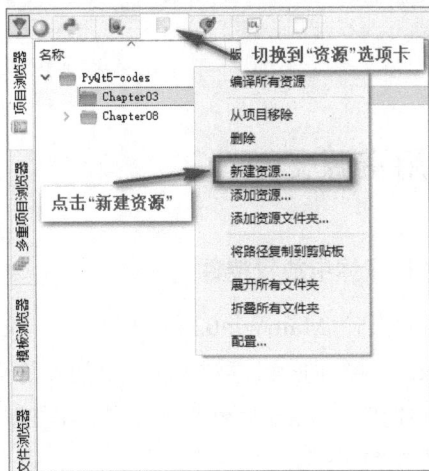

图 3-69

（2）打开 Qt Designer，新建一个类型为 Widget 的简单窗体，该窗体文件名为 MainWin02.ui。然后打开资源浏览器，按图 3-70 所示进行操作（本例涉及的图片在 PyQt5/Chapter03/images 目录下）。

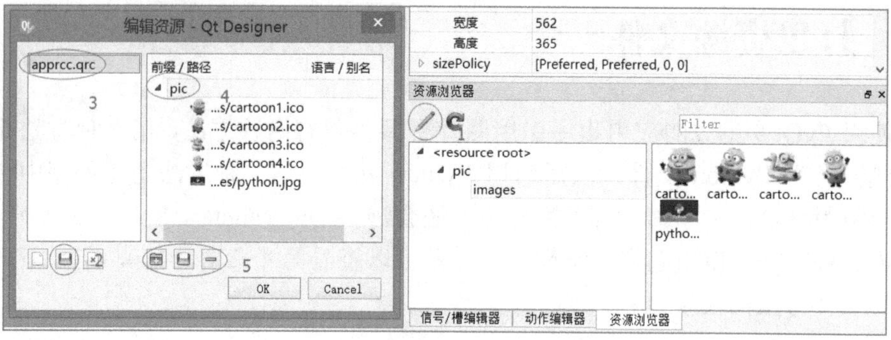

图 3-70

首先进入资源编辑界面，然后打开资源文件，这里打开上面创建的资源文件 apprcc.qrc。接下来选中 apprcc.qrc，设置图片资源的前缀为 pic。最后添加或删除图片资源。

按照以上步骤添加图片资源后，用文本编辑器查看 apprcc.qrc 文件，发现它是 XML 格式的。

```
<RCC>
    <qresource prefix="pic">
        <file>images/cartoon1.ico</file>
        <file>images/cartoon2.ico</file>
        <file>images/cartoon3.ico</file>
        <file>images/cartoon4.ico</file>
        <file>images/python.jpg</file>
    </qresource>
</RCC>
```

3.6.2 在窗体中使用资源文件

1. 使用 Qt Designer 在窗体中放置控件

继续使用 Qt Designer 操作 MainWin02.ui 文件。在 Qt Designer 窗口左侧，将 Display Widgets 栏中的 Label 控件拖到窗体 Form 中间并选中它，然后在 Qt Designer 窗口右侧的属性编辑器中找到 pixmap 属性，单击其后面的按钮，把它的值改为资源文件中的一张图片，如图 3-71 所示。

2. 将.ui 文件转换为.py 文件

使用 pyuic5 命令将.ui 文件转换为.py 文件。

```
pyuic5 -o MainWin02.py MainWin02.ui
```

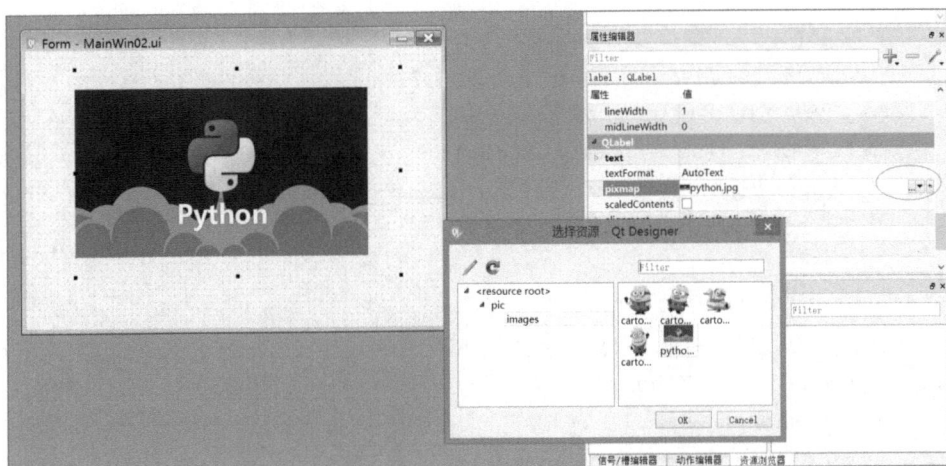

图 3-71

本例文件名为 PyQt5/Chapter03/MainWin02.py，其完整代码如下：

```python
from PyQt5 import QtCore, QtGui, QtWidgets

class Ui_Form(object):
    def setupUi(self, Form):
        Form.setObjectName("Form")
        Form.resize(678, 431)
        self.label = QtWidgets.QLabel(Form)
        self.label.setGeometry(QtCore.QRect(80, 30, 531, 321))
        self.label.setText("")
        self.label.setPixmap(QtGui.QPixmap(":/pic/images/python.jpg"))
        self.label.setObjectName("label")

        self.retranslateUi(Form)
        QtCore.QMetaObject.connectSlotsByName(Form)

    def retranslateUi(self, Form):
        _translate = QtCore.QCoreApplication.translate
        Form.setWindowTitle(_translate("Form", "Form"))

import apprcc_rc
```

为了使窗口的显示和业务逻辑分离，再新建一个调用窗口显示的文件 CallMain
Win02.py，其完整代码如下：

```python
import sys
from PyQt5.QtWidgets import QApplication , QMainWindow
```

```
from MainWin02 import Ui_Form

class MyMainWindow(QMainWindow, Ui_Form):
    def __init__(self, parent=None):
        super(MyMainWindow, self).__init__(parent)
        self.setupUi(self)

if __name__=="__main__":
    app = QApplication(sys.argv)
    myWin = MyMainWindow()
    myWin.show()
    sys.exit(app.exec_())
```

运行 CallMainWin02.py 文件，会抛出如下异常信息，提示在 MainWin02.py 中找不到模块 apprcc_rc。

```
Exception "unhandled ImportError"
No module named 'apprcc_rc'
```

这说明在脚本中使用以下代码导入的模块异常。

```
import apprcc_rc
```

调用脚本还差关键的一步，就是将.qrc 文件转换为.py 文件，然后导入正常的.py 资源文件。

3.6.3　转换资源文件

使用 PyQt 5 提供的 pyrcc5 命令将 apprcc.qrc 文件转换为 apprcc_rc.py 文件（之所以添加_rc，是因为 Qt Designer 导入资源文件时默认是加_rc 的，这里是为了与 Qt Designer 一致）。

```
pyrcc5 apprcc.qrc -o apprcc_rc.py
```

转换完成后，在同级目录下会多出一个与.qrc 文件同名的.py 文件。查看 apprcc_rc.py 文件，其内容如下：

```
from PyQt5 import QtCore

qt_resource_data = b"\
\x00\x00\x42\x3e\
\x00\x01\x00\x01\x00\x40\x40\x00\x00\x01\x00\x20\x00\x28\x42\x00\
```

```
# 由于代码较多,此处省略多行代码
\xf0\x00\x7f\xff\xff\xff\xff\xff\xfc\x01\xff\xff\xff\
"

qt_resource_name = b"\
\x00\x03\
# 由于代码较多,此处省略多行代码
\x00\x61\x00\x72\x00\x74\x00\x6f\x00\x6f\x00\x6e\x00\x32\x00\x2e\x00\
x69\x00\x63\x00\x6f\
"

qt_resource_struct = b"\
\x00\x00\x00\x00\x00\x02\x00\x00\x00\x01\x00\x00\x00\x01\
# 由于代码较多,此处省略多行代码
\x00\x00\x00\x78\x00\x00\x00\x00\x00\x01\x00\x00\xc6\xc6\
"

def qInitResources():
    QtCore.qRegisterResourceData(0x01, qt_resource_struct,
qt_resource_name, qt_resource_data)

def qCleanupResources():
    QtCore.qUnregisterResourceData(0x01, qt_resource_struct,
qt_resource_name, qt_resource_data)

qInitResources()
```

可以看出，该文件已经使用 QtCore.qRegisterResourceData 进行了初始化注册，所以可以直接引用该文件。

3.6.4 导入.py 资源文件

在界面文件 MainWin02.py 中，需要使用以下代码直接导入.py 资源文件。

```
import apprcc_rc
```

在 Qt Designer 中使用图片资源时，图片资源的引入路径是冒号 ":" 加图片的路径，示例代码如下：

```
:/pic/images/python.jpg
```

注意到上面的路径与 qrc 文件的路径稍微有些不同，多了一个前缀"pic"，原因是 Qt Designer 会自动根据 qrc 中的 qresource 标签来调整这个路径。如图 3-72 所示，在 qresource 标签中有一个"pic"属性，Qt Designer 会自动把"pic"添加到图片路径 images/python.jpg 中。

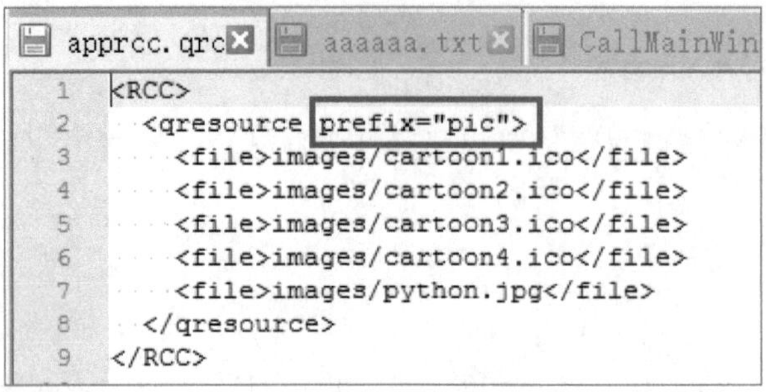

图 3-72 apprcc_rc.qrc 文件

修改后的 MainWin02.py 文件的完整代码如下：

```python
from PyQt5 import QtCore, QtGui, QtWidgets

class Ui_Form(object):
    def setupUi(self, Form):
        Form.setObjectName("Form")
        Form.resize(678, 431)
        self.label = QtWidgets.QLabel(Form)
        self.label.setGeometry(QtCore.QRect(80, 30, 531, 321))
        self.label.setText("")
        self.label.setPixmap(QtGui.QPixmap(":/pic/images/python.jpg"))
        self.label.setObjectName("label")

        self.retranslateUi(Form)
        QtCore.QMetaObject.connectSlotsByName(Form)

    def retranslateUi(self, Form):
        _translate = QtCore.QCoreApplication.translate
        Form.setWindowTitle(_translate("Form", "Form"))

import apprcc_rc
```

运行 CallMainWin02.py 文件，显示效果如图 3-73 所示。

图 3-73

运行脚本一切正常，可以在窗口中看到所导入的图片资源。

第 4 章

4

PyQt 5 基本窗口控件

任何理论的首要任务都是阐述令人混淆的术语和概念。只有实现了术语和概念的一致性，我们才能够清晰、流畅地思考问题，并且期望与读者分享相同的观点。

——克劳塞维茨，《战争论》作者

同样的道理，在学习 PyQt 5 之前，我们也要对一些令人混淆的基本概念进行详细解释，只有彻底理解基础知识，后面的学习才会更加顺利。这一章我们将关注 PyQt 5 的基本窗口控件，学会如何部署和调整控件。

4.1　QMainWindow

QMainWindow 主窗口为用户提供一个应用程序框架，它有自己的布局，可以在布局中添加控件。在主窗口中可以添加控件，比如将工具栏、菜单栏和状态栏等添加到布局管理器中。

4.1.1　窗口类型介绍

QMainWindow、QWidget 和 QDialog 三个类都是用来创建窗口的，可以直接使用，也可以继承后再使用。

QMainWindow 窗口可以包含菜单栏、工具栏、状态栏、标题栏等，是最常见的窗口形式，也可以说是 GUI 程序的主窗口，如图 4-1 所示。

QDialog 是对话框窗口的基类。对话框主要用来执行短期任务，或者与用户进行互动，它可以是模态的，也可以是非模态的。QDialog 窗口没有菜单栏、工具栏、状态栏等，如图 4-2 所示。

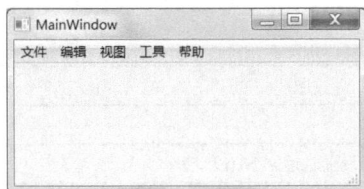

图 4-1

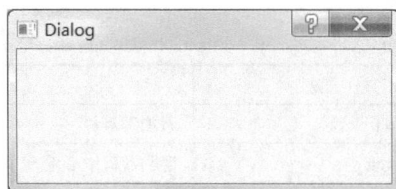

图 4-2

如果是主窗口，就使用 QMainWindow 类；如果是对话框，就使用 QDialog 类；如果不确定，或者有可能作为顶层窗口，也有可能嵌入到其他窗口中，那么就使用 QWidget 类。

本节只介绍 QMainWindow 类，关于 QWidget 类与 QDialog 类的更详细用法会在后续章节中进行介绍，读者只需要对它们有简单的了解就行。这些内容都非常简单，并不需要进行太深入的研究。

4.1.2 创建主窗口

如果一个窗口包含一个或多个窗口，那么这个窗口就是父窗口，被包含的窗口则是子窗口。没有父窗口的窗口是顶层窗口，QMainWindow 就是一个顶层窗口，它可以包含很多界面元素，如菜单栏、工具栏、状态栏、子窗口等。

在 PyQt 中，在主窗口（QMainWindow）中会有一个控件（QWidget）占位符来占着中心窗口，可以使用 setCentralWidget()来设置中心窗口，如图 4-3 所示。

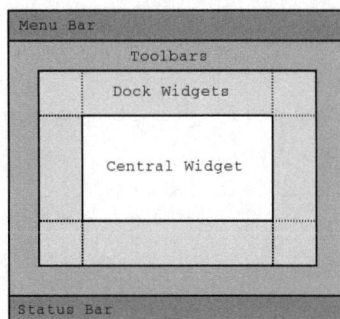

图 4-3

QMainWindow 继承自 QWidget 类，拥有它的所有派生方法和属性。

```
QWidget
   |
   +- QMainWindow
```

QMainWindow 类中比较重要的方法如表 4-1 所示。

表 4-1

方　法	描　述
addToolBar()	添加工具栏
centralWidget()	返回窗口中心的一个控件，未设置时返回 NULL
menuBar()	返回主窗口的菜单栏
setCentralWidget()	设置窗口中心的控件
setStatusBar()	设置状态栏
statusBar()	获得状态栏对象后，调用状态栏对象的 showMessage(message, int timeout = 0)方法，显示状态栏信息。其中第一个参数是要显示的状态栏信息；第二个参数是信息停留的时间，单位是毫秒，默认是 0，表示一直显示状态栏信息

注意

QMainWindow 不能设置布局（使用 setLayout()方法），因为它有自己的布局。

案例 4-1　创建主窗口

本例文件名为 PyQt5/Chapter04/qt402_QMainWin.py，演示在 PyQt 5 中创建一个简单的主窗口。其完整代码如下：

```python
import sys
from PyQt5.QtWidgets import QMainWindow , QApplication
from PyQt5.QtGui import QIcon

class MainWindow(QMainWindow):
    def __init__(self,parent=None):
        super(MainWindow,self).__init__(parent)
        self.resize(400, 200)
        self.status = self.statusBar()
        self.status.showMessage("这是状态栏提示",5000)
        self.setWindowTitle("PyQt MainWindow 例子")

if __name__ == "__main__":
    app = QApplication(sys.argv)
    app.setWindowIcon(QIcon("./images/cartoon1.ico"))
    form = MainWindow()
    form.show()
    sys.exit(app.exec_())
```

运行脚本，显示效果如图 4-4 所示。

图 4-4

代码分析：

```
self.status.showMessage("这是状态栏提示",5000)
```

使用 QMainWindow 类的 statusBar()方法创建状态栏，然后使用 showMessage()
方法将提示信息显示在状态栏中，提示信息的显示时间是 5 秒，5 秒后状态栏提示
信息消失。

在自定义的窗口类 MainWindow 中，继承了主窗口 QMainWindow 类所有的属
性和方法，然后使用父类 QMainWindow 的构造函数 super()初始化窗口，再设置窗
口标题，最后通过消息循环显示窗口，状态栏可以直接由 statusBar()产生，由
showMessage()来显示信息。

4.1.3　将主窗口放在屏幕中间

🌐 案例 4-2　主窗口居中显示

QMainWindow 利用 QDesktopWidget 类来实现主窗口居中显示。本例文件名为
PyQt5/Chapter04/qt405_center.py，演示在主窗口初始化后，将它放在屏幕中间。其
完整代码如下：

```
from PyQt5.QtWidgets import QDesktopWidget, QApplication ,QMainWindow
import sys

class Winform( QMainWindow):

    def __init__(self, parent=None):
        super( Winform, self).__init__(parent)

        self.setWindowTitle('主窗口放在屏幕中间例子')
```

```
            self.resize(370, 250)
            self.center()

     def center(self):
         screen = QDesktopWidget().screenGeometry()
         size = self.geometry()
         self.move((screen.width() - size.width()) / 2, (screen.height()
- size.height()) / 2)

    if __name__ == "__main__":
        app = QApplication(sys.argv)
        win = Winform()
        win.show()
        sys.exit(app.exec_())
```

运行脚本，显示效果如图 4-5 所示。

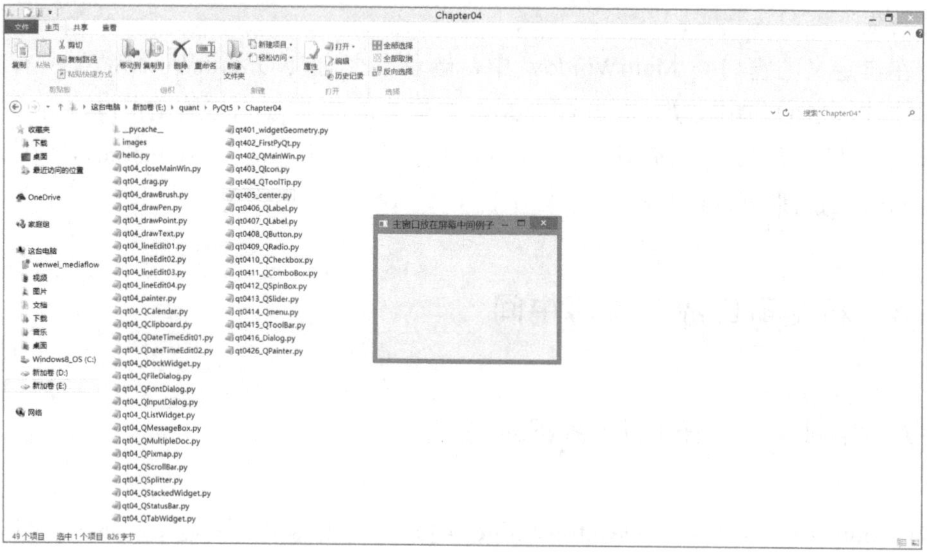

图 4-5

代码分析：

```
self.resize(370, 250)
```

该行语句用来设置 QWidget 窗口的大小，宽度为 370 像素，高度为 250 像素。

```
screen = QDesktopWidget().screenGeometry()
```

该行语句用来计算显示屏幕的大小：(screen.width()*screen.height())，其中 QDesktopWidget 是描述显示屏幕的类，通过 QDesktopWidget().screenGeometry() 来获得屏幕的大小。

```
size = self.geometry()
```

该行语句用来获取 QWidget 窗口的大小：(size.width()*size.heiget())。

```
self.move((screen.width()- size.width()) / 2, (screen.height() -
size.height()) / 2)
```

该行语句将窗口移动到屏幕中间。

4.1.4　关闭主窗口

案例 4-3　关闭主窗口

本例文件名为 **PyQt5/Chapter04/qt04_closeMainWin.py**，演示关闭主窗口。其完整代码如下：

```python
from PyQt5.QtWidgets import QMainWindow,QHBoxLayout, QPushButton ,
QApplication, QWidget
import sys

class WinForm(QMainWindow):

    def __init__(self, parent=None):
        super(WinForm, self).__init__(parent)
        self.setWindowTitle('关闭主窗口例子')
        self.button1 = QPushButton('关闭主窗口')
        self.button1.clicked.connect(self.onButtonClick)

        layout = QHBoxLayout()
        layout.addWidget(self.button1)

        main_frame = QWidget()
        main_frame.setLayout(layout)
        self.setCentralWidget(main_frame)

    def onButtonClick(self ):
        # sender 是发送信号的对象
        sender = self.sender()
        print( sender.text() + ' 被按下了' )
        qApp = QApplication.instance()
        qApp.quit()
```

```
if __name__ == "__main__":
    app = QApplication(sys.argv)
    form = WinForm()
    form.show()
    sys.exit(app.exec_())
```

运行脚本，显示效果如图 4-6 所示。

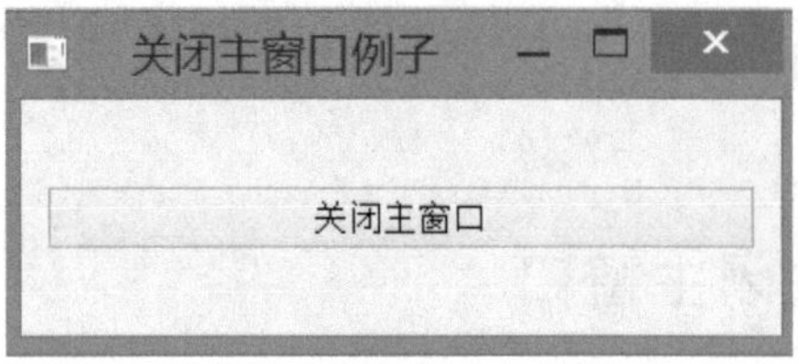

图 4-6

代码分析：

当单击"关闭主窗口"按钮后，将关闭显示的窗口。通过以下代码将按钮的 clicked 信号与 onButtonClick 槽函数关联起来。

```
self.button1.clicked.connect(self.onButtonClick)
```

在槽函数 onButtonClick()里获得 QApplication 类的对象，调用它的 quit()函数来关闭窗口，在槽函数里还可以获得发送信号的对象，在本例中发送信号对象是名字为"关闭主窗口"的按钮控件，然后就可以通过按钮的 text()函数获得按钮的显示名称。

```
def onButtonClick(self ):
    # sender 是发送信号的对象，此处发送信号的对象是 button1 按钮
    sender = self.sender()
    print( sender.text() + ' 被按下了' )
    qApp = QApplication.instance()
    qApp.quit()
```

4.2 QWidget

基础窗口控件 QWidget 类是所有用户界面对象的基类，所有的窗口和控件都直接或间接继承自 QWidget 类。

窗口控件（Widget，简称"控件"）是在 PyQt 中建立界面的主要元素。在 PyQt 中把没有嵌入到其他控件中的控件称为窗口，一般窗口都有边框、标题栏。窗口是指程序的整体界面，可以包含标题栏、菜单栏、工具栏、关闭按钮、最小化按钮、

最大化按钮等；控件是指按钮、复选框、文本框、表格、进度条等这些组成程序的
基本元素。一个程序可以有多个窗口，一个窗口也可以有多个控件。

4.2.1　窗口坐标系统

　　PyQt 使用统一的坐标系统来定位窗口控件的位置和大小。具体的坐标系统如
图 4-7 所示。

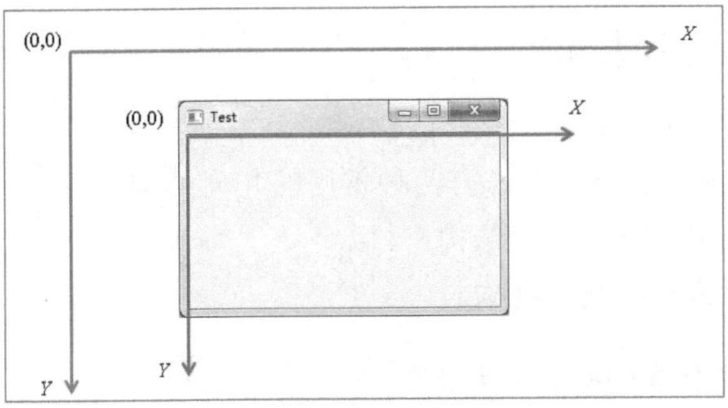

图 4-7

　　以屏幕的左上角为原点，即(0, 0)点，从左向右为 x 轴正向，从上向下为 y 轴正
向，整个屏幕的坐标系统就用来定位顶层窗口的。
　　此外，在窗口内部也有自己的坐标系统，该坐标系统仍然以左上角作为原点，
从左向右为 x 轴正向，从上向下为 y 轴正向，原点、x 轴、y 轴围成的区域叫作 Client
Area（客户区），在客户区的周围则是标题栏（Window Title）和边框（Frame）。
　　如图 4-8 所示是 Qt 提供的分析 QWidget 几何结构的一张图，在帮助文档的
"Window and Dialog Widgets"中可以找到相关的内容介绍。

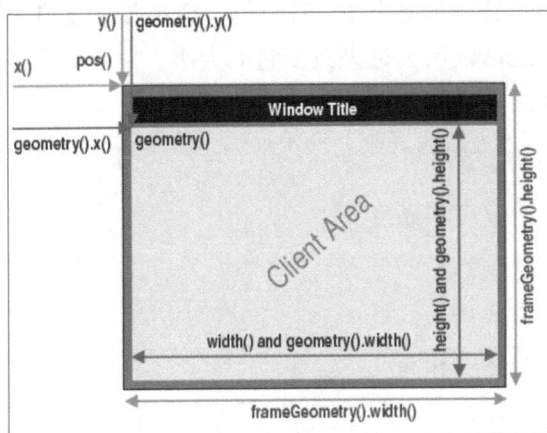

图 4-8

从图 4-8 可以看出，这些成员函数分为三类。

QWidget 直接提供的成员函数：x()、y()获得窗口左上角的坐标，width()、height()获得客户区的宽度和高度。

QWidget 的 geometry()提供的成员函数：x()、y()获得客户区左上角的坐标，width()、height()获得客户区的宽度和高度。

QWidget 的 frameGeometry()提供的成员函数：x()、y()获得窗口左上角的坐标，width()、height()获得包含客户区、标题栏和边框在内的整个窗口的宽度和高度。

4.2.2　常用的几何机构

从图 4-8 可以看出，QWidget 有两种常用的几何结构。

不包含外边各种边框的几何结构。

包含外边各种边框的几何结构。

1．QWidget 不包含边框的常用函数

一般情况下，不包含边框的部分是客户区，这里面就是我们正常操作的地方，可以添加子控件。这部分是一个长方形，会有大小和位置。大小就是指宽度（width）和高度（height）；位置就是指这个长方形在屏幕上的位置。在 Qt 中保存这个长方形使用的是 QRect 类，这个类也有自己的大小和位置。要改变其大小和位置，可以使用如下几个函数。

（1）改变客户区的面积

```
QWidget.resize(width, height)
QWidget.resize(QSize )
```

这两个函数改变了长方形的大小，其中第一个参数是宽度，第二个参数是高度。设置了大小的窗口，还可以用鼠标来改变它的大小。

（2）获得客户区的大小

```
QWidget.size()
```

（3）获得客户区的宽度和高度

```
QWidget.width()
QWidget.height()
```

（4）设置客户区的宽度和高度

```
QWidget.setFixedWidth(int width)
```

使用这个函数，客户区的高度就是固定的，不可以改变，只可以改变宽度。

```
QWidget.setFixedHeight(int height)
```

这时候宽度就是固定的，不可以改变，但是可以改变高度。

```
QWidget.setFixedSize(QSize size)
QWidget.setFixedSize(int width, int height)
```

通过上面这两个函数，高度和宽度都是固定的，不可以通过鼠标来改变窗口的宽度和高度。如果要同时改变客户区的大小和位置，需要用到以下函数。

```
QWidget.setGeometry(int x, int y, int width, int height);
QWidget.setGeometry( QRect rect)
```

x 和 y 对应的就是 x 和 y 坐标。可以不单独设置 x 和 y 坐标。

2．QWidget 包含边框的常用函数

QWidget 包含边框，这个边框有大小和位置，是窗口在屏幕上显示的整个区域。

这里没有设置这个边框大小的函数，因为通过上面不包含边框函数的设置，就可以设置包含边框的大小了。通过下面的函数，可以获得整个窗口的位置和大小。

（1）获得窗口的大小和位置

```
QWidget.frameGeometry()
```

（2）设置窗口的位置

```
QWidget.move(int x, int y)
QWidget.move(QPoint point )
```

（3）获得窗口左上角的坐标

```
QWidget.pos()
```

案例 4-4　屏幕坐标系统显示

本例文件名为 PyQt5/Chapter04/qt401_widgetGeometry.py，演示在 PyQt 5 中 QWidget 控件在屏幕上的坐标系统。其完整代码如下：

```
from PyQt5.QtWidgets import QApplication,QWidget,QPushButton
import sys

app = QApplication(sys.argv)
widget = QWidget()
btn = QPushButton( widget )
btn.setText("Button")
#以 QWidget 左上角为(0, 0)点
```

```
btn.move(20, 20)
#不同的操作系统可能对窗口的最小宽度有规定，若设置宽度小于规定值，则会以规定值进行显示
widget.resize(300, 200)
#以屏幕左上角为(0, 0)点
widget.move(250, 200)

widget.setWindowTitle('PyQt 坐标系统例子')
widget.show()
print("QWidget:")
print("w.x()=%d" % widget.x() )
print("w.y()=%d" % widget.y() )
print("w.width()=%d" % widget.width() )
print("w.height()=%d" % widget.height() )
print("QWidget.geometry")
print("widget.geometry().x()=%d" % widget.geometry().x() )
print("widget.geometry().y()=%d" % widget.geometry().y() )
print("widget.geometry().width()=%d" % widget.geometry().width() )
print("widget.geometry().height()=%d" % widget.geometry().height() )

sys.exit(app.exec_())
```

运行脚本，显示效果如图 4-9 所示。

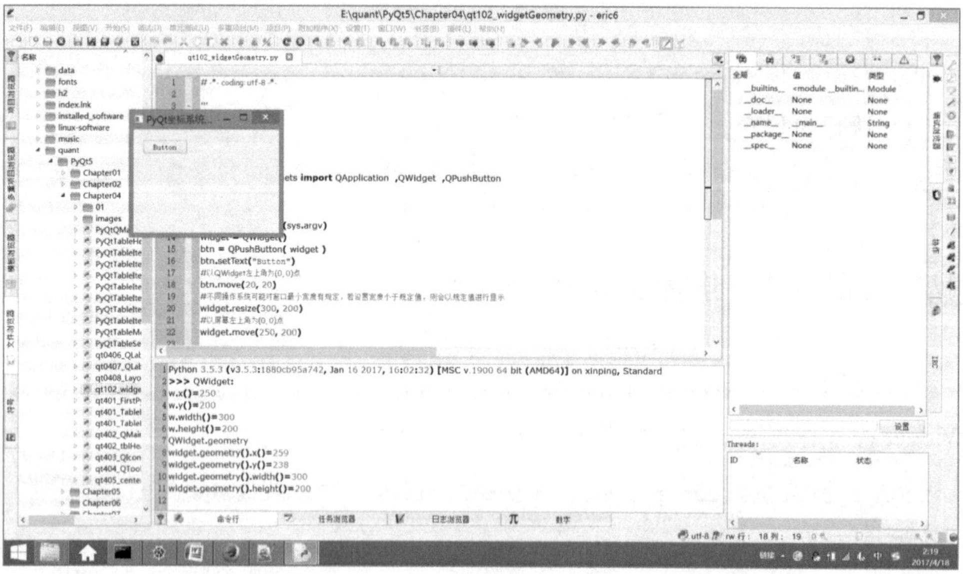

图 4-9

4.2.3　创建第一个 PyQt 5 应用

　　下面的示例代码非常简单，只是显示一个小窗口。可以对窗口进行操作，比如修改它的大小、最大化、最小化等。在很多程序中都需要进行这些操作，PyQt 已经写好了这些操作的代码，我们只需要引入封装好的代码就可以了。这些代码对程序员来说是隐藏的。PyQt 就是一个抽象的工具包，如果使用底层的工具包（Win32 MFC）来实现相同的功能，这个示例代码就会增加很多。

案例 4-5　建立一个主窗口

　　本例文件名为 PyQt5/Chapter04/qt402_FirstPyQt.py，演示在 PyQt 5 中建立一个主窗口。其完整代码如下：

```
# -*- coding: UTF-8 -*-
import sys
from PyQt5.QtWidgets import QApplication, QWidget

app = QApplication(sys.argv)
window = QWidget()
window.resize(300, 200)
window.move(250, 150)
window.setWindowTitle('Hello PyQt5')
window.show()
sys.exit(app.exec_())
```

运行脚本，显示效果如图 4-10 所示。

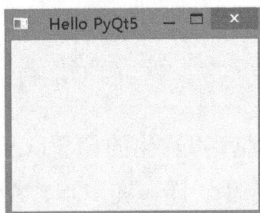

图 4-10

代码分析：

```
# -*- coding: UTF-8 -*-
```

这行代码是为了避免在所生成的 PyQt 程序中出现中文乱码问题。

> 什么是 UTF-8?
>
> UTF-8（8-bit Unicode Transformation Format）是一种针对 Unicode 的可变长度字符编码，又称"万国码"，由 Ken Thompson 于 1992 年创建，现在已经标准化为 RFC 3629。UTF-8 用 1~4 个字节编码 Unicode 字符，用在网页上可以统一页面显示中文简体/繁体及其他语言（如英文、日文、韩文）。提倡使用 UTF-8 编码方案，这样 PyQt 程序就可以在多个平台（如 Windows、Linux 等）下正常显示中文了。

```
import sys
from PyQt5.QtWidgets import QApplication, QWidget
```

这两行代码用来载入必需的模块。在 Qt5 中使用的基本的 GUI 窗口控件都在 PyQt5.QtWidgets 模块中。

```
app = QApplication(sys.argv)
```

每一个 PyQt5 程序都需要有一个 QApplication 对象，QApplication 类包含在 QTWidgets 模块中。sys.argv 是一个命令行参数列表。Python 脚本可以从 Shell 中执行，比如双击 .py 脚本文件，通过参数来选择启动脚本的方式。

```
window = QWidget()
```

QWidget 控件是 PyQt5 中所有用户界面类的父类。这里使用了没有参数的默认构造函数，它没有继承其他类。我们称没有父类的控件为窗口。

需要注意的是，窗口和控件都继承自 QWidget 类，如果不为控件指定一个父对象，那么该控件就会被当作窗口处理，这时 setWindowTitle() 和 setWindowIcon() 函数就会生效。

```
window.resize(300, 200)
```

使用 resize()方法可以改变窗口控件的大小，在这里设置窗口的宽度为 300 像素，高度为 200 像素。

```
window.move(250, 150)
```

使用 move()方法可以设置窗口初始化的位置(x,y)。

窗口的坐标系统就像手机屏幕一样，在 iOS、Android 和 Windows Phone 的 UI 坐标布局中：

坐标系统在屏幕左上角，(0,0)为原点。

x 是从左到右递增的。

y 是从上到下递增的。

显示效果如图 4-11 所示。

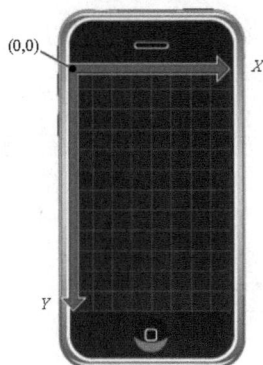

图 4-11

```
window.setWindowTitle('Hello PyQt5')
```

这行代码用来设置窗口控件的标题，该标题将在窗口的标题栏中显示。

```
window.show()
```

使用 show()方法将窗口控件显示在屏幕上。

```
sys.exit(app.exec_())
```

最后进入该程序的主循环。事件处理从本行代码开始，主循环接收事件消息并将其分发给程序的各个控件。如果调用 exit()或主控件被销毁，主循环就会结束。使用 sys.exit()方法退出可以确保程序完整地结束，在这种情况下系统的环境变量会记录程序是如何退出的。

如果程序运行成功，那么 exec_()的返回值为 0，否则为非 0。

> 为什么程序主函数的返回值为 0?
>
> 无论是 C 还是 C++，从 main 函数返回的结果都相当于调用了 exit 函数，main 的返回值会作为传给 exit 函数的参数。
>
> exit 对参数的说明如下：
> - 如果参数为 0 或 EXIT_SUCCESS，则向外部环境报告程序运行圆满结束。
> - 如果参数为 EXIT_FAILURE，则向外部环境报告程序运行以失败告终。
> - 如果参数为其他值，则结果由实现定义。
>
> 所以，return 0 是有确定语义的返回方式，而 return 1 则不具备可移植性。PyQt 5 的底层使用的就是 C++，所以不难理解为什么主函数执行成功后 exec_()的返回值为 0 了。

有关 exec_()的下画线问题解释如下：

QApplication 类的 exec_()函数来自于 PyQt 4 及以前版本，因为在 Python 2 中，exec 是 Python 的关键字，为避免冲突，PyQt 5 使用了 exec_()这个名称。这个问题在

Python 3 中已经解决，所以如果你的代码只在 Python 3 下运行，那么完全可以写成：

```
app.exec()
```

当然，为了保持向后兼容，带有下画线的函数还是可以使用的，在本书后面的代码中将保持这种风格。

4.2.4 为应用设置程序图标

上一节中我们学习了如何创建一个最简单的 PyQt 5 应用，在这一节中将介绍如何为 PyQt 5 应用添加个性化图标。

程序图标就是一个小图片，通常显示在标题栏的左上角。本书中所有 PyQt 应用使用的图标，都是从 easyicon 网站（http://www.easyicon.net/）免费下载的。easyicon 网站提供了超过 50 万个 PNG、ICO、ICNS 格式的图标搜索、图标下载服务，可以免费使用。

案例 4-6 设置程序图标

本例文件名为 PyQt5/Chapter04/qt403_QIcon.py，演示为 PyQt 5 应用设置程序图标。其完整代码如下：

```
import sys
from PyQt5.QtGui import QIcon
from PyQt5.QtWidgets  import QWidget , QApplication

#1 创建一个名为 Icon 的窗口类，继承自 QWidget 类
class Icon(QWidget):
    def __init__(self, parent = None):
        super(Icon,self).__init__(parent)
        self.initUI()

    #2 初始化窗口
    def initUI(self):
        self.setGeometry(300,  300,  250,  150)
        self.setWindowTitle('程序图标')
        self.setWindowIcon(QIcon('./images/cartoon1.ico'))

if __name__ == '__main__':
    app = QApplication(sys.argv)
```

```
icon = Icon()
icon.show()
sys.exit(app.exec_())
```

运行脚本，显示效果如图 4-12 所示。

图 4-12

第一个 PyQt 5 应用示例代码是采用面向过程的风格编写的，而这个应用示例代码采用的是面向对象的风格，Python 同时支持面向过程和面向对象编程。PyQt 编程的精髓是面向对象编程，这意味着在随后的开发中将转向面向对象的编程风格。

在面向对象编程中最重要的是类、属性和方法。在第 1 组代码中，创建了一个名为 Icon 的新类，该类继承自 QWidget 类，因此必须调用两个构造函数——Icon 的构造函数和继承类 QWidget 的构造函数。

在第 2 组代码中，定义了初始化界面方法 initUI()，使用 QWidget 类的 setGeometry() 方法完成了两个功能——设置窗口在屏幕上的位置和设置窗口本身的大小。它的前两个参数是窗口在屏幕上的 x 和 y 坐标；后两个参数是窗口本身的宽度和高度。

使用 setWindowIcon() 方法来设置程序图标，它需要一个 QIcon 类型的对象作为参数。在调用 QIcon 构造函数时，我们需要提供图标路径（相对路径或绝对路径）。同时注意，使用 QIcon 类型必须导入此模块：from PyQt5.QtGui import QIcon。

4.2.5 显示气泡提示信息

在设计界面时应尽可能人性化，对于关键的操作，给出相关信息的提示会非常有用。本例文件名为 PyQt5/Chapter04/qt404_QToolTip.py，演示在 PyQt 5 的窗口控件中设置一个气泡提示。其完整代码如下：

```
import sys
from PyQt5.QtWidgets import QWidget, QToolTip , QApplication
from PyQt5.QtGui import QFont


class Winform(QWidget):
    def __init__(self):
        super().__init__()
        self.initUI()
```

```
    def initUI(self):
        QToolTip.setFont(QFont('SansSerif', 10))
        self.setToolTip('这是一个<b>气泡提示</b>')
        self.setGeometry(200, 300, 400, 400)
        self.setWindowTitle('气泡提示demo')

if __name__ == '__main__':
    app = QApplication(sys.argv)
    win = Winform ()
    win.show()
    sys.exit(app.exec_())
```

运行脚本，显示效果如图 4-13 所示。

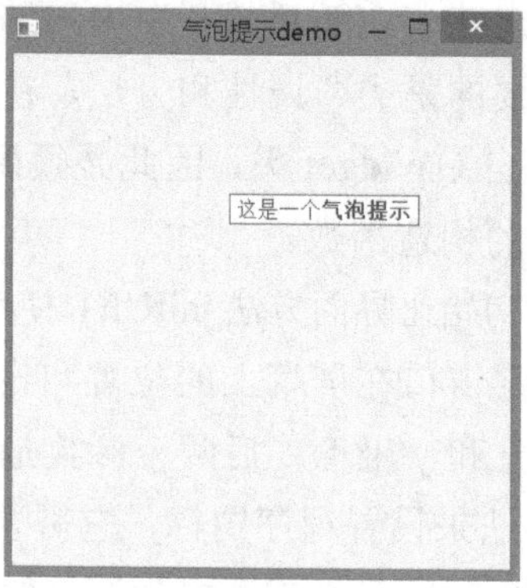

图 4-13

代码分析：

在本例中，我们为一个 **QWidget** 类型的窗口控件设置气泡提示。

```
self.setToolTip('这是一个<b>气泡提示</b>')
```

要创建工具提示，则需要调用 setToolTip()方法，该方法接受富文本格式的参数。

```
QToolTip.setFont(QFont('SansSerif', 10))
```

通过此行语句设置气泡提示信息的字体与字号大小。

4.3　QLabel

QLabel 对象作为一个占位符可以显示不可编辑的文本或图片，也可以放置一个 GIF 动画，还可以被用作提示标记为其他控件。纯文本、链接或富文本可以显示在标签上。

QLabel 是界面中的标签类，它继承自 QFrame 类。QLabel 类的继承结构如下：

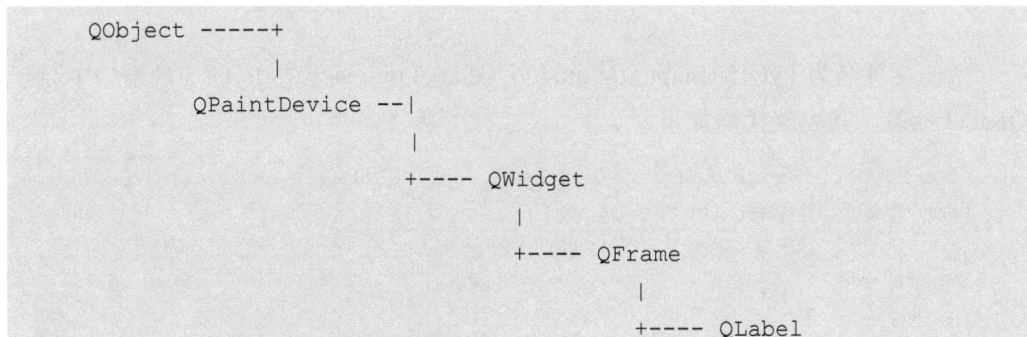

```
QObject -----+
             |
      QPaintDevice --|
                     |
                     +---- QWidget
                           |
                           +---- QFrame
                                 |
                                 +---- QLabel
```

QlabeL 类中的常用方法如表 4-2 所示。

表 4-2

方　　法	描　　述
setAlignment()	按固定值方式对齐文本： ● Qt.AlignLeft，水平方向靠左对齐 ● Qt.AlignRight，水平方向靠右对齐 ● Qt.AlignCenter，水平方向居中对齐 ● Qt.AlignJustify，水平方向调整间距两端对齐 ● Qt.AlignTop，垂直方向靠上对齐 ● Qt.AlignBottom，垂直方向靠下对齐 ● Qt.AlignVCenter，垂直方向居中对齐
setIndent()	设置文本缩进值
setPixmap()	设置 QLabel 为一个 Pixmap 图片
text()	获得 QLabel 的文本内容
setText()	设置 QLabel 的文本内容
selectedText()	返回所选择的字符
setBuddy()	设置 QLabel 的助记符及 buddy（伙伴），即使用 QLabel 设置快捷键，会在快捷键后将焦点设置到其 buddy 上，这里用到了 QLabel 的交互控件功能。此外，buddy 可以是任何一个 Widget 控件。使用 setBuddy(QWidget *)设置，其 QLabel 必须是文本内容，并且使用"&"符号设置了助记符
setWordWrap()	设置是否允许换行

QLabel 类中的常用信号如表 4-3 所示。

表 4-3

信　　号	描　　述
linkActivated	当单击标签中嵌入的超链接，希望在新窗口中打开这个超链接时，setOpenExternalLinks 特性必须设置为 true
linkHovered	当鼠标指针滑过标签中嵌入的超链接时，需要用槽函数与这个信号进行绑定

![案例 4-7 图标] **案例 4-7 显示 QLabel 标签**

本例文件名为 PyQt5/Chapter04/qt0406_QLabel.py，演示在 PyQt 5 的窗口中显示 QLabel 标签。其完整代码如下：

```python
from PyQt5.QtWidgets import QApplication,  QLabel  ,QWidget, QVBoxLayout
from PyQt5.QtCore import Qt
from PyQt5.QtGui import QPixmap ,QPalette
import sys

class WindowDemo(QWidget):
    def __init__(self ):
        super().__init__()

        label1 = QLabel(self)
        label2 = QLabel(self)
        label3 = QLabel(self)
        label4 = QLabel(self)

        #1 初始化标签控件
        label1.setText("这是一个文本标签。")
        label1.setAutoFillBackground(True)
        palette = QPalette()
        palette.setColor(QPalette.Window,Qt.blue)
        label1.setPalette(palette)
        label1.setAlignment( Qt.AlignCenter)

        label2.setText("<a href='#'>欢迎使用 Python GUI 应用</a>")

        label3.setAlignment( Qt.AlignCenter)
        label3.setToolTip('这是一个图片标签')
        label3.setPixmap( QPixmap("./images/python.jpg"))

        label4.setText("<A href='http://www.cnblogs.com/wangshuo1/'>欢
迎访问信平的小屋</a>")
        label4.setAlignment( Qt.AlignRight)
        label4.setToolTip('这是一个超链接标签')

        #2 在窗口布局中添加控件
        vbox=QVBoxLayout()
        vbox.addWidget(label1)
        vbox.addStretch()
        vbox.addWidget(label2)
        vbox.addStretch()
```

```
        vbox.addWidget( label3 )
        vbox.addStretch()
        vbox.addWidget( label4)

        #3 允许 label1 控件访问超链接
        label1.setOpenExternalLinks(True)
        # 打开允许访问超链接,默认是不允许,需要使用 setOpenExternalLinks(True)
允许浏览器访问超链接
        label4.setOpenExternalLinks( False )
        # 点击文本框绑定槽事件
        label4.linkActivated.connect( link_clicked )

        # 滑过文本框绑定槽事件
        label2.linkHovered.connect( link_hovered )
        label1.setTextInteractionFlags( Qt.TextSelectableByMouse )

        self.setLayout(vbox)
        self.setWindowTitle("QLabel 例子")

def link_hovered():
    print("当鼠标滑过 label-2 标签时,触发事件。")

def link_clicked():
    print("当用鼠标点击 label-4 标签时,触发事件。" )

if __name__ == "__main__":
    app = QApplication(sys.argv)
    win = WindowDemo()
    win.show()
    sys.exit(app.exec_())
```

运行脚本,显示效果如图 4-14 所示。

图 4-14

代码分析：

（1）设置文本标签居中显示。

```
label1.setAlignment( Qt.AlignCenter)
```

（2）打开外部链接

在这个例子中，QLabel 对象 label2 和 label4 包含超链接的标题。label4 的 letOpenExternalLinks 被设置为 True，因此，如果点击这个标签，则相关的 URL 将在浏览器中打开。将 label4 的 linkHovered 信号连接到 link_clicked ()函数，所以，当用鼠标点击它时，这个函数将被执行。

```
label4 = QLabel(self)
label4.setOpenExternalLinks( True )
label4.setText("<A href='http://www.cnblogs.com/wangshuo1/'>欢迎访问信平的小屋</a>")
label4.linkActivated.connect( link_clicked )
```

案例 4-8　QLabel 标签快捷键的使用

本例文件名为 PyQt5/Chapter04/qt0407_QLabel.py，演示在 PyQt 5 的窗口中使用 QLabel 标签的快捷键。其完整代码如下：

```
from PyQt5.QtWidgets import *
import sys

class QlabelDemo(QDialog):
    def __init__(self ):
        super().__init__()

        self.setWindowTitle('QLabel 例子')
        nameLb1 = QLabel('&Name', self)
        nameEd1 = QLineEdit( self )
        nameLb1.setBuddy(nameEd1)

        nameLb2 = QLabel('&Password', self)
        nameEd2 = QLineEdit( self )
        nameLb2.setBuddy(nameEd2)

        btnOk = QPushButton('&OK')
        btnCancel = QPushButton('&Cancel')
        mainLayout = QGridLayout(self)
        mainLayout.addWidget(nameLb1,0,0)
```

```
        mainLayout.addWidget(nameEd1,0,1,1,2)

        mainLayout.addWidget(nameLb2,1,0)
        mainLayout.addWidget(nameEd2,1,1,1,2)

        mainLayout.addWidget(btnOk,2,1)
        mainLayout.addWidget(btnCancel,2,2)

def link_hovered():
    print("当鼠标滑过 label-2 标签时，触发事件。")

def link_clicked():
    print("当用鼠标点击 label-4 标签时，触发事件。")

if __name__ == "__main__":
    app = QApplication(sys.argv)
    labelDemo = QlabelDemo()
    labelDemo.show()
    sys.exit(app.exec_())
```

运行脚本，显示效果如图 4-15 所示。

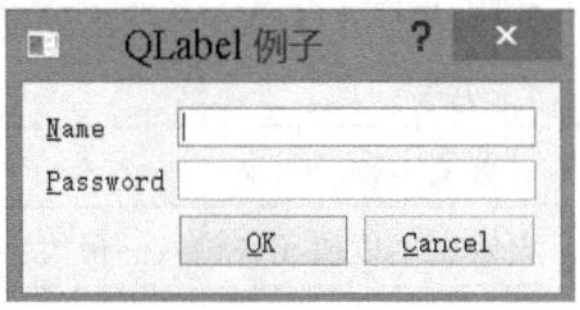

图 4-15

在弹出的窗口中，按"Alt+N"快捷键可以切换到第一个文本框，因为这个文本框已经与 QLabel 进行了关联。QLabel 组件也设置了快捷方式'&Name'，代码如下：

```
nameLb1 = QLabel('&Name', self)
nameEd1 = QLineEdit( self )
nameLb1.setBuddy(nameEd1)
```

4.4　文本框类控件

4.4.1　QLineEdit

QLineEdit 类是一个单行文本框控件，可以输入单行字符串。如果需要输入多行字符串，则使用 QTextEdit 类。

QLineEdit 类中的常用方法如表 4-4 所示。

表 4-4

方　　法	描　　述
setAlignment()	按固定值方式对齐文本： • Qt.AlignLeft，水平方向靠左对齐 • Qt.AlignRight，水平方向靠右对齐 • Qt.AlignCenter，水平方向居中对齐 • Qt.AlignJustify，水平方向调整间距两端对齐 • Qt.AlignTop，垂直方向靠上对齐 • Qt.AlignBottom，垂直方向靠下对齐 • Qt.AlignVCenter，垂直方向居中对齐
clear()	清除文本框内容
setEchoMode()	设置文本框显示格式。允许输入的文本显示格式的值可以是： • QLineEdit.Normal，正常显示所输入的字符，此为默认选项 • QLineEdit.NoEcho，不显示任何输入的字符，常用于密码类型的输入，且其密码长度需要保密时 • QLineEdit.Password，显示与平台相关的密码掩码字符，而不是实际输入的字符 • QLineEdit.PasswordEchoOnEdit，在编辑时显示字符，负责显示密码类型的输入
setPlaceholderText()	设置文本框浮显文字
setMaxLength()	设置文本框所允许输入的最大字符数
setReadOnly()	设置文本框为只读的
setText()	设置文本框内容
Text()	返回文本框内容
setDragEnabled()	设置文本框是否接受拖动
setMaxLength()	设置允许输入字符的最大长度
selectAll()	全选
setFocus()	得到焦点
setInputMask()	设置掩码
setValidator()	设置文本框的验证器（验证规则），将限制任意可能输入的文本。可用的校验器为： • QIntValidator，限制输入整数 • QDoubleValidator，限制输入浮点数 • QRegexpValidator，检查输入是否符合正则表达式

定义输入掩码的字符，表 4-5 中列出了输入掩码的占位符和字面字符，并说明其如何控制数据输入。

表 4-5

字　符	含　义
A	ASCII 字母字符是必须输入的（A~Z、a~z）
a	ASCII 字母字符是允许输入的，但不是必需的
N	ASCII 字母字符是必须输入的（A~Z、a~z、0~9）
n	ASCII 字母字符是允许输入的，但不是必需的
X	任何字符都是必须输入的
x	任何字符都是允许输入的，但不是必需的
9	ASCII 数字字符是必须输入的（0~9）
0	ASCII 数字字符是允许输入的，但不是必需的
D	ASCII 数字字符是必须输入的（1-9）
d	ASCII 数字字符是允许输入的，但不是必需的（ 1~9）
#	ASCII 数字字符或加/减符号是允许输入的，但不是必需的
H	十六进制格式字符是必须输入的（A~F、a~f、0~9）
h	十六进制格式字符是允许输入的，但不是必需的
B	二进制格式字符是必须输入的（0,1）
b	二进制格式字符是允许输入的，但不是必需的
>	所有的字母字符都大写
<	所有的字母字符都小写
!	关闭大小写转换
\	使用 "\ " 转义上面列出的字符

掩码由掩码字符和分隔符字符串组成，后面可以跟一个分号和空白字符，空白字符在编辑后会从文本中删除的。掩码示例如表 4-6 所示。

表 4-6

掩　码	注意事项
000.000.000.000;_	IP 地址，空白字符是 "_"
HH:HH:HH:HH:HH:HH;	MAC 地址
0000-00-00	日期，空白字符是空格
>AAAAA-AAAAA-AAAAA-AAAAA-AAAAA;#	许可证号，空白字符是 "-"，所有字母字符转换为大写

QLineEdit 类中的常用信号如表 4-7 所示。

表 4-7

信　号	描　述
selectionChanged	只要选择改变了，这个信号就会被发射
textChanged	当修改文本内容时，这个信号会被发射
editingFinished	当编辑文本结束时，这个信号会被发射

案例 4-9   EchoMode 的显示效果

本例文件名为 **PyQt5/Chapter04/qt04_lineEdit01.py**，其完整代码如下：

```python
from PyQt5.QtWidgets import QApplication, QLineEdit , QWidget ,
QFormLayout
import sys

class lineEditDemo(QWidget):
    def __init__(self, parent=None):
        super(lineEditDemo, self).__init__(parent)
        self.setWindowTitle("QLineEdit 例子")

        flo = QFormLayout()
        pNormalLineEdit = QLineEdit( )
        pNoEchoLineEdit = QLineEdit()
        pPasswordLineEdit = QLineEdit( )
        pPasswordEchoOnEditLineEdit = QLineEdit( )

        flo.addRow("Normal", pNormalLineEdit)
        flo.addRow("NoEcho", pNoEchoLineEdit)
        flo.addRow("Password", pPasswordLineEdit)
        flo.addRow("PasswordEchoOnEdit", pPasswordEchoOnEditLineEdit)

        pNormalLineEdit.setPlaceholderText("Normal")
        pNoEchoLineEdit.setPlaceholderText("NoEcho")
        pPasswordLineEdit.setPlaceholderText("Password")
        pPasswordEchoOnEditLineEdit.setPlaceholderText
("PasswordEchoOnEdit")

        # 设置显示效果
        pNormalLineEdit.setEchoMode(QLineEdit.Normal)
        pNoEchoLineEdit.setEchoMode(QLineEdit.NoEcho)
        pPasswordLineEdit.setEchoMode(QLineEdit.Password)
        pPasswordEchoOnEditLineEdit.setEchoMode
(QLineEdit.PasswordEchoOnEdit)

        self.setLayout(flo)


if __name__ == "__main__":
    app = QApplication(sys.argv)
```

```
win = lineEditDemo()
win.show()
sys.exit(app.exec_())
```

运行脚本，显示效果如图 4-16 所示.

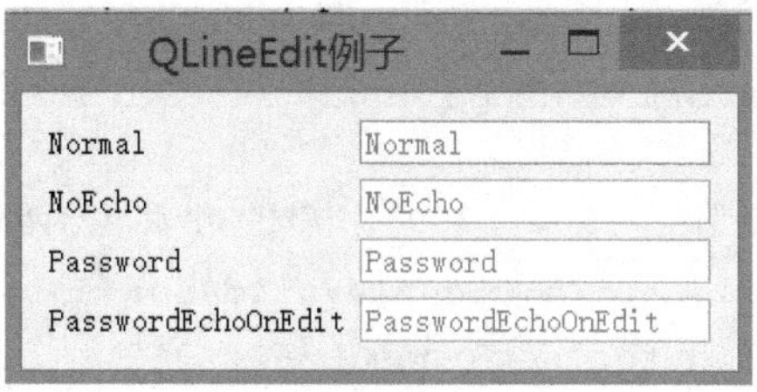

图 4-16

案例 4-10　验证器

在通常情况下，我们会对用户的输入做一些限制，可以通过验证器来进行。常见的验证器有：整型验证器、浮点型验证器及其他自定义验证器。本例文件名为 PyQt5/Chapter04/qt04_lineEdit02.py，其完整代码如下：

```python
from PyQt5.QtWidgets import QApplication, QLineEdit , QWidget ,
QFormLayout
from PyQt5.QtGui import QIntValidator ,QDoubleValidator ,
QRegExpValidator
from PyQt5.QtCore import QRegExp
import sys

class lineEditDemo(QWidget):
    def __init__(self, parent=None):
        super(lineEditDemo, self).__init__(parent)
        self.setWindowTitle("QLineEdit 例子")

        flo = QFormLayout()
        pIntLineEdit  = QLineEdit()
        pDoubleLineEdit  = QLineEdit()
        pValidatorLineEdit  = QLineEdit()

        flo.addRow("整型", pIntLineEdit)
        flo.addRow("浮点型", pDoubleLineEdit)
        flo.addRow("字母和数字", pValidatorLineEdit)
```

```
        pIntLineEdit.setPlaceholderText("整型")
        pDoubleLineEdit.setPlaceholderText("浮点型")
        pValidatorLineEdit.setPlaceholderText("字母和数字")

        # 整型，范围：[1, 99]
        pIntValidator = QIntValidator(self)
        pIntValidator.setRange(1, 99)

        # 浮点型，范围：[-360, 360]，精度：小数点后两位
        pDoubleValidator = QDoubleValidator(self)
        pDoubleValidator.setRange(-360, 360)
        pDoubleValidator.setNotation
(QDoubleValidator.StandardNotation)
        pDoubleValidator.setDecimals(2)

        # 字母和数字
        reg = QRegExp("[a-zA-Z0-9]+$")
        pValidator = QRegExpValidator(self)
        pValidator.setRegExp(reg)

        # 设置验证器
        pIntLineEdit.setValidator(pIntValidator)
        pDoubleLineEdit.setValidator(pDoubleValidator)
        pValidatorLineEdit.setValidator(pValidator)

        self.setLayout(flo)

if __name__ == "__main__":
    app = QApplication(sys.argv)
    win = lineEditDemo()
    win.show()
    sys.exit(app.exec_())
```

运行脚本，显示效果如图 4-17 所示。

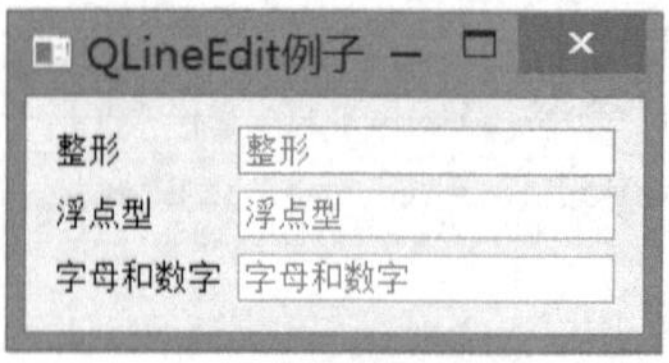

图 4-17

案例 4-11 输入掩码

要限制用户的输入，除了使用验证器，还可以使用输入掩码，常见的有 IP 地址、MAC 地址、日期、许可证号等。本例文件名为 PyQt5/Chapter04/qt04_lineEdit03.py，其完整代码如下：

```python
from PyQt5.QtWidgets import QApplication, QLineEdit , QWidget ,
QFormLayout
import sys

class lineEditDemo(QWidget):
    def __init__(self, parent=None):
        super(lineEditDemo, self).__init__(parent)
        self.setWindowTitle("QLineEdit 的输入掩码例子")

        flo = QFormLayout()
        pIPLineEdit = QLineEdit()
        pMACLineEdit = QLineEdit()
        pDateLineEdit = QLineEdit()
        pLicenseLineEdit = QLineEdit()

        pIPLineEdit.setInputMask("000.000.000.000;_")
        pMACLineEdit.setInputMask("HH:HH:HH:HH:HH:HH;_")
        pDateLineEdit.setInputMask("0000-00-00")
        pLicenseLineEdit.setInputMask(
">AAAAA-AAAAA-AAAAA-AAAAA-AAAAA;#")

        flo.addRow("数字掩码", pIPLineEdit)
        flo.addRow("Mac 掩码", pMACLineEdit)
        flo.addRow("日期掩码", pDateLineEdit)
        flo.addRow("许可证掩码", pLicenseLineEdit)

        self.setLayout(flo)

if __name__ == "__main__":
    app = QApplication(sys.argv)
    win = lineEditDemo()
    win.show()
    sys.exit(app.exec_())
```

运行脚本，显示效果如图 4-18 所示。

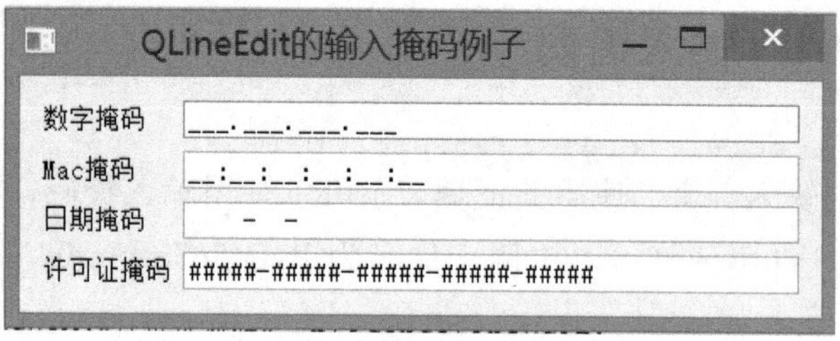

图 4-18

案例 4-12　综合示例

本例文件名为 PyQt5/Chapter04/qt04_lineEdit04.py，演示在窗口中使用 QLabel
标签控件的综合例子。其完整代码如下：

```
from PyQt5.QtWidgets import QApplication, QLineEdit , QWidget ,
QFormLayout
from PyQt5.QtGui import QIntValidator , QDoubleValidator , QFont
from PyQt5.QtCore import Qt
import sys

class lineEditDemo(QWidget):
    def __init__(self, parent=None):
        super(lineEditDemo, self).__init__(parent)
        e1 = QLineEdit()
        e1.setValidator( QIntValidator() )
        e1.setMaxLength(4)
        e1.setAlignment( Qt.AlignRight )
        e1.setFont( QFont("Arial",20))
        e2 = QLineEdit()
        e2.setValidator( QDoubleValidator(0.99,99.99,2))
        flo = QFormLayout()
        flo.addRow("integer validator", e1)
        flo.addRow("Double validator",e2)
        e3 = QLineEdit()
        e3.setInputMask('+99_9999_999999')
        flo.addRow("Input Mask",e3)
        e4 = QLineEdit()
        e4.textChanged.connect( self.textchanged )
        flo.addRow("Text changed",e4)
        e5 = QLineEdit()
```

```
        e5.setEchoMode( QLineEdit.Password )
        flo.addRow("Password",e5)
        e6 = QLineEdit("Hello PyQt5")
        e6.setReadOnly(True)
        flo.addRow("Read Only",e6 )
        e5.editingFinished.connect( self.enterPress )
        self.setLayout(flo)
        self.setWindowTitle("QLineEdit 例子")

    def textchanged(self, text):
        print( "输入的内容为: "+text )

    def enterPress( self ):
        print( "已输入值" )

if __name__ == "__main__":
    app = QApplication(sys.argv)
    win = lineEditDemo()
    win.show()
    sys.exit(app.exec_())
```

运行脚本，显示效果如图 4-19 所示。

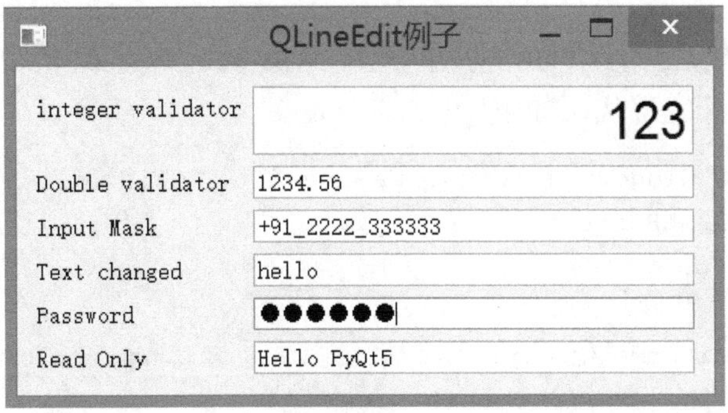

图 4-19

在这个例子中，演示了使用 QLineEdit 对象的一些方法。

第 1 个文本框 e1，显示文本使用自定义字体、右对齐、允许输入整数。

第 2 个文本框 e2，限制输入小数点后两位。

第 3 个文本框 e3，需要一个输入掩码应用于电话号码。

第 4 个文本框 e4，需要发射信号 textChanged，连接到槽函数 textchanged()。

第 5 个文本框 e6，设置显示模式 EchoMode 为 Password，需要发射 editingfinished 信号连接到槽函数 enterPress()，一旦用户按下了回车键，该函数就会被执行。

第 6 个文本框 e6，显示一个默认的文本，不能编辑，设置为只读的。

4.4.2 QTextEdit

QTextEdit 类是一个多行文本框控件，可以显示多行文本内容，当文本内容超出控件显示范围时，可以显示水平个垂直滚动条。QTextEdit 不仅可以显示文本还可以显示 HTML 文档。

QTextEdit 类中的常用方法如表 4-8 所示。

表 4-8

方　　法	描　　述
setPlainText()	设置多行文本框的文本内容。
toPlainText()	返回多行文本框的文本内容。
setHtml()	设置多行文本框的内容为 HTML 文档，HTML 文档是描述网页的。
totHtml()	返回多行文本框的 HTML 文档内容。
clear()	清除多行文本框的内容

🌐 案例 4-13　QTextEdit 的使用

本例文件名为 PyQt5/Chapter04/qt04_textEdit.py，演示在 PyQt 5 的窗口中使用 QTextEdit 控件。其完整代码如下：

```
from PyQt5.QtWidgets import QApplication, QWidget , QTextEdit,
QVBoxLayout , QPushButton
import sys

class TextEditDemo(QWidget):
    def __init__(self, parent=None):
        super(TextEditDemo, self).__init__(parent)
        self.setWindowTitle("QTextEdit 例子")
        self.resize(300, 270)
        self.textEdit = QTextEdit( )
        self.btnPress1 = QPushButton("显示文本")
        self.btnPress2 = QPushButton("显示 HTML")
        layout = QVBoxLayout()
        layout.addWidget(self.textEdit)
        layout.addWidget(self.btnPress1)
        layout.addWidget(self.btnPress2)
        self.setLayout(layout)
```

```
        self.btnPress1.clicked.connect(self.btnPress1_Clicked)
        self.btnPress2.clicked.connect(self.btnPress2_Clicked)

    def btnPress1_Clicked(self):
        self.textEdit.setPlainText("Hello PyQt5!\n 单击按钮")

    def btnPress2_Clicked(self):
        self.textEdit.setHtml("<font color='red' size='6'><red>Hello
PyQt5!\n 单击按钮。</font>")

if __name__ == "__main__":
    app = QApplication(sys.argv)
    win = TextEditDemo()
    win.show()
    sys.exit(app.exec_())
```

运行脚本，显示效果如图 4-20 所示。

单击"显示文本"按钮，将把文本内容显示到 textEdit 控件中，窗口的显示效果如图 4-21 所示。

单击"显示 HTML"按钮，将把 HTML 文档内容显示到 textEdit 控件中，窗口的显示效果如图 4-22 所示。可以看到，在窗口中所显示的 HTML 文档的文本字体和颜色发生了改变，与在浏览器中显示的网页效果是一样的。

| 图 4-20 | 图 4-21 | 图 4-22 |

本例在窗口中添加了一个 QTextEdit 控件 textEdit 和两个 QPushButton 控件 btnPress1、btnPress2。以下代码将按钮 btnPress1 的 clicked 信号连接到槽函数 btn_btnPress1_Clicked()。

```
    self.btnPress1.clicked.connect(self.btnPress1_Clicked)
```

当按钮 btnPress1 被按下时会触发 clicked 信号，然后调用 btnPress_Clicked()，最后把文本内容显示到 textEdit 控件中。同理，当单击 btnPress2 按钮后，将改变 QTextEdit 控件 textEdit 的显示内容为 HTML 文档。

4.5 按钮类控件

4.5.1 QAbstractButton

在任何 GUI 设计中，按钮都是最重要的和常用的触发动作请求的方式，用来与用户进行交互操作。在 PyQt 中根据不同的使用场景将按钮划分为不同的表现形式。按钮的基类是 QAbstractButton，提供了按钮的通用性功能。QAbstractButton 类为抽象类，不能实例化，必须由其他的按钮类继承 QAbstractButton 类，来实现不同的功能、不同的表现形式。

常见的按钮类包括：QPushButton、QToolButton、QRadioButton 和 QCheckBox。这些按钮类均继承自 QAbstractButton 类，根据各自的使用场景通过图形展现出来。

QAbstractButton 提供的状态如表 4-9 所示。

表 4-9

状　　态	含　　义
isDown()	提示按钮是否被按下
isChecked()	提示按钮是否已经标记
isEnable()	提示按钮是否可以被用户点击
isCheckAble()	提示按钮是否为可标记的
setAutoRepeat()	设置按钮是否在用户长按时可以自动重复执行

QAbstractButton 提供的信号如表 4-10 所示。

表 4-10

信　　号	含　　义
Pressed	当鼠标指针在按钮上并按下左键时触发该信号
Released	当鼠标左键被释放时触发该信号
Clicked	当鼠标左键被按下然后释放时，或者快捷键被释放时触发该信号
Toggled	当按钮的标记状态发生改变时触发该信号

4.5.2 QPushButton

QPushButton 类继承自 QAbstractButton 类，其形状是长方形，文本标题或图标可以显示在长方形上。它也是一种命令按钮，可以单击该按钮执行一些命令，或者响应一些事件。常见的有"确认""申请""取消""关闭""是""否"等按钮。

命令按钮通常通过文本来描述执行的动作，有时候也会通过快捷键来执行对应按钮的命令。

1．QPushButton 类中的常用方法

QPushButton 类中的常用方法如表 4-11 所示。

表 4-11

方　　法	描　　述
setCheckable()	设置按钮是否已经被选中，如果设置为 True，则表示按钮将保持已点击和释放状态
toggle()	在按钮状态之间进行切换
setIcon()	设置按钮上的图标
setEnabled()	设置按钮是否可以使用，当设置为 False 时，按钮变成不可用状态，点击它不会发射信号
isChecked()	返回按钮的状态。返回值为 True 或 False
setDefault()	设置按钮的默认状态
setText()	设置按钮的显示文本
text()	返回按钮的显示文本

2．为 QPushButton 设置快捷键

通过按钮名字能为 QPushButton 设置快捷键，比如名字为"&Download"的按钮，它的快捷键是"Alt+D"。其规则是：想要实现快捷键为"Alt + D"，那么按钮的名字里就要有这个字母 D，并且在字母 D 前面加上"&"。这个字母 D 一般是按钮名称的首字母，而且在按钮显示时，"&"不会被显示出来，但字母 D 会显示一条下画线。如果只想显示"&"，那么需要像转义一样使用"&&"。更多的关于快捷键的使用，请参考 QShortcut 类。其核心代码如下：

```
self.button= QPushButton("&Download")
self.button.setDefault(True)
```

显示效果如图 4-23 所示。

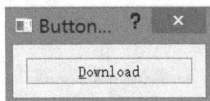

图 4-23

案例 4-14　QPushButton 按钮的使用

本例文件名为 PyQt5/Chapter04/qt0408_QButton.py，演示在 PyQt 5 的窗口中使用 QPushButton 按钮。其完整代码如下：

```
import sys
from PyQt5.QtCore import *
```

```python
from PyQt5.QtGui import *
from PyQt5.QtWidgets import *

class Form(QDialog):
    def __init__(self, parent=None):
        super(Form, self).__init__(parent)
        layout = QVBoxLayout()

        self.btn1 = QPushButton("Button1")
        self.btn1.setCheckable(True)
        self.btn1.toggle()
        self.btn1.clicked.connect(lambda:self.whichbtn(self.btn1) )
        self.btn1.clicked.connect(self.btnstate)
        layout.addWidget(self.btn1)

        self.btn2 = QPushButton('image')
        self.btn2.setIcon(QIcon(QPixmap("./images/python.png")))
        self.btn2.clicked.connect(lambda:self.whichbtn(self.btn2) )
        layout.addWidget(self.btn2)
        self.setLayout(layout)

        self.btn3 = QPushButton("Disabled")
        self.btn3.setEnabled(False)
        layout.addWidget(self.btn3)

        self.btn4= QPushButton("&Download")
        self.btn4.setDefault(True)
        self.btn4.clicked.connect(lambda:self.whichbtn(self.btn4))
        layout.addWidget(self.btn4)
        self.setWindowTitle("Button demo")

    def btnstate(self):
        if self.btn1.isChecked():
            print("button pressed" )
        else:
            print("button released" )

    def whichbtn(self,btn):
        print("clicked button is " + btn.text() )

if __name__ == '__main__':
    app = QApplication(sys.argv)
```

```
btnDemo = Form()
btnDemo.show()
sys.exit(app.exec_())
```

运行脚本，显示效果如图 4-24 所示。

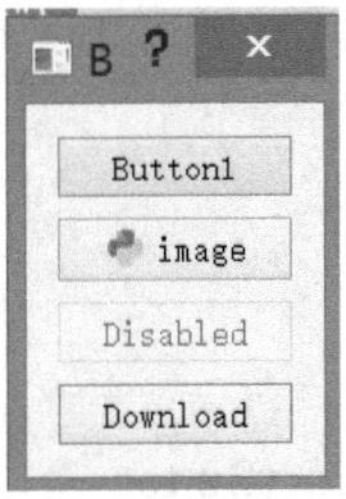

图 4-24

代码分析：

在这个例子中，创建了 btn1、btn2、btn3 和 btn4 四个按钮，这四个 QPushButton 对象被定义为类的实例变量。上面的代码符合面向对象的设计思想。每个按钮都将 clicked 信号发送给指定的槽函数，以响应按钮点击事件。

第 1 个按钮 btn1，通过 toggle()函数来切换按钮状态。其核心代码是：

```
self.btn1 = QPushButton("Button1")
self.btn1.setCheckable(True)
self.btn1.toggle()
```

当点击这个按钮时，将 clicked 信号发送给槽函数 btnstate()，通过 btn.isChecked 来获得按钮是否被点击或释放的状态。其核心代码是：

```
self.btn1.clicked.connect(self.btnstate)
```

还可以通过 lambda 的方式来传递额外的参数 btn1，将 clicked 信号发送给槽函数 whichbtn()。其核心代码是：

```
self.btn1.clicked.connect(lambda:self.whichbtn(self.btn1) )
```

第 2 个按钮 btn2，上面显示一个图标。使用 setIcon()方法接收一个 QPixmap 对象的图像文件作为输入参数。其核心代码是：

```
self.btn2.setIcon(QIcon(QPixmap("./images/python.png")))
```

第 3 个按钮 btn3，使用 setEnabled()方法来禁用 bnt3 按钮。

```
self.btn3.setEnabled(False)
```

第 4 个按钮 btn4，使用 setDefault()方法来设置按钮的默认状态。快捷键是"& + 文本"（&Download），通过"Alt + D"快捷键来调用槽函数。

```
self.btn4= QPushButton("&Download")
```

btn1、btn2 和 btn4 按钮都通过发射 clicked 信号的方式连接到槽函数 whichbtn()，这里使用 lambda 的方式来连接槽函数，将按钮对象作为参数传递，当按钮被点击时触发信号。其核心代码是：

```
self.btn4.clicked.connect(lambda:self.whichbtn(self.btn4))
```

4.5.3 QRadioButton

QRadioButton 类继承自 QAbstractButton 类，它提供了一组可供选择的按钮和文本标签，用户可以选择其中一个选项，标签用于显示对应的文本信息。单选钮是一种开关按钮，可以切换为 on 或者 off，即 checked 或者 unchecked，主要是为用户提供"多选一"的选择。

QRadioButton 是单选钮控件默认是独占的（Exclusive）。对于继承自同一个父类 Widget 的多个单选钮，它们属于同一个按钮组合，在单选钮组里，一次只能选择一个单选钮。如果需要多个独占的按钮组合，则需要将它们放在 QGroupBox 或 QButtonGroup 中。

当将单选钮切换到 on 或者 off 时，就会发送 toggled 信号，绑定这个信号，在按钮状态发生改变时，触发相应的行为。

QRadioButton 类中的常用方法如表 4-12 所示。

表 4-12

方　　法	描　　述
setCheckable()	设置按钮是否已经被选中，可以改变单选钮的选中状态，如果设置为 True，则表示单选钮将保持已点击和释放状态
isChecked()	返回单选钮的状态。返回值为 True 或 False
setText()	设置单选钮的显示文本
text()	返回单选钮的显示文本

在 QRadioButton 中，toggled 信号是在切换单选钮状态（开、关）时发射的，而 clicked 信号则在每次点击单选钮时都会发射。在实际中，一般只有状态改变时才有必要去响应，因此 toggled 信号更适合用于状态监控。

案例 4-15　QRadioButton 按钮的使用

本例文件名为 PyQt5/Chapter04/qt0409_QRadio.py，演示在 PyQt 5 的窗口中使用

QRadioButton 按钮。其完整代码如下：

```python
import sys
from PyQt5.QtCore import *
from PyQt5.QtGui import *
from PyQt5.QtWidgets import *


class Radiodemo(QWidget):
    def __init__(self, parent=None):
        super(Radiodemo, self).__init__(parent)
        layout = QHBoxLayout()
        self.btn1 = QRadioButton("Button1")
        self.btn1.setChecked(True)
        self.btn1.toggled.connect(lambda:self.btnstate(self.btn1))
        layout.addWidget(self.btn1)

        self.btn2 = QRadioButton("Button2")
        self.btn2.toggled.connect(lambda:self.btnstate(self.btn2))
        layout.addWidget(self.btn2)
        self.setLayout(layout)
        self.setWindowTitle("RadioButton demo")

    def btnstate(self,btn):
        if btn.text()=="Button1":
            if btn.isChecked() == True:
                print( btn.text() + " is selected" )
            else:
                print( btn.text() + " is deselected" )

        if btn.text()=="Button2":
            if btn.isChecked()== True :
                print( btn.text() + " is selected" )
            else:
                print( btn.text() + " is deselected" )

if __name__ == '__main__':
    app = QApplication(sys.argv)
    radioDemo = Radiodemo()
    radioDemo.show()
    sys.exit(app.exec_())
```

运行脚本，显示效果如图 4-25 所示。

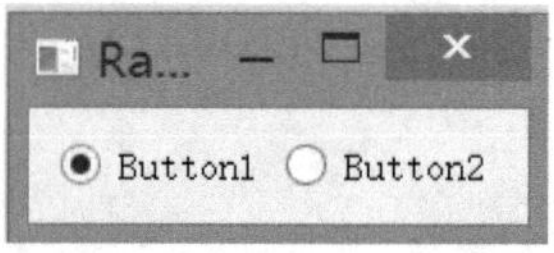

图 4-25

代码分析：

在这个例子中，两个互斥的单选钮被放置在窗口中。

第 1 个单选钮 btn1，被设置成默认选中状态。

```
self.btn1.setChecked(True)
```

当选择两个按钮相互切换时，按钮的状态发生改变，将触发 toggle 信号，并与槽函数 btnstate()连接。使用 lambda 的方式允许将源信号传递给槽函数，将按钮作为参数。

```
self.btn1.toggled.connect(lambda:self.btnstate(self.btn1))
self.btn2.toggled.connect(lambda:self.btnstate(self.btn2))
```

当发射 toggled 信号后，使用 btnstate()函数来检查按钮的状态。

4.5.4　QCheckBox

QCheckBox 类继承自 QAbstractButton 类，它提供了一组带文本标签的复选框，用户可以选择多个选项。和 QPushButton 一样，复选框可以显示文本或者图标，其中文本可以通过构造函数或者 setText()来设置；图标可以通过 setIcon()来设置。在视觉上，QButtonGroup 可以把许多复选框组织在一起。

QCheckBox（复选框）和 QRadioButton（单选钮）都是选项按钮，因为它们都可以在开（选中）或者关（未选中）之间切换。它们的区别是对用户选择的限制：单选钮提供了"多选一"的选择；而复选框提供的是"多选多"的选择。

QCheckBox 通常被应用在需要用户选择一个或多个可用的选项的场景中。

只要复选框被选中或者取消选中，都会发射一个 stateChanged 信号。如果想在复选框状态改变时触发相应的行为，请连接这个信号，可以使用 isChecked()来查询复选框是否被选中。

除了常用的选中和未选中两种状态，QCheckBox 还提供了第三种状态（半选中）来表明"没有变化"。当需要为用户提供一个选中或者未选中复选框的选择时，这种状态是很有用的。如果需要第三种状态，则可以通过 setTristate()来使它生效，并使用 checkState()来查询当前的切换状态。

QCheckBox 类中的常用方法如表 4-13 所示。

表 4-13

方　　法	描　　述
setChecked()	设置复选框的状态，设置为 True 时表示选中复选框，设置为 False 时表示取消选中复选框
setText()	设置复选框的显示文本
text()	返回复选框的显示文本
isChecked()	检查复选框是否被选中
setTriState()	设置复选框为一个三态复选框

三态复选框有三种状态，如表 4-14 所示。

表 4-14

名　　称	值	含　　义
Qt.Checked	2	组件没有被选中（默认值）
Qt.PartiallyChecked	1	组件被半选中
Qt.Unchecked	0	组件被选中

案例 4-16　QCheckBox 按钮的使用

本例文件名为 PyQt5/Chapter04/qt0410_QCheckbox.py，演示在 PyQt 5 的窗口中使用 QCheckBox 按钮。其完整代码如下：

```python
import sys
from PyQt5.QtCore import *
from PyQt5.QtGui import *
from PyQt5.QtWidgets import *
from PyQt5.QtCore import Qt


class CheckBoxDemo(QWidget):

    def __init__(self, parent=None):
        super(CheckBoxDemo , self).__init__(parent)

        groupBox = QGroupBox("Checkboxes")
        groupBox.setFlat(True)

        layout = QHBoxLayout()
        self.checkBox1= QCheckBox("&Checkbox1")
        self.checkBox1.setChecked(True)
        self.checkBox1.stateChanged.connect( lambda:self.btnstate
(self.checkBox1) )
```

```
            layout.addWidget(self.checkBox1)

            self.checkBox2 = QCheckBox("Checkbox2")
            self.checkBox2.toggled.connect( lambda:self.btnstate
(self.checkBox2) )
            layout.addWidget(self.checkBox2)

            self.checkBox3 = QCheckBox("Checkbox3")
            self.checkBox3.setTristate(True)
            self.checkBox3.setCheckState(Qt.PartiallyChecked )
            self.checkBox3.stateChanged.connect( lambda:self.btnstate
(self.checkBox3) )
            layout.addWidget(self.checkBox3)

            groupBox.setLayout(layout)
            mainLayout = QVBoxLayout()
            mainLayout.addWidget(groupBox)

            self.setLayout(mainLayout)
            self.setWindowTitle("CheckBox demo")

    def btnstate(self,btn ):
            chk1Status = self.checkBox1.text()+", isChecked="+
str( self.checkBox1.isChecked() ) + ', checkState=' +
str(self.checkBox1.checkState())  +"\n"
            chk2Status = self.checkBox2.text()+", isChecked="+
str( self.checkBox2.isChecked() ) + ', checkState=' +
str(self.checkBox2.checkState())  +"\n"
            chk3Status = self.checkBox3.text()+", isChecked="+
str( self.checkBox3.isChecked() ) + ', checkState=' +
str(self.checkBox3.checkState())  +"\n"
            print(chk1Status + chk2Status + chk3Status )

    if __name__ == '__main__':
        app = QApplication(sys.argv)
        checkboxDemo = CheckBoxDemo()
        checkboxDemo.show()
        sys.exit(app.exec_())
```

运行脚本，显示效果如图 4-26 所示。

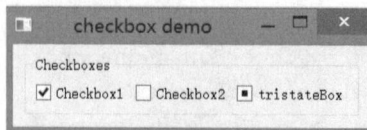

图 4-26

代码分析：

在这个例子中，将三个复选框添加到一个水平布局管理器中，并添加到一个 QGroupBox 组中。

```
groupBox = QGroupBox("Checkboxes")
groupBox.setFlat( False )
```

将三个复选框的 stateChanged 信号都连接到槽函数 stateChanged()。使用 lambda 的方式传递对象给槽函数。

当 QCheckBox 状态改变时发射 stateChanged 信号，当信号发生改变时触发自定义的槽函数 btnstate()。

```
self.checkBox1.stateChanged.connect(
lambda:self.btnstate(self.checkBox1) )
    self.checkBox2.toggled.connect( lambda:self.btnstate(self.checkBox2) )
    self.checkBox3.stateChanged.connect(
lambda:self.btnstate(self.checkBox3) )
```

对上面三个复选框的控件说明，如表 4-15 所示。

表 4-15

控件类型	控件名称	显示的文本	功　　能
QCheckBox	checkBox1	Checkbox1	两种状态选择
QCheckBox	checkBox2	Checkbox2	两种状态选择
QCheckBox	checkBox3	tristateBox	三种状态选择

实例化 checkBox1 和 checkBox2 两个对象，并将 checkBox1 的状态设置为选中，为 checkBox1 设置快捷键，使用 "&" 符号，如 "&Checkbox 1"，则通过 "Alt+C" 快捷键可以选中 checkBox1 复选框。

```
self.checkBox1= QCheckBox("&Checkbox1")
self.checkBox1.setChecked(True)
self.checkBox2 = QCheckBox("Checkbox2")
```

使用按钮的 isChecked()方法，判断复选框是否被选中，其核心代码是：

```
chk1Status = self.checkBox1.text()+", isChecked="+
str( self.checkBox1.isChecked() ) + ', checkState=' +
str(self.checkBox1.checkState())    +"\n"
```

实例化一个 QCheckBox 类对象 checkBox3，然后使用 setTristate()开启三态模式，其核心代码是：

```
self.checkBox3 = QCheckBox("Checkbox3")
self.checkBox3.setTristate(True)
```

```
    self.checkBox3.setCheckState(Qt.PartiallyChecked )
    self.checkBox3.stateChanged.connect( lambda:self.btnstate(self.checkB
ox3) )
```

4.6　QComboBox（下拉列表框）

QComboBox 是一个集按钮和下拉选项于一体的控件，也被称为下拉列表框。QComboBox 类中的常用方法如表 4-16 所示。

表 4-16

方　　法	描　　述
addItem()	添加一个下拉选项
addItems()	从列表中添加下拉选项
Clear()	删除下拉选项集合中的所有选项
count()	返回下拉选项集合中的数目
currentText()	返回选中选项的文本
itemText(i)	获取索引为 i 的 item 的选项文本
currentIndex()	返回选中项的索引
setItemText(int　index,text)	改变序号为 index 项的文本

QComboBox 类中的常用信号如表 4-17 所示。

表 4-17

信　　号	含　　义
Activated	当用户选中一个下拉选项时发射该信号
currentIndexChanged	当下拉选项的索引发生改变时发射该信号
highlighted	当选中一个已经选中的下拉选项时，发射该信号

案例 4-17　QComboBox 按钮的使用

本例文件名为 PyQt5/Chapter04/qt0411_QComboBox.py，演示在 PyQt 5 的窗口中使用 QComboBox 按钮。其完整代码如下：

```python
import sys
from PyQt5.QtCore import *
from PyQt5.QtGui import *
from PyQt5.QtWidgets import *


class ComboxDemo(QWidget):
```

```
    def __init__(self, parent=None):
        super(ComboxDemo, self).__init__(parent)
        self.setWindowTitle("ComBox 例子")
        self.resize(300, 90)
        layout = QVBoxLayout()
        self.lbl = QLabel("")

        self.cb = QComboBox()
        self.cb.addItem("C")
        self.cb.addItem("C++")
        self.cb.addItems(["Java", "C#", "Python"])
        self.cb.currentIndexChanged.connect(self.selectionchange)
        layout.addWidget(self.cb)
        layout.addWidget(self.lbl)
        self.setLayout(layout)

    def selectionchange(self,i):
        self.lbl.setText( self.cb.currentText() )
        print( "Items in the list are :" )
        for count in range(self.cb.count()):
            print( 'item'+str(count) + '='+ self.cb.itemText(count) )
            print( "Current index",i,"selection changed
",self.cb.currentText() )

if __name__ == '__main__':
    app = QApplication(sys.argv)
    comboxDemo = ComboxDemo()
    comboxDemo.show()
    sys.exit(app.exec_())
```

运行脚本，显示效果如图 4-27 所示。

图 4-27

代码分析：

在这个例子中显示了一个下拉列表框和一个标签，其中下拉列表框中有 5 个选项，既可以使用 QComboBox 的 addItem()方法添加单个选项，也可以使用 addItems() 方法添加多个选项；标签显示的是从下拉列表框中选择的选项，

```
self.cb = QComboBox()
self.cb.addItem("C")
self.cb.addItem("C++")
self.cb.addItems(["Java", "C#", "Python"])
```

当下拉列表框中的选项发生改变时将发射 currentIndexChanged 信号，连接到自定义的槽函数 selectionchange()。

```
self.cb.currentIndexChanged.connect(self.selectionchange)
```

在方法中，当选中下拉列表框中的一个选项时，将把该选项的文本设置为标签的文本，并调整标签的大小。

```
def selectionchange(self,i):
    self.lbl.setText( self.cb.currentText() )
```

4.7 QSpinBox（计数器）

QSpinBox 是一个计数器控件，允许用户选择一个整数值，通过单击向上/向下按钮或按键盘上的上/下箭头来增加/减少当前显示的值，当然用户也可以输入值。

在默认情况下，QSpinBox 的取值范围是 0~99，每次改变的步长值为 1。

QSpinBox 类和 QDoubleSpinBox 类均派生自 QAbstractSpinBox 类。QSpinBox 用于处理整数值，QDoubleSpinBox 则用于处理浮点值，它们之间的区别就是处理数据的类型不同，其他功能都基本相同。QDoubleSpinBox 的默认精度是两位小数，但可以通过 setDecimals() 来改变。

QSpinBox 类中的常用方法如表 4-18 所示。

表 4-18

方　　法	描　　述
setMinimum()	设置计数器的下界
setMaximum()	设置计数器的上界
setRange()	设置计数器的最大值、最小值和步长值
setValue()	设置计数器的当前值
Value()	返回计数器的当前值
singleStep()	设置计数器的步长值

每次单击向上/向下按钮时，QSpinBox 计数器都会发射 valueChanged 信号，可以从相应的槽函数中通过 value() 函数获得计数器的当前值。

案例 4-18　QSpinBox 的使用

本例文件名为 PyQt5/Chapter04/qt0412_QSpinBox.py，演示在 PyQt 5 的窗口中使用 QSpinBox。其完整代码如下：

```python
import sys
from PyQt5.QtCore import *
from PyQt5.QtGui import *
from PyQt5.QtWidgets import *

class spindemo(QWidget):
    def __init__(self, parent=None):
        super(spindemo, self).__init__(parent)
        self.setWindowTitle("SpinBox 例子")
        self.resize(300, 100)

        layout = QVBoxLayout()
        self.l1=QLabel("current value:")
        self.l1.setAlignment(Qt.AlignCenter)
        layout.addWidget(self.l1)
        self.sp = QSpinBox()
        layout.addWidget(self.sp)
        self.sp.valueChanged.connect(self.valuechange)
        self.setLayout(layout)

    def valuechange(self):
        self.l1.setText("current value:" + str(self.sp.value()) )

if __name__ == '__main__':
    app = QApplication(sys.argv)
    ex = spindemo()
    ex.show()
    sys.exit(app.exec_())
```

运行脚本，显示效果如图 4-28 所示。

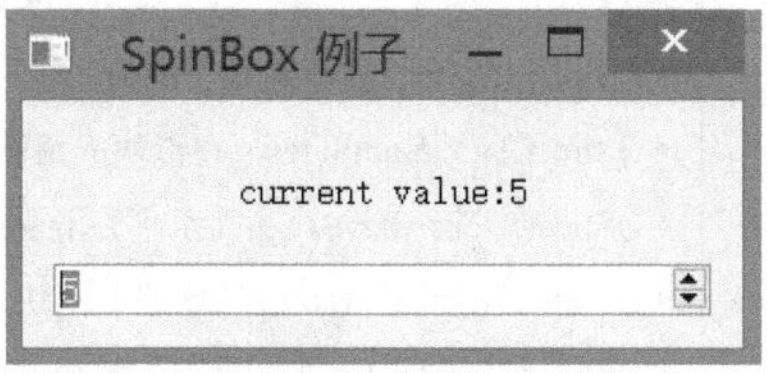

图 4-28

代码分析：

在这个例子中，有一个标签和计数器放置在一个垂直布局管理器中，并把这个垂直布局管理器放置在窗口中。将计数器的 valueChanged 信号连接到槽函数 valuechange()。其核心代码是：

```
self.sp.valueChanged.connect(self.valuechange)
```

valuechange()函数把计数器的当前值设置到标签文本中。

```
self.l1.setText("current value:" + str(self.sp.value()) )
```

4.8　QSlider（滑动条）

QSlider 控件提供了一个垂直或水平的滑动条，滑动条是一个用于控制有界值的典型控件，它允许用户沿水平或垂直方向在某一范围内移动滑块，并将滑块所在的位置转换成一个合法范围内的整数值。有时候这种方式比输入数字或者使用 SpinBox（计数器）更加自然。在槽函数中对滑块所在位置的处理相当于从整数之间的最小值和最高值进行取值。

一个滑块条控件可以以水平或垂直的方式显示，在构造函数中进行设置。

```
self.sp=QSlider(Qt.Horizontal)
self.sp=QSlider(Qt.Vertical)
```

QSlider 类中的常用方法如表 4-19 所示。

表 4-19

方　　法	描　　述
setMinimum()	设置滑动条控件的最小值
setMaximum()	设置滑动条控件的最大值
setSingleStep()	设置滑动条控件递增/递减的步长值
setValue()	设置滑动条控件的值
value()	获得滑动条控件的值
setTickInterval()	设置刻度间隔
setTickPosition()	设置刻度标记的位置，可以输入一个枚举值，这个枚举值指定刻度线相对于滑块和用户操作的位置。以下是可以输入的枚举值： • QSlider.NoTicks，不绘制任何刻度线 • QSlider.TicksBothSides，在滑块的两侧绘制刻度线 • QSlider.TicksAbove，在（水平）滑块上方绘制刻度线 • QSlider.TicksBelow，在（水平）滑块下方绘制刻度线 • QSlider.TicksLeft，在（垂直）滑块左侧绘制刻度线 • QSlider.TicksRight，在（垂直）滑块右侧绘制刻度线

QSlider 类中的常用信号如表 4-20 所示。

表 4-20

信　　号	描　　述
valueChanged	当滑块的值发生改变时发射此信号。此信号是最常用的
sliderPressed	当用户按下滑块时发射此信号
sliderMoved	当用户拖动滑块时发射此信号
sliderReleased	当用户释放滑块时发射此信号

案例 4-19　QSlider 的使用

本例文件名为 PyQt5/Chapter04/qt0413_QSlider.py，演示在 PyQt 5 的窗口中使用 QSlider 滑动条控件，随着滑动条的移动，标签的字号大小也随着发生变化。其完整代码如下：

```python
class SliderDemo(QWidget):
    def __init__(self, parent=None):
        super(SliderDemo, self).__init__(parent)
        self.setWindowTitle("QSlider 例子")
        self.resize(300, 100)

        layout = QVBoxLayout()
        self.l1 = QLabel("Hello PyQt5")
        self.l1.setAlignment(Qt.AlignCenter)
        layout.addWidget(self.l1)
        # 水平方向
        self.sl = QSlider(Qt.Horizontal)
        # 设置最小值
        self.sl.setMinimum(10)
        # 设置最大值
        self.sl.setMaximum(50)
        # 步长
        self.sl.setSingleStep( 3 )
        # 设置当前值
        self.sl.setValue(20)
        # 刻度位置，刻度在下方
        self.sl.setTickPosition(QSlider.TicksBelow)
        # 设置刻度间隔
        self.sl.setTickInterval(5)
        layout.addWidget(self.sl)
```

```
        # 连接信号槽
        self.sl.valueChanged.connect(self.valuechange)
        self.setLayout(layout)

    def valuechange(self):
        print('current slider value=%s' % self.sl.value() )
        size´ = self.sl.value()
        self.l1.setFont(QFont("Arial",size))

if __name__ == '__main__':
    app = QApplication(sys.argv)
    demo = SliderDemo()
    demo.show()
    sys.exit(app.exec_())
```

运行脚本，显示效果如图 4-29 所示。

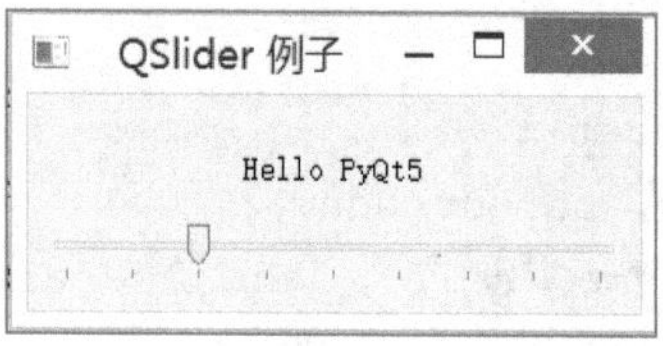

图 4-29

代码分析：

在这个例子中，将一个标签和一个水平滑动条放置在一个垂直布局管理器中。将滑块的 valueChanged 信号连接到 valuechange()函数。

```
self.sl.valueChanged.connect(self.valuechange)
```

槽函数 valuechange()读取滑块的当前值，并将其作为字号的大小。

```
size = self.sl.value()
self.l1.setFont(QFont("Arial",size))
```

使用 setTickInterval(5)设置刻度间隔后，在绘制刻度时就会有 9 个刻度点（从 10 开始，每隔步长 5 绘制一个点，到 50 处结束），也就是说，刻度点个数 = (最大值-最小值)/刻度间隔 + 1，本例中的刻度点个数为： (50-10)/5 + 1 = 9。

```
# 设置最小值
self.sl.setMinimum(10)
# 设置最大值
self.sl.setMaximum(50)
# 设置刻度间隔
self.sl.setTickInterval(5)
```

4.9　对话框类控件

4.9.1　QDialog

为了更好地实现人机交互，比如 Windows 及 Linux 等系统均会提供一系列的标准对话框来完成特定场景下的功能，如选择字号大小、字体颜色等。在 PyQt 5 中定义了一系列的标准对话框类，让使用者能够方便和快捷地通过各个类完成字号大小、字体颜色以及文件的选择等。

QDialog 类的子类主要有 QMessageBox、QFileDialog、QFontDialog、QInputDialog等，这些内容在本节都会介绍到。

QDialog 类的继承结构如图 4-30 所示。

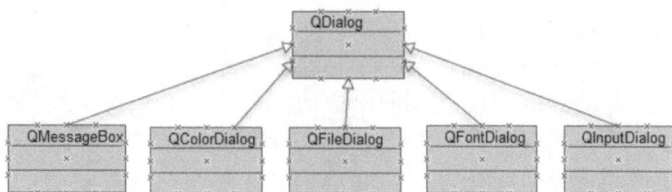

图 4-30

QDialog 类中的常用方法如表 4-21 所示。

表 4-21

方　　法	描　　述
setWindowTitle()	设置对话框标题
setWindowModality()	设置窗口模态。取值如下： • Qt.NonModal，非模态，可以和程序的其他窗口交互 • Qt.WindowModal，窗口模态，程序在未处理完当前对话框时，将阻止和对话框的父窗口进行交互 • Qt.ApplicationModal，应用程序模态，阻止和任何其他窗口进行交互

案例 4-20　QDialog 的使用

本例文件名为 PyQt5/Chapter04/qt0416_Dialog.py，演示在 PyQt 5 的窗口中使用QDialog。其完整代码如下：

```
import sys
from PyQt5.QtCore import *
```

```python
from PyQt5.QtGui import *
from PyQt5.QtWidgets import *

class DialogDemo( QMainWindow ):

    def __init__(self, parent=None):
        super(DialogDemo, self).__init__(parent)
        self.setWindowTitle("Dialog 例子")
        self.resize(350,300)

        self.btn = QPushButton( self)
        self.btn.setText("弹出对话框")
        self.btn.move(50,50)
        self.btn.clicked.connect(self.showdialog)

    def showdialog(self ):
        dialog = QDialog()
        btn = QPushButton("ok", dialog )
        btn.move(50,50)
        dialog.setWindowTitle("Dialog")
        dialog.setWindowModality(Qt.ApplicationModal)
        dialog.exec_()

if __name__ == '__main__':
    app = QApplication(sys.argv)
    demo = DialogDemo()
    demo.show()
    sys.exit(app.exec_())
```

运行脚本，显示效果如图 4-31 所示。

图 4-31

代码分析：

在这个例子中，Dialog 窗口的 WindowModality 属性决定是否为模态或非模态。当用户按下 Esc 键时，对话框窗口将会默认调用 QDialog.reject()方法，然后关闭对话框窗口。

单击 QWidget 窗口中的 PushButton 按钮时，将生成一个对话框窗口。在对话框窗口的标题栏上没有最小化和最大化控件。以下代码将给按钮的 clicked 信号添加槽函数 showdialog()。

```
self.btn.clicked.connect(self.showdialog)
```

由于 Dialog 窗口的 WindowModality 属性设置为 Qt.ApplicationModal 模态，用户只有关闭所弹出的对话框窗口后，才能关闭主窗口。以下代码用于设置对话框模态：

```
dialog.setWindowModality(Qt.ApplicationModal)
```

4.9.2　QMessageBox

QMessageBox 是一种通用的弹出式对话框，用于显示消息，允许用户通过单击不同的标准按钮对消息进行反馈。每个标准按钮都有一个预定义的文本、角色和十六进制数。

QMessageBox 类提供了许多常用的弹出式对话框，如提示、警告、错误、询问、关于等对话框。这些不同类型的 QMessageBox 对话框只是显示时的图标不同，其他功能是一样的。

QMessageBox 类中的常用方法如表 4-22 所示。

表 4-22

方　　法	描　　述
information(QWidget　parent,title,　text,　buttons,　defaultButton)	弹出消息对话框，各参数解释如下： ● parent，指定的父窗口控件 ● title，对话框标题 ● text，对话框文本 ● buttons：多个标准按钮，默认为 OK 按钮 ● defaultButton：默认选中的标准按钮，默认是第一个标准按钮
question(QWidget parent,title, text, buttons, defaultButton)	弹出问答对话框（各参数解释同上）
warning(QWidget parent,title, text, buttons, defaultButton)	弹出警告对话框（各参数解释同上）
ctitical(QWidget parent,title, text, buttons, defaultButton)	弹出严重错误对话框（各参数解释同上）
about(QWidget parent,title, text)	弹出关于对话框（各参数解释同上）
setTitle()	设置标题
setText()	设置消息正文
setIcon()	设置弹出对话框的图片

· 173 ·

QMessageBox 的标准按钮类型如表 4-23 所示。

表 4-23

类 型	描 述
QMessage.Ok	同意操作
QMessage.Cancel	取消操作
QMessage.Yes	同意操作
QMessage.No	取消操作
QMessage.Abort	终止操作
QMessage.Retry	重试操作
QMessage.Ignore	忽略操作

5 种常用的消息对话框及其显示效果如表 4-24 所示。

表 4-24

对话框类型	显示效果
消息对话框，用来告诉用户关于提示消息 QMessageBox.information(self，＂标题＂，＂消息对话框正文＂，QMessageBox.Yes | QMessageBox.No，QMessageBox.Yes）	
提问对话框，用来告诉用户关于提问消息 QMessageBox.question(self，＂标题＂，＂提问框消息正文＂，QMessageBox.Yes | QMessageBox.No，QMessageBox.Yes）	
警告对话框，用来告诉用户关于不寻常的错误消息 QMessageBox.warning(self，＂标题＂，＂警告框消息正文＂，QMessageBox.Yes | QMessageBox.No，QMessageBox.Yes）	
严重错误对话框,用来告诉用户关于严重的错误消息 QMessageBox.critical(self，＂标题＂，＂严重错误对话框消息正文＂，QMessageBox.Yes | QMessageBox.No，QMessageBox.Yes）	
关于对话框 QMessageBox.about(self，"标题"，"关于对话框"）	

案例 4-21　QMessageBox 的使用

本例文件名为 PyQt5/Chapter04/qt04_QMessageBox.py，演示在 PyQt 5 的窗口中使用 QMessageBox 控件。其完整代码如下：

```python
import sys
from PyQt5.QtCore import *
from PyQt5.QtGui import *
from PyQt5.QtWidgets import *

class MyWindow( QWidget):
    def __init__(self):
        super(MyWindow,self).__init__()
        self.setWindowTitle("QMessageBox 例子")
        self.resize(300, 100)
        self.myButton = QPushButton(self)
        self.myButton.setText("点击弹出消息框")
        self.myButton.clicked.connect(self.msg)

    def msg(self):
        # 使用 infomation 信息框
        reply = QMessageBox.information(self, "标题", "消息正文",
QMessageBox.Yes | QMessageBox.No , QMessageBox.Yes )
        print( reply )

if __name__ == '__main__':
    app= QApplication(sys.argv)
    myshow=MyWindow()
    myshow.show()
    sys.exit(app.exec_())
```

运行脚本，显示效果如图 4-32 所示。

图 4-32

4.9.3　QInputDialog

QInputDialog 控件是一个标准对话框，由一个文本框和两个按钮（OK 按钮和 Cancel 按钮）组成。当用户单击 OK 按钮或按 Enter 键后，在父窗口可以收集通过 QInputDialog 控件输入的信息。QInputDialog 控件是 QDialog 标准对话框的一部分。

在 QInputDialog 控件中可以输入数字、字符串或列表中的选项。标签用于提示必要的信息。

QInputDialog 类中的常用方法如表 4-25 所示。

表 4-25

方　　法	描　　述
getInt()	从控件中获得标准整数输入
getDouble()	从控件中获得标准浮点数输入
getText()	从控件中获得标准字符串输入
getItem()	从控件中获得列表里的选项输入

案例 4-22　QInputDialog 的使用

本例文件名为 PyQt5/Chapter04/qt04_QInputDialog.py，演示在 PyQt 5 的窗口中使用 QInputDialog 控件。其完整代码如下：

```python
import sys
from PyQt5.QtCore import *
from PyQt5.QtGui import *
from PyQt5.QtWidgets import *

class InputdialogDemo(QWidget):
    def __init__(self, parent=None):
        super(InputdialogDemo, self).__init__(parent)
        layout = QFormLayout()
        self.btn1 = QPushButton("获得列表里的选项")
        self.btn1.clicked.connect(self.getItem)
        self.le1 = QLineEdit()
        layout.addRow(self.btn1,self.le1)

        self.btn2 = QPushButton("获得字符串")
        self.btn2.clicked.connect(self.getIext)
        self.le2 = QLineEdit()
```

```
            layout.addRow(self.btn2,self.le2)

            self.btn3 = QPushButton("获得整数")
            self.btn3.clicked.connect(self.getInt)
            self.le3 = QLineEdit()
            layout.addRow(self.btn3,self.le3)
            self.setLayout(layout)
            self.setWindowTitle("Input Dialog 例子")

        def getItem(self):
            items = ("C", "C++", "Java", "Python")
            item, ok = QInputDialog.getItem(self, "select input dialog",
            "语言列表", items, 0, False)
            if ok and item:
                self.le1.setText(item)

        def getIext(self):
            text, ok = QInputDialog.getText(self, 'Text Input Dialog', '输
入姓名:')
            if ok:
                self.le2.setText(str(text))

        def getInt(self):
            num,ok=QInputDialog.getInt(self,"integer input dualog","输入数
字")
            if ok:
                self.le3.setText(str(num))

    if __name__ == '__main__':
        app = QApplication(sys.argv)
        demo = InputdialogDemo()
        demo.show()
        sys.exit(app.exec_())
```

运行脚本，显示效果如图 4-33 至图 4-36 所示。

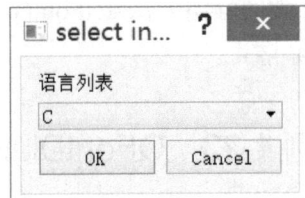

图 4-33　　　　　　　　　　　　图 4-34

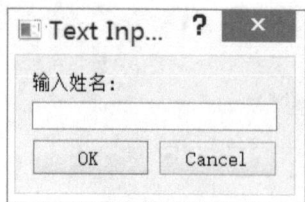

图 4-35

图 4-36

代码分析：

在这个例子中，在 QFormLayout 布局管理器中放置了三个按钮和三个文本框。当单击按钮时，将弹出标准对话框，把按钮的单击信号与自定义的槽函数连接起来。

```
self.btn1.clicked.connect(self.getItem)
self.btn2.clicked.connect(self.gettext)
self.btn3.clicked.connect(self.getint)
```

当调用 QInputDialog.getItem()函数时，QInputDialog 控件包含一个 QCombox 控件和两个按钮，用户从 QCombox 中选择一个选项后，允许用户确认或取消操作。

```
def getItem(self):
    items = ("C", "C++", "Java", "Python")
    item, ok = QInputDialog.getItem(self, "select input dialog",
    "语言列表", items, 0, False)
    if ok and item:
        self.le1.setText(item)
```

同理，当调用 QInputDialog.getText()函数时，QInputDialog 控件包含一个文本框和两个按钮，允许用户输入字符串；当调用 QInputDialog.getInt()函数时，QInputDialog 包含一个 QSpinBox 控件和两个按钮，允许用户输入整数。

4.9.4　QFontDialog

QFontDialog 控件是一个常用的字体选择对话框，可以让用户选择所显示文本的字号大小、样式和格式。QFontDialog 是 QDialog 标准对话框的一部分。使用 QFontDialog 类的静态方法 getFont()，可以从字体选择对话框中选择文本的显示字号大小、样式和格式。

案例 4-23　QFontDialog 的使用

本例文件名为 PyQt5/Chapter04/qt04_QFontDialog.py，演示在 PyQt 5 的窗口中

· 178 ·

使用 QFontDialog 控件。其完整代码如下：

```python
import sys
from PyQt5.QtCore import *
from PyQt5.QtGui import *
from PyQt5.QtWidgets import *

class FontDialogDemo(QWidget):
    def __init__(self, parent=None):
        super(FontDialogDemo, self).__init__(parent)
        layout = QVBoxLayout()
        self.fontButton = QPushButton("choose font")
        self.fontButton .clicked.connect(self.getFont)
        layout.addWidget(self.fontButton )
        self.fontLineEdit = QLabel("Hello,测试字体例子")
        layout.addWidget(self.fontLineEdit )
        self.setLayout(layout)
        self.setWindowTitle("Font Dialog 例子")

    def getFont(self):
        font, ok = QFontDialog.getFont()
        if ok:
            self.fontLineEdit .setFont(font)

if __name__ == '__main__':
    app = QApplication(sys.argv)
    demo = FontDialogDemo()
    demo.show()
    sys.exit(app.exec_())
```

运行脚本，显示效果如图 4-37 所示。

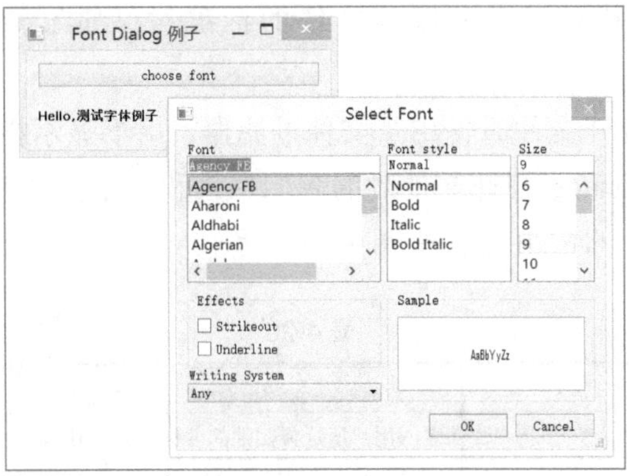

图 4-37

代码分析：

在这个例子中，通过字体选择对话框选择相应的字体，并且所选择字体的效果显示在 QLineEdit 的文本上。

实例化 fontButton 和 fontLineEdit 对象，并将 fontButton 的 clicked 信号和槽函数 getFont()绑定在一起。

```
self.btn = QPushButton("choose font")
self.btn.clicked.connect(self.getFont)
self.le = QLabel("Hello,测试字体例子")
```

创建 QVBoxLayout 布局，在垂直布局管理器中添加 fontButton 和 fontLineEdit 组件，并按照相应的位置添加到栅格布局中。

```
layout = QVBoxLayout()
layout.addWidget(self.btn)
layout.addWidget(self.le)
```

当单击 fontButton 按钮时，将 clicked 信号发送到槽函数 getFont()中。

```
self.fontButton.clicked.connect(self.getFont)
```

自定义槽函数，选择字体，并将字体效果设置到 fontLineEdit 中。getFont()方法返回的为元组类型，同时返回所选择的字体和函数执行的状态。

```
def getFont(self):
    font, ok = QFontDialog.getFont()
    if ok:
        self.fontLineEdit .setFont(font)
```

4.9.5 QFileDialog

QFileDialog 是用于打开和保存文件的标准对话框。QFileDialog 类继承自 QDialog 类。

QFileDialog 在打开文件时使用了文件过滤器，用于显示指定扩展名的文件。也可以设置使用 QFileDialog 打开文件时的起始目录和指定扩展名的文件。

QFileDialog 类中的常用方法如表 4-26 所示。

表 4-26

方　　法	描　　述
getOpenFileName()	返回用户所选择文件的名称，并打开该文件
getSaveFileName()	使用用户选择的文件名并保存文件

续表

方　　法	描　　述
setFileMode()	可以选择的文件类型，枚举常量是： • QFileDialog.AnyFile，任何文件 • QFileDialog.ExistingFile，已存在的文件 • QFileDialog.Directory，文件目录 • QFileDialog.ExistingFiles，已经存在的多个文件
setFilter()	设置过滤器，只显示过滤器允许的文件类型

案例 4-24　QFileDialog 的使用

本例文件名为 PyQt5/Chapter04/qt04_QFileDialog.py，演示在 PyQt 5 的窗口中使用 QFileDialog 控件。其完整代码如下：

```python
import sys
from PyQt5.QtCore import *
from PyQt5.QtGui import *
from PyQt5.QtWidgets import *

class filedialogdemo(QWidget):
    def __init__(self, parent=None):
        super(filedialogdemo, self).__init__(parent)
        layout = QVBoxLayout()
        self.btn = QPushButton("加载图片")
        self.btn.clicked.connect(self.getfile)
        layout.addWidget(self.btn)
        self.le = QLabel("")
        layout.addWidget(self.le)
        self.btn1 = QPushButton("加载文本文件")
        self.btn1.clicked.connect(self.getfiles)
        layout.addWidget(self.btn1)
        self.contents = QTextEdit()
        layout.addWidget(self.contents)
        self.setLayout(layout)
        self.setWindowTitle("File Dialog 例子")

    def getfile(self):
        fname, _ = QFileDialog.getOpenFileName(self, 'Open file',
'c:\\','"Image files (*.jpg *.gif)")
        self.le.setPixmap(QPixmap(fname))

    def getfiles(self):
```

```
        dlg = QFileDialog()
        dlg.setFileMode(QFileDialog.AnyFile)
        dlg.setFilter( QDir.Files  )

        if dlg.exec_():
            filenames= dlg.selectedFiles()
            f = open(filenames[0], 'r')

            with f:
                data = f.read()
                self.contents.setText(data)

if __name__ == '__main__':
    app = QApplication(sys.argv)
    ex = filedialogdemo()
    ex.show()
    sys.exit(app.exec_())
```

运行脚本，显示效果如图 4-38、图 4-39 和图 4-40 所示。

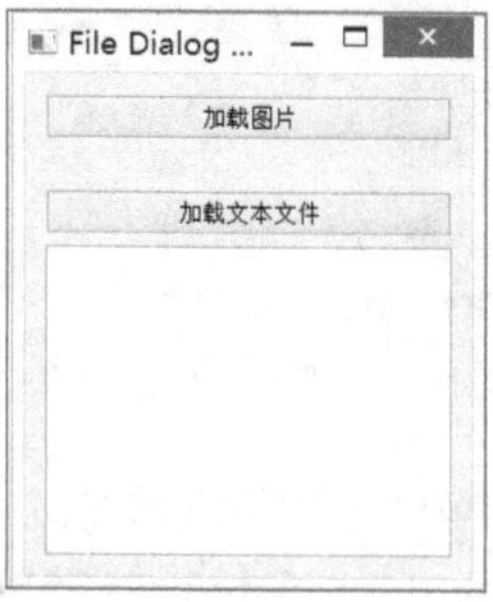

图 4-38

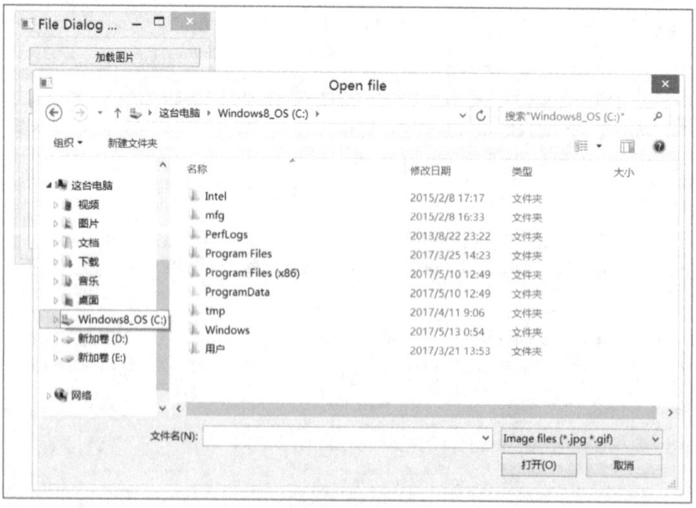

图 4-39

图 4-40

代码分析：

在这个例子中，通过文件对话框来选择文件，其中第一个文件对话框只允许打开图片文件，并把所加载的图片显示在标签（QLabel）中；第二个文件对话框只允许打开文本文件，并把文本内容显示在文本框（QTextEdit）内。

第一个按钮使用 QFileDialog.getOpenFileNam()，调用文件对话框来显示图像，并显示在一个标签控件中。它负责打开 C 盘目录下的文件。其核心代码如下：

```
fname, _ = QFileDialog.getOpenFileName(self, 'Open file', 'c:\\',"Image
files (*.jpg *.gif)")
self.le.setPixmap(QPixmap(fname))
```

在 QFileDialog.getOpenFileNam()函数中：

- 第一个参数用于指定父组件；
- 第二个参数是 QFileDialog 对话框的标题；
- 第三个参数是对话框显示时默认打开的目录，"."代表程序运行目录，"/"代表当前盘下的根目录（在 Windows、Linux 下"/"就表示根目录）。需要注意不同平台下路径的显示方式，比如 Windows 平台下的 C 盘 "C:\"等。
- 第四个参数是对话框中文件扩展名过滤器（Filter）。比如使用"Image files (*.jpg *.gif)"表示只能显示扩展名为.jpg 或.gif 的文件。

第二个按钮使用文件对话框（QFileDialog）对象的 exec_()方法来选择文件，并把所选文件的内容显示在文本编辑控件中。其核心代码如下：

```python
def getfiles(self):
    dlg = QFileDialog()
    dlg.setFileMode(QFileDialog.AnyFile)
    dlg.setFilter( QDir.Files )

    if dlg.exec_():
        filenames= dlg.selectedFiles()
        f = open(filenames[0], 'r')

        with f:
            data = f.read()
            self.contents.setText(data)
```

4.10 窗口绘图类控件

本节主要介绍如何实现在窗口中绘图。在 PyQt5 中，一般可以通过 QPainter、QPen 和 QBrush 这三个类来实现绘图功能。此外，QPixmap 的作用是加载并呈现本地图像，而图像的呈现本质上也是通过绘图方式实现的，所以 QPixmap 也可以被视为绘图的一个类。

4.10.1 QPainter

QPainter 类在 QWidget（控件）上执行绘图操作，它是一个绘制工具，为大部分图形界面提供了高度优化的函数，使 QPainter 类可以绘制从简单的直线到复杂的饼图等。

绘制操作在 QWidget.paintEvent()中完成。绘制方法必须放在 QtGui.QPainter 对象的 begin()和 end()之间。QPainter 类在控件或其他绘图设备上执行较低级别的图形绘制功能，并通过如表 4-27 所示的方法进行绘制。

表 4-27

方　　法	描　　述
begin()	开始在目标设备上绘制
drawArc()	在起始角度和最终角度之间画弧
drawEllipse()	在一个矩形内画一个椭圆

续表

方　　法	描　　述
drawLine(int x1, int y1, int x2, int y2)	绘制一条指定了端点坐标的线。绘制从(x1, y1)到(x2, y2)的直线并且设置当前画笔位置为(x2, y2)
drawPixmap()	从图像文件中提取 Pixmap 并将其显示在指定的位置
drwaPolygon()	使用坐标数组绘制多边形
drawRect(int x, int y, int w, int h)	以给定的宽度 w 和高度 h 从左上角坐标(x, y)绘制一个矩形
drawText()	显示给定坐标处的文字
fillRect()	使用 QColor 参数填充矩形
setBrush()	设置画笔风格
setPen()	设置用于绘制的笔的颜色、大小和样式

还可以设置画笔风格（PenStyle），这是一个枚举类，可以由 QPainter 类绘制。画笔风格如表 4-28 所示。效果如图 4-41 所示。

表 4-28

枚举类型	描　　述
Qt.NoPen	没有线。比如 QPainter.drawRect()填充，但没有绘制任何边界线
Qt.SolidLine	一条简单的线
Qt.DashLine	由一些像素分隔的短线
Qt.DotLine	由一些像素分隔的点
Qt.DashDotLine	轮流交替的点和短线
Qt.DashDotDotLine	一条短线、两个点
Qt.MPenStyle	画笔风格的掩码

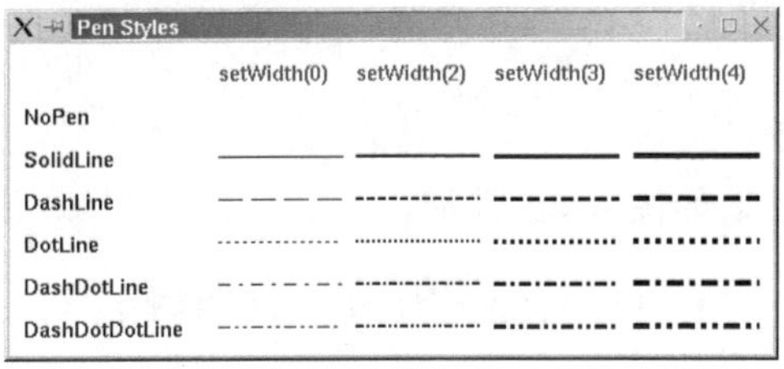

图 4-41

案例 4-25　绘制文字

本例文件名为 PyQt5/Chapter04/qt04_drawText.py，演示在一个窗口中绘制文字。其完整代码如下：

```
import sys
from PyQt5.QtWidgets import QApplication ,QWidget
```

```
from PyQt5.QtGui import QPainter ,QColor ,QFont
from PyQt5.QtCore import Qt

class Drawing(QWidget):
    def __init__(self,parent=None):
        super(Drawing,self).__init__(parent)
        self.setWindowTitle("在窗口中绘制文字")
        self.resize(300, 200)
        self.text = '欢迎学习 PyQt5'

    def paintEvent(self,event):
        painter = QPainter(self)
        painter.begin(self)
        # 自定义绘制方法
        self.drawText(event, painter)
        painter.end()

    def drawText(self, event, qp):
        # 设置画笔的颜色
        qp.setPen( QColor(168, 34, 3) )
        # 设置字体
        qp.setFont( QFont('SimSun', 20))
        # 绘制文字
        qp.drawText(event.rect(), Qt.AlignCenter, self.text)

if __name__ == "__main__":
    app = QApplication(sys.argv)
    demo = Drawing()
    demo.show()
    sys.exit(app.exec_())
```

运行脚本，显示效果如图 4-42 所示。

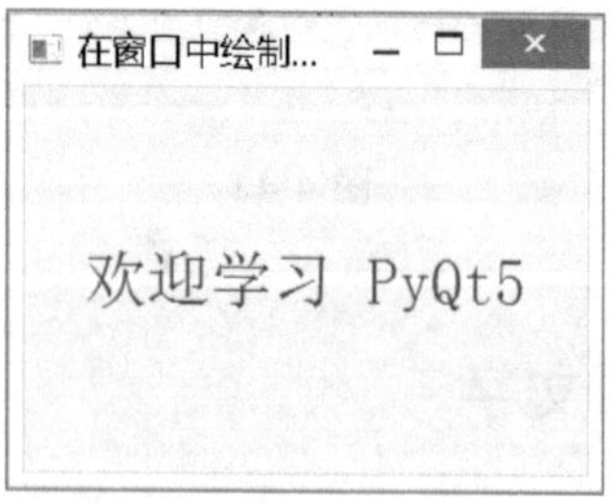

图 4-42

代码分析：

在这个例子中，首先定义了待绘制的文字。

```
class Winform(QWidget):
    def __init__(self,parent=None):
        ......
        self.text = '欢迎学习 PyQt5'
```

然后，定义了一个绘制事件，所有的绘制操作都发生在此事件内。绘制事件的核心代码如下：

```
def paintEvent(self,event):
    painter = QPainter(self)
    painter.begin(self)
    # 自定义绘制方法
    self.drawText(event, painter)
    painter.end()
```

QtGui.QPainter 类负责所有低级别的绘制，所有的绘制方法都要放在 begin() 和 end() 之间。这个例子放置的是自定义的 drawText()方法。

自定义的绘制方法的核心代码如下：

```
def drawText(self, event, qp):
    # 设置笔的颜色
    qp.setPen( QColor(168, 34, 3) )
    # 设置字体
    qp.setFont( QFont('SimSun', 20))
    # 绘制文字
    qp.drawText(event.rect(), Qt.AlignCenter, self.text)
```

案例 4-26　绘制点

在上一节中使用 QPainter 绘制了一段文字，文字在屏幕上的显示是由一个个点（point）组成的，本节主要讲解使用 QPainter 绘制点。

本例文件名为 PyQt5/Chapter04/qt04_drawPoint.py，演示使用 QPainter 在窗口中绘制一个个点。其完整代码如下：

```
import sys, math
from PyQt5.QtWidgets import *
from PyQt5.QtGui import *
from PyQt5.QtCore import Qt

class Drawing(QWidget):
    def __init__(self, parent=None):
        super(Drawing, self).__init__(parent)
```

```
        self.resize(300, 200)
        self.setWindowTitle("在窗口中画点")

    def paintEvent(self, event):
        # 初始化绘图工具
        qp = QPainter()
        # 开始在窗口中绘制
        qp.begin(self)
        # 自定义画点方法
        self.drawPoints(qp)
        # 结束在窗口中绘制
        qp.end()

    def drawPoints(self, qp):
        qp.setPen( Qt.red)
        size = self.size()

        for i in range(1000):
            # 绘制正弦函数图形，它的周期是[-100, 100]
            x = 100 *(-1+2.0*i/1000)+ size.width()/2.0
            y = -50*math.sin((x - size.width()/2.0)*math.pi/50) +
size.height()/2.0
            qp.drawPoint(x, y)

if __name__ == '__main__':
    app = QApplication(sys.argv)
    demo  = Drawing()
    demo.show()
    sys.exit(app.exec_())
```

运行脚本，显示效果如图 4-43 所示。

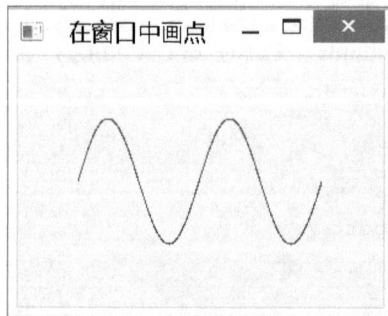

图 4-43

代码分析：

在这个例子中，在窗口的工作区绘制正弦函数图形，周期是[-100, 100]。

```
for i in range(1000):
    x = 100 *(-1+2.0*i/1000)+ size.width()/2.0
    y = -50 * math.sin((x - size.width()/2.0)*math.pi/50) +
size.height()/2.0
    qp.drawPoint(x, y)
```

画笔设置为红色，使用预定义的 Qt.red 颜色。

```
qp.setPen( Qt.red )
```

每次调整窗口大小时，都会生成一个绘图事件。使用 size()方法得到窗口的当前大小，在新的窗口中随机分布工作区中的点。

```
size = self.size()
```

使用 drawPoint()方法绘制一个个点。

```
qp.drawPoint(x, y)
```

4.10.2　QPen

QPen（钢笔）是一个基本的图形对象，用于绘制直线、曲线或者给轮廓画出矩形、椭圆形、多边形及其他形状等。

📖 案例 4-27　QPen 的使用

本例文件名为 PyQt5/Chapter04/qt04_drawPen.py，演示使用 QPen 在窗口中绘制自定义的形状。其完整代码如下：

```
import sys
from PyQt5.QtWidgets import *
from PyQt5.QtGui import *
from PyQt5.QtCore import Qt

class Drawing(QWidget):
    def __init__(self):
        super().__init__()
        self.initUI()
```

```python
    def initUI(self):
        self.setGeometry(300, 300, 280, 270)
        self.setWindowTitle('钢笔样式例子')

    def paintEvent(self, e):

        qp = QPainter()
        qp.begin(self)
        self.drawLines(qp)
        qp.end()

    def drawLines(self, qp):
        pen = QPen(Qt.black, 2, Qt.SolidLine)

        qp.setPen(pen)
        qp.drawLine(20, 40, 250, 40)

        pen.setStyle(Qt.DashLine)
        qp.setPen(pen)
        qp.drawLine(20, 80, 250, 80)

        pen.setStyle(Qt.DashDotLine)
        qp.setPen(pen)
        qp.drawLine(20, 120, 250, 120)

        pen.setStyle(Qt.DotLine)
        qp.setPen(pen)
        qp.drawLine(20, 160, 250, 160)

        pen.setStyle(Qt.DashDotDotLine)
        qp.setPen(pen)
        qp.drawLine(20, 200, 250, 200)

        pen.setStyle(Qt.CustomDashLine)
        pen.setDashPattern([1, 4, 5, 4])
        qp.setPen(pen)
        qp.drawLine(20, 240, 250, 240)

if __name__ == '__main__':
    app = QApplication(sys.argv)
    demo = Drawing()
```

```
demo.show()
sys.exit(app.exec_())
```

运行脚本，显示效果如图 4-44 所示。

图 4-44

代码分析：

在这个例子中，使用 6 种不同的线条样式绘制了 6 条线，其中前 5 条线使用的是预定义的线条样式。也可以自定义线条样式，最后一条线就是使用自定义的线条样式绘制的。

以下代码创建了一个 QPen 对象。为了能更清晰地看清各线之间的差异，将颜色设置成黑色，宽度设置为 2 像素（px）。Qt.SolidLine 是预定义的线条样式之一。

```
pen = QPen(Qt.black, 2, Qt.SolidLine)
```

以下代码自定义了一种线条样式。使用 Qt.CustomDashLine 创建线条样式，然后调用 setDashPattern()方法使用数字列表定义样式。数字列表的个数必须是偶数，在本例中数字列表是[1, 4, 5, 4]，它的个数是 4。在数字列表中，奇数位（数字列表中的第 1, 3, 5 等位置）代表一段横线，偶数位（数字列表中的第 2, 4, 6 等位置）代表两段横线之间的空余距离。在数字列表中数字越大，横线和空余距离就越大。本例中数字列表[1, 4, 5, 4]代表的意义是：1 像素宽度的横线，4 像素宽度的空余距离，5 像素宽度的横线，4 像素宽度的空余距离。

```
pen.setStyle(Qt.CustomDashLine)
pen.setDashPattern([1, 4, 5, 4])
qp.setPen(pen)
qp.drawLine(20, 240, 250, 240)
```

4.10.3　QBrush

QBrush（画刷）是一个基本的图形对象，用于填充如矩形、椭圆形或多边形等形状。QBrush 有三种类型：预定义、过渡和纹理图案。

案例 4-28　QBrush 的使用

本例文件名为 PyQt5/Chapter04/qt04_drawBrush.py，演示使用 QBrush 在窗口中填充不同背景的矩形。其完整代码如下：

```python
import sys
from PyQt5.QtWidgets import *
from PyQt5.QtGui import *
from PyQt5.QtCore import Qt

class Drawing(QWidget):
    def __init__(self):
        super().__init__()
        self.initUI()

    def initUI(self):
        self.setGeometry(300, 300, 365, 280)
        self.setWindowTitle('画刷例子')
        self.show()

    def paintEvent(self, e):
        qp = QPainter()
        qp.begin(self)
        self.drawLines(qp)
        qp.end()

    def drawLines(self, qp):
        brush = QBrush(Qt.SolidPattern)
        qp.setBrush(brush)
        qp.drawRect(10, 15, 90, 60)

        brush = QBrush(Qt.Dense1Pattern)
        qp.setBrush(brush)
        qp.drawRect(130, 15, 90, 60)

        brush = QBrush(Qt.Dense2Pattern)
        qp.setBrush(brush)
        qp.drawRect(250, 15, 90, 60)

        brush = QBrush(Qt.Dense3Pattern)
        qp.setBrush(brush)
        qp.drawRect(10, 105, 90, 60)
```

```
        brush = QBrush(Qt.DiagCrossPattern)
        qp.setBrush(brush)
        qp.drawRect(10, 105, 90, 60)

        brush = QBrush(Qt.Dense5Pattern)
        qp.setBrush(brush)
        qp.drawRect(130, 105, 90, 60)

        brush = QBrush(Qt.Dense6Pattern)
        qp.setBrush(brush)
        qp.drawRect(250, 105, 90, 60)

        brush = QBrush(Qt.HorPattern)
        qp.setBrush(brush)
        qp.drawRect(10, 195, 90, 60)

        brush = QBrush(Qt.VerPattern)
        qp.setBrush(brush)
        qp.drawRect(130, 195, 90, 60)

        brush = QBrush(Qt.BDiagPattern)
        qp.setBrush(brush)
        qp.drawRect(250, 195, 90, 60)

if __name__ == '__main__':
    app = QApplication(sys.argv)
    demo = Drawing()
    demo.show()
    sys.exit(app.exec_())
```

运行脚本，显示效果如图 4-45 所示。

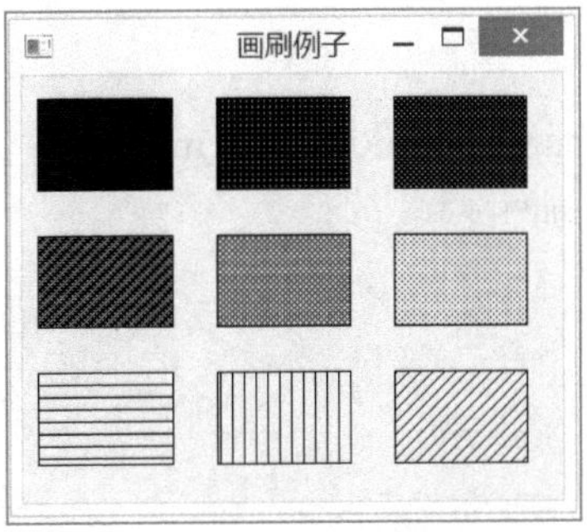

图 4-45

代码分析:

在这个例子中，在窗口中绘制出 9 种不同背景填充的矩形。

以下代码定义了 QBrush 对象，然后将 QPainter 对象的画刷设置成 QBrush 对象，并通过调用 drawRect()方法绘制矩形。

```
brush = QBrush(Qt.SolidPattern)
qp.setBrush(brush)
qp.drawRect(10, 15, 90, 60)
```

4.10.4　QPixmap

QPixmap 类用于绘图设备的图像显示，它可以作为一个 QPaintDevice 对象，也可以加载到一个控件中，通常是标签或按钮，用于在标签或按钮上显示图像。

QPixmap 可以读取的图像文件类型有 BMP、GIF、JPG、JPEG、PNG、PBM、PGM、PPM、XBM、XPM 等。

QPixmap 类中的常用方法如表 4-29 所示。

表 4-29

方　　法	描　　述
copy()	从 QRect 对象复制到 QPixmap 对象
fromImage()	将 QImage 对象转换为 QPixmap 对象
grabWidget()	从给定的窗口小控件创建一个像素图
grabWindow()	在窗口中创建数据的像素图
load()	加载图像文件作为 QPixmap 对象
save()	将 QPixmap 对象保存为文件
toImage()	将 QPixmap 对象转换为 QImage 对象

案例 4-29　QPixmap 的使用

本例文件名为 PyQt5/Chapter04/qt04_QPixmap.py，演示在 PyQt 5 的窗口中使用 QPixmap 控件。其完整代码如下：

```
import sys
from PyQt5.QtCore import *
from PyQt5.QtGui import *
from PyQt5.QtWidgets import *


if __name__ == '__main__':
```

```
app = QApplication(sys.argv)
win = QWidget()
lab1 = QLabel()
lab1.setPixmap(QPixmap("./images/python.jpg"))
vbox=QVBoxLayout()
vbox.addWidget(lab1)
win.setLayout(vbox)
win.setWindowTitle("QPixmap 例子")
win.show()
sys.exit(app.exec_())
```

运行脚本，显示效果如图 4-46 所示。

图 4-46

代码分析：

在这个例子中，使用 setPixmap() 将图像显示在 QLabel 上。

```
lab1 = QLabel()
lab1.setPixmap(QPixmap("./images/python.jpg"))
```

4.11　拖曳与剪贴板

4.11.1　Drag 与 Drop

为用户提供的拖曳功能很直观，在很多桌面应用程序中，复制或移动对象都可以通过拖曳来完成。

基于 MIME 类型的拖曳数据传输是基于 QDrag 类的。QMimeData 对象将关联的数据与其对应的 MIME 类型相关联。

百度百科：MIME 词条

MIME（Multipurpose Internet Mail Extension，多用途互联网邮件扩展类型）

是设定某种扩展名的文件用一种应用程序来打开的方式类型，当该扩展名文件被访问时，浏览器会自动使用指定的应用程序来打开，多用于指定一些客户端自定义的文件名，以及一些媒体文件打开方式。

每种 MIME 类型都由两部分组成，前面是数据的大类别，如声音 audio、图象 image 等，后面定义具体的种类。

常见的 MIME 类型（通用型）如下：

- HTML 文本 .html text/html
- XML 文档 .xml text/xml
- XHTML 文档 .xhtml application/xhtml+xml
- 普通文本 .txt text/plain
- RTF 文本 .rtf application/rtf
- PDF 文档 .pdf application/pdf
- Microsoft Word 文件 .word application/msword
- PNG 图像 .png image/png
- GIF 图形 .gif image/gif
- JPEG 图形 .jpeg、.jpg image/jpeg
- au 声音文件 .au audio/basic
- MIDI 音乐文件 .mid、.midi audio/midi, audio/x-midi
- RealAudio 音乐文件 .ra、.ram audio/x-pn-realaudio
- MPEG 文件 .mpg、.mpeg video/mpeg
- AVI 文件 .avi video/x-msvideo
- GZIP 文件 .gz application/x-gzip
- TAR 文件 .tar application/x-tar
- 任意的二进制数据 application/octet-stream

MIME 类型的数据可以简单理解为互联网上的各种资源，比如文本、音频和视频资源等，互联网上的每一种资源都属于一种 MIME 类型的数据。

如表 4-30 所示的 MimeData 类函数允许检测和使用方便的 MIME 类型。

表 4-30

判断函数	设置函数	获取函数	MIME 类型
hasText()	text()	setText()	text/plain
hasHtml()	html()	setHtml()	text/html
hasUrls()	urls()	setUrls()	text/uri-list
hasImage()	imageData()	setImageData()	image/*
hasColor()	colorData()	setColorData()	application/x-color

　　许多 QWidget 对象都支持拖曳动作，允许拖曳数据的控件必须设置 QWidget.setDragEnabled()为 True。另外，控件应该响应拖曳事件，以便存储所拖曳的数据。常用的拖曳事件如表 4-31 所示。

表 4-31

事　　件	描　　述
DragEnterEvent	当执行一个拖曳控件操作，并且鼠标指针进入该控件时，这个事件将被触发。在这个事件中可以获得被操作的窗口控件，还可以有条件地接受或拒绝该拖曳操作
DragMoveEvent	在拖曳操作进行时会触发该事件
DragLeaveEvent	当执行一个拖曳控件操作，并且鼠标指针离开该控件时，这个事件将被触发
DropEvent	当拖曳操作在目标控件上被释放时，这个事件将被触发

案例 4-30　拖曳功能

　　本例文件名为 PyQt5/Chapter04/qt04_drag.py，在 PyQt 5 的窗口中演示拖曳功能。其完整代码如下：

```python
import sys
from PyQt5.QtCore import *
from PyQt5.QtGui import *
from PyQt5.QtWidgets import *


class Combo(QComboBox):

    def __init__(self, title, parent):
        super(Combo, self).__init__( parent)
        self.setAcceptDrops(True)


    def dragEnterEvent(self, e):
        print( e)
        if e.mimeData().hasText():
            e.accept()
        else:
            e.ignore()


    def dropEvent(self, e):
        self.addItem(e.mimeData().text())


class Example(QWidget):
    def __init__(self):
```

```
        super(Example, self).__init__()
        self.initUI()

    def initUI(self):
        lo = QFormLayout()
        lo.addRow(QLabel("请把左边的文本拖曳到右边的下拉菜单中"))
        edit = QLineEdit()
        edit.setDragEnabled(True)
        com = Combo("Button", self)
        lo.addRow(edit,com)
        self.setLayout(lo)
        self.setWindowTitle('简单的拖曳例子')

if __name__ == '__main__':
    app = QApplication(sys.argv)
    ex = Example()
    ex.show()
    sys.exit(app.exec_())
```

运行脚本，显示效果如图 4-47 所示。

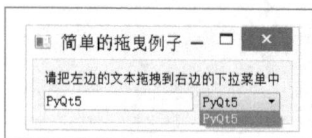

图 4-47

代码分析：

在这个例子中，DragEnterEvent 会验证事件的 MIME 数据是否包含字符串文本，如果包含字符串文本，就接收事件提出的添加文本操作，并将文本作为新条目（Item）添加到 ComboBox 控件中，否则忽略此次操作。

```
def dragEnterEvent(self, e):
    if e.mimeData().hasText():
        e.accept()
    else:
        e.ignore()
```

4.11.2　QClipboard

QClipboard 类提供了对系统剪贴板的访问，可以在应用程序之间复制和粘贴数据。它的操作类似于 QDrag 类，并使用类似的数据类型。

QApplication 类有一个静态方法 clipboard()，它返回对剪贴板对象的引用。任何类型的 MimeData 都可以从剪贴板复制或粘贴。

QClipboard 类中的常用方法如表 4-32 所示。

表 4-32

方　　法	描　　述
clear()	清除剪贴板的内容
setImage()	将 QImage 对象复制到剪贴板中
setMimeData()	将 MIME 数据设置为剪贴板
setPixmap()	从剪贴板中复制 Pixmap 对象
setText()	从剪贴板中复制文本
text()	从剪贴板中检索文本

QClipboard 类中的常用信号如表 4-33 所示。

表 4-33

信　　号	含　　义
dataChanged	当剪贴板内容发生变化时，这个信号被发射

案例 4-31　QClipboard 的使用

本例文件名为 PyQt5/ Chapter04/qt04_QClipboard.py，演示在 PyQt 5 的窗口中使用 QClipboard 控件。其完整代码如下：

```
import os
import sys
from PyQt5.QtCore import  QMimeData
from PyQt5.QtWidgets import (QApplication, QDialog, QGridLayout,
QLabel,QPushButton)
from PyQt5.QtGui import QPixmap

class Form(QDialog):
    def __init__(self, parent=None):
        super(Form, self).__init__(parent)
        textCopyButton = QPushButton("&Copy Text")
        textPasteButton = QPushButton("Paste &Text")
        htmlCopyButton = QPushButton("C&opy HTML")
        htmlPasteButton = QPushButton("Paste &HTML")
        imageCopyButton = QPushButton("Co&py Image")
```

```python
        imagePasteButton = QPushButton("Paste &Image")
        self.textLabel = QLabel("Original text")
        self.imageLabel = QLabel()
        self.imageLabel.setPixmap(QPixmap(os.path.join(
        os.path.dirname(__file__), "images/clock.png")))
        layout = QGridLayout()
        layout.addWidget(textCopyButton, 0, 0)
        layout.addWidget(imageCopyButton, 0, 1)
        layout.addWidget(htmlCopyButton, 0, 2)
        layout.addWidget(textPasteButton, 1, 0)
        layout.addWidget(imagePasteButton, 1, 1)
        layout.addWidget(htmlPasteButton, 1, 2)
        layout.addWidget(self.textLabel, 2, 0, 1, 2)
        layout.addWidget(self.imageLabel, 2, 2)
        self.setLayout(layout)
        textCopyButton.clicked.connect(self.copyText)
        textPasteButton.clicked.connect(self.pasteText)
        htmlCopyButton.clicked.connect(self.copyHtml)
        htmlPasteButton.clicked.connect(self.pasteHtml)
        imageCopyButton.clicked.connect(self.copyImage)
        imagePasteButton.clicked.connect(self.pasteImage)
        self.setWindowTitle("Clipboard 例子")

    def copyText(self):
        clipboard = QApplication.clipboard()
        clipboard.setText("I've been clipped!")

    def pasteText(self):
        clipboard = QApplication.clipboard()
        self.textLabel.setText(clipboard.text())

    def copyImage(self):
        clipboard = QApplication.clipboard()
        clipboard.setPixmap(QPixmap(os.path.join(
        os.path.dirname(__file__), "./images/python.png")))

    def pasteImage(self):
        clipboard = QApplication.clipboard()
        self.imageLabel.setPixmap(clipboard.pixmap())

    def copyHtml(self):
        mimeData = QMimeData()
```

```
        mimeData.setHtml("<b>Bold and <font color=red>Red</font></b>")
        clipboard = QApplication.clipboard()
        clipboard.setMimeData(mimeData)

    def pasteHtml(self):
        clipboard = QApplication.clipboard()
        mimeData = clipboard.mimeData()
        if mimeData.hasHtml():
            self.textLabel.setText(mimeData.html())

if __name__ == "__main__":
    app = QApplication(sys.argv)
    form = Form()
    form.show()
    sys.exit(app.exec_())
```

运行脚本，显示效果如图 4-48 所示。

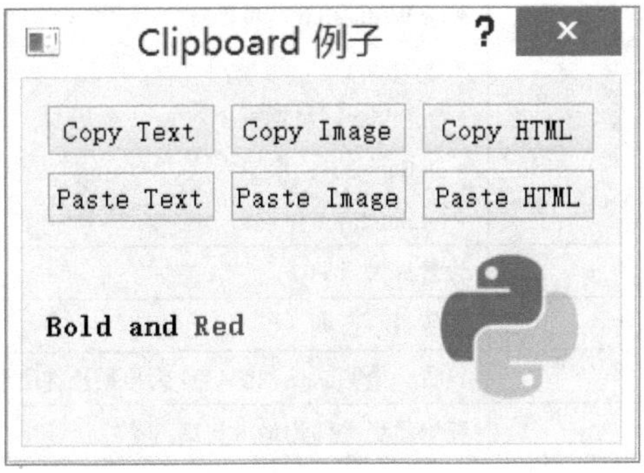

图 4-48

代码分析：

在这个例子中，有 6 个按钮和 2 个标签。需要实例化 clipboard 对象，可以将文本复制到 clipboard 对象中。

```
clipboard = QApplication.clipboard()
self.textLabel.setText(clipboard.text())
```

也可以将图片复制到剪贴板对象中。

```
clipboard = QApplication.clipboard()
self.imageLabel.setPixmap(clipboard.pixmap())
```

4.12　日历与时间

4.12.1　QCalendar

QCalendar 是一个日历控件，它提供了一个基于月份的视图，允许用户通过鼠标或键盘选择日期，默认选中的是今天的日期。也可以对日历的日期范围进行规定。

QCalendar 类中的常用方法如表 4-34 所示。

表 4-34

方　　法	描　　述
setDateRange()	设置日期范围供选择
setFirstDayOfWeek()	重新设置星期的第一天，默认是星期日。其参数枚举值如下： • Qt.Monday，星期一 • Qt.Tuesday，星期二 • Qt.Wednesday，星期三 • Qt.Thursday，星期四 • Qt.Friday，星期五 • Qt.Saturday，星期六 • Qt.Sunday，星期日
setMinimumDate()	设置最大日期
setMaximumDate ()	设置最小日期
setSelectedDate()	设置一个 QDate 对象，作为日期控件所选定的日期
maximumDate	获取日历控件的最大日期
maximumDate	获取日历控件的最小日期
selectedDate()	返回当前选定的日期
setGridvisible ()	设置日历控件是否显示网格

案例 4-32　QCalendar 的使用

本例文件名为 PyQt5/Chapter04/qt04_QCalendar.py，演示在 PyQt 5 的窗口中使用 QCalendar 控件。其完整代码如下：

```
import sys
from PyQt5 import QtCore
from PyQt5.QtGui import *
from PyQt5.QtWidgets import *
from PyQt5.QtCore import QDate
```

```
class CalendarExample( QWidget):
    def __init__(self):
        super(CalendarExample, self).__init__()
        self.initUI()

    def initUI(self):
        self.cal = QCalendarWidget(self)
        self.cal.setMinimumDate(QDate(1980, 1, 1))
        self.cal.setMaximumDate(QDate(3000, 1, 1))
        self.cal.setGridVisible(True)
        self.cal.move(20, 20)
        self.cal.clicked[QtCore.QDate].connect(self.showDate)
        self.lbl = QLabel(self)
        date = self.cal.selectedDate()
        self.lbl.setText(date.toString("yyyy-MM-dd dddd"))
        self.lbl.move(20, 300)
        self.setGeometry(100,100,400,350)
        self.setWindowTitle('Calendar 例子')

    def showDate(self, date):
        self.lbl.setText(date.toString("yyyy-MM-dd dddd") )

if __name__ == '__main__':
    app = QApplication(sys.argv)
    demo = CalendarExample()
    demo.show()
    sys.exit(app.exec_())
```

运行脚本, 显示效果如图 4-49 所示。

图 4-49

代码分析：

在这个例子中有日历控件和标签控件，当前选定的日期显示在标签控件中。

以下代码创建了 QCalendarWidget 组件，并设置该日历控件的最大日期和最小日期。

```
self.cal = QCalendarWidget(self)
self.cal.setMinimumDate(QDate(1980, 1, 1))
self.cal.setMaximumDate(QDate(3000, 1, 1))
```

从窗口组件中选定一个日期，会发射一个 QCore.QDate 信号，下面代码将此信号连接到用户定义的 showDate()槽函数。

```
self.cal.clicked[QtCore.QDate].connect(self.showDate)
```

接下来，通过调用 selectedDate()方法检索所选定的日期，然后将日期对象转换为指定格式字符串并将其设置为标签控件内容。

```
def showDate(self, date):
    self.lbl.setText(date.toString("yyyy-MM-dd dddd") )
```

4.12.2 QDateTimeEdit

QDateTimeEdit 是一个允许用户编辑日期时间的控件，可以使用键盘和上、下箭头按钮来增加或减少日期时间值。比如，当使用鼠标选中 QDateTimeEdit 中的年份时，可以使用键盘上的上、下键来改变数值，如图 4-50 和图 4-51 所示。

图 4-50

图 4-51

QDateTimeEdit 通过 setDisplayFormat()函数来设置显示的日期时间格式。

QDateTimeEdit 类中的常用方法如表 4-35 所示。

表 4-35

方　　法	描　　述
setDisplayFormat()	设置日期时间格式： • yyyy，代表年份，用 4 位数表示 • MM，代表月份，取值范围为 01~12 • dd，代表日，取值范围为 01~31 • HH，代表小时，取值范围为 00~23 • mm，代表分钟，取值范围为 00~59 • ss，代表秒，取值范围为 00~59
setMinimumDate()	设置控件的最小日期
setMaximumDate()	设置控件的最大日期
time()	返回编辑的时间
date()	返回编辑的日期

QDateTimeEdit 类中的常用信号如表 4-36 所示。

表 4-36

信　　号	含　　义
dateChanged	当日期改变时发射此信号
dateTimeChanged	当日期时间改变时发射此信号
timeChanged	当时间改变时发射此信号

1．QDateTimeEdit 的子类

QDateEdit 和 QTimeEdit 类均继承自 QDateTimeEdit 类，它们的许多特性和功能都由 QDateTimeEdit 类提供。QDateEdit 和 QTimeEdit 类的继承结构如下：

```
QWidget
    |
    +- QAbstractSpinBox
        |
        +- QDateTimeEdit
            |
            +- QDateEdit
            |
            +- QTimeEdit
```

设置显示格式时要注意：QDateEdit 用来编辑控件的日期，仅包括年、月和日；QTimeEdit 用来编辑控件的时间，仅包括小时、分钟和秒。

不要用 QDateEdit 来设置或获取时间，也不要用 QTimeEdit 来设置或获取日期。如果要同时操作日期时间，请使用 QDateTimeEdit。使用它们设置显示格式的正确方法如下：

```
dateEdit = QDateEdit( self)
timeEdit = QTimeEdit(self)
dateEdit.setDisplayFormat("yyyy-MM-dd")
timeEdit.setDisplayFormat("HH:mm:ss")
```

设置弹出日历时要注意：用来弹出日历的类只有 QDateTimeEdit 和 QDateEdit，而 QTimeEdit 类虽然在语法上可以设置弹出日历，但不起作用。使用它们弹出日历的正确方法如下：

```
dateTimeEdit = QDateTimeEdit(self)
dateEdit = QDateEdit(self)
dateTimeEdit.setCalendarPopup(True)
dateEdit.setCalendarPopup(True)
```

2. 初始化 QDateTimeEdit 类

在默认情况下，如果 QDateTimeEdit 类构造时不指定日期时间，那么系统会为其设置一个和本地相同的日期时间格式，并且值为 2000 年 1 月 1 日 0 时 0 分 0 秒。也可以手动指定控件显示的日期时间。本例文件名为 PyQt5/Chapter04/qt04_QDateTimeEdit01.py，其核心代码如下：

```
dateTimeEdit = QDateTimeEdit(self)
dateTimeEdit2 = QDateTimeEdit(QDateTime.currentDateTime(), self)
dateEdit = QDateTimeEdit(QDate.currentDate(), self)
timeEdit = QDateTimeEdit(QTime.currentTime(), self)
```

显示效果如图图 4-52 所示。

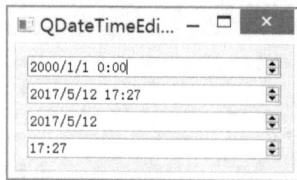

图 4-52

除通过构造函数指定所显示的日期时间外，也可以根据 QDateTimeEdit 提供的槽函数来设置，比如 setDateTime()、setDate()、setTime()函数。

3. 设置日期时间格式

如果不想使用系统默认的格式，则可以通过 setDisplayFormat()来自定义日期时间格式。

```
dateTimeEdit = QDateTimeEdit(self)
dateTimeEdit2 = QDateTimeEdit(QDateTime.currentDateTime(), self)
```

```
dateEdit = QDateTimeEdit(QDate.currentDate(), self)
timeEdit = QDateTimeEdit(QTime.currentTime(), self)


# 设置日期时间格式
dateTimeEdit.setDisplayFormat("yyyy-MM-dd HH:mm:ss")
dateTimeEdit2.setDisplayFormat("yyyy/MM/dd HH-mm-ss")
dateEdit.setDisplayFormat("yyyy.MM.dd")
timeEdit.setDisplayFormat("HH:mm:ss")
```

显示效果如图 4-53 所示。

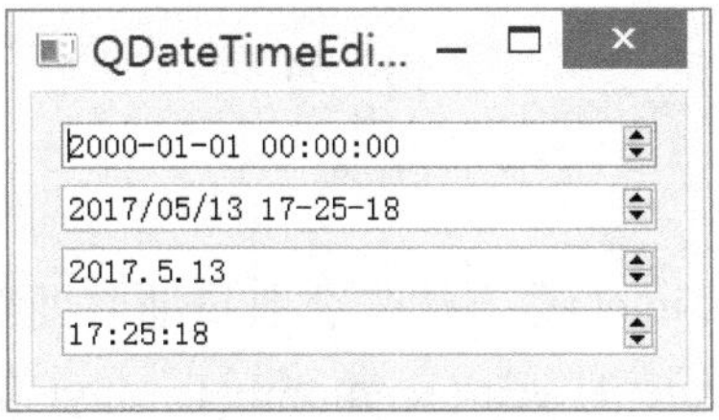

图 4-53

4．设置日期时间范围

下面代码创建了 QDateTimeEdit 对象，并设置日期时间为今天（currentDate），同时限制有效日期的范围为：距离今天±365 天。

```
dateEdit = QDateTimeEdit(QDateTime.currentDateTime(), self)
dateEdit.setDisplayFormat("yyyy-MM-dd HH:mm:ss")
# 设置最小日期
dateEdit.setMinimumDate(QDate.currentDate().addDays(-365))
# 设置最大日期
dateEdit.setMaximumDate(QDate.currentDate().addDays(365))
```

5．弹出日历

在默认情况下，只能通过上下箭头来改变日期时间。如果要弹出日历控件，只需调用 setCalendarPopup(True)即可。

```
dateEdit = QDateTimeEdit(QDateTime.currentDateTime(), self)
dateEdit.setMinimumDate(QDate.currentDate().addDays(-365))
dateEdit.setMaximumDate(QDate.currentDate().addDays(365))
dateEdit.setCalendarPopup( True)
```

显示效果如图 4-54 所示。

从图 4-54 可以看出，单击下拉箭头就会弹出日历控件。注意：由于设置了日期范围，所以不在范围内的日期是无法选择的。

图 4-54

6．获取日期时间

可以通过 date()、dateTime()等方法来获取日期时间对象，如果要获取年、月、日等信息，则可以调用 QDate 的 year()、month()、day()等函数。

```
dateTime = self.dateEdit.dateTime()
# 最大日期
maxDate = self.dateEdit.maximumDate()
# 最大日期时间
maxDateTime = self.dateEdit.maximumDateTime()
# 最大时间
maxTime = self.dateEdit.maximumTime()
# 最小日期
minDate = self.dateEdit.minimumDate()
# 最小日期时间
minDateTime = self.dateEdit.minimumDateTime()
# 最小时间
minTime = self.dateEdit.minimumTime()

print('\n选择日期时间' )
print('dateTime=%s' % str(dateTime) )
print('maxDate=%s' % str(maxDate) )
print('maxDateTime=%s' % str(maxDateTime) )
print('maxTime=%s' % str(maxTime) )
print('minDate=%s' % str(minDate) )
print('minDateTime=%s' % str(minDateTime) )
print('minTime=%s' % str(minTime) )
```

输出结果如下：

```
选择日期时间
dateTime=PyQt5.QtCore.QDateTime(2017, 5, 1, 17, 41, 22, 441)
```

```
maxDate=PyQt5.QtCore.QDate(2018, 5, 13)
maxDateTime=PyQt5.QtCore.QDateTime(2018, 5, 13, 23, 59, 59, 999)
maxTime=PyQt5.QtCore.QTime(23, 59, 59, 999)
minDate=PyQt5.QtCore.QDate(2016, 5, 13)
minDateTime=PyQt5.QtCore.QDateTime(2016, 5, 13, 0, 0)
minTime=PyQt5.QtCore.QTime(0, 0)
```

7．信号和槽函数

QDateTimeEdit 控件常用的信号是 dateChanged、dateTimeChanged 和 timeChanged，分别在改变日期、日期时间、时间时发射。

通过以下代码设置控件的信号连接槽函数。

```
dateEdit.dateChanged.connect(self.onDateChanged)
dateEdit.dateTimeChanged.connect(self.onDateTimeChanged)
dateEdit.timeChanged.connect(self.onTimeChanged)
```

槽函数如下：

```
# 日期发生改变时执行
def onDateChanged(self , date):
    print(date)

# 无论是日期还是时间发生改变时都会执行
def onDateTimeChanged(self , dateTime ):
    print(dateTime)

# 时间发生改变时执行
def onTimeChanged(self , time):
    print(time)
```

案例 4-33　QDateTimeEdit 的使用

本例文件名为 PyQt5/Chapter04/qt04_QDateTimeEdit02.py，演示在 PyQt 5 的窗口中使用 QDateTimeEdit 控件。其完整代码如下：

```
import sys
from PyQt5.QtGui import *
from PyQt5.QtWidgets import *
from PyQt5.QtCore import QDate,  QDateTime , QTime

class DateTimeEditDemo(QWidget):
    def __init__(self):
```

```
        super(DateTimeEditDemo, self).__init__()
        self.initUI()

    def initUI(self):
        self.setWindowTitle('QDateTimeEdit 例子')
        self.resize(300, 90)

        vlayout = QVBoxLayout()
        self.dateEdit = QDateTimeEdit(QDateTime.currentDateTime(),
self)

        self.dateEdit.setDisplayFormat("yyyy-MM-dd HH:mm:ss")
        # 设置最小日期
        self.dateEdit.setMinimumDate(
                QDate.currentDate().addDays(-365))

        # 设置最大日期
        self.dateEdit.setMaximumDate(
                QDate.currentDate().addDays(365))
        self.dateEdit.setCalendarPopup( True)

        self.dateEdit.dateChanged.connect(self.onDateChanged)
        self.dateEdit.dateTimeChanged.connect(self.onDateTimeChanged)
        self.dateEdit.timeChanged.connect(self.onTimeChanged)

        self.btn = QPushButton('获得日期和时间')
        self.btn.clicked.connect(self.onButtonClick)

        vlayout.addWidget( self.dateEdit )
        vlayout.addWidget( self.btn )
        self.setLayout(vlayout)

    # 日期发生改变时执行
    def onDateChanged(self , date):
        print(date)

    # 无论是日期还是时间发生改变时都会执行
    def onDateTimeChanged(self , dateTime ):
        print(dateTime)

    # 时间发生改变时执行
    def onTimeChanged(self , time):
        print(time)

    def onButtonClick(self ):
```

```
            dateTime  = self.dateEdit.dateTime()
            #最大日期
            maxDate = self.dateEdit.maximumDate()
            #最大日期时间
            maxDateTime = self.dateEdit.maximumDateTime()
            #最大时间
            maxTime = self.dateEdit.maximumTime()
            #最小日期
            minDate = self.dateEdit.minimumDate()
            #最小日期时间
            minDateTime = self.dateEdit.minimumDateTime()
            #最小时间
            minTime = self.dateEdit.minimumTime()

            print('\n选择日期时间' )
            print('dateTime=%s' % str(dateTime) )
            print('maxDate=%s' % str(maxDate) )
            print('maxDateTime=%s' % str(maxDateTime) )
            print('maxTime=%s' % str(maxTime) )
            print('minDate=%s' % str(minDate) )
            print('minDateTime=%s' % str(minDateTime) )
            print('minTime=%s' % str(minTime) )

if __name__ == '__main__':
    app = QApplication(sys.argv)
    demo = DateTimeEditDemo()
    demo.show()
    sys.exit(app.exec_())
```

运行脚本，显示效果如图 4-55 所示。

图 4-55

代码分析：

在这个例子中有 **QDateTimeEdit** 控件和按钮控件，当单击"获得日期和时间"按钮时，会获得当前的日期和时间。设置 **QDateTimeEdit** 日期时间格式的核心代码如下。

```
self.dateEdit.setDisplayFormat("yyyy-MM-dd HH:mm:ss")
```

4.13 菜单栏、工具栏与状态栏

4.13.1 菜单栏

在 QMainWindow 对象的标题栏下方，水平的 QMenuBar 被保留显示 QMenu 对象。

QMenu 类提供了一个可以添加到菜单栏的小控件，也用于创建上下文菜单和弹出菜单。每个 QMenu 对象都可以包含一个或多个 QAction 对象或级联的 QMenu 对象。

要创建一个弹出菜单，PyQt API 提供了 createPopupMenu()函数；menuBar()函数用于返回主窗口的 QMenuBar 对象；addMenu()函数可以将菜单添加到菜单栏中；通过 addAction()函数可以在菜单中进行添加操作。

在设计菜单系统时使用的一些重要方法如表 4-37 所示。

表 4-37

方　　法	描　　述
menuBar()	返回主窗口的 QMenuBar 对象
addMenu()	在菜单栏中添加一个新的 QMenu 对象
addAction()	向 QMenu 小控件中添加一个操作按钮，其中包含文本或图标
setEnabled()	将操作按钮状态设置为启用/禁用
addSeperator()	在菜单中添加一条分隔线
clear()	删除菜单/菜单栏的内容
setShortcut()	将快捷键关联到操作按钮
setText()	设置菜单项的文本
setTitle()	设置 QMenu 小控件的标题
text()	返回与 QAction 对象关联的文本
title()	返回 QMenu 小控件的标题

单击任何 QAction 按钮时，QMenu 对象都会发射 triggered 信号。

案例 4-34 QMenuBar 的使用

本例文件名为 PyQt5/Chapter04/qt0414_Qmenu.py，演示在 PyQt 5 的窗口中使用 QMenuBar、QMenu 和 QAction。其完整代码如下：

```
import sys
from PyQt5.QtCore import *
from PyQt5.QtGui import *
from PyQt5.QtWidgets import *
```

```python
class MenuDemo(QMainWindow):
    def __init__(self, parent=None):
        super(MenuDemo, self).__init__(parent)
        layout = QHBoxLayout()
        bar = self.menuBar()
        file = bar.addMenu("File")
        file.addAction("New")
        save = QAction("Save",self)
        save.setShortcut("Ctrl+S")
        file.addAction(save)
        edit = file.addMenu("Edit")
        edit.addAction("copy")
        edit.addAction("paste")
        quit = QAction("Quit",self)
        file.addAction(quit)
        file.triggered[QAction].connect(self.processstrigger)
        self.setLayout(layout)
        self.setWindowTitle("menu 例子")

    def processstrigger(self,q):
        print( q.text()+" is triggered" )


if __name__ == '__main__':
    app = QApplication(sys.argv)
    demo = MenuDemo()
    demo.show()
    sys.exit(app.exec_())
```

运行脚本，显示效果如图 4-56 所示。

图 4-56

代码分析：

在这个例子中，顶层窗口必须是 QMainWindow 对象，才可以引用 QMenuBar 对象。

通过 addMenu()方法将"File"菜单添加到菜单栏中。

```
bar = self.menuBar()
file = bar.addMenu("File")
```

菜单中的操作按钮可以是字符串或 QAction 对象。

```
file = bar.addMenu("File")
file.addAction("New")
save = QAction("Save",self)
save.setShortcut("Ctrl+S")
file.addAction(save)
```

将子菜单添加到顶级菜单中。

```
edit = file.addMenu("Edit")
edit.addAction("copy")
edit.addAction("paste")
```

菜单发射 triggered 信号，将该信号连接到槽函数 proecesstrigger()，该函数接收信号的 QAction 对象。

```
file.triggered[QAction].connect(self.processtrigger)
```

4.13.2　QToolBar

QToolBar 控件是由文本按钮、图标或其他小控件按钮组成的可移动面板，通常位于菜单栏下方。

QToolBar 类中的常用方法如表 4-38 所示。

表 4-38

方　　法	描　　述
addAction()	添加具有文本或图标的工具按钮
addSeperator()	分组显示工具按钮
addWidget()	添加工具栏中按钮以外的控件
addToolBar()	使用 QMainWindow 类的方法添加一个新的工具栏
setMovable()	工具栏变得可移动
setOrientation()	工具栏的方向可以设置为 Qt.Horizontal 或 Qt.vertical

每当单击工具栏中的按钮时，都将发射 actionTriggered 信号。另外，这个信号将关联的 QAction 对象的引用发送到连接的槽函数上。

案例 4-35　QToolBar 的使用

本例文件名为 PyQt5/Chapter04/qt0415_QToolBar.py，演示在 PyQt 5 的窗口中使用 QToolBar。其完整代码如下：

```python
import sys
from PyQt5.QtCore import *
from PyQt5.QtGui import *
from PyQt5.QtWidgets import *

class ToolBarDemo( QMainWindow ):

    def __init__(self, parent=None):
        super(ToolBarDemo, self).__init__(parent)
        self.setWindowTitle("toolbar 例子")
        self.resize(300, 200)

        layout = QVBoxLayout()
        tb = self.addToolBar("File")
        new = QAction(QIcon("./images/new.png"),"new",self)
        tb.addAction(new)
        open = QAction(QIcon("./images/open.png"),"open",self)
        tb.addAction(open)
        save = QAction(QIcon("./images/save.png"),"save",self)
        tb.addAction(save)
        tb.actionTriggered[QAction].connect(self.toolbtnpressed)
        self.setLayout(layout)

    def toolbtnpressed(self,a):
        print("pressed tool button is",a.text() )

if __name__ == '__main__':
    app = QApplication(sys.argv)
    demo = ToolBarDemo()
    demo.show()
    sys.exit(app.exec_())
```

运行脚本，显示效果如图 4-57 所示。

图 4-57

代码分析：

在这个例子中，首先调用 addToolBar()方法在工具栏区域添加文件工具栏。

```
tb = self.addToolBar("File")
```

然后，添加具有文本标题的工具按钮，工具栏通常包含图形按钮。具有图标和名称的 QAction 对象将被添加到工具栏中。

```
new = QAction(QIcon("./images/new.png"),"new",self)
tb.addAction(new)
open = QAction(QIcon("./images/open.png"),"open",self)
tb.addAction(open)
save = QAction(QIcon("./images/save.png"),"save",self)
tb.addAction(save)
```

最后，将 actionTriggered 信号连接到槽函数 toolbtnpressed()。

```
tb.actionTriggered[QAction].connect(self.toolbtnpressed)
```

4.13.3　QStatusBar

MainWindow 对象在底部保留有一个水平条，作为状态栏（QStatusBar），用于显示永久的或临时的状态信息。

通过主窗口的 QMainWindow 的 setStatusBar()函数设置状态栏，核心代码如下：

```
self.statusBar = QStatusBar()
self.setStatusBar(self.statusBar)
```

QStatusBar 类中的常用方法如表 4-39 所示。

表 4-39

方　法	描　述
addWidget()	在状态栏中添加给定的窗口小控件对象
addPermanentWidget()	在状态栏中永久添加给定的窗口小控件对象

方　　法	描　　述
showMessage()	在状态栏中显示一条临时信息指定时间间隔
clearMessage()	删除正在显示的临时信息
removeWidget()	从状态栏中删除指定的小控件

案例 4-36　QStatusBar 的使用

本例文件名为 PyQt5/Chapter04/qt04_QStatusBar.py，演示在 PyQt 5 的窗口中使用 QStatusBar 控件。其完整代码如下：

```python
import sys
from PyQt5.QtCore import *
from PyQt5.QtGui import *
from PyQt5.QtWidgets import *

class StatusDemo(QMainWindow):
    def __init__(self, parent=None):
        super(StatusDemo, self).__init__(parent)
        bar = self.menuBar()
        file = bar.addMenu("File")
        file.addAction("show")
        file.triggered[QAction].connect(self.processTrigger)
        self.setCentralWidget(QTextEdit())
        self.statusBar = QStatusBar()
        self.setWindowTitle("QStatusBar 例子")
        self.setStatusBar(self.statusBar)

    def processTrigger(self,q):
        if (q.text()=="show"):
            self.statusBar.showMessage(q.text()+" 菜单选项被点击了
",5000)

    if __name__ == '__main__':
        app = QApplication(sys.argv)
        demo = StatusDemo()
        demo.show()
        sys.exit(app.exec_())
```

运行脚本，显示效果如图 4-58 所示。

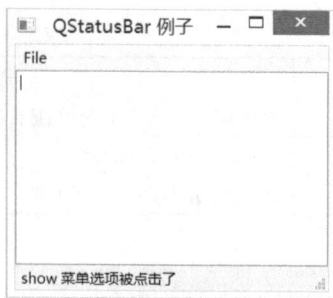

图 4-58

代码分析：

在这个例子中，顶层窗口 MainWindow 有一个菜单栏和一个 QTextEdit 对象，作为中心控件。

当单击 MenuBar 的菜单时，将 triggered 信号与槽函数 processTrigger()进行绑定。

```
file.triggered[QAction].connect(self.processTrigger)
```

当单击"show"菜单选项时，会在状态栏显示提示信息，并在 5 秒后消失。

```
if (q.text()=="show"):
    self.statusBar.showMessage(q.text()+" 菜单选项被单击了",5000)
```

4.14 QPrinter

打印图像是图像处理软件中的一个常用功能。打印图像实际上是在 QPaintDevice 中画图，与平常在 QWidget、QPixmap 和 QImage 中画图一样，都是创建一个 QPainter 对象进行画图的，只是打印使用的是 QPrinter，它本质上也是一个 QPaintDevice（绘图设备）。

案例 4-37　QPrinter 的使用

本例文件名为 PyQt5/Chapter04/qt04_painter.py，演示使用 QPrinter 打印图片的功能。其完整代码如下：

```
from PyQt5.QtGui import QImage , QIcon, QPixmap
from PyQt5.QtWidgets import QApplication , QMainWindow, QLabel,
QSizePolicy , QAction
from PyQt5.QtPrintSupport import QPrinter, QPrintDialog
import sys
```

```
class MainWindow(QMainWindow):
    def __init__(self,parent=None):
        super(MainWindow,self).__init__(parent)
        self.setWindowTitle(self.tr("打印图片"))
        self.imageLabel=QLabel()
        self.imageLabel.setSizePolicy(
            QSizePolicy.Ignored,QSizePolicy.Ignored)
        self.setCentralWidget(self.imageLabel)
        self.image=QImage()
        self.createActions()
        self.createMenus()
        self.createToolBars()

        if self.image.load("./images/screen.png"):
            self.imageLabel.setPixmap(QPixmap.fromImage(self.image))
            self.resize(self.image.width(),self.image.height())

    def createActions(self):
        self.PrintAction=QAction(
                QIcon("./images/printer.png"),
                self.tr("打印"),
                self )
        self.PrintAction.setShortcut("Ctrl+P")
        self.PrintAction.setStatusTip(self.tr("打印"))
        self.PrintAction.triggered.connect(self.slotPrint)

    def createMenus(self):
        PrintMenu=self.menuBar().addMenu(self.tr("打印"))
        PrintMenu.addAction(self.PrintAction)

    def createToolBars(self):
        fileToolBar=self.addToolBar("Print")
        fileToolBar.addAction(self.PrintAction)

    def slotPrint(self):
        printer=QPrinter()
        printDialog=QPrintDialog(printer,self)
        if printDialog.exec_():
            painter=QPainter(printer)
            rect=painter.viewport()
            size=self.image.size()
            size.scale(rect.size(),Qt.KeepAspectRatio)
```

```
            painter.setViewport(rect.x(),rect.y(),size.width(),
size.height())
            painter.setWindow(self.image.rect())
            painter.drawImage(0,0,self.image)

if __name__ == "__main__":
    app=QApplication(sys.argv)
    main=MainWindow()
    main.show()
    sys.exit(app.exec_())
```

运行脚本，显示效果如图 4-59 和图 4-60 所示。

图 4-59

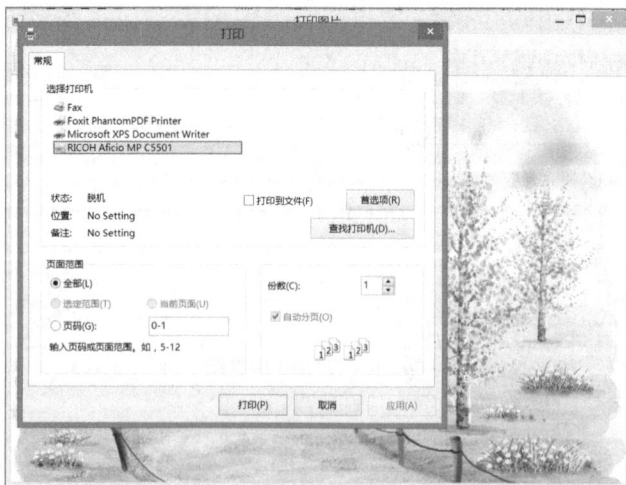

图 4-60

第5章

PyQt 5 高级界面控件

5.1 表格与树

表格与树解决的问题是如何在一个控件中有规律地呈现更多的数据。PyQt 提供了两种控件类用于解决该问题，其中一种是表格结构的控件类；另一种是树形结构的控件类。

5.1.1 QTableView

在通常情况下，一个应用需要和一批数据（比如数组、列表）进行交互，然后以表格的形式输出这些信息，这时就要用到 QTableView 类了。在 QtableView 中可以使用自定义的数据模型来显示内容，通过 setModel 来绑定数据源。

QTableView 类的继承结构如图 5-1 所示。

图 5-1

QTableWidget 继承自 QTableView，主要区别是 QTableView 可以使用自定义的数据模型来显示内容（先要通过 setModel 来绑定数据源），而 QTableWidget 只能使用标准的数据模型，并且其单元格数据是通过 QTableWidgetItem 对象来实现的。通常使用 QTableWidget 就能够满足我们的要求。

QTableView 控件可以绑定一个模型数据用来更新控件上的内容，可用的模式如表 5-1 所示。

表 5-1

名　　称	含　　义
QStringListModel	存储一组字符串
QStandardItemModel	存储任意层次结构的数据
QDirModel	对文件系统进行封装
QSqlQueryModel	对 SQL 的查询结果集进行封装
QSqlTableModel	对 SQL 中的表格进行封装
QSqlRelationalTableModel	对带有 foreign key 的 SQL 表格进行封装
QSortFilterProxyModel	对模型中的数据进行排序或过滤

案例 5-1　QTableView 的使用

本例文件名为 PyQt5/Chapter05/qt05_tblViewModel.py，其完整代码如下：

```python
from PyQt5.QtWidgets import *
from PyQt5.QtGui import *
from PyQt5.QtCore import *
import sys


class Table(QWidget):

    def __init__(self, arg=None):
        super(Table, self).__init__(arg)
        self.setWindowTitle("QTableView 表格视图控件的例子")
        self.resize(500,300);
        self.model=QStandardItemModel(4,4);
        self.model.setHorizontalHeaderLabels(['标题 1','标题 2','标题
3','标题 4'])


        for row in range(4):
            for column in range(4):
                item = QStandardItem("row %s, column %s"%(row,column))
```

```
                self.model.setItem(row, column, item)

        self.tableView=QTableView()
        self.tableView.setModel(self.model)

        dlgLayout=QVBoxLayout();
        dlgLayout.addWidget(self.tableView)
        self.setLayout(dlgLayout)

if __name__ == '__main__':
    app = QApplication(sys.argv)
    table = Table()
    table.show()
    sys.exit(app.exec_())
```

运行脚本，显示效果如图 5-2 所示。

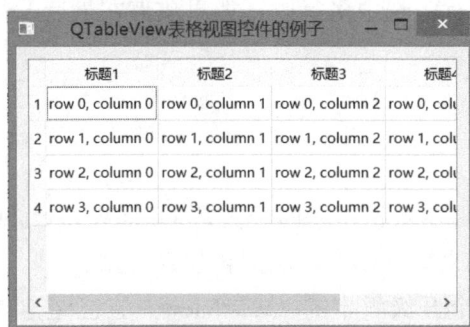

图 5-2

从图 5-2 可以看出，表格并没有填满窗口，每列可以自由拉动，但是可能会出现滚动条。

（1）需要表格填满窗口，可以添加下面代码。

```
self.tableView.horizontalHeader().setStretchLastSection(True)
self.tableView.horizontalHeader().setSectionResizeMode(QHeaderView.Stretch)
```

（2）添加数据。

```
self.model.appendRow([
    QStandardItem("row %s, column %s"%(11,11)),
    QStandardItem("row %s, column %s"%(11,11)),
    QStandardItem("row %s, column %s"%(11,11)),
    QStandardItem("row %s, column %s"%(11,11)),
    ])
```

（3）删除当前选中的数据。

第一种方法：

```
#取当前选中的所有行
indexs = self.tableView.selectionModel().selection().indexes()
if len(indexs)>0:
    # 取第一行的索引
    index = indexs[0]
    self.model.removeRows(index.row(),1)
```

第二种方法：

```
index=self.tableView.currentIndex()
print(index.row())
self.model.removeRow(index.row())
```

如果在表格中什么也不选，那么默认删除的是第一行，也就是索引为 0 的行；选中一行时就删除这一行；选中多行时，如果焦点在最后一行，就删除这一行。

5.1.2 QListView

QListView 类用于展示数据，它的子类是 QListWidget。QListView 是基于模型（Model）的，需要程序来建立模型，然后再保存数据。

QListWidget 是一个升级版本的 QListView，它已经建立了一个数据存储模型（QListWidgetItem），直接调用 addItem()函数，就可以添加条目（Item）。

QListView 类中的常用方法如表 5-2 所示。

表 5-2

方　　法	描　　述
setModel()	用来设置 View 所关联的 Model，可以使用 Python 原生的 list 作为数据源 Model
selectedItem()	选中 Model 中的条目
isSelected()	判断 Model 中的某条目是否被选中

QListView 类中的常用信号如表 5-3 所示。

表 5-3

信　　号	含　　义
clicked	当单击某项时，信号被发射
doubleClicked	当双击某项时，信号被发射

案例 5-2　QListView 的使用

本例文件名为 PyQt5/Chapter05/qt05_listView.py，演示在 PyQt 5 的窗口中使用 QListView 控件。其完整代码如下：

```python
from PyQt5.QtWidgets import QApplication, QWidget , QVBoxLayout ,
QListView, QMessageBox
from PyQt5.QtCore import QStringListModel
import sys

class ListViewDemo(QWidget):
    def __init__(self, parent=None):
        super(ListViewDemo, self).__init__(parent)
        self.setWindowTitle("QListView 例子")
        self.resize(300, 270)
        layout = QVBoxLayout()

        listView = QListView()
        slm = QStringListModel();
        self.qList = ['Item 1','Item 2','Item 3','Item 4' ]
        slm.setStringList(self.qList)
        listView.setModel(slm )
        listView.clicked.connect(self.clicked)
        layout.addWidget( listView )
        self.setLayout(layout)

    def clicked(self, qModelIndex):
        QMessageBox.information(self, "ListWidget", "你选择了: "+
self.qList[qModelIndex.row()])

if __name__ == "__main__":
    app = QApplication(sys.argv)
    win = ListViewDemo()
    win.show()
    sys.exit(app.exec_())
```

运行脚本，显示效果如图 5-3 所示。

在这个例子中，当单击 QListView 控件里 Model 中的一项时会弹出消息框（提示选择的是哪一项）。

将 QListView 控件的 clicked 信号与自定义对象的 clicked()槽函数进行绑定。

```python
listView.clicked.connect(self.clicked)
```

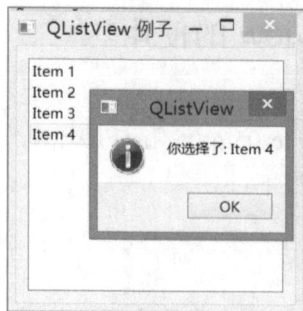

图 5-3

5.1.3　QListWidget

QListWidet 类是一个基于条目的接口，用于从列表中添加或删除条目。列表中的每个条目都是一个 QListWidgetItem 对象。QListWidget 可以设置为多重选择。

QListWidget 类中的常用方法如表 5-4 所示。

表 5-4

方　　法	描　　述
addItem()	在列表中添加 QListWidgetItem 对象或字符串
addItems()	添加列表中的每个条目
insertItem()	在指定的索引处插入条目
clear()	删除列表的内容
setCurrentItem()	设置当前所选条目
sortItems()	按升序重新排列条目

QListWidget 类中的常用信号如表 5-5 所示。

表 5-5

信　　号	含　　义
currentItemChanged	当列表中的条目发生改变时发射此信号
itemClicked	当点击列表中的条目时发射此信号

案例 5-3　QListWidget 的使用

本例文件名为 PyQt5/Chapter05/qt05_QListWidget.py，演示在 PyQt 5 的窗口中使用 QListWidget 控件。其完整代码如下：

```
import sys
from PyQt5.QtCore import *
```

```
from PyQt5.QtGui import *
from PyQt5.QtWidgets import *

class ListWidget(QListWidget):
    def clicked(self,item):
        QMessageBox.information(self, "ListWidget", "你选择了:
"+item.text())

if __name__ == '__main__':
    app = QApplication(sys.argv)
    listWidget = ListWidget()
    listWidget.resize(300,120)
    listWidget.addItem("Item 1");
    listWidget.addItem("Item 2");
    listWidget.addItem("Item 3");
    listWidget.addItem("Item 4");
    listWidget.setWindowTitle('QListwidget 例子')
    listWidget.itemClicked.connect(listWidget.clicked)
    listWidget.show()
    sys.exit(app.exec_())
```

运行脚本，显示效果如图 5-4 所示。

图 5-4

代码分析：

在这个例子中，当单击 QListWidget 列表中的一个条目时会弹出消息框，提示选择的是哪个条目。

将 QListWidget 控件的 itemClicked 信号与自定义对象的 Clicked() 槽函数进行绑定。

```
listWidget.itemClicked.connect(listWidget.Clicked)
```

5.1.4　QTableWidget

QTableWidget 是 Qt 程序中常用的显示数据表格的空间，类似于 C#中的 DataGrid。QTableWidget 是 QTableView 的子类，它使用标准的数据模型，并且其单元格数据是通过 QTableWidgetItem 对象来实现的。使用 QTableWidget 时就需要 QTableWidgetItem，用来表示表格中的一个单元格，整个表格就是用各单元格构建起来的。

QTableWidget 类中的常用方法如表 5-6 所示。

表 5-6

方　　法	描　　述
setRowCount(int row)	设置 QTableWidget 表格控件的行数
setColumnCount(int col)	设置 QTableWidget 表格控件的列数
setHorizontalHeaderLabels()	设置 QTableWidget 表格控件的水平标签
setVerticalHeaderLabels()	设置 QTableWidget 表格控件的垂直标签
setItem(int, int, QTableWidgetItem)	在 QTableWidget 表格控件的每个选项的单元空间里添加控件
horizontalHeader()	获得 QTableWidget 表格控件的表格头，以便执行隐藏
rowCount()	获得 QTableWidget 表格控件的行数
columnCount()	获得 QTableWidget 表格控件的列数
setEditTriggers(EditTriggers triggers)	设置表格是否可编辑。设置编辑规则的枚举值
setSelectionBehavior	设置表格的选择行为
setTextAlignment()	设置单元格内文字的对齐方式
setSpan(int row, int column, int rowSpanCount, int columnSpanCount)	合并单元格，要改变单元格的第 row 行第 column 列，要合并 rowSpanCount 行数和 columnSpanCount 列数。 ● row：要改变的单元格行数 ● column：要改变的单元格列数 ● rowSpanCount：需要合并的行数 ● columnSpanCount：需要合并的列数
setShowGrid()	在默认情况下，表格的显示是有网格线的。 ● True：显示网格线 ● False：不显示网格线
setColumnWidth(int column, int width)	设置单元格行的宽度
setRowHeight(int row, int height)	设置单元格列的高度

编辑规则的枚举值类型如表 5-7 所示。

表 5-7

选　　项	值	描　　述
QAbstractItemView.NoEditTriggers0No	0	不能对表格内容进行修改
QAbstractItemView.CurrentChanged1Editing	1	任何时候都能对单元格进行修改
QAbstractItemView.DoubleClicked2Editing	2	双击单元格
QAbstractItemView.SelectedClicked4Editing	4	单击已选中的内容
QAbstractItemView.EditKeyPressed8Editing	8	当修改键被按下时修改单元格
QAbstractItemView.AnyKeyPressed16Editing	16	按任意键修改单元格
QAbstractItemView.AllEditTriggers31Editing	31	包括以上所有条件

表格的选择行为的枚举值类型如表 5-8 所示。

表 5-8

选　　项	值	描　　　述
QAbstractItemView.SelectItems0Selecting	0	选中单个单元格
QAbstractItemView.SelectRows1Selecting	1	选中一行
QAbstractItemView.SelectColumns2Selecting	2	选中一列

单元格文本的水平对齐方式如表 5-9 所示。

表 5-9

选　　项	描　　　述
Qt.AlignLeft	将单元格的内容沿单元格的左边缘对齐
Qt.AlignRight	将单元格的内容沿单元格的右边缘对齐
Qt.AlignHCenter	在可用空间中，居中显示在水平方向上
Qt.AlignJustify	将文本在可用空间中对齐，默认是从左到右的

单元格文本的垂直对齐方式如表 5-10 所示。

表 5-10

选　　项	描　　　述
Qt.AlignTop	与顶部对齐
Qt.AlignBottom	与底部对齐
Qt.AlignVCenter	在可用空间中，居中显示在垂直方向上
Qt.AlignBaseline	与基线对齐

如果要设置水平和垂直对齐方式，比如在表格空间内上下、左右居中对齐，那么只要使用 Qt.AlignHCenter 和 Qt.AlignVCenter 即可。

1．基本用法

本例文件名为 PyQt5/Chapter05/qt05_tblBasic.py，主要介绍基本表格的用法。在表格控件中显示的数据是可编辑的。在 QTableWidget 表格中具体单元格就是 QTableWidgetItem 类。其完整代码如下：

```
import sys
from PyQt5.QtWidgets import (QWidget, QTableWidget, QHBoxLayout,
QApplication, QTableWidgetItem )

class Table(QWidget):
    def __init__(self):
        super().__init__()
        self.initUI()
```

```
    def initUI(self):
        self.setWindowTitle("QTableWidget 例子")
        self.resize(400,300);
        conLayout = QHBoxLayout()
        tableWidget=QTableWidget()
        tableWidget.setRowCount(4)
        tableWidget.setColumnCount(3)
        conLayout.addWidget(tableWidget )
        tableWidget.setHorizontalHeaderLabels(['姓名','性别','体重
(kg)'])

        newItem = QTableWidgetItem("张三")
        tableWidget.setItem(0, 0, newItem)

        newItem = QTableWidgetItem("男")
        tableWidget.setItem(0, 1, newItem)

        newItem = QTableWidgetItem("160")
        tableWidget.setItem(0, 2, newItem)

        self.setLayout(conLayout)

if __name__ == '__main__':
    app = QApplication(sys.argv)
    example = Table()
    example.show()
    sys.exit(app.exec_())
```

运行脚本，显示效果如图 5-5 所示。

图 5-5

代码分析：

```
self.table = QTableWidget(4,3)
```

上面这行代码构造了一个 QTableWidget 对象，并且设置表格为 4 行 3 列。

```
tableWidget.setHorizontalHeaderLabels(['姓名','性别','体重(kg)'])
```

上面这行代码设置了表格头。

```
newItem = QTableWidgetItem("张三")
```

上面这行代码生成了一个 QTableWidgetItem 对象，名称为"张三"。

```
tableWidget.setItem(0, 0, newItem)
```

上面这行代码将刚才生成的具体单元格加载到表格的第 0 行第 0 列处。

🌐 注意

在默认情况下，表格里的字符串是可以更改的。

（1）设置表格头

本例文件名为 PyQt5/Chapter05/qt05_tblHeader.py，自定义表格的水平表头标签和垂直表头标签。

首先，初始化 QTableWidget 的实例对象，生成一个 4 行 3 列的表格。

```
tableWidget = QTableWidget()
tableWidget.setRowCount(4)
tableWidget.setColumnCount(3)
```

然后，设置表格的水平表头标签和垂直表头标签。

```
tableWidget.setHorizontalHeaderLabels(['姓名','性别','体重(kg)'])
tableWidget.setVerticalHeaderLabels(['行1','行2','行3','行','行'    ])
```

🌐 注意

生成表格，初始化行号和列号后，再设置表格的表头标签，否则是没有效果的。

显示效果如图 5-6 所示。

图 5-6

（2）设置表格头为伸缩模式。

创建一个 4 行 3 列的表格，表格头信息"姓名""性别""体重（kg）"水平放置，不设置表格的垂直表头标签，然后使用 QTableWidget 对象的 horizontalHeager()函数设置表格为自适应的伸缩模式，即可根据窗口大小来改变网格大小。

```
tableWidget= QTableWidget()
tableWidget.setRowCount(4)
tableWidget.setColumnCount(3)
tableWidget.setHorizontalHeaderLabels(['姓名','性别','体重(kg)'])
tableWidget.horizontalHeader().
    setSectionResizeMode(QHeaderView.Stretch)
```

显示效果如图 5-7 所示。

图 5-7

（3）将表格变为禁止编辑

在默认情况下，表格中的字符串是可以更改的，比如双击一个单元格，就可以修改原来的内容。如果想禁止这种操作，让表格对用户是只读的，则可以编写如下代码。

```
tableWidget.setEditTriggers(QAbstractItemView.NoEditTriggers)
```

（4）设置表格整行选中

表格默认选中的是单个单元格，通过下面的代码可以设置成整行选中。

```
tableWidget.setSelectionBehavior( QAbstractItemView.SelectRows)
```

显示效果如图 5-8 所示。

（5）将行和列的宽度、高度设置为与所显示内容的宽度、高度相匹配

```
QTableWidget.resizeColumnsToContents()
QTableWidget.resizeRowsToContents()
```

显示效果如图 5-9 所示。

图 5-8 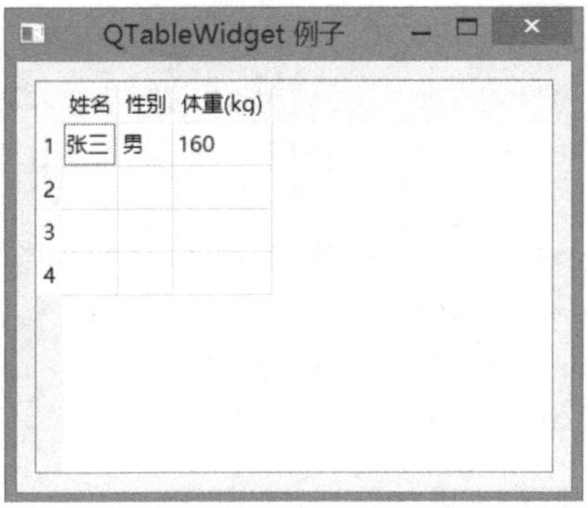　　　　　　　　　　　　　　　图 5-9

（6）表格头的显示与隐藏

对于水平方向的表头，采用以下代码进行隐藏或显示设置。

```
tableWidget.verticalHeader().setVisible(False)
```

对于垂直方向的表头，采用以下代码进行隐藏或显示设置。

```
tableWidget.horizontalHeader().setVisible(False)
```

将表格头隐藏起来的效果如图 5-10 所示。

图 5-10

（7）在单元格中放置控件

QTableWidget 不仅允许往单元格中放置文字，还允许放置控件，通过 TableWidget.setItem()来添加 PyQt 的基本控件。

本例文件名为 PyQt5/Chapter05/qt05_tblCmb.py，演示把一个下拉列表框和一个按钮加入单元格中，并设置控件与单元格的边距，如为 3px（像素）。其核心代码如下：

```
comBox = QComboBox()
comBox.addItem("男")
```

```
comBox.addItem("女")
comBox.setStyleSheet("QComboBox{margin:3px};")
tableWidget.setCellWidget(0,1,comBox)

searchBtn = QPushButton("修改")
searchBtn.setDown( True )
searchBtn.setStyleSheet("QPushButton{margin:3px};")
tableWidget.setCellWidget(0, 2, searchBtn)
```

显示效果如图 5-11 所示。

图 5-11

（8）在表格中快速定位到指定行

当 tableWidget 表格的行数很多时，可以通过输入行号进行直接定位并显示，比如输入 10，就直接显示第 10 行。

```
#遍历表格查找对应的具体单元格
item = self.tableWidget.findItems(text, QtCore.Qt.MatchExactly)

#获取其行号
row=item[0].row()
#模拟鼠标滚轮快速定位到指定行
self.tableWidget.verticalScrollBar().setSliderPosition(row)
```

本例文件名为 PyQt5/Chapter05/qt05_tbSelItem.py，演示在 tableWidget 表格中快速定位到指定行。其完整代码如下：

```
import sys
from PyQt5.QtWidgets import  *
from PyQt5 import QtCore
from PyQt5.QtGui import  QColor , QBrush

class Table(QWidget):
    def __init__(self):
```

```python
        super().__init__()
        self.initUI()

    def initUI(self):
        self.setWindowTitle("QTableWidget 例子")
        self.resize(600,800);
        conLayout = QHBoxLayout()
        tableWidget = QTableWidget()
        tableWidget.setRowCount(30)
        tableWidget.setColumnCount(4)
        conLayout.addWidget(tableWidget )

        for i in range(30):
            for j in range(4):
                itemContent = '(%d,%d)'% (i,j)
                tableWidget.setItem(i,j, QTableWidgetItem( itemContent ) )
        self.setLayout(conLayout)

        #遍历表格查找对应项
        text = "(10,1)"
        items = tableWidget.findItems(text, QtCore.Qt.MatchExactly)
        item = items[0]
        # 选中单元格
        #item.setSelected( True)
        # 设置单元格的背景颜色为红色
        item.setForeground(QBrush(QColor(255, 0, 0)))

        row = item.row()
        #通过鼠标滚轮定位，快速定位到第 11 行
        tableWidget.verticalScrollBar().setSliderPosition(row)

if __name__ == '__main__':
    app = QApplication(sys.argv)
    example = Table()
    example.show()
    sys.exit(app.exec_())
```

运行脚本，显示效果如图 5-12 所示。

2．设置单元格

（1）设置单元格文本颜色

将表格第一行中三个单元格的文本颜色设置为红色。本例文件名为 PyQt5/

Chapter05/qt05_tblItemColor.py，其核心代码如下：

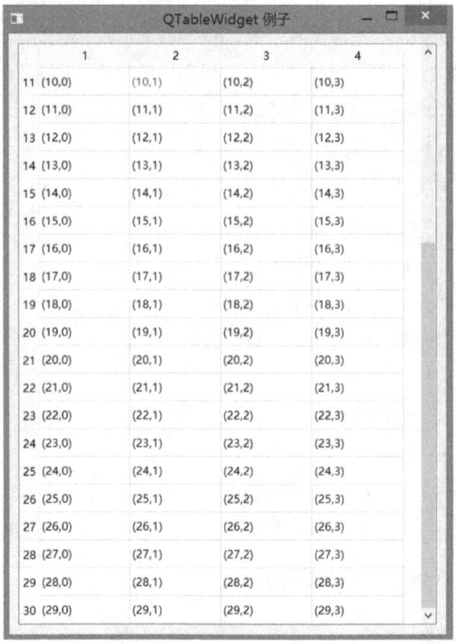

图 5-12

```
newItem = QTableWidgetItem("张三")
newItem.setForeground(QBrush(QColor(255, 0, 0)))
tableWidget.setItem(0, 0, newItem)

newItem = QTableWidgetItem("男")
newItem.setForeground(QBrush(QColor(255, 0, 0)))
tableWidget.setItem(0, 1, newItem)

newItem = QTableWidgetItem("160")
newItem.setForeground(QBrush(QColor(255, 0, 0)))
tableWidget.setItem(0, 2, newItem)
```

显示效果如图 5-13 所示。

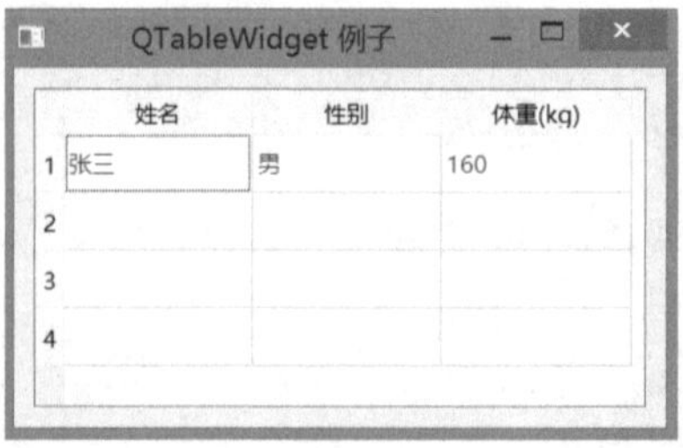

图 5-13

（2）将字体加粗

本例文件名为 PyQt5/Chapter05/qt05_tblItemFont.py，其核心代码如下：

```
newItem = QTableWidgetItem("张三")
newItem.setFont( QFont( "Times", 12, QFont.Black ) )
tableWidget.setItem(0, 0, newItem)

newItem = QTableWidgetItem("男")
newItem.setFont( QFont( "Times", 12, QFont.Black ) )
tableWidget.setItem(0, 1, newItem)

newItem = QTableWidgetItem("160")
newItem.setFont( QFont( "Times", 12, QFont.Black ) )
tableWidget.setItem(0, 2, newItem)
```

显示效果如图 5-14 所示。

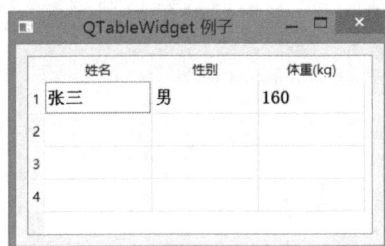

图 5-14

（3）设置单元格的排序方式

查看 Qt 的开发文档（https://doc.qt.io/qt-5/qt.html#details），可以看到使用 Qt.DescendingOrder 表示在单元格内降序排列，使用 Qt.AscendingOrder 表示在单元格内升序排列。但是需要使用以下语句从 PyQt5.QtCore 模块导入 Qt 类。

```
from PyQt5.QtCore import Qt
```

本例文件名为 PyQt5/Chapter05/qt05_tblItemOrder.py，演示在表格中按照体重进行降序排列显示，其核心代码如下：

```
# Qt.DescendingOrder 降序
# Qt.AscendingOrder 升序
tableWidget.sortItems(2,QtCore.Qt.DescendingOrder )
```

显示效果如图 5-15 所示。

（4）设置单元格文本的对齐方式

使用 QTableWidgetItem.setTextAlignment(int)函数设置单元格文本的对齐方式，该函数的参数为对齐方式。

查看 Qt 的开发文档（https://doc.qt.io/qt-5/qt.html#details），可以看到水平和垂直方向上的对齐方式。Qt 的文本对齐方式同样也可以应用在 PyQt5 中。

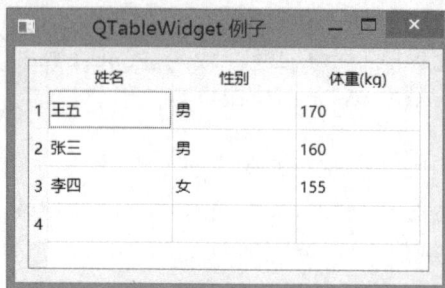

图 5-15

本例文件名为 PyQt5/Chapter05/qt05_tbltemAlign.py，演示第一行第一列的单元格内容右对齐并与底部对齐。其核心代码如下：

```
tableWidget.setHorizontalHeaderLabels(['姓名','性别','体重(kg)'])
newItem = QTableWidgetItem("张三")

newItem.setTextAlignment( Qt.AlignRight| Qt.AlignBottom )
tableWidget.setItem(0, 0, newItem)
```

显示效果如图 5-16 所示。

图 5-16

（5）合并单元格效果的实现

比如，将表格中第一行第一列的单元格，更改为占据 3 行 1 列。核心代码如下：

```
tableWidget.setSpan(0, 0, 3, 1)
```

本例文件名为 PyQt5/Chapter05/qt05_tbltemSpan.py，其核心代码如下：

```
tableWidget= QTableWidget()
tableWidget.setRowCount(4)
tableWidget.setColumnCount(3)
tableWidget.setHorizontalHeaderLabels(['姓名','性别','体重(kg)'])
```

```
tableWidget.setSpan(0, 0, 3, 1)

newItem = QTableWidgetItem("张三")
tableWidget.setItem(0, 0, newItem)

newItem = QTableWidgetItem("男")
tableWidget.setItem(0, 1, newItem)

newItem = QTableWidgetItem("160")
tableWidget.setItem(0, 2, newItem)
```

显示效果如图 5-17 所示。

图 5-17

（6）设置单元格的大小

本例文件名为 PyQt5/Chapter05/ qt05_tblRow.py，演示将第一列的单元格宽度设置为 150，将第一行的单元格高度设置为 120。

```
# 将第一列的单元格宽度设置为 150
tableWidget.setColumnWidth(0,150)
# 将第一行的单元格高度设置为 120
tableWidget.setRowHeight(0,120)
```

显示效果如图 5-18 所示。

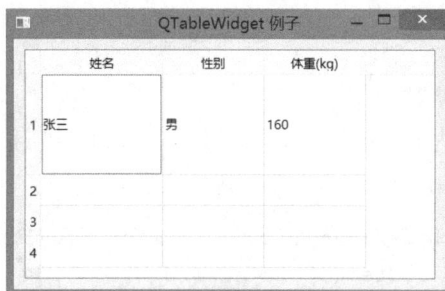

图 5-18

（7）在表格中不显示分割线

QTableWidget 类的 setShowGrid()函数是从 QTableView 类继承的，用来设置是否显示表格的分割线，默认显示分割线。使用以下代码，则不显示分割线。

```
tableWidget.setShowGrid(False)
```

显示效果如图 5-19 所示。

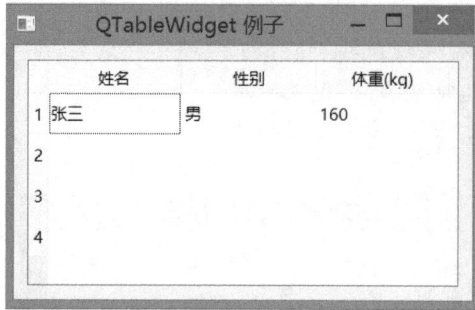

图 5-19

在很多情况下，应用程序中的表格只需要显示水平表头，而不需要显示垂直表头，这时可以使用以下代码。

```
tableWidget.verticalHeader().setVisible(False)
```

显示效果如图 5-20 所示。

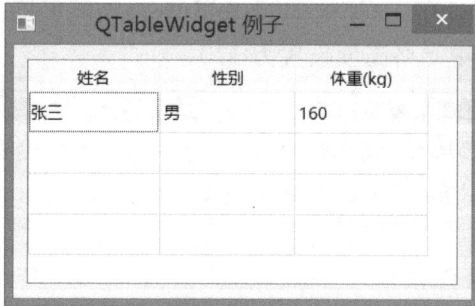

图 5-20

（8）为单元格添加图片

还可以在单元格内添加图片，并显示图片的描述信息。本例文件名为 PyQt5/Chapter05/qt05_tblItemIcon01.py，其核心代码如下：

```
newItem = QTableWidgetItem(QIcon("./images/bao1.png"), "背包")
self.tableWidget.setItem(0, 3, newItem )
```

显示效果如图 5-21 所示。

图 5-21

（9）改变单元格中显示的图片大小

使用 QTableWidget 默认处理 QTableWidgetItem 对象，在每个单元格中放置图片。本例文件名为 PyQt5/Chapter05/qt05_tblItemIcon02.py，其核心代码如下：

```python
conLayout = QHBoxLayout()

table= QTableWidget()
table.setColumnCount(3)
table.setRowCount(5)

table.setHorizontalHeaderLabels(['图片1','图片2','图片3'])

table.setEditTriggers( QAbstractItemView.NoEditTriggers)
table.setIconSize(QSize(300,200));

for i in range(3):    # 让列宽和图片相同
    table.setColumnWidth(i , 300)
for i in range(5):    # 让行高和图片相同
    table.setRowHeight(i , 200)

for k in range(15): # 模拟产生15条记录
    i = k/3
    j = k%3
    item = QTableWidgetItem()
    item.setFlags(Qt.ItemIsEnabled)  #用户点击表格时，图片被选中
    icon = QIcon(r'.\images\bao%d.png' % k )
    item.setIcon(QIcon(icon ) )

    print('e/icons/%d.png i=%d j=%d' %( k , i , j ) )
    table.setItem(i,j,item)
```

```
conLayout.addWidget( table)
self.setLayout(conLayout)
```

显示效果如图 5-22 所示。

图 5-22

（10）获得单元格的内容

通过实现 itemClicked (QTableWidgetItem *) 信号的槽函数，可以获得所点击的单元格的引用，进而获得其中的内容。以下代码将 itemClicked 信号与 getItem()函数进行绑定

```
tableWidget.itemClicked.connect( self.handleItemClick )

def getItem(self, item):
    print('you selected => '+ item.text())
```

3. 支持右键菜单

本例文件名为 **PyQt5/Chapter05/qt05_tblMenu.py**，其完整代码如下：

```python
import sys
from PyQt5.QtWidgets import ( QMenu , QPushButton,  QWidget, QTableWidget,
QHBoxLayout, QApplication, QDesktopWidget, QTableWidgetItem, QHeaderView)
from PyQt5.QtCore import pyqtSignal, QObject, Qt, pyqtSlot

class Table( QWidget ):

    def __init__(self):
        super().__init__()
        self.initUI()

    def initUI(self):
        self.setWindowTitle("QTableWidget demo")
        self.resize(500,300);
        conLayout = QHBoxLayout()
        self.tableWidget= QTableWidget()
        self.tableWidget.setRowCount(5)
        self.tableWidget.setColumnCount(3)
        conLayout.addWidget(self.tableWidget )

        self.tableWidget.setHorizontalHeaderLabels(['姓名','性别','体重' ])
        self.tableWidget.horizontalHeader().
            setSectionResizeMode(QHeaderView.Stretch)

        newItem = QTableWidgetItem("张三")
        self.tableWidget.setItem(0, 0, newItem)

        newItem = QTableWidgetItem("男")
        self.tableWidget.setItem(0, 1, newItem)

        newItem = QTableWidgetItem("160")
        self.tableWidget.setItem(0, 2, newItem)
        # 表格中第二行记录
        newItem = QTableWidgetItem("李四")
        self.tableWidget.setItem(1, 0, newItem)

        newItem = QTableWidgetItem("女")
        self.tableWidget.setItem(1, 1, newItem)

        newItem = QTableWidgetItem("170")
        self.tableWidget.setItem(1, 2, newItem)
        # 允许右键产生菜单
```

```
        self.tableWidget.setContextMenuPolicy(Qt.CustomContextMenu)
        # 将右键菜单绑定到槽函数 generateMenu
        self.tableWidget.customContextMenuRequested.
            connect(self.generateMenu)
        self.setLayout(conLayout)

    def generateMenu(self,pos):
        row_num = -1
        for i in self.tableWidget.selectionModel().selection().indexes():
            row_num = i.row()


        # 表格中只有两条有效数据，所以只在前两行支持右键弹出菜单
        if row_num < 2 :
            menu = QMenu()
            item1 = menu.addAction(u"选项一")
            item2 = menu.addAction(u"选项二")
            item3 = menu.addAction(u"选项三" )
            action = menu.exec_(self.tableWidget.mapToGlobal(pos))
            if action == item1:
                print( '您选了选项一，当前行文字内容是：',self.tableWidget.
item(row_num,0).text(),self.tableWidget.item(row_num,1).text() ,self.tab
leWidget.item(row_num,2).text())


            elif action == item2:
                print( '您选了选项二，当前行文字内容是：',self.tableWidget.
item(row_num,0).text(),self.tableWidget.item(row_num,1).text() ,self.tab
leWidget.item(row_num,2).text() )


            elif action == item3:
                print( '您选了选项三，当前行文字内容是：', self.tableWidget.
item(row_num,0).text(),self.tableWidget.item(row_num,1).text() ,self.tab
leWidget.item(row_num,2).text() )
            else:
                return


    if __name__ == '__main__':
        app = QApplication(sys.argv)
        example = Table()
        example.show()
        sys.exit(app.exec_())
```

运行脚本，显示效果如图 5-23 所示。

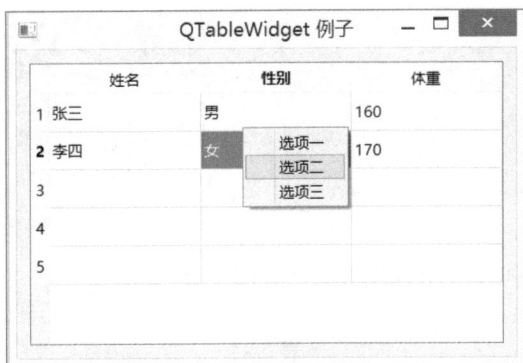

图 5-23

选中某个单元格后，单击鼠标右键，从弹出的快捷菜单中选择"选项一"，后台的输出结果为：

您选了选项一，当前行文字内容是：张三男 160

5.1.5 QTreeView

QTreeWidget 类实现了树形结构，效果如图 5-24 所示。

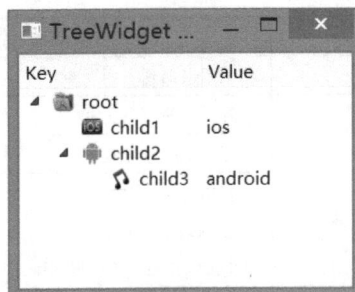

图 5-24

QTreeWidget 类的继承结构如下：

```
QWidget
   |
   +- QFrame
       |
       +- QAbstractScrollArea
           |
           +- QAbstractItemView
               |
               +- QAbstractScrollArea
```

```
                               |
                      +- QAbstractItemView
                               |
                          +- QTreeView
                               |
                          +- QTreeWidget
```

QTreeWidget 类中的常用方法如表 5-11 所示。

表 5-11

方　　法	描　　述
setColumnWidth(int column, int width)	将指定列的宽度设置为给定的值 Column，指定的列 Width，指定列的宽度
insertTopLevelItems()	在视图的顶层索引中插入项目列表
expandAll()	展开所有的树形节点
invisibleRootItem()	返回树形控件中不可见的根选项（Root Item）
selectedItems()	返回所有选定的非隐藏项目的列表

QTreeWidgetItem 类中的常用方法如表 5-12 所示。

表 5-12

方　　法	描　　述
addChild()	将子项追加到子列表中
setText()	设置显示的节点文本
Text()	返回显示的节点文本
setCheckState(column,　state)	设置指定列的选中状态： Qt.Checked，节点选中 Qt.Unchecked，节点未选中
setIcon(column, icon)	在指定的列中显示图标

1．树形结构的实现

树形结构是通过 QTreeWidget 和 QTreeWidgetItem 类实现的，其中 QTreeWidgetItem 类实现了节点的添加。

本例文件名为 PyQt5/Chapter05/qt05_treewidget01.py，演示树形结构的实现。其核心代码如下：

```python
self.tree = QTreeWidget()
# 设置列数
self.tree.setColumnCount(2)
# 设置树形控件头部的标题
self.tree.setHeaderLabels(['Key','Value'])
```

```
# 设置根节点
root= QTreeWidgetItem(self.tree)
root.setText(0,'root')
root.setIcon(0,QIcon("./images/root.png"))
# 设置树形控件的列的宽度
self.tree.setColumnWidth(0, 160)

# 设置子节点 1
child1 = QTreeWidgetItem(root)
child1.setText(0,'child1')
child1.setText(1,'ios')
child1.setIcon(0,QIcon("./images/IOS.png"))

# 设置子节点 2
child2 = QTreeWidgetItem(root)
child2.setText(0,'child2')
child2.setText(1,'')
child2.setIcon(0,QIcon("./images/android.png"))

# 设置子节点 3
child3 = QTreeWidgetItem(child2)
child3.setText(0,'child3')
child3.setText(1,'android')
child3.setIcon(0,QIcon("./images/music.png"))

self.tree.addTopLevelItem(root)
# 节点全部展开
self.tree.expandAll()
```

除了使用上面的方法，还可以通过 QTreeWidget.insertTopLevelItems()来实现树形结构。其核心代码如下：

```
self.tree = QTreeWidget()
# 设置列数
self.tree.setColumnCount(2)
# 设置树形控件头部的标题
self.tree.setHeaderLabels(['Key','Value'])
# 设置根节点
root= QTreeWidgetItem()
root.setText(0,'root')

rootList = []
rootList.append(root)
```

```
# 设置树形控件的子节点 1
child1 = QTreeWidgetItem()
child1.setText(0,'child1')
child1.setText(1,'ios')
root.addChild(child1)

self.tree.insertTopLevelItems(0,rootList)
```

（1）设置节点状态

可以使用 QTreeWidgetItem 的 setCheckState()函数设置节点是否为选中状态。其核心代码如下：

```
child1 = QTreeWidgetItem(root)
child1.setText(0,'child1')
child1.setText(1,'ios')
child1.setIcon(0,QIcon("./images/IOS.png"))
child1.setCheckState(0, Qt.Checked)
```

显示效果如图 5-25 所示。

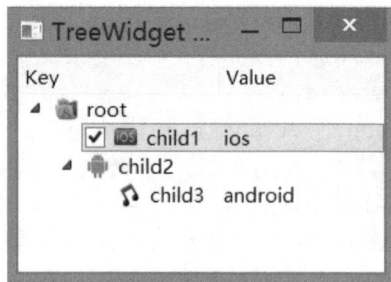

图 5-25

（2）设置节点的背景颜色

可以使用 QBrush 类来设置节点的背景颜色，例如设置根节点的背景颜色，其核心代码如下：

```
root = QTreeWidgetItem(self.tree)
root.setText(0,'root')
root.setIcon(0,QIcon("./images/root.png"))
brush_red = QBrush(Qt.red)
root.setBackground(0, brush_red)
brush_green = QBrush(Qt.green)
root.setBackground(1, brush_green)
```

2．给节点添加响应事件

本例文件名为 PyQt5/Chapter05/qt05_treewidget02.py，演示当单击树形控件时，触发树形控件节点的响应事件。其完整代码如下。

```python
from PyQt5.QtWidgets import *
import sys

class TreeWidgetDemo(QMainWindow):
    def __init__(self,parent=None):
        super(TreeWidgetDemo,self).__init__(parent)
        self.setWindowTitle('TreeWidget 例子')
        self.tree = QTreeWidget()
        # 设置列数
        self.tree.setColumnCount(2)
        # 设置树形控件头部的标题
        self.tree.setHeaderLabels(['Key','Value'])
        root= QTreeWidgetItem(self.tree)
        root.setText(0,'root')
        root.setText(1,'0')

        child1 = QTreeWidgetItem(root)
        child1.setText(0,'child1')
        child1.setText(1,'1')

        child2 = QTreeWidgetItem(root)
        child2.setText(0,'child2')
        child2.setText(1,'2')

        child3 = QTreeWidgetItem(root)
        child3.setText(0,'child3')
        child3.setText(1,'3')

        child4 = QTreeWidgetItem(child3)
        child4.setText(0,'child4')
        child4.setText(1,'4')

        child5 = QTreeWidgetItem(child3)
        child5.setText(0,'child5')
        child5.setText(1,'5')

        self.tree.addTopLevelItem(root)
        self.tree.clicked.connect( self.onTreeClicked )
```

```
        self.setCentralWidget(self.tree)

    def onTreeClicked(self, qmodelindex):
        item = self.tree.currentItem()
        print("key=%s ,value=%s" % (item.text(0), item.text(1)))


if __name__ == '__main__':
    app = QApplication(sys.argv)
    tree = TreeWidgetDemo()
    tree.show()
    sys.exit(app.exec_())
```

运行脚本，显示效果如图 5-26 所示。

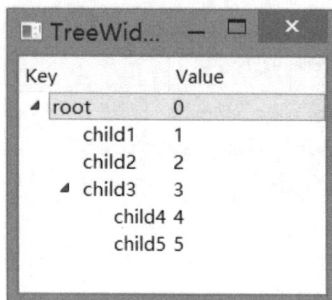

图 5-26

3. 系统定制模式

在上面的例子中，QTreeWidgetItem 类的节点是一个个添加的，这样做有时很不方便，特别是当窗口中产生比较复杂的树形结构时，一般都是通过 QTreeView 类来实现的，而不是 QTreeWidget 类。QTreeView 类与 QTreeWidget 类最大的区别就是，QTreeView 类可以使用操作系统提供的定制模式，比如文件系统盘的树列表。

本例文件名为 PyQt5/Chapter05/qt05_treeview.py，演示在树形控件中使用系统的定制模式。其完整代码如下：

```
import sys
from PyQt5.QtWidgets import *
from PyQt5.QtGui import *


if __name__ == '__main__':
    app = QApplication(sys.argv)
    # Window 系统提供的模式
    model = QDirModel()
    # 创建一个 QTreeView 控件
    tree = QTreeView()
```

```
# 为控件添加模式
tree.setModel(model)
tree.setWindowTitle( "QTreeView 例子" )
tree.resize(640, 480)
tree.show()
sys.exit(app.exec_())
```

运行脚本，显示效果如图 5-27 所示。

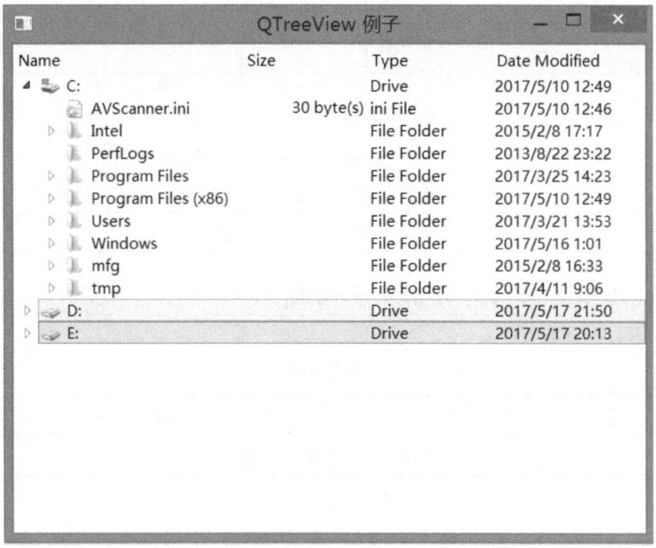

图 5-27

5.2　容器：装载更多的控件

有时候我们可能会面临这样一种情况：所开发的程序包含了太多的控件，导致一个窗口装载不下或者装载的控件太多而不美观。本节就来解决这个问题，即如何在现有的窗口空间中装载更多的控件。

5.2.1　QTabWidget

QTabWidget 控件提供了一个选项卡和一个页面区域，默认显示第一个选项卡的页面。通过单击各选项卡可以查看对应的页面。如果在一个窗口中显示的输入字段很多，则可以对这些字段进行拆分，分别放置在不同页面的选项卡中。

QTabWidget 类中的常用方法如表 5-13 所示。

表 5-13

方　　法	描　　述
addTab()	将一个控件添加到 Tab 控件的选项卡中
insertTab()	将一个 Tab 控件的选项卡插入到指定的位置
removeTab()	根据指定的索引删除 Tab 控件
setCurrentIndex()	设置当前可见的选项卡所在的索引
setCurrentWidget()	设置当前可见的页面
setTabBar()	设置选项卡栏的小控件
setTabPosition()	设置选项卡的位置： ● QTabWidget.North，显示在页面的上方 ● QTabWidget.South，显示在页面的下方 ● QTabWidget.West，显示在页面的左侧 ● QTabWidget.East，显示在页面的右侧
setTabText()	定义 Tab 选项卡的显示值

QTabWidget 类中的常用信号如表 5-14 所示。

表 5-14

信　　号	描　　述
currentChanged	切换当前页面时发射该信号

案例 5-4　QTabWidget 的使用

本例文件名为 PyQt5/Chapter05/qt05_QTabWidget.py，演示在 PyQt 5 的窗口中使用 QTabWidget 控件。其完整代码如下：

```python
import sys
from PyQt5.QtCore import *
from PyQt5.QtGui import *
from PyQt5.QtWidgets import *

class TabDemo(QTabWidget):
    def __init__(self, parent=None):
        super(TabDemo, self).__init__(parent)
        self.tab1 = QWidget()
        self.tab2 = QWidget()
        self.tab3 = QWidget()
        self.addTab(self.tab1,"Tab 1")
        self.addTab(self.tab2,"Tab 2")
        self.addTab(self.tab3,"Tab 3")
```

```
            self.tab1UI()
            self.tab2UI()
            self.tab3UI()
            self.setWindowTitle("Tab 例子")

    def tab1UI(self):
        layout = QFormLayout()
        layout.addRow("姓名",QLineEdit())
        layout.addRow("地址",QLineEdit())
        self.setTabText(0,"联系方式")
        self.tab1.setLayout(layout)

    def tab2UI(self):
        layout = QFormLayout()
        sex = QHBoxLayout()
        sex.addWidget(QRadioButton("男"))
        sex.addWidget(QRadioButton("女"))
        layout.addRow(QLabel("性别"),sex)
        layout.addRow("生日",QLineEdit())
        self.setTabText(1,"个人详细信息")
        self.tab2.setLayout(layout)

    def tab3UI(self):
        layout = QHBoxLayout()
        layout.addWidget(QLabel("科目"))
        layout.addWidget(QCheckBox("物理"))
        layout.addWidget(QCheckBox("高数"))
        self.setTabText(2,"教育程度")
        self.tab3.setLayout(layout)

if __name__ == '__main__':
    app = QApplication(sys.argv)
    demo = TabDemo()
    demo.show()
    sys.exit(app.exec_())
```

运行脚本，显示效果如图 5-28、图 5-29 和图 5-30 所示。

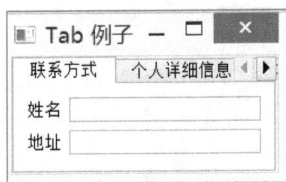

图 5-28　　　　　　　　图 5-29　　　　　　　　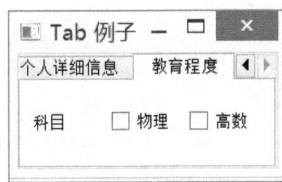

图 5-30

代码分析：

在这个例子中，一个表单的内容分为三组，每一组小控件都显示在不同的选项卡中。顶层窗口是一个 QTablWidget 控件，将三个选项卡添加进去。

```
self.tab1 = QWidget()
self.tab2 = QWidget()
self.tab3 = QWidget()
self.addTab(self.tab1,"Tab 1")
self.addTab(self.tab2,"Tab 2")
self.addTab(self.tab3,"Tab 3")
```

使用表单布局管理器，每个选项卡显示子表单中的内容。

```
self.setTabText(0,"联系方式")
self.setTabText(1,"个人详细信息")
self.setTabText(2,"教育程度")
```

5.2.2 QStackedWidget

QStackedWidget 是一个堆栈窗口控件，可以填充一些小控件，但同一时间只有一个小控件可以显示。QStackedWidget 使用 QStackedLayout 布局。QStackedWidget 控件与 QTabWidget 类似，可以有效地显示窗口中的控件。

案例 5-5　QStackedWidget 的使用

本例文件名为 PyQt5/Chapter05/qt05_QStackedWidget.py，演示在 PyQt 5 的窗口中使用 QStackedWidget 控件。其完整代码如下：

```
import sys
from PyQt5.QtCore import *
from PyQt5.QtGui import *
from PyQt5.QtWidgets import *


class StackedExample(QWidget):
    def __init__(self):
        super(StackedExample, self).__init__()
        self.setGeometry(300, 50, 10,10)
        self.setWindowTitle('StackedWidget 例子')

        self.leftlist = QListWidget ()
```

```python
        self.leftlist.insertItem (0, '联系方式' )
        self.leftlist.insertItem (1, '个人信息' )
        self.leftlist.insertItem (2, '教育程度' )
        self.stack1 = QWidget()
        self.stack2 = QWidget()
        self.stack3 = QWidget()
        self.stack1UI()
        self.stack2UI()
        self.stack3UI()
        self.Stack = QStackedWidget (self)
        self.Stack.addWidget(self.stack1)
        self.Stack.addWidget(self.stack2)
        self.Stack.addWidget(self.stack3)
        hbox = QHBoxLayout(self)
        hbox.addWidget(self.leftlist)
        hbox.addWidget(self.Stack)
        self.setLayout(hbox)
        self.leftlist.currentRowChanged.connect(self.display)

    def stack1UI(self):
        layout=QFormLayout()
        layout.addRow("姓名",QLineEdit())
        layout.addRow("地址",QLineEdit())
        self.stack1.setLayout(layout)

    def stack2UI(self):
        layout = QFormLayout()
        sex = QHBoxLayout()
        sex.addWidget(QRadioButton("男"))
        sex.addWidget(QRadioButton("女"))
        layout.addRow(QLabel("性别"),sex)
        layout.addRow("生日",QLineEdit())
        self.stack2.setLayout(layout)

    def stack3UI(self):
        layout=QHBoxLayout()
        layout.addWidget(QLabel("科目"))
        layout.addWidget(QCheckBox("物理"))
        layout.addWidget(QCheckBox("高数"))
        self.stack3.setLayout(layout)

    def display(self,i):
        self.Stack.setCurrentIndex(i)
```

```
if __name__ == '__main__':
    app = QApplication(sys.argv)
    demo = StackedExample()
    demo.show()
    sys.exit(app.exec_())
```

运行脚本，显示效果如图 5-31、图 5-32 和图 5-33 所示。

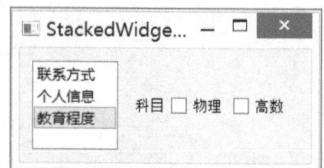

图 5-31　　　　　　　　　图 5-32　　　　　　　　　图 5-33

代码分析：

在这个例子中，在 QStackedWidget 对象中填充了三个子控件。

```
self.Stack = QStackedWidget (self)
self.stack1 = QWidget()
self.stack2 = QWidget()
self.stack3 = QWidget()
self.Stack.addWidget(self.stack1)
self.Stack.addWidget(self.stack2)
self.Stack.addWidget(self.stack3)
```

每个子控件都可以有自己的布局，包含特定的表单元素。QStackedWidget 控件不能在页面之间切换，它与当前选中的 QListWidget 控件中的选项进行连接。

```
self.leftlist = QListWidget ()
self.leftlist.insertItem (0, '联系方式' )
self.leftlist.insertItem (1, '个人信息' )
self.leftlist.insertItem (2, '教育程度' )
self.leftlist.currentRowChanged.connect(self.display)
```

将 QListWidget 的 currentRowChanged 信号与 display()槽函数相关联，从而改变堆叠控件的视图。

```
def display(self,i):
        self.Stack.setCurrentIndex(i)
```

5.2.3　QDockWidget

QDockWidget 是一个可以停靠在 QMainWindow 内的窗口控件，它可以保持在浮动状态或者在指定位置作为子窗口附加到主窗口中。QMainWindow 类的主窗口对象保留有一个用于停靠窗口的区域，这个区域在控件的中央周围，如图 5-34 所示。

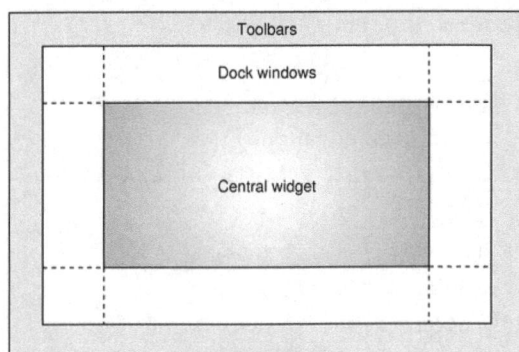

图 5-34

　　QDockWidget 控件在主窗口内可以移动到新的区域。QDockWidget 类中的常用方法如表 5-15 所示。

表 5-15

方　　法	描　　述
setWidget()	在 Dock 窗口区域设置 QWidget
setFloating()	设置 Dock 窗口是否可以浮动，如果设置为 True，则表示可以浮动
setAllowedAreas()	设置窗口可以停靠的区域： • LeftDockWidgetArea，左边停靠区域 • RightDockWidgetArea，右边停靠区域 • TopDockWidgetArea，顶部停靠区域 • BottomDockWidgetArea，底部停靠区域 • NoDockWidgetArea，不显示 Widget
setFeatures()	设置停靠窗口的功能属性： • DockWidgetClosable，可关闭 • DockWidgetMovable，可移动 • DockWidgetFloatable，可漂浮 • DockWidgetVerticalTitleBar，在左边显示垂直的标签栏 • AllDockWidgetFeatures，具有前三种属性的所有功能 • NoDockWidgetFeatures，无法关闭，不能移动，不能漂浮

案例 5-6　QDockWidget 的使用

　　本例文件名为 PyQt5/Chapter05/qt05_QDockWidget.py，演示在 PyQt 5 的窗口中使用 QDockWidget 控件。其完整代码如下：

```
import sys
from PyQt5.QtCore import *
from PyQt5.QtGui import *
from PyQt5.QtWidgets import *

class DockDemo(QMainWindow):
    def __init__(self, parent=None):
        super(DockDemo, self).__init__(parent)
        layout = QHBoxLayout()
        bar=self.menuBar()
        file=bar.addMenu("File")
        file.addAction("New")
        file.addAction("save")
        file.addAction("quit")
        self.items = QDockWidget("Dockable", self)
        self.listWidget = QListWidget()
        self.listWidget.addItem("item1")
        self.listWidget.addItem("item2")
        self.listWidget.addItem("item3")
        self.items.setWidget(self.listWidget)
        self.items.setFloating(False)
        self.setCentralWidget(QTextEdit())
        self.addDockWidget(Qt.RightDockWidgetArea, self.items)
        self.setLayout(layout)
        self.setWindowTitle("Dock 例子")

if __name__ == '__main__':
    app = QApplication(sys.argv)
    demo = DockDemo()
    demo.show()
    sys.exit(app.exec_())
```

运行脚本，显示效果如图 5-35 所示。

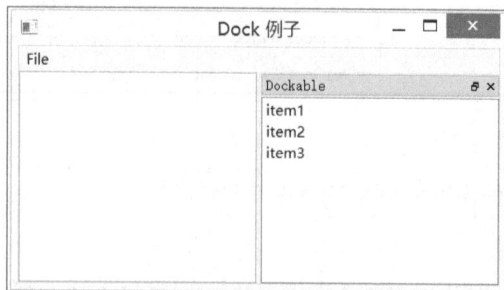

图 5-35

代码分析：

在这个例子中，顶层窗口是一个 QMainWindow 对象，QTextEdit 对象是它的中央小控件。

```
self.setCentralWidget(QTextEdit())
```

首先，创建可停靠的窗口 items。

```
self.items = QDockWidget("Dockable", self)
```

然后，在停靠窗口 items 内添加 QListWidget 对象。

```
self.listWidget = QListWidget()
self.listWidget.addItem("item1")
self.listWidget.addItem("item2")
self.listWidget.addItem("item3")
self.items.setWidget(self.listWidget)
```

最后，将停靠窗口放置在中央小控件的右侧。

```
self.addDockWidget(Qt.RightDockWidgetArea, self.items)
```

5.2.4　多文档界面

一个典型的 GUI 应用程序可能有多个窗口，选项卡控件和堆栈窗口控件允许一次使用其中的一个窗口。然而，很多时候这种方法不是很有用，因为其他窗口的视图是隐藏的。

一种同时显示多个窗口的方法是，创建多个独立的窗口，这些独立的窗口被称为 SDI（Single Document Interface，单文档界面），每个窗口都可以有自己的菜单系统、工具栏等。这需要占用较多的内存资源。

MDI（Multiple Document Interface，多文档界面）应用程序占用较少的内存资源，子窗口都可以放在主窗口容器中，这个容器控件被称为 QMdiArea。

QMidArea 控件通常占据在 QMainWindow 对象的中央位置，子窗口在这个区域是 QMdiSubWindow 类的实例，可以设置任何 QWidget 作为子窗口对象的内部控件，子窗口在 MDI 区域进行级联排列布局。

QMdiArea 类和 QMdiSubWindow 类中的常用方法如表 5-16 所示。

表 5-16

方　　法	描　　述
addSubWindow()	将一个小控件添加在 MDI 区域作为一个新的子窗口
removeSubWindow()	删除一个子窗口中的小控件

方　法	描　述
setActiveSubWindow()	激活一个子窗口
cascadeSubWindows()	安排子窗口在 MDI 区域级联显示
tileSubWindows()	安排子窗口在 MDI 区域平铺显示
closeActiveSubWindow()	关闭活动的子窗口
subWindowList()	返回 MDI 区域的子窗口列表
setWidget()	设置一个小控件作为 QMdiSubwindow 实例对象的内部控件

案例 5-7　多重文档界面

本例文件名为 PyQt5/ Chapter05/qt05_QMultipleDoc.py，演示在 PyQt 5 的窗口中使用 QMdiArea 控件。其完整代码如下：

```python
import sys
from PyQt5.QtCore import *
from PyQt5.QtGui import *
from PyQt5.QtWidgets import *


class MainWindow(QMainWindow):
    count=0
    def __init__(self, parent=None):
        super(MainWindow, self).__init__(parent)
        self.mdi = QMdiArea()
        self.setCentralWidget(self.mdi)
        bar=self.menuBar()
        file=bar.addMenu("File")
        file.addAction("New")
        file.addAction("cascade")
        file.addAction("Tiled")
        file.triggered[QAction].connect(self.windowaction)
        self.setWindowTitle("MDI demo")

    def windowaction(self, q):
        print( "triggered")

        if q.text()=="New":
            MainWindow.count=MainWindow.count+1
            sub=QMdiSubWindow()
            sub.setWidget(QTextEdit())
```

```
                sub.setWindowTitle("subwindow"+str(MainWindow.count))
                self.mdi.addSubWindow(sub)
                sub.show()
            if q.text()=="cascade":
                self.mdi.cascadeSubWindows()
            if q.text()=="Tiled":
                self.mdi.tileSubWindows()

if __name__ == '__main__':
    app = QApplication(sys.argv)
    demo = MainWindow()
    demo.show()
    sys.exit(app.exec_())
```

运行脚本，显示效果如图 5-36 所示。

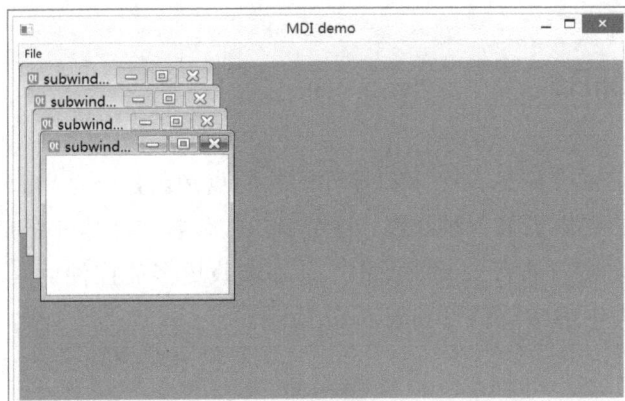

图 5-36

代码分析：

在这个例子中，主窗口 QMainWindow 拥有一个菜单控件和 MidArea 控件。

```
self.mdi = QMdiArea()
self.setCentralWidget(self.mdi)
bar=self.menuBar()
file=bar.addMenu("File")
file.addAction("New")
file.addAction("cascade")
file.addAction("Tiled")
```

当单击菜单控件时触发 triggered 信号，连接到槽函数 windowaction()。

```
file.triggered[QAction].connect(self.windowaction)
```

当选择菜单中的"New"动作时，会添加一个新的 MDI，每个 MDI 都有标题，在主窗口内部会增加 MDI 的数量。

```
MainWindow.count=MainWindow.count+1
sub=QMdiSubWindow()
sub.setWidget(QTextEdit())
sub.setWindowTitle("subwindow"+str(MainWindow.count))
self.mdi.addSubWindow(sub)
sub.show()
```

当选择菜单中的"cascade"和"Tiled"动作时，会在主窗口中显示子窗口的排列方式——级联显示子窗口或平铺显示子窗口。

```
if q.text()=="cascade":
        self.mdi.cascadeSubWindows()
    if q.text()=="Tiled":
        self.mdi.tileSubWindows()
```

5.2.5 QScrollBar

可以看到，前面介绍的几个窗口控件的共同点是新建一些窗口来装载更多的控件，而 QScrollBar 提供了另一种思路：这个窗口控件提供了水平的或垂直的滚动条，这样可以扩大当前窗口的有效装载面积，从而装载更多的控件。

QScrollBar 类中的常用信号如表 5-17 所示。

表 5-17

信　号	含　义
valueChanged	当滑动条的值改变时发射此信号
sliderMoved	当用户拖动滑块时发射此信号

案例 5-8　QScrollBar

本例文件名为 PyQt5/Chapter05/qt05_QScrollBar.py，演示在 PyQt 5 的窗口中使用 QScrollbar 控件。其完整代码如下：

```
import sys
from PyQt5.QtCore import *
from PyQt5.QtGui import *
from PyQt5.QtWidgets import *
```

```python
class Example(QWidget):
    def __init__(self):
        super(Example, self).__init__()
        self.initUI()


    def initUI(self):
        hbox = QHBoxLayout( )
        self.l1 = QLabel("拖动滑块改变颜色")
        self.l1.setFont(QFont("Arial",16))
        hbox.addWidget(self.l1)
        self.s1 = QScrollBar()
        self.s1.setMaximum(255)
        self.s1.sliderMoved.connect(self.sliderval)
        self.s2 = QScrollBar()
        self.s2.setMaximum(255)
        self.s2.sliderMoved.connect(self.sliderval)
        self.s3 = QScrollBar()
        self.s3.setMaximum(255)
        self.s3.sliderMoved.connect(self.sliderval)
        hbox.addWidget(self.s1)
        hbox.addWidget(self.s2)
        hbox.addWidget(self.s3)
        self.setGeometry(300, 300, 300, 200)
        self.setWindowTitle('QScrollBar 例子')
        self.setLayout( hbox )


    def sliderval(self):
        print( self.s1.value(),self.s2.value(), self.s3.value() )
        palette = QPalette()
        c=QColor(self.s1.value(),self.s2.value(),
self.s3.value(),255)
        palette.setColor(QPalette.Foreground,c)
        self.l1.setPalette(palette)

if __name__ == '__main__':
    app = QApplication(sys.argv)
    demo = Example()
    demo.show()
    sys.exit(app.exec_())
```

运行脚本，显示效果如图 5-37 所示。

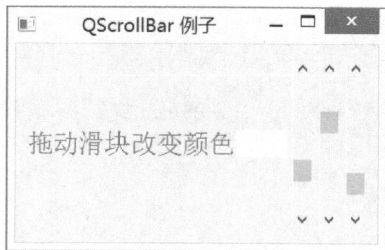

图 5-37

代码分析：

在这个例子中，设置了三个滑动条来控制标签中所显示文字的字体颜色的 RGB 值。

当移动滑块时，将 sliderMoved 信号与槽函数 sliderval() 连接起来。

```
self.s1.sliderMoved.connect(self.sliderval)
```

5.3 多线程

一般情况下，应用程序都是单线程运行的，但是对于 GUI 程序来说，单线程有时候满足不了需求。比如，如果需要执行一个特别耗时的操作，在执行过程中整个程序就会卡顿，这时候用户可能以为程序出错，就把程序关闭了；或者 Windows 系统也认为程序运行出错，自动关闭了程序。要解决这种问题就涉及多线程的知识。一般来说，多线程技术涉及三种方法，其中一种是使用计时器模块 QTimer；一种是使用多线程模块 QThread；还有一种是使用事件处理的功能。

5.3.1 QTimer

如果要在应用程序中周期性地进行某项操作，比如周期性地检测主机的 CPU 值，则需要用到 QTimer（定时器），QTimer 类提供了重复的和单次的定时器。要使用定时器，需要先创建一个 QTimer 实例，将其 timeout 信号连接到相应的槽，并调用 start()。然后，定时器会以恒定的间隔发出 timeout 信号。

当窗口控件收到 timeout 信号后，它就会停止这个定时器。这是在图形用户界面中实现复杂工作的一个典型方法，随着技术的进步，多线程在越来越多的平台上被使用，最终 QTimer 对象会被线程所替代。

QTimer 类中的常用方法如表 5-18 所示。

表 5-18

方　　法	描　　述
start(milliseconds)	启动或重新启动定时器，时间间隔为毫秒。如果定时器已经运行，它将被停止并重新启动。如果 singleShot 信号为真，定时器将仅被激活一次
Stop()	停止定时器

QTimer 类中的常用信号如表 5-19 所示。

表 5-19

信　　号	描　　述
singleShot	在给定的时间间隔后调用一个槽函数时发射此信号
timeout	当定时器超时时发射此信号

首先，需要引入 QTimer 模块。

```
from PyQt5.QtCore import QTimer
```

然后，实例化一个 QTimer 对象，将 timeout 信号连接到 operate()槽函数。start(2000) 表示设置时间间隔为 2 秒并启动定时器。

```
# 初始化一个定时器
self.timer = QTimer(self)
# 计时结束调用 operate()方法
# 设置时间间隔并启动定时器
self.timer.timeout.connect(self.operate)
self.timer.start(2000)
```

注意

在 connect 中 operate 方法千万不要加括号，否则会出错。

1．示例1

本例文件名为 PyQt5/Chapter05/qt05_timer01.py，演示弹出的窗口在 10 秒后消失。其完整代码如下：

```
from PyQt5.QtWidgets import QWidget, QPushButton ,
QApplication ,QListWidget, QGridLayout , QLabel
from PyQt5.QtCore import QTimer ,QDateTime
import sys

class WinForm(QWidget):

    def __init__(self,parent=None):
        super(WinForm,self).__init__(parent)
```

```
            self.setWindowTitle("QTimer demo")
            self.listFile= QListWidget()
            self.label = QLabel('显示当前时间')
            self.startBtn = QPushButton('开始')
            self.endBtn = QPushButton('结束')
            layout = QGridLayout(self)

            # 初始化一个定时器
            self.timer = QTimer(self)
            # showTime()方法
            self.timer.timeout.connect(self.showTime)

            layout.addWidget(self.label,0,0,1,2)
            layout.addWidget(self.startBtn,1,0)
            layout.addWidget(self.endBtn,1,1)

            self.startBtn.clicked.connect( self.startTimer)
            self.endBtn.clicked.connect( self.endTimer)

            self.setLayout(layout)

    def showTime(self):
        # 获取系统现在的时间
        time = QDateTime.currentDateTime()
        # 设置系统时间显示格式
        timeDisplay = time.toString("yyyy-MM-dd hh:mm:ss dddd");
        # 在标签上显示时间
        self.label.setText( timeDisplay )

    def startTimer(self):
        # 设置时间间隔并启动定时器
        self.timer.start(1000)
        self.startBtn.setEnabled(False)
        self.endBtn.setEnabled(True)

    def endTimer(self):
        self.timer.stop()
        self.startBtn.setEnabled(True)
        self.endBtn.setEnabled(False)

if __name__ == "__main__":
    app = QApplication(sys.argv)
    form = WinForm()
```

```
form.show()
sys.exit(app.exec_())
```

运行脚本，显示效果如图 5-38 所示。

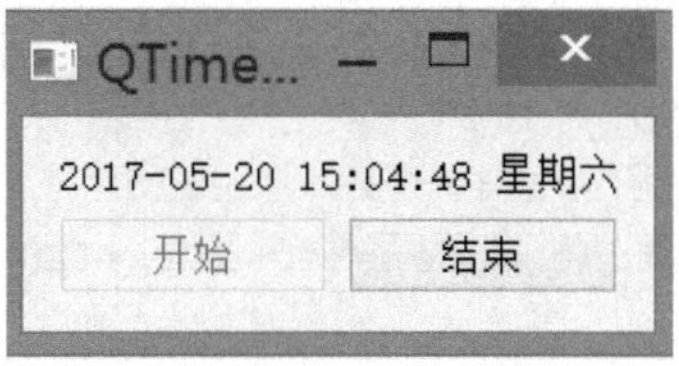

图 5-38

代码分析：

首先，初始化一个定时器，把定时器的 timeout 信号与 showTime()槽函数连接起来。

```
self.timer = QTimer(self)
self.timer.timeout.connect(self.showTime)
```

使用连接的槽函数显示当前时间，并在标签上显示系统现在的时间。

```
def showTime(self):
    # 获取系统现在的时间
    time = QDateTime.currentDateTime()
    # 设置系统时间显示格式
    timeDisplay = time.toString("yyyy-MM-dd hh:mm:ss dddd");
    # 在标签上显示时间
    self.label.setText( timeDisplay )
```

单击"开始"按钮，启动定时器，并使"开始"按钮失效。

```
# 设置时间间隔并启动定时器
self.timer.start(1000)
self.startBtn.setEnabled(False)
self.endBtn.setEnabled(True)
```

单击"结束"按钮，停止定时器，并使"结束"按钮失效。

```
self.timer.stop()
self.startBtn.setEnabled(True)
self.endBtn.setEnabled(False)
```

2．示例2

本例文件名为 PyQt5/Chapter05/qt05_timer02.py，演示弹出一个窗口，然后这个窗口在 10 秒后消失。其完整代码如下。

```
import sys
from PyQt5.QtWidgets import *
from PyQt5.QtGui import *
from PyQt5.QtCore import *


if __name__ == '__main__':
    app = QApplication(sys.argv)
    label = QLabel("<font color=red size=128><b>Hello PyQT, 窗口会在 10
秒后消失! </b></font>")
    # 无边框窗口
    label.setWindowFlags(Qt.SplashScreen|Qt.FramelessWindowHint)
    label.show()

    # 设置 10 秒后自动退出
    QTimer.singleShot(10000, app.quit)
    sys.exit(app.exec_())
```

运行脚本，显示效果如图 5-39 所示。

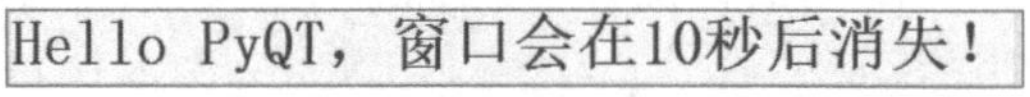

Hello PyQT，窗口会在10秒后消失！

图 5-39

代码分析：

弹出的窗口将在 10 秒后消失，模仿程序的启动画面。将弹出的窗口设置为无边框。

```
label.setWindowFlags(Qt.SplashScreen|Qt.FramelessWindowHint)
```

使用 QTimer 设置时间间隔，10 秒后退出程序。

```
QTimer.singleShot(10000, app.quit)
```

5.3.2 QThread

QThread 是 Qt 线程类中最核心的底层类。由于 PyQt 的跨平台特性，QThread 要隐藏所有与平台相关的代码。

要使用 QThread 开始一个线程，可以创建它的一个子类，然后覆盖其 QThread.run()函数。

```
class Thread(QThread):
    def __init__(self):
        super(Thread,self).__init__()
```

```
def run(self):
    #线程相关代码
    pass
```

接下来创建一个新的线程。

```
thread=Thread()
thread.start()
```

可以看出，PyQt 的线程的使用非常简单——建立一个自定义的类（如 Thread），使它继承自 QThread，并实现其 run()方法即可。

在使用线程时可以直接得到 Thread 实例，调用其 start()函数即可启动线程。线程启动之后，会自动调用其实现的 run 方法，该方法就是线程的执行函数。

业务的线程任务就写在 run()函数中，当 run()退出之后线程基本就结束了。QThread 有 started 和 finished 信号，可以为这两个信号指定槽函数，在线程启动和结束时执行一段代码进行资源的初始化和释放操作。更灵活的使用方法是，在自定义的 QThread 实例中自定义信号，并将信号连接到指定的槽函数，当满足一定的业务条件后发射此信号。

1．QThread 类中的常用方法和信号

QThread 类中的常用方法如表 5-20 所示。

表 5-20

方　　法	描　　述
start()	启动线程
wait()	阻止线程，直到满足如下条件之一： ● 与此 QThread 对象关联的线程已完成执行（即从 run()返回时）。如果线程完成执行，此函数将返回 True；如果线程尚未启动，此函数也返回 True ● 等待时间的单位是毫秒。如果时间是 ULONG_MAX（默认值），则等待，永远不会超时（线程必须从 run()返回）；如果等待超时，此函数将返回 False
sleep()	强制当前线程睡眠秒秒。

QThread 类中的常用信号如表 5-21 所示。

表 5-21

信　　号	描　　述
started	在开始执行 run()函数之前，从相关线程发射此信号
finished	当程序完成业务逻辑时，从相关线程发射此信号

2．QThread 实例

当在窗口中显示的数据比较简单时，可以把读取数据的业务逻辑放在窗口的初

始化代码中；但如果读取数据的时间比较长，比如网络请求数据的时间比较长，则可以把这部分逻辑放在 **QThread** 线程中，实现界面的数据显示和数据读取的分离，以满足 MVC（模型—视图—控制器）设计模式的要求。

本例文件名为 **PyQt5/Chapter05/qt05_thread03.py**，演示弹出的窗口只显示 10 秒，10 秒后自动消失。其完整代码如下：

```python
from PyQt5.QtCore import *
from PyQt5.QtGui import *
from PyQt5.QtWidgets import *
import sys

class MainWidget(QWidget):
    def __init__(self,parent=None):
        super(MainWidget,self).__init__(parent)
        self.setWindowTitle("QThread例子")
        self.thread = Worker()
        self.listFile = QListWidget()
        self.btnStart = QPushButton('开始')
        layout = QGridLayout(self)
        layout.addWidget(self.listFile,0,0,1,2)
        layout.addWidget(self.btnStart,1,1)
        self.btnStart.clicked.connect( self.slotStart )
        self.thread.sinOut.connect(self.slotAdd)

    def slotAdd(self,file_inf):
        self.listFile.addItem(file_inf)

    def slotStart(self):
        self.btnStart.setEnabled(False)
        self.thread.start()

class Worker(QThread):
    sinOut = pyqtSignal(str)

    def __init__(self,parent=None):
        super(Worker,self).__init__(parent)
        self.working = True
        self.num = 0

    def __del__(self):
        self.working = False
        self.wait()
```

```
    def run(self):
        while self.working == True:
            file_str = 'File index {0}'.format(self.num)
            self.num += 1
            # 发射信号
            self.sinOut.emit(file_str)
            # 线程休眠 2 秒
            self.sleep(2)


if __name__ == "__main__":
    app = QApplication(sys.argv)
    demo = MainWidget()
    demo.show()
    sys.exit(app.exec_())
```

运行脚本，显示效果如图 5-40 所示。

图 5-40

代码分析:

在这个例子中，单击"开始"按钮，会在后台定时读取数据，并把返回的数据显示在界面中。首先使用以下代码进行布局，把列表控件和按钮控件放在栅格布局管理器中。

```
self.listFile = QListWidget()
self.btnStart = QPushButton('开始')
layout = QGridLayout(self)
layout.addWidget(self.listFile,0,0,1,2)
layout.addWidget(self.btnStart,1,1)
```

然后将按钮的 clicked 信号连接到 slotStart()槽函数，当单击"开始"按钮时发射此信号。

```
self.btnStart.clicked.connect( self.slotStart )

def slotStart(self):
        self.btnStart.setEnabled(False)
        self.thread.start()
```

比较复杂的是线程的信号，将线程的 sinOut 信号连接到 slotAdd()槽函数。slotAdd()函数负责在列表控件中动态添加字符串条目。

```
self.thread.sinOut.connect(self.slotAdd)

def slotAdd(self,file_inf):
        self.listFile.addItem(file_inf)
```

定义一个线程类，继承自 QThread 类，当线程启动后，执行 run()函数。

```
class Worker(QThread):
    sinOut = pyqtSignal(str)

    def __init__(self,parent=None):
        super(Worker,self).__init__(parent)
        self.working = True
        self.num = 0

    def __del__(self):
        self.working = False
        self.wait()

    def run(self):
        while self.working == True:
            file_str = 'File index {0}'.format(self.num)
            self.num += 1
            # 发射信号
            self.sinOut.emit(file_str)
            # 线程休眠 2 秒
            self.sleep(2)
```

在上一个例子中，虽然解决了界面的数据显示和数据读取的分离，但是如果数据的读取非常耗费时间，则会造成界面卡死。接下来，让我们看一介需要耗费很长时间读取数据的例子。

本例文件名为 PyQt5/Chapter05/qt05_thread01.py，演示长时间读取数据造成界面卡死。其完整代码如下：

```
import sys
```

```python
from PyQt5.QtCore import *
from PyQt5.QtGui import *
from PyQt5.QtWidgets import *

global sec
sec=0

def setTime():
    global  sec
    sec+=1
    # LED 显示数字+1
    lcdNumber.display(sec)

def work():
    # 计时器每秒计数
    timer.start(1000)
    for i in range(2000000000):
        pass

    timer.stop()

if __name__ == "__main__":
    app = QApplication(sys.argv)
    top = QWidget()
    top.resize(300,120)

    # 垂直布局类 QVBoxLayout
    layout = QVBoxLayout(top)
    # 添加一个显示面板
    lcdNumber = QLCDNumber()
    layout.addWidget(lcdNumber)
    button=QPushButton("测试")
    layout.addWidget(button)

    timer = QTimer()
    # 每次计时结束，触发 setTime
    timer.timeout.connect(setTime)
    button.clicked.connect(work)

    top.show()
    sys.exit(app.exec_())
```

运行脚本，显示效果如图 5-41 所示。

图 5-41

在这个例子中，在主界面中有一个用于显示时间的 LCD 数字面板，还有一个用于启动任务的按钮。用户单击"测试"按钮后，将开始一次非常耗时的计算（在程序中用一个 2 000 000 000 次的循环来模拟这次非常耗时的工作，在真实的程序中可能是一个网络下载操作，从网络上下载一个很大的视频文件），同时 LCD 数字面板开始显示所用的毫秒数，并通过一个计时器进行更新。计算完成后，计时器停止。这是一个很简单的应用，也看不出有任何问题。但是当开始运行程序时，问题就来了：单击"测试"按钮之后，程序界面直接停止响应，直到循环结束才开始重新更新，于是计时器始终显示 0。

在 PyQt 中所有的窗口都在 UI 主线程中（就是执行了 QApplication.exec()的线程），在这个线程中执行耗时的操作会阻塞 UI 线程，从而让窗口停止响应。如果窗口长时间没有响应，则会影响用户体验，更严重的会导致程序崩溃。所以，为了避免出现这样的问题，要使用 QThread 开启一个新的线程，在这个线程中完成耗时的操作。

案例 5-9　应用案例：分离 UI 主线程与工作线程

本例文件名为 PyQt5/Chapter05/qt05_thread02.py，演示在界面中分离 UI 主线程与工作线程。其完整代码如下：

```python
import sys
from PyQt5.QtCore import *
from PyQt5.QtGui import *
from PyQt5.QtWidgets import *


global sec
sec=0


class WorkThread(QThread):
    trigger = pyqtSignal()
    def __int__(self):
        super(WorkThread,self).__init__()
```

```python
    def run(self):
        for i in range(2000000000):
            pass

        # 循环完毕后发射信号
        self.trigger.emit()

def countTime():
    global sec
    sec += 1
    # LED 显示数字+1
    lcdNumber.display(sec)

def work():
    # 计时器每秒计数
    timer.start(1000)
    # 计时开始
    workThread.start()
    # 当获得循环完毕的信号时，停止计数
    workThread.trigger.connect(timeStop)

def timeStop():
    timer.stop()
    print("运行结束用时",lcdNumber.value())
    global sec
    sec=0

if __name__ == "__main__":
    app = QApplication(sys.argv)
    top = QWidget()
    top.resize(300,120)

    # 垂直布局类 QVBoxLayout
    layout = QVBoxLayout(top)
    # 添加一个显示面板
    lcdNumber = QLCDNumber()
    layout.addWidget(lcdNumber)
    button = QPushButton("测试")
    layout.addWidget(button)

    timer = QTimer()
    workThread = WorkThread()
```

```
button.clicked.connect(work)
# 每次计时结束，触发 countTime
timer.timeout.connect(countTime)

top.show()
sys.exit(app.exec_())
```

在这个例子中，增加了一个 WorkerThread 类。WorkerThread 继承自 QThread 类，重写了其 run()函数。可以认为，run()函数就是新的线程需要执行的，在 run()函数中就是要执行一个循环，然后发射计算完成的信号。而在单击按钮的槽函数中，使用 work()中的 workThread.start()函数启动一个线程（注意，不是 run()函数）。再次运行程序，发现界面有了响应。

运行结果如图 5-42 所示。

图 5-42

5.3.3 事件处理

PyQt 为事件处理提供了两种机制：高级的信号与槽机制，以及低级的事件处理程序。本节只介绍低级的事件处理程序，即 processEvents()函数的使用方法，它的作用是处理事件，简单地说，就是刷新页面。

对于执行很耗时的程序来说，由于 PyQt 需要等待程序执行完毕才能进行下一步，这个过程表现在界面上就是卡顿；而如果在执行这个耗时程序时不断地运行 QApplication.processEvents()，那么就可以实现一边执行耗时程序，一边刷新页面的功能，给人的感觉就是程序运行很流畅。因此 QApplication.processEvents()的使用方法就是，在主函数执行耗时操作的地方，加入 QApplication.processEvents()。

本例文件名为 PyQt5/Chapter05/qt05_freshUi.py，演示实时刷新页面。其完整代码如下：

```
from PyQt5.QtWidgets import QWidget, QPushButton ,
QApplication ,QListWidget, QGridLayout
```

```
import sys
import time

class WinForm(QWidget):

    def __init__(self,parent=None):
        super(WinForm,self).__init__(parent)
        self.setWindowTitle("实时刷新页面例子")
        self.listFile= QListWidget()
        self.btnStart = QPushButton('开始')
        layout = QGridLayout(self)
        layout.addWidget(self.listFile,0,0,1,2)
        layout.addWidget(self.btnStart,1,1)
        self.btnStart.clicked.connect( self.slotAdd)
        self.setLayout(layout)

    def slotAdd(self):
        for n in range(10):
            str_n='File index {0}'.format(n)
            self.listFile.addItem(str_n)
            QApplication.processEvents()
            time.sleep(1)

if __name__ == "__main__":
    app = QApplication(sys.argv)
    form = WinForm()
    form.show()
    sys.exit(app.exec_())
```

运行脚本，显示效果如图 5-43 所示。

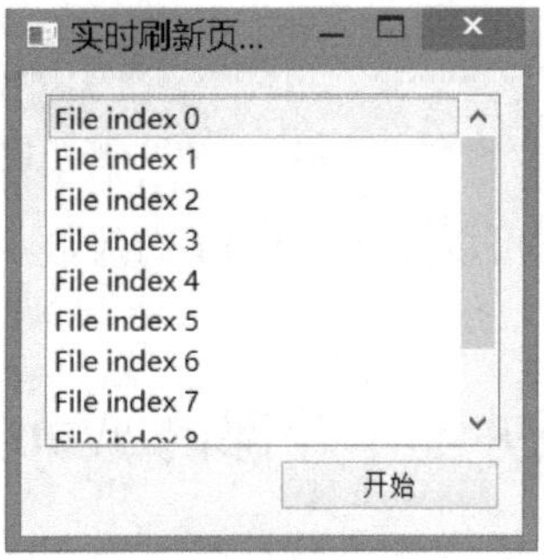

图 5-43

5.4 网页交互

PyQt 5 使用 QWebEngineView 控件来展示 HTML 页面，对老版本中的 QWebView 类不再进行维护，因为 QWebEngineView 使用 Chromium 内核可以给用户带来更好的体验。

Qt 慢慢淘汰了古老的 WebKit，取而代之的是使用 WebEngine 框架。WebEngine 是基于谷歌的 Chromium 引擎开发的，也就是内部集成了谷歌的 Chromium 引擎。WebEngine 框架是基于 Chromium 上的 Content API 封装，投入成本比较小，可以很好地支持 HTML 5。

在 PyQt 5 中可以通过 PyQt5.QtWebKitWidgets.QWebEngineView 类来使用网页控件，此类定义如下：

```
QObject
    |
    +- QLayout
        |
        +- QWidget
            |
            +- QWebEngineView
```

QWebEngineView 类中的常用方法如表 5-22 所示。

表 5-22

方　　法	描　　述
load(QUrl url)	加载指定的 URL 并显示
setHtml(QString &html)	将网页视图的内容设置为指定的 HTML 内容

QWebEngineView 控件使用 load()函数加载一个 Web 页面，实际上就是使用 HTTP GET 方法加载 Web 页面。这个控件既可以加载本地的 Web 页面，也可以加载远程的外部 Web 页面，其核心代码如下：

```
view = QWebEngineView()
view.load(QUrl('http://www.cnblogs.com/wangshuo1/')) view.show()
```

QWebEngineView 控件还可以使用 setHtml()函数加载本地的 Web 代码。

案例 5-10　加载并显示外部的 Web 页面

本例文件名为 PyQt5/Chapter05/qt05_webview01.py，演示在 QWebEngineView

中加载外部的 Web 页面。其完整代码如下：

```python
from PyQt5.QtCore import *
from PyQt5.QtGui import *
from PyQt5.QtWidgets import *
from PyQt5.QtWebEngineWidgets import *
import sys

class MainWindow(QMainWindow):

    def __init__(self ):
        super(QMainWindow, self).__init__()
        self.setWindowTitle('打开外部网页例子')
        self.setGeometry(5, 30, 1355, 730)
        self.browser = QWebEngineView()
        # 加载外部的 Web 页面
        self.browser.load(QUrl('http://www.cnblogs.com/wangshuo1'))
        self.setCentralWidget(self.browser)

if __name__ == '__main__':
    app = QApplication(sys.argv)
    win = MainWindow()
    win.show()
    app.exec_()
```

运行脚本，显示效果如图 5-44 所示。

图 5-44

案例 5-11　加载并显示本地的 Web 页面

本例文件名为 PyQt5/Chapter05/qt05_webview02.py，演示在 QWebEngineView 中加载本地的 Web 页面。其完整代码如下：

```python
from PyQt5.QtCore import *
from PyQt5.QtGui import *
from PyQt5.QtWidgets import *
from PyQt5.QtWebEngineWidgets import *
import sys

class MainWindow(QMainWindow):

    def __init__(self ):
        super(QMainWindow, self).__init__()
        self.setWindowTitle('加载并显示本地页面例子')
        self.setGeometry(5, 30, 555, 330)
        self.browser = QWebEngineView()
        # 加载本地页面
        url = r'E:/quant/PyQt5/Chapter05/index.html'
        self.browser.load( QUrl( url ))
        self.setCentralWidget(self.browser)

if __name__ == '__main__':
    app = QApplication(sys.argv)
    win = MainWindow()
    win.show()
    sys.exit(app.exec_())
```

上面代码中加载的 index.html 页面，是按照 HTML 5 规范编写的，它的代码如下：

```html
<!DOCTYPE html>
<html>
<head>
    <meta charset="UTF-8">
    <title></title>
</head>
<body>
    <h1>Hello PyQt5</h1>
    <h1>Hello PyQt5</h1>
    <h1>hello PyQt5</h1>
```

```
        <h1>hello PyQt5</h1>
        <h1>hello PyQt5</h1>
        <h1>Hello PyQt5</h1>
    </body>
</html>
```

运行脚本，显示效果如图 5-45 所示。

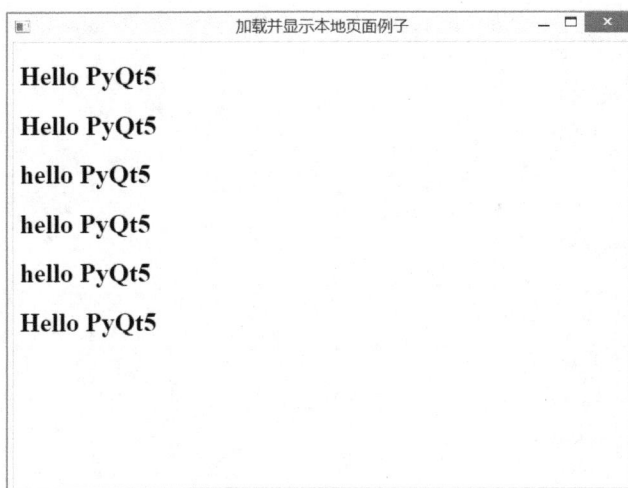

图 5-45

案例 5-12　加载并显示嵌入的 HTML 代码

本例文件名为 PyQt5/Chapter05/qt05_webview03.py，演示在 QWebEngineView 中加载并显示嵌入的 HTML 代码，就是把案例 5-11 中加载的本地页面 index.html 的代码嵌入到 PyQt 脚本中。本例的完整代码如下：

```python
from PyQt5.QtCore import *
from PyQt5.QtGui import *
from PyQt5.QtWidgets import *
from PyQt5.QtWebEngineWidgets import *
import sys

class MainWindow(QMainWindow):

    def __init__(self ):
        super(QMainWindow, self).__init__()
        self.setWindowTitle('加载并显示本地页面例子')
        self.setGeometry(5, 30, 1355, 730)
```

```python
        self.browser = QWebEngineView()
        # 加载 HTML 代码
        self.browser = QWebEngineView()
        self.browser.setHtml('''
        <!DOCTYPE html>
        <html>
            <head>
                <meta charset="UTF-8">
                <title></title>
            </head>
            <body>
                <h1>Hello PyQt5</h1>
                <h1>Hello PyQt5</h1>
<h1>hello PyQt5</h1>
<h1>hello PyQt5</h1>
<h1>hello PyQt5</h1>
<h1>Hello PyQt5</h1>

            </body>
        </html>

        '''
        )

        self.setCentralWidget(self.browser)

if __name__ == '__main__':
    app = QApplication(sys.argv)
    win = MainWindow()
    win.show()
    sys.exit(app.exec_())
```

运行脚本，显示效果和图 5-45 一致，这里不再重复。

注意

经过测试，使用 QWebEngineView 对象的 setHtml()函数渲染 HTML 页面时，如果页面中使用的 JavaScript 代码超过 2MB，程序渲染的页面就会渲染失败，页面中会出现大片的空白，详见 *QTBUG-53414 QtWebEngineView fails to load huge page*。感兴趣的读者可以访问 https://bugreports.qt.io/browse/QTBUG-53414，查看 Bug 信息和官方反馈。

案例 5-13　PyQt 调用 JavaScript 代码

通过 QWebEnginePage 类的 runJavaScript(str, Callable)函数可以很方便地实现 PyQt 和 HTML/JavaScript 的双向通信，也实现了 Python 代码和 HTML/JavaScript 代码的解耦，便于开发人员进行分工协作。在 PyQt 对象中访问 JavaScript 的核心代码如下：

```
QWebEnginePag.runJavaScript(str, Callable)
```

本例文件名为 PyQt5/Chapter05/qt502_webviewJs01.py，其完整代码如下：

```python
from PyQt5.QtWidgets import QApplication , QWidget , QVBoxLayout ,
QPushButton
from PyQt5.QtWebEngineWidgets import QWebEngineView
import sys

# 创建一个应用实例
app = QApplication(sys.argv)
win = QWidget()
win.setWindowTitle('Web 页面中的 JavaScript 与 QWebEngineView 交互例子')

# 创建一个垂直布局器
layout = QVBoxLayout()
win.setLayout(layout)

# 创建一个 QWebEngineView 对象
view = QWebEngineView()
view.setHtml('''
<html>
<head>
<title>A Demo Page</title>

<script language="javascript">
      # 获得输入的姓名，然后在页面中显示提交按钮
      function completeAndReturnName() {
        var fname = document.getElementById('fname').value;
        var lname = document.getElementById('lname').value;
        var full = fname + ' ' + lname;

        document.getElementById('fullname').value = full;
        document.getElementById('submit-btn').style.display =
'block';
```

```
            return full;
        }
</script>
</head>

<body>
<form>
<label for="fname">First name:</label>
<input type="text" name="fname" id="fname"></input>
<br />
<label for="lname">Last name:</label>
<input type="text" name="lname" id="lname"></input>
<br />
<label for="fullname">Full name:</label>
<input disabled type="text" name="fullname" id="fullname"></input>
<br />
<input style="display: none;" type="submit" id="submit-btn"></input>
</form>
</body>
</html>
''')

# 创建一个按钮用于调用 JavaScript 代码
button = QPushButton('设置全名')


def js_callback(result):
    print(result)


def complete_name():
    view.page().runJavaScript('completeAndReturnName();', js_callback)


# 按钮连接'complete_name'槽函数，当单击按钮时会触发信号
button.clicked.connect(complete_name)


# 把 QWebEngineView 控件和按钮控件加载到 layout 布局中
layout.addWidget(view)
layout.addWidget(button)


# 显示窗口和运行
win.show()
sys.exit(app.exec_())
```

运行脚本，显示效果如图 5-46、图 5-47 和图 5-48 所示。

图 5-46

图 5-47

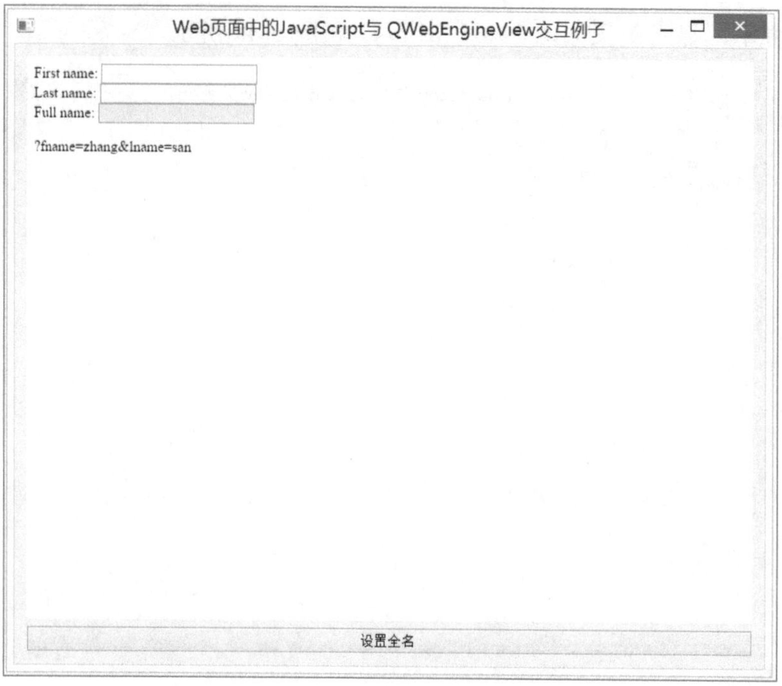

图 5-48

代码分析：

在本例中，初始化一个 QWebEngineView 对象，对象名称为 View，然后通过 view.page()函数获得一个 QWebEnginePage 对象，就可以访问整个 Web 页面了。这个 QWebEnginePage 对象有一个异步的 runJavaScript()函数，需要一个回调函数接收结果。其核心代码如下：

```
def js_callback(result):
    print(result)


def complete_name():
    view.page().runJavaScript('completeAndReturnName();', js_callback)
```

案例 5-14 JavaScript 调用 PyQt 代码

JavaScript 调用 PyQt 代码，是指 PyQt 可以与加载的 Web 页面进行双向的数据交互。首先，使用 QWebEngineView 对象加载 Web 页面后，就可以获得页面中表单输入数据，在 Web 页面中通过 JavaScript 代码收集用户提交的数据。然后，在 Web 页面中，JavaScript 通过桥连接方式传递数据给 PyQt。最后，PyQt 接收到页面传递的数据，经过业务处理后，还可以把处理过的数据返给 Web 页面。

1．创建 QWebChannel 对象

创建 QWebChannel 对象，注册一个需要桥接的对象，以便 Web 页面的 JavaScript 使用。其核心代码如下：

```
channel = QWebChannel()
myObj = MySharedObject()
channel.registerObject( "bridge", myObj )
view.page().setWebChannel(channel)
```

2．创建共享数据的 PyQt 对象

创建的共享对象需要继承 QWidget 对象或 QObject 对象，其核心代码如下：

```
class MySharedObject(QWidget):
    def __init__( self):
        super( MySharedObject, self).__init__()

    def _setStrValue( self, str ):
        print('获得页面参数：%s'% str )

    # 需要定义对外发布的方法
    strValue = pyqtProperty(str, fset=_setStrValue)
```

🌐 **注意**

> 对外提供的 PyQt 对象方法，需要使用 pyqtProperty()函数让它暴露出来。

在 PyQt 5 中使用 pyqtProperty()函数来定义 PyQt 对象中的属性，这个函数的使用方式与标准 Python 模块中的 property()函数相同。 PyQt5.QtCore.pyqtProperty()函数的 API 如下：

```
PyQt5.QtCore.pyqtProperty(type[, fget=None[, fset=None[, freset=None[,
fdel=None[, doc=None[, designable=True[, scriptable=True[, stored=True[,
user=False[, constant=False[, final=False[, notify=None[,
revision=0]]]]]]]]]]]]])
```

pyqtProperty 函数的参数说明如表 5-23 所示。

表 5-23

参　　数	说　　明
type	必填，属性的类型
fget	可选，用于获取属性的值
fset	可选，用于设置属性的值
freset	可选，用于将属性的值重置为它的默认值
fdel	可选，用于删除属性

参　　数	说　　明
Doc	可选，属性的文档字符串
designable	可选，设置 Qt DESIGNABLE 标志
scriptable	可选，设置 Qt SCRIPTABLE 标志
stored	可选，设置 Qt STORED 标志
user	可选，设置 Qt USER 标志
constant	可选，设置 Qt CONSTANT 标志
final	可选，设置 Qt FINAL 标志
notify	可选，未绑定的通知信号
revision	可选，将版本导出到 QML

可以使用 PyqtProperty()函数给类的属性赋值，作为参数传入类的 setter 和 getter 方法名。以下是 PyqtProperty()函数的测试用例，文件名为 PyQt5/Chapter05/qt05_ property.py。

```python
from PyQt5.QtCore import QObject, pyqtProperty

class MyObject(QObject):
    def __init__(self, inVal=20):
        self.val = inVal

    def readVal(self):
        print('readVal=%s' % self.val )
        return self.val

    def setVal(self,val):
        print('setVal=%s' % val )
        self.val = val

    ppVal = pyqtProperty(int, readVal, setVal )

if __name__ == '__main__':
    obj = MyObject()
    print('\n#1')
    obj.ppVal = 10
    print('\n#2')
    print( 'obj.ppVal=%s' % obj.ppVal )
    print( 'obj.readVal()=%s' % obj.readVal() )
```

运行脚本，得到的结果如下：

```
#1
setVal=10
```

```
#2
readVal=10
obj.ppVal=10
readVal=10
obj.readVal()=10
```

3. 创建调用 PyQt 的 Web 页面

本例中加载的 Web 页面是 index.html，需要将这个页面部署到服务器上，通过 http://IP:Port/index.html 的形式访问。可以使用 HBuilder 新建 Web 项目，然后使用其内置的服务器访问 index.html。

Web 页面 index.html 的保存路径为 PyQt5/Chapter05/web/index.html，其完整代码如下：

```html
<html>
  <head>
    <title>A Demo Page</title>
    <meta charset="UTF-8">
    <script src="./qwebchannel.js"></script>
    <script language="javascript">
      function completeAndReturnName() {
        var fname = document.getElementById('fname').value;
        var lname = document.getElementById('lname').value;
        var full = fname + ' ' + lname;

        document.getElementById('fullname').value = full;
        document.getElementById('submit-btn').style.display =
'block';

        return full;
      }

      document.addEventListener("DOMContentLoaded", function () {

        new QWebChannel( qt.webChannelTransport, function(channel) {
          //alert('111 channel=' + channel )

            window.bridge = channel.objects.bridge;
            alert('bridge='+bridge+'\n 从 pyqt 传来的参数=' +
window.bridge.strValue ) ;

        });
      });
```

```
        function onShowMsgBox() {
          //alert('window.bridge=' + window.bridge);

          if ( window.bridge) {
              var fname = document.getElementById('fname').value;
              window.bridge.strValue = fname;

          }
        }

    </script>
  </head>

<body>
  <form>
    <label for="姓名">user name:</label>
    <input type="text" name="fname" id="fname"></input>
    <br />
    <input type="button" value="传递参数到 pyqt"
onclick="onShowMsgBox()">
    <input type="reset" value='重置'/>
  </form>
</body>
</html>
```

首先，需要在页面中引入 qwebchannel.js 脚本，这个脚本是 Qt 官方提供的，它的下载地址是：https://code.csdn.net/tujiaw/webengineview/tree/master/qwebchannel.js。

```
<script src="./qwebchannel.js"></script>
```

其次，需要在 Web 页面中访问在 PyQt 中注册的对象，获得 channel.objects.bridge 共享对象，其中 bridge 是在 PyQt 中注册共享对象时用到的名字。其核心代码如下：

```
document.addEventListener("DOMContentLoaded", function () {

    new QWebChannel( qt.webChannelTransport, function(channel) {
          window.bridge = channel.objects.bridge;
    });
});
```

4. 实例

本例文件名为 PyQt5/Chapter05/qt502_webviewJs02.py，其完整代码如下：

```
from PyQt5.QtWidgets  import QApplication , QWidget , QVBoxLayout
from PyQt5.QtWebEngineWidgets import QWebEngineView
from PyQt5.QtCore import QUrl
from MySharedObject  import MySharedObject
from PyQt5.QtWebChannel import  QWebChannel
import sys

# 创建一个应用实例
app = QApplication(sys.argv)
win = QWidget()
win.setWindowTitle('Web 页面中的 JavaScript 与 QWebEngineView 交互例子')

# 创建一个垂直布局器
layout = QVBoxLayout()
win.setLayout(layout)

# 创建一个 QWebEngineView 对象
view =  QWebEngineView()
htmlUrl = 'http://127.0.0.1:8020/web/index.html'
view.load( QUrl( htmlUrl ))

# 创建一个 QWebChannel 对象，用来传递 PyQt 的参数到 JavaScript
channel =  QWebChannel( )
myObj = MySharedObject()
channel.registerObject( "bridge", myObj )
view.page().setWebChannel(channel)

# 把 QWebEngineView 控件和 button 控件加载到 layout 布局中
layout.addWidget(view)

# 显示窗口和运行应用
win.show()
sys.exit(app.exec_())
```

需要传递自定义类 MySharedObject，这个自定义类继承了 PyQt 中的 QWidget
类。它的代码如下：

```
from PyQt5.QtCore import QObject
from PyQt5.QtCore import pyqtProperty
from PyQt5.QtWidgets import QWidget,QMessageBox

class MySharedObject(QWidget):
```

```
        def __init__( self):
            super( MySharedObject, self).__init__()


        def _getStrValue( self):
            # 设置参数
            return '100'


        def _setStrValue( self,  str ):
            # 获得参数
            print('获得页面参数: %s'% str )
            QMessageBox.information(self,"Information", '获得页面参数：%s'%
str )


        # 需要定义对外发布的方法
        strValue = pyqtProperty(str, fget=_getStrValue, fset=_setStrValue)
```

注意

自定义的 MySharedObject 类要继承自 QWidget 基础控件类，才可以调用 PyQt 控件。如果只是传递数据，仅仅是 Python 的基本数据类型，不需要调用 PyQt 控件，那么自定义类 MySharedObject 继承 QObject 类就可以了。

运行脚本，显示效果如图 5-49、图 5-50 所示。

图 5-49

图 5-50

案例 5-13 和案例 5-14 演示的是使用 QWebEngineView 类加载 Web 页面，在页面中输入数据，并通过 QWebChannel 对象获得页面提交的数据。

6

第 6 章

PyQt 5 布局管理

6.1　好软件的三个维度

笔者拥有多年的软件开发经验，既开发过面向企业的商业软件，也开发过面向大众的开源软件。本节笔者将结合自己的实际工作经验，和大家分享开发软件的心得。

根据软件在市场上的受欢迎程度，发现成功的软件在用户体验方面有三个主要维度：能用、易用和好用，如图 6-1 所示。

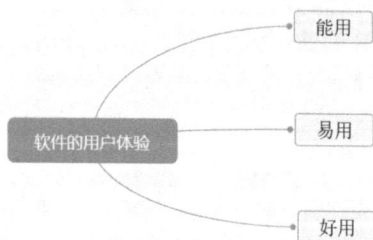

图 6-1

"能用"维度：这是最基本也是最重要的衡量标准，主要用来衡量产品需求是否合理，方向是否正确。如果需求不对，产品的可用性就为零，那么设计的软件再酷炫也是无用的，更别提它的易用和好用了。

"易用"维度：主要看软件的布局管理架构是否合理，能否快速找到想要的东西，整个交互流程是否清晰，用户在完成某项任务的过程中是否出现卡顿。比如，用户要使用软件的某个功能，需要点击几下鼠标和敲击几次键盘，以及这些步骤是否都是必要的，有没有让用户感到厌烦。

"好用"维度：一个友好、人性化的软件界面，会使用户对所使用的软件充满好感。比如苹果的 Mac OS 操作系统在这方面就很值得借鉴。

三个维度的重要程度是：好用 > 易用 > 能用。很明显"好用"维度是最重要的，要满足软件的"好用"维度，首先必须满足它的"易用"和"能用"维度。在初期同类软件缺失的情况下，如果一个软件能满足大部分用户的需求，那么它的下载量就会大增。当市场上出现大量同类软件时，如果这个软件没有自己的特色，它的市场就会逐渐被同类软件所"蚕食"。这里所说的特色就是指"好用"。

在目前的软件开发过程中，图形用户界面（GUI）的设计相当重要。美观、易用的软件界面能够让用户使用时更加舒服，可以在很大程度上提高软件的使用量。

在图形用户界面中，布局管理是一个重要的设计方面。布局管理是通过布局将各种不同功能的控件（Widget）放到程序主窗口中，我们常用的软件就是采用布局管理方式来进行界面设计的。比如 Python 集成开发环境 Spyder 的界面由许多窗格组成，用户可以根据自己的喜好调整它们的位置和大小。当多个窗格出现在同一个区域时，可以使用标签页的形式来显示。由于 Spyder 的界面布局合理、功能强大、用户体验好，所以深受广大 Python 极客的欢迎。Spyder 的界面如图 6-2 所示。

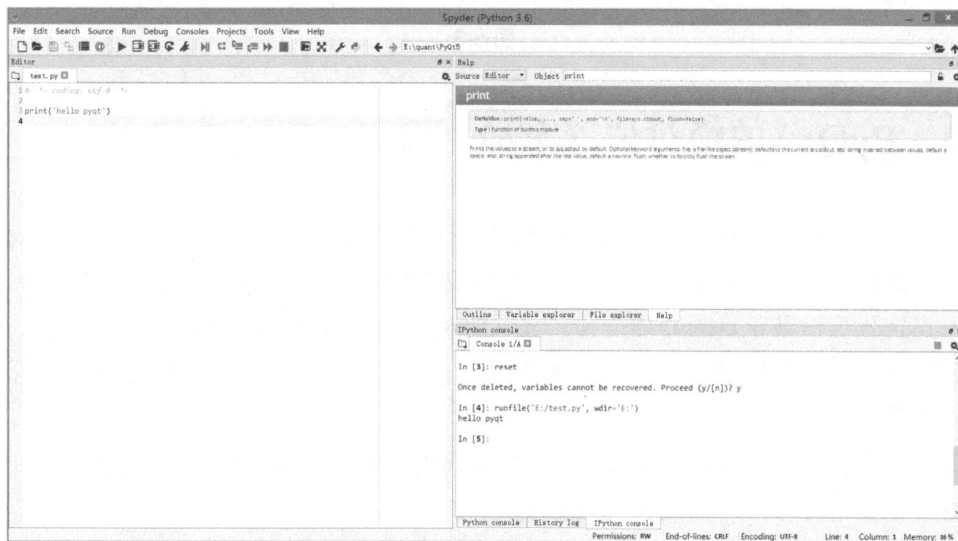

图 6-2

6.2　PyQt 5中的布局管理

对 PyQt 5 的界面进行布局管理主要有两种方法，即采用绝对位置和布局类。在 PyQt 5 中有四种布局方式，即水平布局、垂直布局、网格布局、表单布局，以及两种布局方法，即 addLayout()和 addWidget()，其中 addLayout()用于在布局中插入子布局，addWidget()用于在布局中插入控件。

四种布局方式对应四个布局类：

- 水平布局类（QHBoxLayout），可以把所添加的控件在水平方向上依次排列。
- 垂直布局类（QVBoxLayout），可以把所添加的控件在垂直方向上依次排列。
- 网格布局类（QGridLayout），可以把所添加的控件以网格的形式排列。
- 表单布局类（QFormLayout），可以把所添加的控件以两列的形式排列。

在窗口中进行单一的布局并不难，但若是进行比较复杂的布局，就涉及布局的嵌套了，推荐使用 Qt Designer 的可视化管理工具来进行界面布局。

布局类及其子类的继承关系如图 6-3 所示。

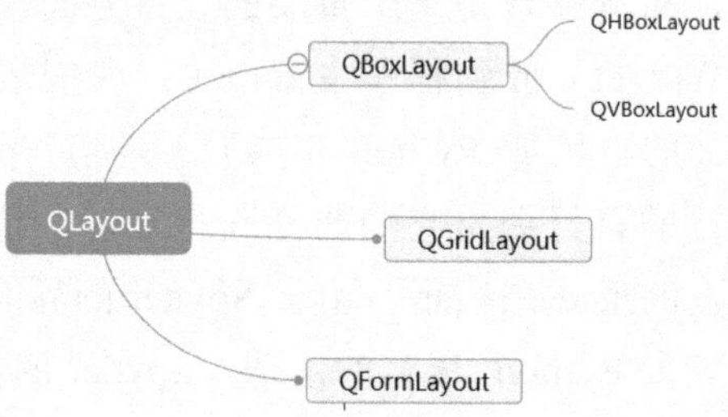

图 6-3

6.3 PyQt 5的绝对位置布局

绝对位置布局（Absolute Positioning Layout）主要是通过在窗口程序中指定每一个控件的显示坐标和大小来实现的。最开始的坐标在左上角(0, 0)的位置，以(0, 0)为原点定位窗口某一点的具体位置。显示坐标的表示方法是(x, y)，x 是横坐标，从左到右变化；y 是纵坐标，从上到下变化。在绝对位置布局中，窗口中的控件采用绝对位置进行布局。

本例文件名为 PyQt5/Chapter06/qt06_absoPosition.py，演示在 PyQt 5 的窗口中采用绝对位置进行布局。其完整代码如下：

```python
import sys
from PyQt5.QtWidgets import QWidget, QLabel, QApplication

class Example(QWidget):
    def __init__(self):
        super().__init__()
        self.initUI()

    def initUI(self):
```

```
        lbl1 = QLabel('欢迎', self)
        lbl1.move(15, 10)

        lbl2 = QLabel('学习', self)
        lbl2.move(35, 40)

        lbl3 = QLabel('PyQt5 !', self)
        lbl3.move(55, 70)

        self.setGeometry(300, 300, 320, 120)
        self.setWindowTitle('绝对位置布局例子')

if __name__ == '__main__':
    app = QApplication(sys.argv)
    demo = Example()
    demo.show()
    sys.exit(app.exec_())
```

运行脚本，显示效果如图 6-4 所示。

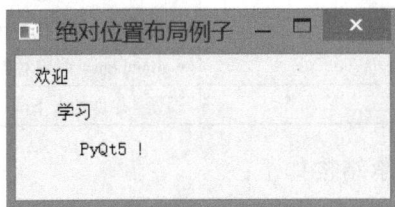

图 6-4

代码分析：

在这个例子中，使用 move()方法来定位控件。其中第一个标签控件定位在 x=15,
y=10 的位置。定位控件使用 x 和 y 坐标轴。

```
lbl1 = QLabel('欢迎', self)
lbl1.move(15, 10)
```

绝对位置布局的优点如下：

- 可以直接定位每个控件的位置。

绝对位置布局的缺点如下：

- 如果改变一个窗口的大小，窗口中控件的大小和位置不会随之改变。
- 所生成的窗口在不同的操作系统下看起来可能不一样。
- 在程序中改变字体时可能会破坏布局。
- 如果修改布局，比如新增一个控件，就必须全部重新布局，既烦琐又费时。

6.4 QBoxLayout（框布局）

采用 QBoxLayout 类可以在水平和垂直方向上排列控件，QHBoxLayout 和 QVBoxLayout 类继承自 QBoxLayout 类。

6.4.1 QHBoxLayout（水平布局）

采用 QHBoxLayout 类，按照从左到右的顺序来添加控件。QHBoxLayout 类中的常用方法如表 6-1 所示。

表 6-1

方　　法	描　　述
addLayout(self, QLayout, stretch = 0)	在窗口的右边添加布局，使用 stretch（伸缩量）进行伸缩，伸缩量默认为 0
addWidget(self, QWidget, stretch, Qt.Alignment alignment)	在布局中添加控件： ● stretch（伸缩量），只适用于 QBoxLayout，控件和窗口会随着伸缩量的变大而增大 ● alignment，指定对齐的方式
addSpacing(self, int)	设置各控件的上下间距，通过该方法可以增加额外的空间

QHBoxLayout 类的继承结构如下：

```
QObject
   |
   +- QLayout
        |
        +- QBoxLayout
             |
             +- QHBoxLayout
```

在创建 QHBoxLayout 布局时用到的对齐方式参数如表 6-2 所示。

表 6-2

参　　数	描　　述
Qt.AlignLeft	水平方向居左对齐
Qt.AlignRight	水平方向居右对齐
Qt.AlignCenter	水平方向居中对齐
Qt.AlignJustify	水平方向两端对齐
Qt.AlignTop	垂直方向靠上对齐
Qt.AlignBottom	垂直方向靠下对齐
Qt.AlignVCenter	垂直方向居中对齐

本例文件名为 PyQt5/Chapter06/qt06_hboxLayout.py，其核心代码如下：

```python
from PyQt5.QtCore import Qt

class Winform(QWidget):
    def __init__(self,parent=None):
        super(Winform,self).__init__(parent)
        self.setWindowTitle("水平布局管理例子")

        # 水平布局按照从左到右的顺序添加按钮控件
        hlayout = QHBoxLayout()
        hlayout.addWidget( QPushButton(str(1)))
        hlayout.addWidget( QPushButton(str(2)))
        hlayout.addWidget( QPushButton(str(3)))
        hlayout.addWidget( QPushButton(str(4)))
        hlayout.addWidget( QPushButton(str(5)))
        self.setLayout(hlayout)
```

运行脚本，显示效果如图 6-5 所示。

图 6-5

在某些情况下，需要将布局中的某些控件居上、居下显示，那么可以通过对齐方式参数 Qt.Alignment 来设置。本例文件名为 PyQt5/Chapter06/qt06_boxLayout02.py，演示使用 Qt.AlignLeft、Qt.AlignLeft、Qt.AlignBottom 参数来设置控件的布局。其核心代码如下：

```python
# 水平布局按照从左到右的顺序添加按钮控件
hlayout = QHBoxLayout()

# 水平居左、垂直靠上对齐
hlayout.addWidget( QPushButton(str(1)) , 0 , | Qt.AlignTop)
hlayout.addWidget( QPushButton(str(2)) , 0 , Qt.AlignLeft | Qt.AlignTop)
hlayout.addWidget( QPushButton(str(3)))

# 水平居左、垂直靠下对齐
hlayout.addWidget( QPushButton(str(4)) , 0 , Qt.AlignLeft |
Qt.AlignBottom )
hlayout.addWidget( QPushButton(str(5)), 0 , Qt.AlignLeft |
Qt.AlignBottom)
```

运行脚本,显示效果如图 6-6 所示。

图 6-6

还可以使用 setSpacing(int)设置各控件之间的间距。本例文件名为 PyQt5/
Chapter06/qt06_boxLayout01.py,使用 setSpacing(0)将各控件之间的间距设置为 0。
其核心代码如下:

```
# 初始化水平布局
hlayout = QHBoxLayout()
hlayout.addWidget( QPushButton(str(1)) )
hlayout.addWidget( QPushButton(str(2)) )
hlayout.addWidget( QPushButton(str(3)))
hlayout.addWidget( QPushButton(str(4))  )
hlayout.addWidget( QPushButton(str(5)))

# 设置控件间距
hlayout.setSpacing( 0 )
```

运行脚本,显示效果如图 6-7 所示。

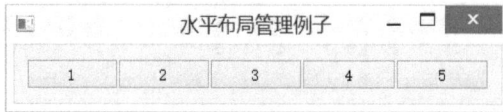

图 6-7

6.4.2 QVBoxLayout(垂直布局)

采用 QVBoxLayout 类,按照从上到下的顺序添加控件。本例文件名为
PyQt5/Chapter06/qt06_vboxLayout.py,其核心代码如下:

```
class Winform(QWidget):
    def __init__(self,parent=None):
        super(Winform,self).__init__(parent)
        self.setWindowTitle("垂直布局管理例子")
```

```
# 垂直布局按照从上到下的顺序添加按钮控件
vlayout = QVBoxLayout()
vlayout.addWidget( QPushButton(str(1)))
vlayout.addWidget( QPushButton(str(2)))
vlayout.addWidget( QPushButton(str(3)))
vlayout.addWidget( QPushButton(str(4)))
vlayout.addWidget( QPushButton(str(5)))
self.setLayout(vlayout)
```

运行脚本，显示效果如图 6-8 所示。

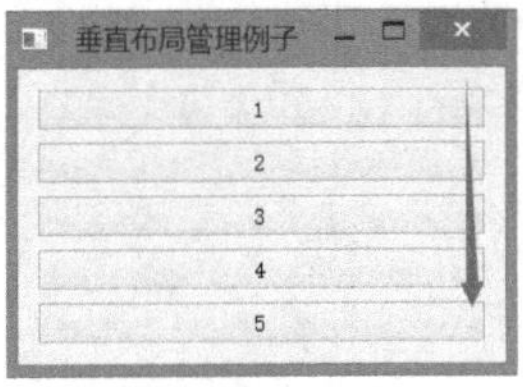

图 6-8

6.4.3　addStretch()函数的使用

在布局时要用到 addStretch()函数。设置 stretch 伸缩量后，按比例分配剩余空间。addStretch()函数的具体使用请参考表 6-3。

表 6-3

函　　数	描　　述
QBoxLayout.addStretch (int stretch = 0)	addStretch()函数在布局管理器中增加一个可伸缩的控件（QSpaceItem），0 为最小值，并且将 stretch 作为伸缩量添加到布局末尾 stretch 参数表示均分的比例，默认值为 0

本例文件名为 **PyQt5/Chapter06/qt06_layoutAddStretch01.py**，一个布局管理器中有三个按钮控件，要求界面不随着父控件的伸缩而改变。其完整代码如下：

```
from PyQt5.QtWidgets import QApplication ,QWidget, QVBoxLayout ,
QHBoxLayout ,QPushButton
import sys

class WindowDemo(QWidget):
    def __init__(self ):
        super().__init__()

        btn1 = QPushButton(self)
        btn2 = QPushButton(self)
```

```
        btn3 = QPushButton(self)
        btn1.setText('button 1')
        btn2.setText('button 2')
        btn3.setText('button 3')

        hbox = QHBoxLayout()
        # 设置伸缩量为1
        hbox.addStretch(1)
        hbox.addWidget( btn1 )
        # 设置伸缩量为1
        hbox.addStretch(1)
        hbox.addWidget( btn2 )
        # 设置伸缩量为1
        hbox.addStretch(1)
        hbox.addWidget( btn3 )
        # 设置伸缩量为1
        hbox.addStretch(1)

        self.setLayout(hbox)
        self.setWindowTitle("addStretch 例子")

if __name__ == "__main__":
    app = QApplication(sys.argv)
    win = WindowDemo()
    win.show()
    sys.exit(app.exec_())
```

运行脚本，显示效果如图 6-9 所示。伸缩后的效果如图 6-10 所示。

图 6-9

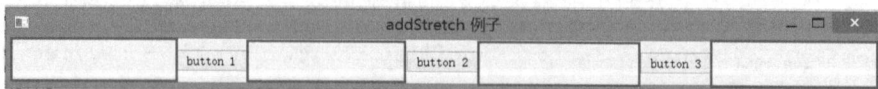

图 6-10

从上面的代码可以看出，四个 addStretch()函数用于在按钮间设置伸缩量，伸缩量的比例为 1:1:1:1，意思是将按钮以外的空白地方等分为 4 份，并按照所设置的顺序放入按钮的布局管理器中。这样在每一个控件之间就都添加了伸缩量，所有控件之间的间距都会相同。

本例文件名为 **PyQt5/Chapter06/qt06_layoutAddStretch02.py**，演示在布局中使用

addStretch()函数，在第一个控件之前添加伸缩控件，这样所有的控件就都会居右显示。其核心代码如下：

```
hlayout = QHBoxLayout()
# 添加拉伸控件
hlayout.addStretch(0)

hlayout.addWidget( QPushButton(str(1)) )
hlayout.addWidget( QPushButton(str(2)) )
hlayout.addWidget( QPushButton(str(3)) )
hlayout.addWidget( QPushButton(str(4)) )
hlayout.addWidget( QPushButton(str(5)) )
```

运行脚本，显示效果如图 6-11 所示。

图 6-11

本例文件名为 PyQt5/Chapter06/qt06_layoutAddStretch03.py，演示在布局中使用addStretch()函数，在最后一个控件之后添加伸缩控件，这样所有的控件就都会居左显示。其核心代码如下：

```
hlayout = QHBoxLayout()

hlayout.addWidget( QPushButton(str(1)) )
hlayout.addWidget( QPushButton(str(2)) )
hlayout.addWidget( QPushButton(str(3)))
hlayout.addWidget( QPushButton(str(4)) )
hlayout.addWidget( QPushButton(str(5)))
# 添加伸缩控件
hlayout.addStretch(0)
```

运行脚本，显示效果如图 6-12 所示。

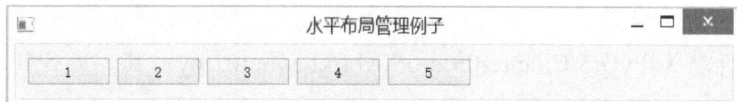

图 6-12

6.5　QGridLayout（网格布局）

QGridLayout（网格布局）是将窗口分隔成行和列的网格来进行排列。通常可以使用函数 addWidget()将被管理的控件（Widget）添加到窗口中，或者使用 addLayout() 函数将布局（Layout）添加到窗口中。也可以通过 addWidget()函数对所添加的控件设置行数和列数的跨越，最后实现网格占据多个窗格。

QGridLayout 类中的常用方法如表 6-4 所示。

表 6-4

方　　法	描　　述
addWidget（ QWidget　widget, int row, int col, int alignment = 0 ）	给网格布局添加控件，设置指定的行和列。起始位置（top-left position）的默认值是(0, 0) 。 • widget：所添加的控件 • row：控件的行数，默认从 0 开始 • column：控件的列数，默认从 0 开始 • alignment：对齐方式
addWidget(QWidget　widget, int fromRow, int fromColumn, int rowSpan, int columnSpan, Qt.Alignment alignment = 0)	所添加的控件跨越很多行或者列时，使用这个函数。 • widget：所添加的控件 • fromRow：控件的起始行数 • fromColumn：控件的起始列数 • rowSpan：控件跨越的行数 • columnSpan：控件跨越的列数 • alignment：对齐方式
setSpacing (int spacing)	设置控件在水平和垂直方向的间隔

QGridLayout 类的继承结构如下：

```
QObject
    |
    +- QLayout
          |
          +- QGridLayout
```

6.5.1　单一的网格单元格

本例文件名为 PyQt5/Chapter06/qt06_vboxLayout01.py。其完整代码如下：

```
import sys
from PyQt5.QtWidgets import QApplication,QWidget, QGridLayout,
QPushButton

class Winform(QWidget):
    def __init__(self,parent=None):
        super(Winform,self).__init__(parent)
```

```
            self.initUI()

    def initUI(self):
        # 1
        grid = QGridLayout()
        self.setLayout(grid)

        # 2
        names = ['Cls', 'Back', '', 'Close',
                '7', '8', '9', '/',
                '4', '5', '6', '*',
                '1', '2', '3', '-',
                '0', '.', '=', '+']

        # 3
        positions = [(i,j) for i in range(5) for j in range(4)]

        # 4
        for position, name in zip(positions, names):
            if name == '':
                continue

            button = QPushButton(name)
            grid.addWidget(button, *position)

        self.move(300, 150)
        self.setWindowTitle('网格布局管理例子')

if __name__ == "__main__":
        app = QApplication(sys.argv)
        form = Winform()
        form.show()
        sys.exit(app.exec_())
```

运行脚本，显示效果如图 6-13 所示。

第 1 组代码：创建 QGridLayout 的实例，并设置为窗口的布局。

第 2 组代码：创建按钮的标签列表。

第 3 组代码：在网格中创建一个位置列表。

第 4 组代码：创建按钮，并通过 addWidget()方法添加到布局中。

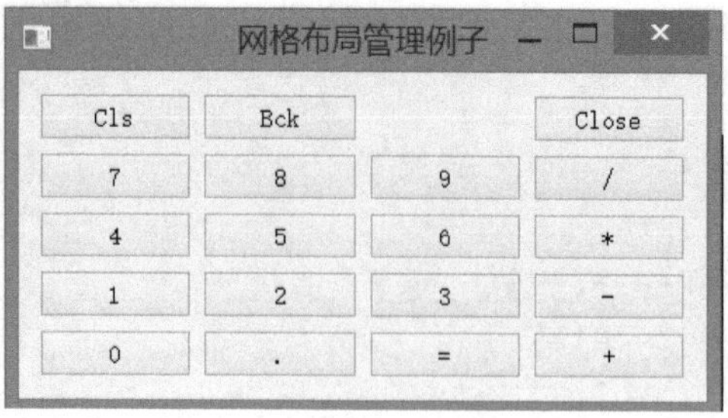

图 6-13

6.5.2　跨越行和列的网格单元格

本例文件名为 PyQt5/Chapter06/qt06_vboxLayout02.py，其完整代码如下：

```python
import sys
from PyQt5.QtWidgets import (QWidget, QLabel, QLineEdit, QTextEdit,
QGridLayout, QApplication)

class Winform(QWidget):
    def __init__(self,parent=None):
        super(Winform,self).__init__(parent)
        self.initUI()

    def initUI(self):
        title = QLabel('标题')
        author = QLabel('提交人')
        review = QLabel('申告内容')

        titleEdit = QLineEdit()
        authorEdit = QLineEdit()
        reviewEdit = QTextEdit()

        grid = QGridLayout()
        grid.setSpacing(10)

        grid.addWidget(title, 1, 0)
        grid.addWidget(titleEdit, 1, 1)

        grid.addWidget(author, 2, 0)
        grid.addWidget(authorEdit, 2, 1)

        grid.addWidget(review, 3, 0)
```

```
            grid.addWidget(reviewEdit, 3, 1, 5, 1)

            self.setLayout(grid)

            self.setGeometry(300, 300, 350, 300)
            self.setWindowTitle('故障申告')

if __name__ == "__main__":
        app = QApplication(sys.argv)
        form = Winform()
        form.show()
        sys.exit(app.exec_())
```

运行脚本，显示效果如图 6-14 所示。

图 6-14

代码分析：

```
grid.addWidget(titleLabel, 1, 0)
```

把 titleLabel 放在 QGridLayout 布局的第 1 行第 0 列。

```
grid.addWidget(titleEdit, 1, 1)
```

把 titleEdit 放在 QGridLayout 布局的第 1 行第 1 列。

```
grid.addWidget(contentLabel, 3, 0)
```

把 contentLabel 放在 QGridLayout 布局的第 3 行第 0 列。

```
grid.addWidget(contentEdit, 3, 1, 5, 1)
```

把 contentEdit 放在 QGridLayout 布局的第 3 行第 1 列，跨越 5 行和 1 列。

6.6 QFormLayout（表单布局）

QFormLayout 是 label-field 式的表单布局，顾名思义，就是实现表单方式的布局。表单是提示用户进行交互的一种模式，其主要由两列组成，第一列用于显示信息，给用户提示，一般叫作 label 域；第二列需要用户进行选择或输入，一般叫作 field 域。label 与 field 的关系就是 label 关联 field。

QFormLayout 类的继承结构如下：

```
QObject
    |
   +- QLayout
        |
          +- QFormLayout
```

本例文件名为 PyQt5/Chapter06/qt06_formLayout.py，其核心代码如下：

```python
class Winform(QWidget):
    def __init__(self,parent=None):
        super(Winform,self).__init__(parent)
        self.setWindowTitle("表单布局管理例子")
        self.resize(400, 100)

        fromlayout = QFormLayout()
        labl1 = QLabel("标签1");
        lineEdit1 = QLineEdit();
        labl2 = QLabel("标签2");
        lineEdit2 = QLineEdit();
        labl3 = QLabel("标签3");
        lineEdit3 = QLineEdit();

        fromlayout.addRow(labl1, lineEdit1);
        fromlayout.addRow(labl2, lineEdit2);
        fromlayout.addRow(labl3, lineEdit3);

        self.setLayout(fromlayout)
```

运行脚本，显示效果如图 6-15 所示。

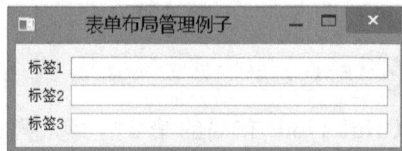

图 6-15

6.7　嵌套布局

在窗口中进行单一的布局比较简单，但是如果要进行比较复杂的布局，一般就会涉及布局的嵌套了。

6.7.1　在布局中添加其他布局

本例文件名为 PyQt5/Chapter06/qt06_nestLayout01.py。其完整代码如下：

```python
import sys
from PyQt5.QtWidgets import QApplication ,QWidget , QHBoxLayout,
QVBoxLayout,  QGridLayout ,  QFormLayout, QPushButton

class MyWindow( QWidget):

    def __init__(self):
        super().__init__()
        self.setWindowTitle('嵌套布局示例')

        # 全局布局（2种）：水平
        wlayout =  QHBoxLayout()
        # 局部布局（4种）：水平、垂直、网格、表单
        hlayout =  QHBoxLayout()
        vlayout =  QVBoxLayout()
        glayout = QGridLayout()
        formlayout =  QFormLayout()

        # 为局部布局添加控件（例如：按钮）
        hlayout.addWidget( QPushButton(str(1)) )
        hlayout.addWidget( QPushButton(str(2)) )
        vlayout.addWidget( QPushButton(str(3)) )
        vlayout.addWidget( QPushButton(str(4)) )
        glayout.addWidget( QPushButton(str(5)) , 0, 0 )
        glayout.addWidget( QPushButton(str(6)) , 0, 1 )
        glayout.addWidget( QPushButton(str(7)) , 1, 0 )
        glayout.addWidget( QPushButton(str(8)) , 1, 1 )
        formlayout.addWidget( QPushButton(str(9)) )
        formlayout.addWidget( QPushButton(str(10)) )
        formlayout.addWidget( QPushButton(str(11)) )
        formlayout.addWidget( QPushButton(str(12)) )
```

```
        # 准备 4 个控件
        hwg = QWidget()
        vwg = QWidget()
        gwg = QWidget()
        fwg = QWidget()

        # 使用 4 个控件设置局部布局
        hwg.setLayout(hlayout)
        vwg.setLayout(vlayout)
        gwg.setLayout(glayout)
        fwg.setLayout(formlayout)

        # 将 4 个控件添加到全局布局中
        wlayout.addWidget(hwg)
        wlayout.addWidget(vwg)
        wlayout.addWidget(gwg)
        wlayout.addWidget(fwg)

        # 将窗口本身设置为全局布局
        self.setLayout(wlayout)

if __name__=="__main__":
    app = QApplication(sys.argv)
    win = MyWindow()
    win.show()
    sys.exit(app.exec_())
```

运行脚本，显示效果如图 6-16 所示。

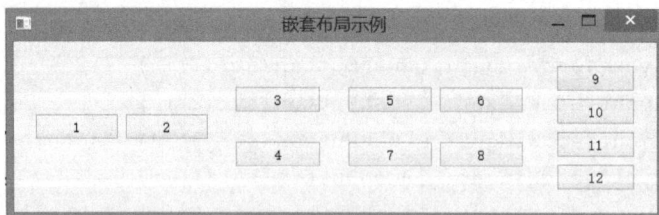

图 6-16

代码分析：

（1）全局布局

全局布局采用的是水平布局。

```
wlayout = QHBoxLayout()
```

（2）局部布局

局部布局采用的分别是水平布局、垂直布局、网格布局和表单布局。

```
hlayout = QHBoxLayout()
vlayout = QVBoxLayout()
glayout = QGridLayout()
formlayout = QFormLayout()
```

首先，准备 4 个 QWidget 控件：hwg、vwg、gwg 和 formlayout。

```
hwg = QWidget()
vwg = QWidget()
gwg = QWidget()
fwg = QWidget()
```

然后，使用 4 个 QWidget 控件分别设置局部布局。

```
hwg.setLayout(hlayout)
vwg.setLayout(vlayout)
gwg.setLayout(glayout)
fwg.setLayout(formlayout)
```

接下来，将 4 个 QWidget 控件添加到全局变量中。

```
wlayout.addWidget(hwg)
wlayout.addWidget(vwg)
wlayout.addWidget(gwg)
wlayout.addWidget(fwg)
```

最后，把全局布局应用到窗口本身。

```
self.setLayout(wlayout)
```

分析结果如图 6-17 所示。

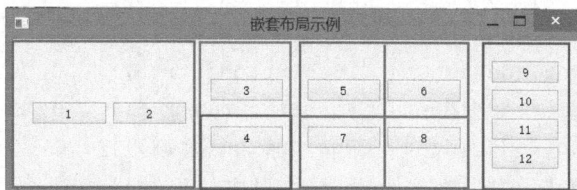

图 6-17

6.7.2　在控件中添加布局

在上一节中，我们讨论了两层嵌套布局的情况。这样的布局有一个缺点：4 种局部布局需要 4 个空白控件，假如有 10 种局部布局，就需要 10 个空白控件。怎么解决这个问题呢？

不管有多少种局部布局，只需要一个空白控件，然后在这个空白控件中进行多种布局，就可以实现相同的效果。

本例文件名为 PyQt5/Chapter06/qt06_nestLayout02.py，其完整代码如下：

```python
from PyQt5.QtWidgets import *
import sys

class MyWindow(QWidget):

    def __init__(self):
        super().__init__()
        self.setWindowTitle('嵌套布局示例')
        self.resize(700, 200)

        # 全局控件（注意参数 self），用于"承载"全局布局
        wwg = QWidget(self)

        # 全局布局（注意参数 wwg）
        wl = QHBoxLayout(wwg)
        hlayout =  QHBoxLayout()
        vlayout =  QVBoxLayout()
        glayout = QGridLayout()
        formlayout =  QFormLayout()

        # 为局部布局添加控件（例如：按钮）
        hlayout.addWidget( QPushButton(str(1)) )
        hlayout.addWidget( QPushButton(str(2)) )
        vlayout.addWidget( QPushButton(str(3)) )
        vlayout.addWidget( QPushButton(str(4)) )
        glayout.addWidget( QPushButton(str(5)) , 0, 0 )
        glayout.addWidget( QPushButton(str(6)) , 0, 1 )
        glayout.addWidget( QPushButton(str(7)) , 1, 0)
        glayout.addWidget( QPushButton(str(8)) , 1, 1)
        formlayout.addWidget( QPushButton(str(9))  )
        formlayout.addWidget( QPushButton(str(10)) )
        formlayout.addWidget( QPushButton(str(11)) )
        formlayout.addWidget( QPushButton(str(12)) )

        # 这里在局部布局中添加控件，然后将其添加到全局布局中
        wl.addLayout(hlayout)
```

```
        wl.addLayout(vlayout)
        wl.addLayout(glayout)
        wl.addLayout(formlayout)

if __name__=="__main__":
    app = QApplication(sys.argv)
    win = MyWindow()
    win.show()
    sys.exit(app.exec_())
```

运行脚本，显示效果同图 6-16。

代码分析：

（1）先准备一个全局控件，用于添加全局布局。

```
# 全局控件（注意参数 self），用于添加全局布局
wwg = QWidget(self)
```

（2）定义全局布局。

```
wl = QHBoxLayout(wwg)
```

（3）定义 4 种局部布局。

```
hlayout =  QHBoxLayout()
vlayout =  QVBoxLayout()
glayout = QGridLayout()
formlayout =  QFormLayout()
```

（4）在局部布局中放置一些按钮控件。

```
hlayout.addWidget( QPushButton(str(1)) )
hlayout.addWidget( QPushButton(str(2)) )
vlayout.addWidget( QPushButton(str(3)) )
vlayout.addWidget( QPushButton(str(4)) )
glayout.addWidget( QPushButton(str(5)) , 0, 0 )
glayout.addWidget( QPushButton(str(6)) , 0, 1 )
glayout.addWidget( QPushButton(str(7)) , 1, 0)
glayout.addWidget( QPushButton(str(8)) , 1, 1)
formlayout.addWidget( QPushButton(str(9)) )
formlayout.addWidget( QPushButton(str(10)) )
formlayout.addWidget( QPushButton(str(11)) )
formlayout.addWidget( QPushButton(str(12)) )
```

（5）把 4 种局部布局添加到全局布局中

```
wl.addLayout(hlayout)
```

```
w1.addLayout(vlayout)
w1.addLayout(glayout)
w1.addLayout(formlayout)
```

6.8　QSplitter

除了上面介绍的 Layout 布局管理，PyQt 还提供了一个特殊的布局管理器 QSplitter，它可以动态地拖动子控件之间的边界，算是一个动态的布局管理器。QSplitter 允许用户通过拖动子控件的边界来控制子控件的大小，并提供了一个处理拖曳子控件的控制器。

在 QSplitter 对象中各子控件默认是横向布局的，可以使用 Qt.Vertical 进行垂直布局。QSplitter 类中的常用方法如表 6-5 所示。

表 6-5

方　　法	描　　述
addWidget()	将小控件添加到 QSplitter 管理器的布局中
indexOf()	返回小控件在 QSplitter 管理器中的索引
insertWidget()	根据指定的索引将一个控件插入到 QSplitter 管理器中
setOrientation()	设置布局方向： ● Qt.Horizontal，水平方向 ● Qt.Vertical，垂直方向
setSizes()	设置控件的初始化大小
count()	返回小控件在 QSplitter 管理器中的数量

本例文件名为 PyQt5/Chapter06/qt06_QSplitter.py，演示在 PyQt 5 的窗口中使用 QSplitter 控件。其完整代码如下：

```
import sys
from PyQt5.QtCore import *
from PyQt5.QtGui import *
from PyQt5.QtWidgets import *

class SplitterExample(QWidget):
    def __init__(self):
        super(SplitterExample, self).__init__()
        self.initUI()

    def initUI(self):
        hbox = QHBoxLayout(self)
        self.setWindowTitle('QSplitter 例子')
```

```
        self.setGeometry(300, 300, 300, 200)
        topleft = QFrame()
        topleft.setFrameShape(QFrame.StyledPanel)
        bottom = QFrame()
        bottom.setFrameShape(QFrame.StyledPanel)
        splitter1 = QSplitter(Qt.Horizontal)
        textedit = QTextEdit()
        splitter1.addWidget(topleft)
        splitter1.addWidget(textedit)
        splitter1.setSizes([100,200])
        splitter2 = QSplitter(Qt.Vertical)
        splitter2.addWidget(splitter1)
        splitter2.addWidget(bottom)
        hbox.addWidget(splitter2)
        self.setLayout(hbox)

if __name__ == '__main__':
    app = QApplication(sys.argv)
    demo = SplitterExample()
    demo.show()
    sys.exit(app.exec_())
```

运行脚本，显示效果如图 6-18 所示。

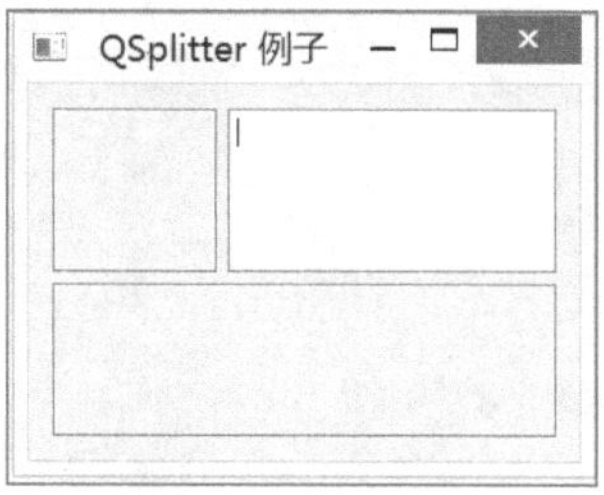

图 6-18

代码分析：

在这个例子中，显示了使用两个 QSplitter 组织的两个 QFrame 控件。其中第一个 QSplitter 对象包含了一个 QFrame 对象和 QTextEdit 对象，并按照水平方向进行布局。

```
topleft = QFrame()
topleft.setFrameShape(QFrame.StyledPanel)
splitter1 = QSplitter(Qt.Horizontal)
textedit = QTextEdit()
splitter1.addWidget(topleft)
splitter1.addWidget(textedit)
```

第二个 QSplitter 对象添加了第一个 QSplitter 对象和另一个 QFrame 对象，并按照垂直方向进行布局。

```
bottom = QFrame()
splitter2 = QSplitter(Qt.Vertical)
splitter2.addWidget(splitter1)
splitter2.addWidget(bottom)
hbox.addWidget(splitter2)
self.setLayout(hbox)
```

第 7 章

7

PyQt 5 信号与槽

7.1　信号与槽介绍

　　信号（Signal）和槽（Slot）是 Qt 中的核心机制，也是在 PyQt 编程中对象之间进行通信的机制。在 Qt 中，每一个 QObject 对象和 PyQt 中所有继承自 QWidget 的控件（这些都是 QObject 的子对象）都支持信号与槽机制。当信号发射时，连接的槽函数将会自动执行。在 PyQt 5 中信号与槽通过 object.signal.connect()方法连接。

　　PyQt 的窗口控件类中有很多内置信号，开发者也可以添加自定义信号。信号与槽具有如下特点。

- 一个信号可以连接多个槽。
- 一个信号可以连接另一个信号。
- 信号参数可以是任何 Python 类型。
- 一个槽可以监听多个信号。
- 信号与槽的连接方式可以是同步连接，也可以是异步连接。
- 信号与槽的连接可能会跨线程。
- 信号可能会断开。

　　在 GUI 编程中，当改变一个控件的状态时（如单击了按钮），通常需要通知另一个控件，也就是实现了对象之间的通信。在早期的 GUI 编程中使用的是回调机制，在 Qt 中则使用一种新机制——信号与槽。在编写一个类时，要先定义该类的信号与槽，在类中信号与槽进行连接，实现对象之间的数据传输。信号与槽机制示意图如图 7-1 所示。

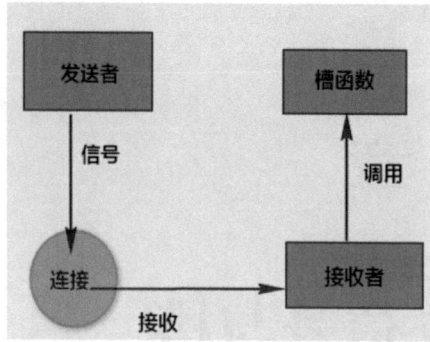

图 7-1

当事件或者状态发生改变时，就会发出信号。同时，信号会触发所有与这个事件（信号）相关的函数（槽）。信号与槽可以是多对多的关系。一个信号可以连接多个槽，一个槽也可以监听多个信号。

关于 PyQt API 中信号与槽的更详细解释，可以参考官方网站：http://pyqt.sourceforge. net/Docs/PyQt5/signals_slots.html?highlight=pyqtsignal#PyQt5.QtCore.pyqtSignal。

7.1.1 定义信号

PyQt 的内置信号是自动定义的。使用 PyQt5.QtCore.pyqtSignal() 函数可以为 QObject 创建一个信号，使用 pyqtSingnal() 函数可以把信号定义为类的属性。pyqtSignal() 函数信息如图 7-2 所示。

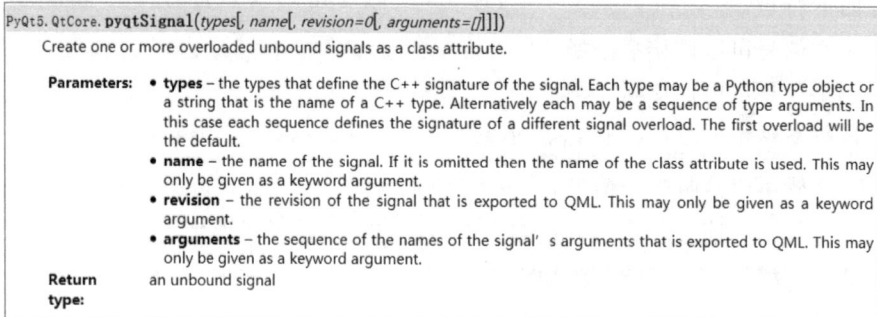

图 7-2

1. 为 QObject 对象创建信号

使用 pyqtSignal() 函数创建一个或多个重载的未绑定的信号作为类的属性，信号只能在 QObject 的子类中定义，如图 7-3 所示。

信号必须在类创建时定义，不能在类创建后作为类的属性动态添加进来。types 参数表示定义信号时参数的类型，name 参数表示信号名字，该项缺省时使用类的属性名字。

```
class Foo(QObject):

    # This will cause problems because each has the same C++ signature.
    valueChanged = pyqtSignal([dict], [list])
```

图 7-3

使用 pyqtSignal()函数创建信号时，信号可以传递多个参数，并指定信号传递参数的类型，参数类型是标准的 Python 数据类型（字符串、日期、布尔类型、数字、列表、元组和字典）。

2．为控件创建信号

```
from PyQt5.QtCore import pyqtSignal
from PyQt5.QtWidgets import  QMainWindow

class WinForm(QMainWindow):
        btnClickedSignal = pyqtSignal()
```

上面代码为自定义控件 WinForm 创建了一个 btnClickedSignal 信号。

7.1.2　操作信号

使用 connect()函数可以把信号绑定到槽函数上。connect()函数信息如图 7-4 所示。

```
connect(slot[, type=PyQt5.QtCore.Qt.AutoConnection[, no_receiver_check=False]])
Connect a signal to a slot. An exception will be raised if the connection failed.

Parameters:    • slot – the slot to connect to, either a Python callable or another bound signal.
               • type – the type of the connection to make.
               • no_receiver_check – suppress the check that the underlying C++ receiver instance still exists and
                 deliver the signal anyway.
```

图 7-4

使用 disconnect()函数可以解除信号与槽函数的绑定。disconnect()函数信息如图 7-5 所示。

```
disconnect([slot])
Disconnect one or more slots from a signal. An exception will be raised if the slot is not connected to the signal or if the
signal has no connections at all.

Parameters:    slot – the optional slot to disconnect from, either a Python callable or another bound signal. If it is
               omitted then all slots connected to the signal are disconnected.
```

图 7-5

使用 emit()函数可以发射信号。emit()函数信息如图 7-6 所示。

emit(*args)

    Emit a signal.

    Parameters: **args** – the optional sequence of arguments to pass to any connected slots.

图 7-6

7.1.3　信号与槽的入门应用

信号与槽有三种使用方法，第一种是内置信号与槽的使用，第二种是自定义信号与槽的使用，第三种是装饰器的信号与槽的使用。由于第三种方法本质上是第一种方法的衍生，因此这里先介绍前两种方法的入门案例。对于第三种方法，会在 7.3.3节"装饰器信号与槽"中介绍。

1．内置信号与槽的使用

所谓内置信号与槽的使用，是指在发射信号时，使用窗口控件的函数，而不是自定义的函数。在信号与槽中，可以通过 QObject.signal.connect 将一个 QObject 的信号连接到另一个 QObject 的槽函数。本例文件名为 PyQt5/Chapter07/qt07_winSignalSlot01.py，其完整代码如下：

```python
from PyQt5.QtWidgets import QPushButton , QApplication, QWidget
from PyQt5.QtWidgets import QMessageBox
import sys


app = QApplication([])
widget = QWidget()

def showMsg():
    QMessageBox.information(widget, "信息提示框", "ok, 弹出测试信息")
btn = QPushButton( "测试点击按钮", widget)
btn.clicked.connect(showMsg)
widget.show()
sys.exit(app.exec_())
```

运行脚本，显示效果如图 7-7 和图 7-8 所示。

这个例子将一个按钮对象的内置 clicked 信号连接到自定义的槽函数showMsg()，也可以说 showMsg()函数响应了一个按钮单击事件。单击"测试点击按钮"按钮，就会弹出一个信息提示框。

图 7-7

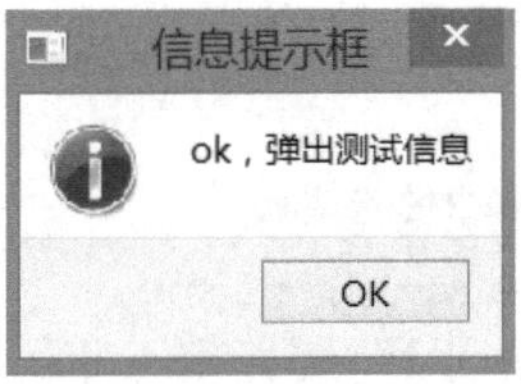

图 7-8

2. 自定义信号与槽的使用

同样，所谓自定义信号与槽的使用，是指在发射信号时，不使用窗口控件的函数，而是使用自定义的函数（简单地说，就是使用 pyqtSignal 类实例发射信号）。之所以要使用自定义信号与槽，是因为通过内置函数发射信号有自身的缺陷。首先，内置函数只包含一些常用的信号，有些信号的发射找不到对应的内置函数；其次，只有在特定情况下（如按钮的点击事件）才能发射这种信号；最后，内置函数传递的参数是特定的，不可以自定义。使用自定义的信号函数则没有这些缺陷。

在 PyQt5 编程中，自定义信号与槽的适用范围很灵活，比如因为业务需求，在程序中的某个地方需要发射一个信号，传递多种数据类型（实际上就是传递参数），然后在槽函数中接收传递过来的数据，这样就可以非常灵活地实现一些业务逻辑。

在 PyQt5 编程中，信号与槽有多种写法，以下是 Python 风格的写法。本例文件名为 PyQt5/Chapter07/qt07_pysignalSlot.py，其完整代码如下：

```
from PyQt5.QtCore import QObject , pyqtSignal

# 信号对象
class QTypeSignal(QObject):
    # 定义一个信号
    sendmsg = pyqtSignal( object)

    def __init__( self):
        super( QTypeSignal, self).__init__()

    def run( self):
        # 发射信号
        self.sendmsg.emit('Hello Pyqt5')

# 槽对象
class QTypeSlot(QObject):
    def __init__( self):
```

```
            super( QTypeSlot, self).__init__()

    # 槽对象中的槽函数
    def get(self, msg):
        print("QSlot get msg =>" + msg)

if __name__ == '__main__':
    send = QTypeSignal()
    slot = QTypeSlot()
    # 1
    print('--- 把信号绑定到槽函数上 ---')
    send.sendmsg.connect( slot.get)
    send.run()

    # 2
    print('--- 把信号与槽函数的连接断开 ---')
    send.sendmsg.disconnect( slot.get )
    send.run()
```

运行结果如下：

```
--- 把信号绑定到槽函数上 ---
QSlot get msg => Hello Pyqt5
--- 把信号与槽函数的连接断开 ---
```

信号与槽连接的主要步骤如下。

（1）生成一个信号。

```
sendmsg = pyqtSignal(object)
```

（2）将信号与槽函数绑定起来。

```
send.sendmsg.connect(slot.get)
```

（3）槽函数接收数据。

```
def get(self, msg):
    print("QSlot get msg =>" + msg)
```

（4）发射信号的实现。

```
self.sendmsg.emit('Hello Pyqt5')
```

（5）把信号绑定到槽对象中的槽函数 get()上，所以槽函数能接收到所发射的信号——字符串' Hello Pyqt5'。至此，数据传递成功，就是这么简单。

```
send = QTypeSignal()
slot = QTypeSlot()
print('--- 把信号绑定到槽函数上 ---')
send.sendmsg.connect( slot.get)
send.run()
```

同理，断开信号与槽函数 get()的连接，那么槽函数肯定就接收不到所发射的信号了。

```
print('--- 把信号与槽函数的连接断开 ---')
send.sendmsg.disconnect( slot.get )
send.run()
```

上面演示的是传递一个参数，如果要传递两个参数，是不是也可以使用上面的方法呢？答案是可以的，传递参数的思路是一样的，但在细节上要做一点修改。

本例文件名为 PyQt5/Chapter07/qt07_pysignalSlot_2.py，其完整代码如下：

```
# -*- coding: utf-8 -*-
from PyQt5.QtCore import QObject , pyqtSignal

# 信号对象
class QTypeSignal(QObject):
    # 定义一个信号
    sendmsg = pyqtSignal( str,str)

    def __init__( self):
        super( QTypeSignal, self).__init__()

    def run( self):
        # 发射信号
        self.sendmsg.emit('第一个参数','第二个参数')

# 槽对象
class QTypeSlot(QObject):
    def __init__( self):
        super( QTypeSlot, self).__init__()

    # 槽对象里的槽函数
    def get(self, msg1, msg2):
        print("QSlot get msg => " + msg1 + ' ' + msg2)

if __name__ == '__main__':
    send = QTypeSignal()
```

```
slot = QTypeSlot()
# 1
print('--- 把信号绑定到槽函数 ---')
send.sendmsg.connect( slot.get)
send.run()


# 2
print('--- 断开信号与槽函数 ---')
send.sendmsg.disconnect( slot.get )
send.run()
```

运行结果如下：

```
--- 把信号绑定到槽函数 ---
QSlot get msg => 第一个参数 第二个参数
--- 断开信号与槽函数 ---
```

如果要传递更多的参数，请参考 7.3.1 节"高级自定义信号与槽"。

7.1.4　快速进阶

上面的内容只是教会大家如何使用信号与槽，但是仍然有两个问题没有解决：第一个是 PyQt 默认有哪些信号与槽；第二个是如何使用这些信号与槽。事实上这部分内容我们在"3.4.2 快速进阶"一节中已经讲过，读者可以往前翻阅相关的内容，在这里旧事重提是为了保证本章结构的完整性。

7.2　信号与槽再细分

前面章节中介绍信号与槽有三种使用方法，这三种方法是根据使用进行分类的。本节介绍根据信号与槽各自的性质进行分类，以便读者对信号与槽有更深刻的理解。

7.2.1　内置信号和槽函数

本例文件名为 PyQt5/Chapter07/qt07_buildInSignalSlot01，演示单击按钮时关闭窗口，使用内置的信号和槽函数。完整代码如下：

```
from PyQt5.QtWidgets import *
import sys

class Winform(QWidget):
    def __init__(self,parent=None):
        super().__init__(parent)
        self.setWindowTitle('内置的信号/槽示例')
        self.resize(330, 50 )
        btn = QPushButton('关闭', self)
        btn.clicked.connect(self.close)

if __name__ == '__main__':
    app = QApplication(sys.argv)
    win = Winform()
    win.show()
    sys.exit(app.exec_())
```

运行脚本，显示效果如图 7-9 所示。

图 7-9

在上面代码中，单击按钮时触发按钮内置的信号（clicked），绑定窗口（QWidget）内置的槽函数（self.close）。

7.2.2　内置信号和自定义槽函数

本例文件名为 PyQt5/Chapter07/qt07_buildInSignalSlot02.py，演示单击按钮时关闭窗口，使用内置的信号和自定义的槽函数。完整代码如下：

```
from PyQt5.QtWidgets import *
import sys

class Winform(QWidget):
    def __init__(self,parent=None):
        super().__init__(parent)
        self.setWindowTitle('内置的信号和自定义槽函数示例')
        self.resize(330, 50 )
        btn = QPushButton('关闭', self)
```

```
            btn.clicked.connect(self.btn_close)


    def btn_close(self):
        # 自定义槽函数
        self.close()


if __name__ == '__main__':
    app = QApplication(sys.argv)
    win = Winform()
    win.show()
    sys.exit(app.exec_())
```

运行脚本，显示效果如图 7-10 所示。

图 7-10

在上面代码中，单击按钮时触发按钮内置的信号（clicked），绑定自定义的槽函数（self.btn_close）。

7.2.3　自定义信号和内置槽函数

本例文件名为 PyQt5/Chapter07/qt07_buildInSignalSlot03.py，演示单击按钮时关闭窗口，使用自定义的信号和内置的槽函数。完整代码如下：

```
from PyQt5.QtWidgets import *
from PyQt5.QtCore import pyqtSignal
import sys


class Winform(QWidget):
    # 自定义信号，不带参数
    button_clicked_signal = pyqtSignal()


    def __init__(self,parent=None):
        super().__init__(parent)
        self.setWindowTitle('自定义信号和内置槽函数示例')
        self.resize(330, 50 )
        btn = QPushButton('关闭', self)
        # 连接信号与槽函数
```

```
        btn.clicked.connect(self.btn_clicked)
        # 接收信号, 连接到槽函数
        self.button_clicked_signal.connect(self.close)

    def btn_clicked(self):
        # 发送自定义信号, 无参数
        self.button_clicked_signal.emit()

if __name__ == '__main__':
    app = QApplication(sys.argv)
    win = Winform()
    win.show()
    sys.exit(app.exec_())
```

运行脚本，显示效果如图 7-11 所示。

图 7-11

在上面代码中，单击按钮时触发自定义信号（button_clicked_signal），绑定内置的槽函数（self.close）。

7.2.4　自定义信号和槽函数

本例文件名为 **PyQt5/Chapter07/qt07_buildInSignalSlot04.py**，演示单击按钮时关闭窗口，使用自定义的信号与槽函数。完整代码如下：

```
from PyQt5.QtWidgets import *
from PyQt5.QtCore import pyqtSignal
import sys

class Winform(QWidget):
    # 自定义信号, 不带参数
    button_clicked_signal = pyqtSignal()

    def __init__(self,parent=None):
        super().__init__(parent)
        self.setWindowTitle('自定义信号和槽函数示例')
        self.resize(330, 50 )
```

```
            btn = QPushButton('关闭', self)
            # 连接信号与槽函数
            btn.clicked.connect(self.btn_clicked)
            # 接收信号,连接到自定义的槽函数
            self.button_clicked_signal.connect(self.btn_close)

    def btn_clicked(self):
        # 发送自定义信号,无参数
        self.button_clicked_signal.emit()

    def btn_close(self):
        self.close()

if __name__ == '__main__':
    app = QApplication(sys.argv)
    win = Winform()
    win.show()
    sys.exit(app.exec_())
```

运行脚本,显示效果如图 7-12 所示。

图 7-12

在上面代码中,单击按钮时触发自定义信号(button_clicked_signal),绑定自定义的槽函数(self.btn_close)。

7.3 信号与槽的高级玩法

前面介绍了信号与槽的基础应用,但是作为 PyQt 最核心的内容,信号与槽的可玩性远远不止这些,接下来就慢慢解读信号与槽的高级玩法。

7.3.1 高级自定义信号与槽

所谓高级自定义信号与槽,指的是我们可以以自己喜欢的方式定义信号与槽函数,并传递参数。自定义信号的一般流程如下:

（1）定义信号。

（2）定义槽函数。

（3）连接信号与槽函数。

（4）发射信号。

1. 定义信号

通过类成员变量定义信号对象。

```
class MyWidget(QWidget):
    # 无参数的信号
    Signal_NoParameters = pyqtSignal()
    # 带一个参数(整数)的信号
    Signal_OneParameter = pyqtSignal(int)
    # 带一个参数(整数或者字符串)的重载版本的信号
    Signal_OneParameter_Overload = pyqtSignal([int],[str])
    # 带两个参数(整数,字符串)的信号
        Signal_TwoParameters = pyqtSignal(int,str)
    # 带两个参数([整数,整数]或者[整数,字符串])的重载版本的信号
    Signal_TwoParameters_Overload = pyqtSignal([int,int],[int,str])
```

2. 定义槽函数

定义一个槽函数，它有多个不同的输入参数。

```
class MyWidget(QWidget):
    def setValue_NoParameters(self):
        '''无参数的槽函数'''
        pass


    def setValue_OneParameter(self,nIndex):
        '''带一个参数(整数)的槽函数'''
        pass


    def setValue_OneParameter_String(self,szIndex):
        '''带一个参数(字符串)的槽函数'''
        pass


    def setValue_TwoParameters(self,x,y):
        '''带两个参数(整数,整数)的槽函数'''
        pass


    def setValue_TwoParameters_String(self,x,szY):
        '''带两个参数(整数,字符串)槽函数'''
```

```
                    pass
```

3．连接信号与槽函数

通过 connect 方法连接信号与槽函数或者可调用对象。

```
app = QApplication(sys.argv)
widget = MyWidget()
# 连接无参数的信号
widget.Signal_NoParameters.connect(self.setValue_NoParameters )

# 连接带一个整数参数的信号
widget.Signal_OneParameter.connect(self.setValue_OneParameter)

# 连接带一个整数参数，经过重载的信号
widget.Signal_OneParameter_Overload[int].
    connect(self.setValue_OneParameter)

# 连接带一个整数参数，经过重载的信号
widget.Signal_OneParameter_Overload[str].
    connect(self.setValue_OneParameter_String )

# 连接一个信号，它有两个整数参数
widget.Signal_TwoParameters.connect(self.setValue_TwoParameters )

# 连接带两个参数(整数,整数)的重载版本的信号
widget.Signal_TwoParameters_Overload[int,int].
    connect(self.setValue_TwoParameters )

# 连接带两个参数(整数,字符串)的重载版本的信号
widget.Signal_TwoParameters_Overload[int,str].
    connect(self.setValue_TwoParameters_String )
widget.show()
```

4．发射信号

通过 emit 方法发射信号。

```
class MyWidget(QWidget):

    def mousePressEvent(self, event):
        # 发射无参数的信号
        self.Signal_NoParameters.emit()
        # 发射带一个参数(整数)的信号
        self.Signal_OneParameter.emit(1)
```

```
                # 发射带一个参数(整数)的重载版本的信号
                self.Signal_OneParameter_Overload.emit(1)
                # 发射带一个参数(字符串)的重载版本的信号
                self.Signal_OneParameter_Overload.emit("abc")
                # 发射带两个参数(整数,字符串)的信号
                self.Signal_TwoParameters.emit(1,"abc")
                # 发射带两个参数(整数,整数)的重载版本的信号
                self.Signal_TwoParameters_Overload.emit(1,2)
                # 发射带两个参数(整数,字符串)的重载版本的信号
                self.Signal_TwoParameters_Overload.emit (1,"abc")
```

5. 实例

本例文件名为 PyQt5/Chapter07/qt07_signalSlot02.py，其完整代码如下：

```python
from PyQt5.QtCore import QObject , pyqtSignal

class CustSignal(QObject):

    #声明无参数的信号
    signal1 = pyqtSignal()

    #声明带一个 int 类型参数的信号
    signal2 = pyqtSignal(int)

    #声明带 int 和 str 类型参数的信号
    signal3 = pyqtSignal(int,str)

    #声明带一个列表类型参数的信号
    signal4 = pyqtSignal(list)

    #声明带一个字典类型参数的信号
    signal5 = pyqtSignal(dict)

    #声明一个多重载版本的信号,包括带 int 和 str 类型参数的信号和带 str 类型参数的信号
    signal6 = pyqtSignal([int,str], [str])

    def __init__(self,parent=None):
        super(CustSignal,self).__init__(parent)

        #将信号连接到指定槽函数
        self.signal1.connect(self.signalCall1)
        self.signal2.connect(self.signalCall2)
```

```
        self.signal3.connect(self.signalCall3)
        self.signal4.connect(self.signalCall4)
        self.signal5.connect(self.signalCall5)
        self.signal6[int,str].connect(self.signalCall6)
        self.signal6[str].connect(self.signalCall6OverLoad)

        #发射信号
        self.signal1.emit()
        self.signal2.emit(1)
        self.signal3.emit(1,"text")
        self.signal4.emit([1,2,3,4])
        self.signal5.emit({"name":"wangwu","age":"25"})
        self.signal6[int,str].emit(1,"text")
        self.signal6[str].emit("text")

    def signalCall1(self):
        print("signal1 emit")

    def signalCall2(self,val):
        print("signal2 emit,value:",val)

    def signalCall3(self,val,text):
        print("signal3 emit,value:",val,text)

    def signalCall4(self,val):
        print("signal4 emit,value:",val)

    def signalCall5(self,val):
        print("signal5 emit,value:",val)

    def signalCall6(self,val,text):
        print("signal6 emit,value:",val,text)

    def signalCall6OverLoad(self,val):
        print("signal6 overload emit,value:",val)

if __name__ == '__main__':
    custSignal = CustSignal()
```

运行结果如下：

```
signal1 emit
signal2 emit,value: 1
```

```
signal3 emit,value: 1 text
signal4 emit,value: [1, 2, 3, 4]
signal5 emit,value: {'name': 'wangwu', 'age': '25'}
signal6 emit,value: 1 text
signal6 overload emit,value: text
```

7.3.2　使用自定义参数

在 PyQt 编程过程中，经常会遇到给槽函数传递自定义参数的情况，比如有一个信号与槽函数的连接是

```
button1.clicked.connect(show_page)
```

我们知道对于 clicked 信号来说，它是没有参数的；对于 show_page 函数来说，希望它可以接收参数。希望 show_page 函数像如下这样：

```
def show_page(self, name):
    print(name," 点击啦")
```

于是就产生一个问题——信号发出的参数个数为 0，槽函数接收的参数个数为 1，由于 0<1，这样运行起来一定会报错（原因是信号发出的参数个数一定要大于槽函数接收的参数个数）。解决这个问题就是本节的重点：自定义参数的传递。

本书提供了两种解决方法，其中一种解决方法是使用 lambda 表达式。本例文件名为 PyQt5/Chapter07/qt07_ winSignalSlot04.py，其完整代码如下：

```
from PyQt5.QtWidgets import QMainWindow, QPushButton , QWidget ,
QMessageBox, QApplication, QHBoxLayout
import sys

class WinForm(QMainWindow):
    def __init__(self, parent=None):
        super(WinForm, self).__init__(parent)
        button1 = QPushButton('Button 1')
        button2 = QPushButton('Button 2')

        button1.clicked.connect(lambda: self.onButtonClick(1))
        button2.clicked.connect(lambda: self.onButtonClick(2))

        layout = QHBoxLayout()
        layout.addWidget(button1)
        layout.addWidget(button2)

        main_frame = QWidget()
```

```
            main_frame.setLayout(layout)
            self.setCentralWidget(main_frame)

    def onButtonClick(self, n):
        print('Button {0} 被按下了'.format(n))
        QMessageBox.information(self, "信息提示框", 'Button {0}
clicked'.format(n))

if __name__ == "__main__":
    app = QApplication(sys.argv)
    form = WinForm()
    form.show()
    sys.exit(app.exec_())
```

运行脚本，显示效果如图 7-13 和图 7-14 所示。

图 7-13   图 7-14

代码分析：

单击"Button 1"按钮，将弹出一个信息提示框，提示信息为"Button 1 clicked"。Python 控制台的输出信息为：

```
Button 1 被按下了
```

这里重点解释 onButtonClick()函数是怎样处理从两个按钮传来的信号的。使用lambda 表达式传递按钮数字给槽函数，当然也可以传递其他任何东西，甚至是按钮控件本身（假设槽函数打算把传递信号的按钮修改为不可用的话）。

另一种解决方法是使用 functools 中的 partial 函数。本例文件名为PyQt5/Chapter07/qt07_winSignalSlot05.py，其核心代码如下：

```
button1.clicked.connect(partial(self.onButtonClick, 1))
button2.clicked.connect(partial(self.onButtonClick, 2))
```

采用哪种方法好一点呢？这属于风格问题，笔者比较喜欢使用 lambda 表达式，因为其条理清晰，而且灵活。

7.3.3　装饰器信号与槽

所谓装饰器信号与槽，就是通过装饰器的方法来定义信号和槽函数。具体的使用方法如下：

```
@PyQt5.QtCore.pyqtSlot(参数)
def on_发送者对象名称_发射信号名称(self, 参数):
        pass
```

这种方法有效的前提是下面的函数已经执行：

```
QMetaObject.connectSlotsByName(QObject)
```

在上面代码中，"发送者对象名称"就是使用 setObjectName 函数设置的名称，因此自定义槽函数的命名规则也可以看成：on + 使用 setObjectName 设置的名称 + 信号名称。接下来看具体的使用方法。

本例文件名为 PyQt5/Chapter07/qt07_connSlotsByName.py，其完整代码如下：

```
from PyQt5 import QtCore
from PyQt5.QtWidgets import QApplication ,QWidget ,QHBoxLayout ,
QPushButton
import sys

class CustWidget( QWidget ):

    def __init__(self, parent=None):
        super(CustWidget, self).__init__(parent)

        self.okButton = QPushButton("OK", self)
        #使用 setObjectName 设置对象名称
        self.okButton.setObjectName("okButton")
        layout = QHBoxLayout()
        layout.addWidget(self.okButton)
        self.setLayout(layout)
        QtCore.QMetaObject.connectSlotsByName(self)

    @QtCore.pyqtSlot()
    def on_okButton_clicked(self):
        print( "单击了 OK 按钮")

if __name__ == "__main__":
    app = QApplication(sys.argv)
    win = CustWidget()
```

```
    win.show()
    app.exec_()
```

运行脚本，显示效果如图 7-15 所示。单击"OK"按钮，控制台打印出预期的调试信息。

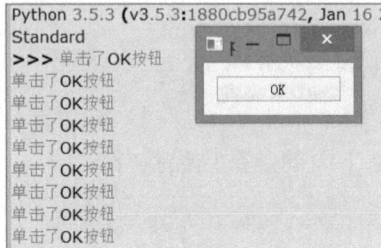

图 7-15

有的读者可能注意到，我们一直没有解释下面这行代码的含义：

```
QMetaObject.connectSlotsByName(QObject)
```

事实上，它是在 PyQt 5 中根据信号名称自动连接到槽函数的核心代码。通过前面章节中的例子可以知道，使用 pyuic5 命令生成的代码中会带有这么一行代码，接下来对其进行解释。

这行代码用来将 QObject 中的子孙对象的某些信号按照其 objectName 连接到相应的槽函数。这句话读起来有些拗口，这里举个例子进行简单说明。以上面例子中的代码为例：

假设代码 QtCore.QMetaObject.connectSlotsByName(self)已经执行，则下面的代码：

```
@QtCore.pyqtSlot()
def on_okButton_clicked(self):
    print( "单击了 OK 按钮")
```

会被自动识别为下面的代码（注意，函数中去掉了 on，因为 on 会受到 connectSlotsByName 的影响，加上 on 运行时会出现问题）：

```
def __init__(self, parent=None):
    self.okButton.clicked.connect(self.okButton_clicked)
def okButton_clicked(self):
    print("单击了 OK 按钮")
```

这部分代码放在 PyQt5/Chapter07/qt07_connSlotsByName_2.py 文件中：

```
# -*- coding: utf-8 -*-
```

```python
"""
    【简介】
    信号与槽的自动连接例子
"""

from PyQt5 import QtCore
from PyQt5.QtWidgets import QApplication ,QWidget ,QHBoxLayout ,
QPushButton
import sys

class CustWidget( QWidget ):

    def __init__(self, parent=None):
        super(CustWidget, self).__init__(parent)

        self.okButton = QPushButton("OK", self)
        #使用 setObjectName 设置对象名称
        self.okButton.setObjectName("okButton")
        layout =  QHBoxLayout()
        layout.addWidget(self.okButton)
        self.setLayout(layout)
        QtCore.QMetaObject.connectSlotsByName(self)
        self.okButton.clicked.connect(self.okButton_clicked)

    def okButton_clicked(self):
        print( "单击了 OK 按钮")

if __name__ == "__main__":
    app =  QApplication(sys.argv)
    win = CustWidget()
    win.show()
    sys.exit(app.exec_())
```

运行上述代码，发现结果和图 7-15 一样。

7.3.4　信号与槽的断开和连接

有时候基于某些原因，想要临时或永久断开某个信号与槽的连接。这就是本节案例想要达到的目的。

本例文件名为 PyQt5/Chapter07/qt07_signalSlot03.py，其完整代码如下：

```python
from PyQt5.QtCore import QObject , pyqtSignal

class SignalClass(QObject):

    # 声明无参数的信号
    signal1 = pyqtSignal()

    # 声明带一个 int 类型参数的信号
    signal2 = pyqtSignal(int)

    def __init__(self,parent=None):
        super(SignalClass,self).__init__(parent)

        # 将信号 signal1 连接到 sin1Call 和 sin2Call 这两个槽函数
        self.signal1.connect(self.sin1Call)
        self.signal1.connect(self.sin2Call)

        # 将信号 signal2 连接到信号 signal1
        self.signal2.connect(self.signal1)

        # 发射信号
        self.signal1.emit()
        self.signal2.emit(1)

        # 断开 signal1、signal2 信号与各槽函数的连接
        self.signal1.disconnect(self.sin1Call)
        self.signal1.disconnect(self.sin2Call)
        self.signal2.disconnect(self.signal1)

        # 将信号 signal1 和 signal2 连接到同一个槽函数 sin1Call
        self.signal1.connect(self.sin1Call)
        self.signal2.connect(self.sin1Call)

        # 再次发射信号
        self.signal1.emit()
        self.signal2.emit(1)

    def sin1Call(self):
        print("signal-1 emit")

    def sin2Call(self):
        print("signal-2 emit")
```

```
if __name__ == '__main__':
    signal = SignalClass()
```

运行结果如下:

```
signal-1 emit
signal-2 emit
signal-1 emit
signal-2 emit
signal-1 emit
signal-1 emit
```

7.3.5　Qt Designer 神助攻: 界面显示与业务逻辑的分离

前面给出的是手工输入代码的信号与槽的使用方法,因为采用这种方式介绍时会更简单一些。如果采用 Qt Designer 来介绍这些内容,那么任何一个简单的功能都需要使用 xxx.ui、xxx.py、Call_xxx.py 三个文件来实现,这样做内容会显得很乱。

在实战应用中,由于 Qt Designer 可以更好地实现界面显示与业务逻辑的分离,所以能帮助我们解决大量的代码。如果能够使用 Qt Designer 自动创建一些信号与槽机制,那就更好了。本节将通过一个实战性案例来介绍信号与槽是如何和 Qt Designer 结合的。

本例要实现的功能是:通过一个模拟打印的界面来详细说明信号的使用,在打印时可以设置打印的份数、纸张类型,触发"打印"按钮后,将执行结果显示在右侧;通过 QCheckBox("全屏预览"复选框)来选择是否通过全屏模式进行预览,将执行结果显示在右侧。

按 F1 键,可以显示 helpMessage 信息。

首先,使用 Qt Designer 新建一个模板名为"Widget"的简单窗口,该窗口文件名为 MainWinSignalSlog02.ui。通过将 Widget Box 区域的控件拖曳到窗口中,实现了如图 7-16 所示的界面效果。

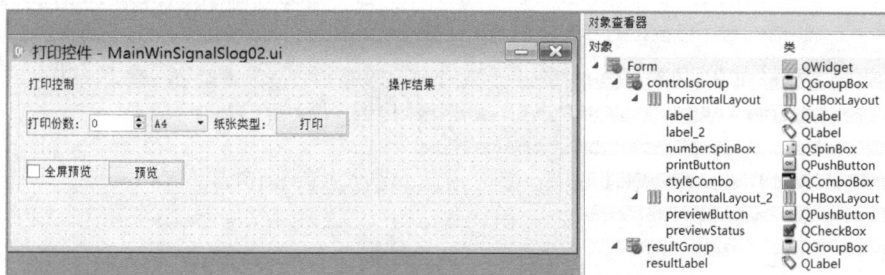

图 7-16

这里对窗口中的控件进行简要说明，如表 7-1 所示。

表 7-1

控件类型	控件名称	作　　用
QSpinBox	numberSpinBox	显示打印的份数
QComboBox	styleCombo	显示打印的纸张类型。纸张类型包括 A3、A4 和 A5 纸
QPushButton	printButton	连接 emitPrintSignal 函数的绑定。触发自定义信号 printSignal 的发射
QCheckBox	previewStatus	是否全屏预览
QPushButton	previewButton	连接 emitPreviewSignal 函数的绑定。触发自定义信号 previewSignal 的发射
QLabel	resultLabel	显示执行结果

将界面文件转换为 Python 文件，需要输入以下命令把 MainWinSignalSlog02.ui 文件转换为 MainWinSignalSlog02.py 文件。如果命令执行成功，在 MainWinSignalSlog02.ui 的同级目录下会生成一个同名的.py 文件。

```
pyuic5 -o MainWinSignalSlog02.py MainWinSignalSlog02.ui
```

查看所生成的 MainWinSignalSlog02.py 文件，其完整代码如下：

```python
from PyQt5 import QtCore, QtGui, QtWidgets


class Ui_Form(object):
    def setupUi(self, Form):
        Form.setObjectName("Form")
        Form.resize(715, 225)
        self.controlsGroup = QtWidgets.QGroupBox(Form)
        self.controlsGroup.setGeometry(QtCore.QRect(10, 20, 451, 151))
        self.controlsGroup.setObjectName("controlsGroup")
        self.widget = QtWidgets.QWidget(self.controlsGroup)
        self.widget.setGeometry(QtCore.QRect(10, 40, 411, 30))
        self.widget.setObjectName("widget")
        self.horizontalLayout = QtWidgets.QHBoxLayout(self.widget)
        self.horizontalLayout.setContentsMargins(0, 0, 0, 0)
        self.horizontalLayout.setObjectName("horizontalLayout")
        self.label = QtWidgets.QLabel(self.widget)
        self.label.setObjectName("label")
        self.horizontalLayout.addWidget(self.label)
        self.numberSpinBox = QtWidgets.QSpinBox(self.widget)
        self.numberSpinBox.setObjectName("numberSpinBox")
        self.horizontalLayout.addWidget(self.numberSpinBox)
        self.styleCombo = QtWidgets.QComboBox(self.widget)
```

```
        self.styleCombo.setObjectName("styleCombo")
        self.styleCombo.addItem("")
        self.styleCombo.addItem("")
        self.styleCombo.addItem("")
        self.horizontalLayout.addWidget(self.styleCombo)
        self.label_2 = QtWidgets.QLabel(self.widget)
        self.label_2.setObjectName("label_2")
        self.horizontalLayout.addWidget(self.label_2)
        self.printButton = QtWidgets.QPushButton(self.widget)
        self.printButton.setObjectName("printButton")
        self.horizontalLayout.addWidget(self.printButton)
        self.widget1 = QtWidgets.QWidget(self.controlsGroup)
        self.widget1.setGeometry(QtCore.QRect(10, 100, 201, 30))
        self.widget1.setObjectName("widget1")
        self.horizontalLayout_2 = QtWidgets.QHBoxLayout(self.widget1)
        self.horizontalLayout_2.setContentsMargins(0, 0, 0, 0)
        self.horizontalLayout_2.setObjectName("horizontalLayout_2")
        self.previewStatus = QtWidgets.QCheckBox(self.widget1)
        self.previewStatus.setObjectName("previewStatus")
        self.horizontalLayout_2.addWidget(self.previewStatus)
        self.previewButton = QtWidgets.QPushButton(self.widget1)
        self.previewButton.setObjectName("previewButton")
        self.horizontalLayout_2.addWidget(self.previewButton)
        self.resultGroup = QtWidgets.QGroupBox(Form)
        self.resultGroup.setGeometry(QtCore.QRect(470, 20, 231, 151))
        self.resultGroup.setObjectName("resultGroup")
        self.resultLabel = QtWidgets.QLabel(self.resultGroup)
        self.resultLabel.setGeometry(QtCore.QRect(20, 30, 191, 101))
        self.resultLabel.setObjectName("resultLabel")

        self.retranslateUi(Form)
        QtCore.QMetaObject.connectSlotsByName(Form)

    def retranslateUi(self, Form):
        _translate = QtCore.QCoreApplication.translate
        Form.setWindowTitle(_translate("Form", "打印控件"))
        self.controlsGroup.setTitle(_translate("Form", "打印控制"))
        self.label.setText(_translate("Form", "打印份数:"))
        self.styleCombo.setItemText(0, _translate("Form", "A3"))
        self.styleCombo.setItemText(1, _translate("Form", "A4"))
        self.styleCombo.setItemText(2, _translate("Form", "A5"))
        self.label_2.setText(_translate("Form", "纸张类型:"))
```

```
        self.printButton.setText(_translate("Form", "打印"))
        self.previewStatus.setText(_translate("Form", "全屏预览"))
        self.previewButton.setText(_translate("Form", "预览"))
        self.resultGroup.setTitle(_translate("Form", "操作结果"))
        self.resultLabel.setText(_translate("Form",
"<html><head/><body><p><br/></p></body></html>"))
```

为了使窗口的显示和业务逻辑分离，再新建一个调用窗口显示的文件
CallMainWinSignalSlog02.py，在调用类中添加多个自定义信号，并与槽函数进行绑
定。其完整代码如下：

```
import sys
from PyQt5.QtWidgets import QApplication , QMainWindow
from MainWinSignalSlog02 import Ui_Form
from PyQt5.QtCore import pyqtSignal , Qt

class MyMainWindow(QMainWindow, Ui_Form):
    helpSignal = pyqtSignal(str)
    printSignal = pyqtSignal(list)
    # 声明一个多重载版本的信号，包括一个带 int 和 str 类型参数的信号，以及带 str 类
型参数的信号
    previewSignal = pyqtSignal([int,str],[str])

    def __init__(self, parent=None):
        super(MyMainWindow, self).__init__(parent)
        self.setupUi(self)
        self.initUI()

    def initUI(self):
        self.helpSignal.connect(self.showHelpMessage)
        self.printSignal.connect(self.printPaper)
        self.previewSignal[str].connect(self.previewPaper)
        self.previewSignal[int,str].connect(self.
previewPaperWithArgs)

        self.printButton.clicked.connect(self.emitPrintSignal)
        self.previewButton.clicked.connect(self.emitPreviewSignal)

    # 发射预览信号
    def emitPreviewSignal(self):
        if self.previewStatus.isChecked() == True:
            self.previewSignal[int,str].emit(1080," Full Screen")
        elif self.previewStatus.isChecked() == False:
            self.previewSignal[str].emit("Preview")
```

```python
    # 发射打印信号
    def emitPrintSignal(self):
        pList = []
        pList.append(self.numberSpinBox.value() )
        pList.append(self.styleCombo.currentText())
        self.printSignal.emit(pList)

    def printPaper(self,list):
        self.resultLabel.setText("打印："+"份数："+ str(list[0]) +" 纸
张："+str(list[1]))

    def previewPaperWithArgs(self,style,text):
        self.resultLabel.setText(str(style)+text)

    def previewPaper(self,text):
        self.resultLabel.setText(text)

    # 重载按键事件
    def keyPressEvent(self, event):
        if event.key() == Qt.Key_F1:
            self.helpSignal.emit("help message")

    # 显示帮助信息
    def showHelpMessage(self,message):
        self.resultLabel.setText(message)
        self.statusBar().showMessage(message)

if __name__=="__main__":
    app = QApplication(sys.argv)
    win = MyMainWindow()
    win.show()
    sys.exit(app.exec_())
```

运行脚本，显示效果如图 7-17 所示。

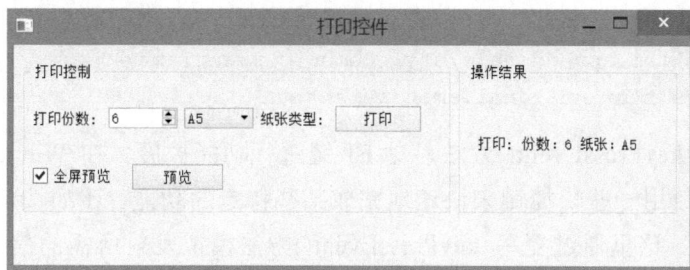

图 7-17

代码分析：

在上面的例子中，通过 pyqtSignal()定义了三个信号，即 helpSignal、printSignal 和 previewSignal。其中，helpSignal 为 str 参数类型的信号；printSignal 为 list 参数类型的信号；previewSignal 为一个多重载版本的信号，包括一个带 int 和 str 类型参数的信号，以及带 str 类型参数的信号。

```
helpSignal = pyqtSignal(str)
printSignal = pyqtSignal(list)
previewSignal = pyqtSignal([int,str],[str])
```

对于绑定信号与槽，这里着重说明多重载版本的信号绑定。previewSignal 有两个版本，即 previewSignal(str)和 previewSignal(int,str)。由于存在两个版本，因此在绑定时需要显式指定信号与槽的绑定关系。

```
self.helpSignal.connect(self.showHelpMessage)
self.printSignal.connect(self.printPaper)
self.previewSignal[str].connect(self.previewPaper)
self.previewSignal[int,str].connect(self.previewPaperWithArgs)
```

[str]参数的 previewSignal 信号绑定 previewPaper()，[int,str]参数的 previewSignal 信号绑定 previewPaperWithArgs()。多重载版本的信号发射时，要注意发射信号传递的参数类型和个数，在 Qt 的通信机制中，根据所传递信号的参数类型和个数，连接到不同的槽函数。

```
def emitPreviewSignal(self):
    if self.previewStatus.isChecked() == True:
        self.previewSignal[int,str].emit(1080," Full Screen")
    elif self.previewStatus.isChecked() == False:
        self.previewSignal[str].emit("Preview")
```

信号发射时可以传递 Python 数据类型的参数，本例中的 printSignal 信号可以传递 list 类型的参数 pList。

```
def emitPrintSignal(self):
    pList = []
    pList.append(self.numberSpinBox.value() )
    pList.append(self.styleCombo.currentText())
    self.printSignal.emit(pList)
```

通过复写 keyPressEvent()方法，对 F1 键进行功能扩展。在 Windows 的大部分应用中，都会使用一些快捷键来快速地完成某些特定的功能。比如按 F1 键，会快速调出帮助界面。这里通过复写 keyPressEvent()方法模拟发射所需的信号，来完成对应的任务。

```
# 重载按键事件
def keyPressEvent(self, event):
    if event.key() == Qt.Key_F1:
        self.helpSignal.emit("help message")
```

注意

（1）自定义信号在__init__()函数之前定义。

（2）自定义信号可以传递如 str、int、list、object、float、tuple、dict 等很多类型的参数。

（3）注意 signal 和 slot 的调用逻辑，避免 signal 和 slot 之间出现死循环，比如在 slot 方法中继续发射该信号。

7.3.6　多线程中信号与槽的使用

最简单的多线程使用方法是利用 QThread 函数，如下代码（见 PyQt5/Chapter07/qt07_signalSlot04.py）展示了 QThread 函数和信号与槽简单的结合方法。其完整代码如下：

```
from PyQt5.QtWidgets import  QApplication ,QWidget
from PyQt5.QtCore import QThread , pyqtSignal
import sys

class Main(QWidget):
    def __init__(self, parent = None):
        super(Main,self).__init__(parent)

        # 创建一个线程实例并设置名称、变量、信号与槽
        self.thread = MyThread()
        self.thread.setIdentity("thread1")
        self.thread.sinOut.connect(self.outText)
        self.thread.setVal(6)

    def outText(self,text):
        print(text)

class MyThread(QThread):
    sinOut = pyqtSignal(str)

    def __init__(self,parent=None):
```

```
        super(MyThread,self).__init__(parent)
        self.identity = None

    def setIdentity(self,text):
        self.identity = text

    def setVal(self,val):
        self.times = int(val)
        # 执行线程的 run 方法
        self.start()

    def run(self):
        while self.times > 0 and self.identity:
            # 发射信号
            self.sinOut.emit(self.identity+"==>"+str(self.times))
            self.times -= 1

if __name__ == '__main__':
    app = QApplication(sys.argv)
    main = Main()
    main.show()
    sys.exit(app.exec_())
```

运行结果如下：

```
thread1==>6
thread1==>5
thread1==>4
thread1==>3
thread1==>2
thread1==>1
```

有时在开发程序时经常会执行一些耗时的操作，这样就会导致界面卡顿，这也是多线程的应用范围之一——为了解决这个问题，我们可以创建多线程，使用主线程更新界面，使用子线程实时处理数据，最后将结果显示到界面上。

本例中，定义了一个后台线程类 BackendThread 来模拟后台耗时操作，在这个线程类中定义了信号 update_date。使用 BackendThread 线程类在后台处理数据，每秒发射一次自定义信号 update_date。

在初始化窗口界面时，定义后台线程类 BackendThread，并把线程类的信号 update_date 连接到槽函数 handleDisplay()。这样后台线程每发射一次信号，就可以把最新的时间值实时显示在前台窗口的 QLineEdit 文本对话框中。

本例文件名为 PyQt5/Chapter07/qt07_signalSlotThreaad.py，其完整代码如下：

```python
from PyQt5.QtCore import QThread , pyqtSignal, QDateTime
from PyQt5.QtWidgets import QApplication, QDialog, QLineEdit
import time
import sys

class BackendThread(QThread):
    # 通过类成员对象定义信号
    update_date = pyqtSignal(str)

    # 处理业务逻辑
    def run(self):
        while True:
            data = QDateTime.currentDateTime()
            currTime = data.toString("yyyy-MM-dd hh:mm:ss")
            self.update_date.emit( str(currTime) )
            time.sleep(1)

class Window(QDialog):
    def __init__(self):
        QDialog.__init__(self)
        self.setWindowTitle('PyQt 5界面实时更新例子')
        self.resize(400, 100)
        self.input = QLineEdit(self)
        self.input.resize(400, 100)
        self.initUI()

    def initUI(self):
        # 创建线程
        self.backend = BackendThread()
        # 连接信号
        self.backend.update_date.connect(self.handleDisplay)
        # 开始线程
        self.backend.start()

    # 将当前时间输出到文本框
    def handleDisplay(self, data):
        self.input.setText(data)

if __name__ == '__main__':
    app = QApplication(sys.argv)
    win = Window()
    win.show()
    sys.exit(app.exec_())
```

运行脚本，显示效果如图 7-18 所示。

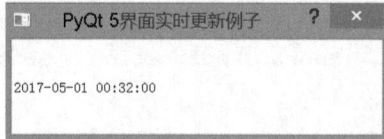

图 7-18

7.4　事件处理机制入门

　　5.3.3 节说过，PyQt 为事件处理提供了两种机制：高级的信号与槽机制，以及低级的事件处理机制。我们知道，信号与槽只能解决窗口控件的某些特定行为，如果要对窗口控件做更深层次的研究，如自定义窗口等，则需要使用低级的事件处理机制。

　　事件处理机制本身很复杂，是 PyQt 底层的东西。笔者一直都把事件处理机制当作信号与槽机制的补充，当采用信号与槽机制处理不了时，才会考虑使用事件处理机制。基于此，本书把事件处理机制放在信号与槽这个章节中进行介绍。

7.4.1　事件和信号与槽的区别

　　信号与槽可以说是对事件处理机制的高级封装，如果说事件是用来创建窗口控件的，那么信号与槽就是用来对这个窗口控件进行使用的。 比如一个按钮，当我们使用这个按钮时，只关心 clicked 信号，至于这个按钮如何接收并处理鼠标点击事件，然后再发射这个信号，则不用关心。但是如果要重载一个按钮，这时就要关心这个问题了。比如可以改变它的行为：在鼠标按键按下时触发 clicked 信号，而不是在释放时。

7.4.2　常见事件类型

　　PyQt 是对 Qt 的封装，Qt 程序是事件驱动的，它的每个动作都由幕后某个事件所触发。Qt 事件的类型有很多，常见的 Qt 事件如下。

- 键盘事件：按键按下和松开。
- 鼠标事件：鼠标指针移动、鼠标按键按下和松开。
- 拖放事件：用鼠标进行拖放。
- 滚轮事件：鼠标滚轮滚动。
- 绘屏事件：重绘屏幕的某些部分。
- 定时事件：定时器到时。
- 焦点事件：键盘焦点移动。
- 进入和离开事件：鼠标指针移入 Widget 内，或者移出。

- 移动事件：Widget 的位置改变。
- 大小改变事件：Widget 的大小改变。
- 显示和隐藏事件：Widget 显示和隐藏。
- 窗口事件：窗口是否为当前窗口。

还有一些常见的 Qt 事件，比如 Socket 事件、剪贴板事件、字体改变事件、布局改变事件等。

7.4.3　使用事件处理的方法

PyQt 提供了如下 5 种事件处理和过滤方法（由弱到强），其中只有前两种方法使用最频繁。

（1）重新实现事件函数

比如 mousePressEvent()、keyPressEvent()、paintEvent()。这是最常规的事件处理方法。

（2）重新实现 QObject.event()

一般用在 PyQt 没有提供该事件的处理函数的情况下，即增加新事件时。

（3）安装事件过滤器

如果对 QObject 调用 installEventFilter，则相当于为这个 QObject 安装了一个事件过滤器，对于 QObject 的全部事件来说，它们都会先传递到事件过滤函数 eventFilter 中，在这个函数中我们可以抛弃或者修改这些事件，比如可以对自己感兴趣的事件使用自定义的事件处理机制，对其他事件使用默认的事件处理机制。由于这种方法会对调用 installEventFilter 的所有 QObject 的事件进行过滤，因此如果要过滤的事件比较多，则会降低程序的性能。

（4）在 QApplication 中安装事件过滤器

这种方法比上一种方法更强大：QApplication 的事件过滤器将捕获所有 QObject 的所有事件，而且第一个获得该事件。也就是说，在将事件发送给其他任何一个事件过滤器之前（就是在第三种方法之前），都会先发送给 QApplication 的事件过滤器。

（5）重新实现 QApplication 的 notify() 方法

PyQt 使用 notify() 来分发事件。要想在任何事件处理器之前捕获事件，唯一的方法就是重新实现 QApplication 的 notify()。在实践中，在调试时才会使用这种方法。

7.4.4　经典案例分析

对于第一种方法：重新实现事件函数，在前面的案例中已经涉及（参见

CallMainWinSignalSlog02.py 文件的 keyPressEvent 函数的重载），其实事件的重载看起来"高大上"，使用起来却很简单。其他事件的重载与下面的函数差不多。

```
# 重载按键事件
def keyPressEvent(self, event):
    if event.key() == Qt.Key_F1:
        self.helpSignal.emit("help message")
```

这里给出一个例子（文件名为 PyQt5/Chapter07/event.py），参考了 *GUI_Rapid GUI Programming with Python and Qt* 中第 10 章的例子，原代码是 PyQt 4 版本的，现在笔者把它修改为 PyQt 5 版本。这个例子比较经典，对于第一种和第二种方法都有涉及，而且内容很丰富，基本包含了我们对事件处理的绝大部分需求。

笔者对本例的绝大部分难点都做了注释，有经验的读者直接看代码也可以理解。下面对这个案例的几个关键点进行说明。

首先是类的建立。建立 text 和 message 两个变量，使用 paintEvent 函数把它们输出到窗口中。

update 函数的作用是更新窗口。由于在窗口更新过程中会触发一次 paintEvent 函数（paintEvent 是窗口基类 QWidget 的内部函数），因此在本例中 update 函数的作用等同于 paintEvent 函数。

```
import sys
from PyQt5.QtCore import (QEvent, QTimer, Qt)
from PyQt5.QtWidgets import (QApplication, QMenu, QWidget)
from PyQt5.QtGui import QPainter


class Widget(QWidget):
    def __init__(self, parent=None):
        super(Widget, self).__init__(parent)
        self.justDoubleClicked = False
        self.key = ""
        self.text = ""
        self.message = ""
        self.resize(400, 300)
        self.move(100, 100)
        self.setWindowTitle("Events")
        QTimer.singleShot(0, self.giveHelp)  # 避免受窗口大小重绘事件的影响，
可以把参数 0 改成 3000（3 秒），然后再运行，就可以明白这行代码的意思


    def giveHelp(self):
        self.text = "请点击这里触发追踪鼠标功能"
        self.update() # 重绘事件，也就是触发 paintEvent 函数
```

初始化运行结果如图 7-19 所示。

图 7-19

　　然后是重新实现窗口关闭事件与上下文菜单事件。对于上下文菜单事件，主要影响 message 变量的结果，paintEvent 负责把这个变量在窗口底部输出。结果如图 7-20 和图 7-21 所示。

```
'''重新实现关闭事件'''
def closeEvent(self, event):
    print("Closed")

'''重新实现上下文菜单事件'''
def contextMenuEvent(self, event):
    menu = QMenu(self)
    oneAction = menu.addAction("&One")
    twoAction = menu.addAction("&Two")
    oneAction.triggered.connect(self.one)
    twoAction.triggered.connect(self.two)
    if not self.message:
        menu.addSeparator()
        threeAction = menu.addAction("&Three")
        threeAction.triggered.connect(self.three)
    menu.exec_(event.globalPos())

'''上下文菜单槽函数'''
def one(self):
    self.message = "Menu option One"
```

```
        self.update()

def two(self):
    self.message = "Menu option Two"
    self.update()

def three(self):
    self.message = "Menu option Three"
    self.update()
```

图 7-20

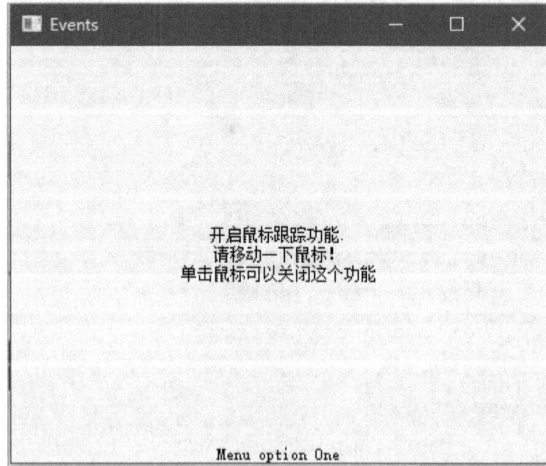

图 7-21

绘制事件是代码的核心事件，它的主要作用是时刻跟踪 text 与 message 这两个变量的信息，并把 text 的内容绘制到窗口的中部，把 message 的内容绘制到窗口的底部（保持 5 秒后就会被清空）。

```
'''重新实现绘制事件'''
def paintEvent(self, event):
    text = self.text
    i = text.find("\n\n")
    if i >= 0:
        text = text[0:i]
    if self.key: # 若触发了键盘按键，则在信息文本中记录这个按键信息
        text += "\n\n 你按下了: {0}".format(self.key)
    painter = QPainter(self)
    painter.setRenderHint(QPainter.TextAntialiasing)
    painter.drawText(self.rect(), Qt.AlignCenter, text) # 绘制信息文本的
内容
    if self.message: # 若信息文本存在，则在底部居中绘制信息，5 秒后清空信息文本
并重绘
        painter.drawText(self.rect(), Qt.AlignBottom | Qt.AlignHCenter,
self.message)
        QTimer.singleShot(5000, self.clearMessage)
        QTimer.singleShot(5000, self.update)

'''清空信息文本的槽函数'''
def clearMessage(self):
    self.message = ""
```

接下来是重新实现调整窗口大小事件，结果如图 7-22 所示。

```
'''重新实现调整窗口大小事件'''
def resizeEvent(self, event):
    self.text = "调整窗口大小为: QSize({0}, {1})".format(
        event.size().width(), event.size().height())
    self.update()
```

图 7-22

实现鼠标释放事件，若为双击释放，则不跟踪鼠标移动；若为单击释放，则需
要改变跟踪功能的状态，如果开启跟踪功能就跟踪，否则就不跟踪。结果如图 7-23、
图 7-24 和图 7-25 所示。

```
'''重新实现鼠标释放事件'''
def mouseReleaseEvent(self, event):
```

```
# 若为双击释放，则不跟踪鼠标移动
# 若为单击释放，则需要改变跟踪功能的状态，如果开启跟踪功能就跟踪，否则就不跟踪
if self.justDoubleClicked:
    self.justDoubleClicked = False
else:
    self.setMouseTracking(not self.hasMouseTracking())  # 单击鼠标
    if self.hasMouseTracking():
        self.text = "开启鼠标跟踪功能.\n" + \
                    "请移动一下鼠标! \n" + \
                    "单击鼠标可以关闭这个功能"
    else:
        self.text = "关闭鼠标跟踪功能.\n" + \
                    "单击鼠标可以开启这个功能"
    self.update()
```

图 7-23

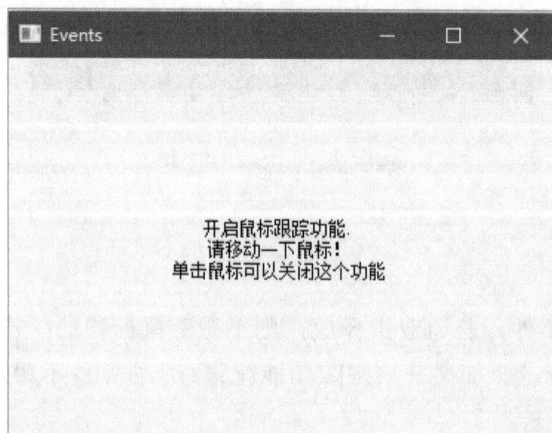

图 7-24

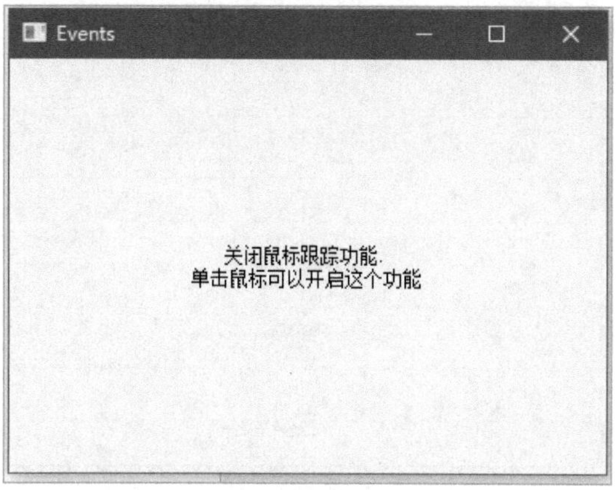

图 7-25

实现鼠标移动与双击事件，结果如图 7-26 和图 7-27 所示。

```
'''重新实现鼠标移动事件'''
def mouseMoveEvent(self, event):
    if not self.justDoubleClicked:
        globalPos = self.mapToGlobal(event.pos())# 将窗口坐标转换为屏幕坐标
        self.text = """鼠标位置:
        窗口坐标为: QPoint({0}, {1})
        屏幕坐标为: QPoint({2}, {3}) """.format(event.pos().x(),
event.pos().y(), globalPos.x(), globalPos.y())
        self.update()

'''重新实现鼠标双击事件'''
def mouseDoubleClickEvent(self, event):
    self.justDoubleClicked = True
    self.text = "你双击了鼠标"
    self.update()
```

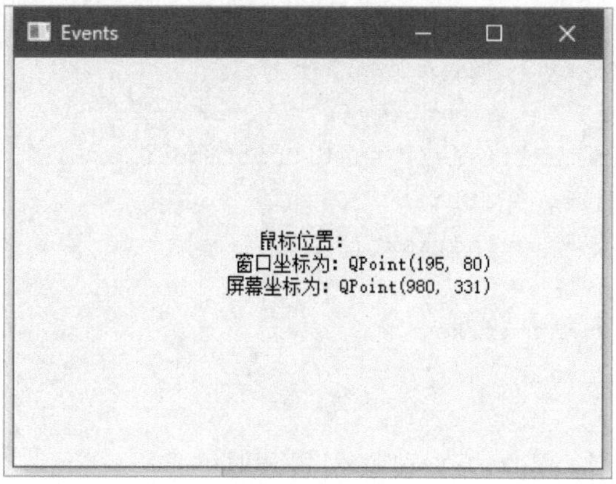

图 7-26

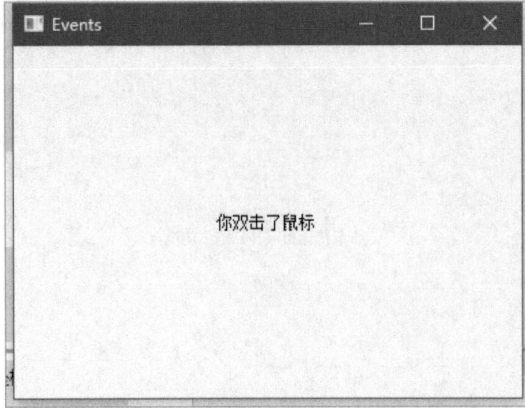

图 7-27

实现键盘按下事件，结果如图 7-28 所示。

```python
'''重新实现键盘按下事件'''
def keyPressEvent(self, event):
    self.key = ""
    if event.key() == Qt.Key_Home:
        self.key = "Home"
    elif event.key() == Qt.Key_End:
        self.key = "End"
    elif event.key() == Qt.Key_PageUp:
        if event.modifiers() & Qt.ControlModifier:
            self.key = "Ctrl+PageUp"
        else:
            self.key = "PageUp"
    elif event.key() == Qt.Key_PageDown:
        if event.modifiers() & Qt.ControlModifier:
            self.key = "Ctrl+PageDown"
        else:
            self.key = "PageDown"
    elif Qt.Key_A <= event.key() <= Qt.Key_Z:
        if event.modifiers() & Qt.ShiftModifier:
            self.key = "Shift+"
        self.key += event.text()
    if self.key:
        self.key = self.key
        self.update()
    else:
        QWidget.keyPressEvent(self, event)
```

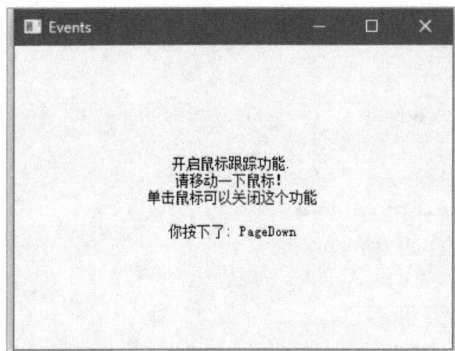

图 7-28

第二种事件处理方法是重载 event 函数。对于窗口所有的事件都会传递给 event 函数，event 函数会根据事件的类型，把事件分配给不同的函数进行处理。比如对于绘图事件，event 会交给 paintEvent 函数处理；对于鼠标移动事件，event 会交给 mouseMoveEvent 函数处理；对于键盘按下事件，event 会交给 keyPressEvent 函数处理。有一种特殊情况是对 Tab 键的触发行为，event 函数对 Tab 键的处理机制是把焦点从当前窗口控件的位置切换到 Tab 键次序中下一个窗口控件的位置，并返回 True，而不是交给 keyPressEvent 函数处理。因此这里需要在 event 函数中对按下 Tab 键的处理逻辑重新改写，使它与键盘上普通的键没什么不同。结果如图 7-29 所示。

```python
'''重新实现其他事件，适用于 PyQt 没有提供该事件的处理函数的情况，Tab 键由于涉及焦点
切换，不会传递给 keyPressEvent，因此需要在这里重新定义'''
    def event(self, event):
        if (event.type() == QEvent.KeyPress and
                event.key() == Qt.Key_Tab):
            self.key = "在 event()中捕获 Tab 键"
            self.update()
            return True
        return QWidget.event(self, event)
```

图 7-29

第三种事件处理方法的使用也很简单，案例见 PyQt5/Chapter07/event_filter.py，
代码如下：

```
# -*- coding: utf-8 -*-
from PyQt5.QtGui import *
from PyQt5.QtCore import *
from PyQt5.QtWidgets import *
import sys

class EventFilter(QDialog):
    def __init__(self, parent=None):
        super(EventFilter, self).__init__(parent)
        self.setWindowTitle("事件过滤器")

        self.label1 = QLabel("请点击")
        self.label2 = QLabel("请点击")
        self.label3 = QLabel("请点击")
        self.LabelState = QLabel("test")

        self.image1 = QImage("images/cartoon1.ico")
        self.image2 = QImage("images/cartoon1.ico")
        self.image3 = QImage("images/cartoon1.ico")

        self.width = 600
        self.height = 300

        self.resize(self.width, self.height)

        self.label1.installEventFilter(self)
        self.label2.installEventFilter(self)
        self.label3.installEventFilter(self)

        mainLayout = QGridLayout(self)
        mainLayout.addWidget(self.label1, 500, 0)
        mainLayout.addWidget(self.label2, 500, 1)
        mainLayout.addWidget(self.label3, 500, 2)
        mainLayout.addWidget(self.LabelState, 600, 1)
        self.setLayout(mainLayout)

    def eventFilter(self, watched, event):
        if watched == self.label1: # 只对label1的点击事件进行过滤，重写其行
为，其他事件会被忽略
            if event.type() == QEvent.MouseButtonPress: # 这里对鼠标按下事
件进行过滤，重写其行为
```

```
            mouseEvent = QMouseEvent(event)
            if mouseEvent.buttons() == Qt.LeftButton:
                self.LabelState.setText("按下鼠标左键")
            elif mouseEvent.buttons() == Qt.MidButton:
                self.LabelState.setText("按下鼠标中间键")
            elif mouseEvent.buttons() == Qt.RightButton:
                self.LabelState.setText("按下鼠标右键")

            '''转换图片大小'''
            transform = QTransform()
            transform.scale(0.5, 0.5)
            tmp = self.image1.transformed(transform)
            self.label1.setPixmap(QPixmap.fromImage(tmp))
        if event.type() == QEvent.MouseButtonRelease: # 这里对鼠标释放
事件进行过滤，重写其行为
            self.LabelState.setText("释放鼠标按键")
            self.label1.setPixmap(QPixmap.fromImage(self.image1))
        return QDialog.eventFilter(self, watched, event) # 对于其他情况，
会返回系统默认的事件处理方法

    if __name__ == '__main__':
        app = QApplication(sys.argv)
        dialog = EventFilter()
        dialog.show()
        app.exec_()
```

运行结果如图 7-30 和图 7-31 所示。

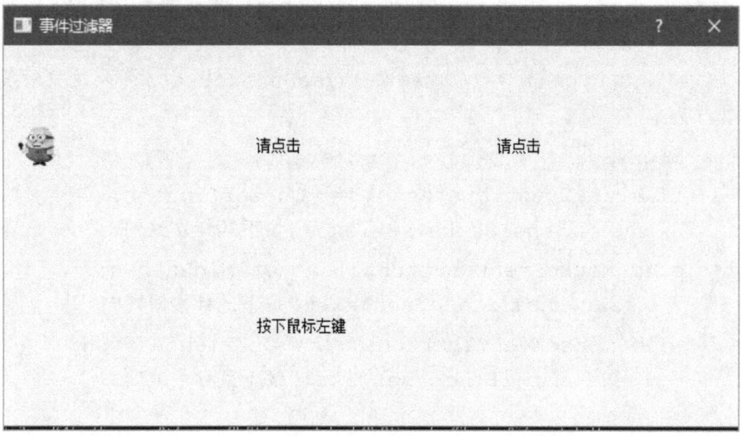

图 7-30

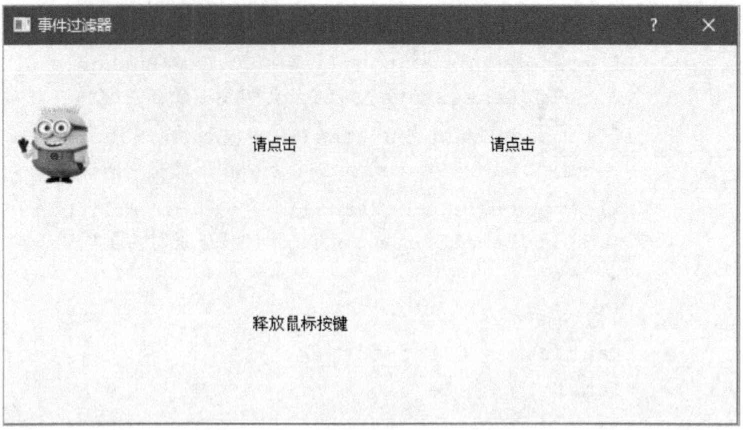

图 7-31

对于使用事件过滤器，关键是要做好两步。

对要过滤的控件设置 installEventFilter，这些控件的所有事件都会被 eventFilter 函数接收并处理。installEventFilter 的使用方法如下：

```
self.label1.installEventFilter(self)
self.label2.installEventFilter(self)
self.label3.installEventFilter(self)
```

在 eventFilter 函数中处理这些控件的事件信息。下面代码的意思是这个过滤器只对 label1 的事件进行处理，并且只处理它的鼠标按下事件（MouseButtonPress）和鼠标释放事件（MouseButtonRelease）。

```
def eventFilter(self, watched, event):
    if watched == self.label1: # 只对 label1 的点击事件进行过滤，重写其行为，
其他事件会被忽略
        if event.type() == QEvent.MouseButtonPress: # 这里对鼠标按下事件进
行过滤，重写其行为
            mouseEvent = QMouseEvent(event)
            if mouseEvent.buttons() == Qt.LeftButton:
                self.LabelState.setText("按下鼠标左键")
            elif mouseEvent.buttons() == Qt.MidButton:
                self.LabelState.setText("按下鼠标中间键")
            elif mouseEvent.buttons() == Qt.RightButton:
                self.LabelState.setText("按下鼠标右键")

            '''转换图片大小'''
            transform = QTransform()
            transform.scale(0.5, 0.5)
            tmp = self.image1.transformed(transform)
```

```
            self.label1.setPixmap(QPixmap.fromImage(tmp))
        if event.type() == QEvent.MouseButtonRelease: # 这里对鼠标释放事件
进行过滤，重写其行为
            self.LabelState.setText("释放鼠标按键")
            self.label1.setPixmap(QPixmap.fromImage(self.image1))
    return QDialog.eventFilter(self, watched, event) # 对于其他情况，会返
回系统默认的事件处理方法
```

注意到如下 4 行代码：

```
'''转换图片大小'''
transform = QTransform()
transform.scale(0.5, 0.5)
tmp = self.image1.transformed(transform)
self.label1.setPixmap(QPixmap.fromImage(tmp))
```

这 4 行代码的意思是如果按下鼠标键，就会对 label1 装载的图片进行缩放（长和宽各缩放一半）。

第四种事件处理方法（在 QApplication 中安装事件过滤器）的使用也非常简单，与第三种事件处理方法相比，只需要简单地修改两处代码即可。

屏蔽三个 label 标签控件的 installEventFilter 代码：

```
# self.label1.installEventFilter(self)
# self.label2.installEventFilter(self)
# self.label3.installEventFilter(self)
```

对于在 QApplication 中安装 installEventFilter，下面代码的意思是 dialog 的所有事件都要经过 eventFilter 函数处理，而不仅仅是三个标签控件的事件。

```
if __name__ == '__main__':
    app = QApplication(sys.argv)
    dialog = EventFilter()
    app.installEventFilter(dialog)
    dialog.show()
    app.exec_()
```

案例见 PyQt5/Chapter07/event_filter2.py，由于与前面代码非常相似，这里就不列举了。运行结果同图 7-30 和图 7-31。

为了更好地展示第四种事件处理方法与第三种的区别，这里在 eventFilter 函数中添加了一行代码：

```
def eventFilter(self, watched, event):
    print(type(watched))
```

cmd 窗口的输出结果如下：

```
class 'PyQt5.QtGui.QWindow'>
<class 'PyQt5.QtWidgets.QWidget'>
<class 'PyQt5.QtWidgets.QWidget'>
<class 'PyQt5.QtWidgets.QWidget'>
<class 'PyQt5.QtGui.QWindow'>
<class 'PyQt5.QtWidgets.QWidget'>
<class 'PyQt5.QtWidgets.QWidget'>
<class 'PyQt5.QtWidgets.QWidget'>
<class 'PyQt5.QtWidgets.QWidget'>
<class 'PyQt5.QtWidgets.QWidget'>
<class 'PyQt5.QtGui.QWindow'>
<class '__main__.EventFilter'>
<class '__main__.EventFilter'>
<class 'PyQt5.QtGui.QWindow'>
<class '__main__.EventFilter'>
<class '__main__.EventFilter'>
<class 'PyQt5.QtWidgets.QLabel'>
<class '__main__.EventFilter'>
<class 'PyQt5.QtWidgets.QLabel'>
<class '__main__.EventFilter'>
<class 'PyQt5.QtWidgets.QLabel'>
<class '__main__.EventFilter'>
<class 'PyQt5.QtWidgets.QLabel'>
<class '__main__.EventFilter'>
<class '__main__.EventFilter'>
<class '__main__.EventFilter'>
<class 'PyQt5.QtWidgets.QLabel'>
<class 'PyQt5.QtWidgets.QLabel'>
```

可见。第四种事件处理方法确实过滤了所有事件，而不像第三种方法那样只过滤三个标签控件的事件。

对于第五种事件处理方法，由于在实际中基本用不到，所以这里不再介绍。

7.5　窗口数据传递

在开发程序时，如果这个程序只有一个窗口，则应该关心这个窗口里面的各个控件之间是如何传递数据的；如果这个程序有多个窗口，那么还应该关心不同的窗口之间是如何传递数据的，这就是本节要解决的问题。本节首先给出一个例子，说明在一个窗口中不同控件之间的数据是如何传递的。对于多窗口的情况，一般有两种解决方法，其中一种是主窗口获取子窗口中控件的属性；另一种是通过信号与槽机制，一般是子窗口通过发射信号的形式传递数据，主窗口的槽函数获取这些数据。

7.5.1　单一窗口数据传递

对于具有单一窗口的程序来说，一个控件的变化会影响另一个控件的变化，这种变化利用信号与槽机制非常容易解决。

本例文件名为 PyQt5/Chapter07/qt07_winSignalSlot06.py，根据前面所学的知识，这个例子应该很好理解。其完整代码如下：

```python
import sys
from PyQt5.QtWidgets import
QWidget,QLCDNumber,QSlider,QVBoxLayout,QApplication
from PyQt5.QtCore import Qt

class WinForm(QWidget):
    def __init__(self):
        super().__init__()
        self.initUI()

    def initUI(self):
        # 先创建滑块和 LCD 控件
        lcd = QLCDNumber(self)
        slider = QSlider(Qt.Horizontal, self)

        vBox = QVBoxLayout()
        vBox.addWidget(lcd)
        vBox.addWidget(slider)

        self.setLayout(vBox)
        # valueChanged()是 QSlider 的一个信号函数，只要 slider 的值发生改变，它
就会发射一个信号，然后通过 connect 连接信号的接收控件，也就是 lcd
        slider.valueChanged.connect(lcd.display)

        self.setGeometry(300,300,350,150)
        self.setWindowTitle("信号与槽：连接滑块 LCD")

if __name__ == '__main__':
    app = QApplication(sys.argv)
    form = WinForm()
```

```
form.show()
sys.exit(app.exec_())
```

运行脚本，显示效果如图 7-32 所示。

图 7-32

代码分析：

首先，创建滑块和 LCD 控件。

```
lcd = QLCDNumber(self)
slider = QSlider(Qt.Horizontal, self)
```

然后，通过 QVBoxLayout 设置布局。

```
vBox = QVBoxLayout()
vBox.addWidget(lcd)
vBox.addWidget(slider)
```

最后，连接 QSlider 控件的 valueChanged()信号函数和 LCD 面板控件的 display() 槽函数。

valueChanged()是 QSlider 的一个信号函数，只要 slider 的值发生改变，它就会发射一个信号。还可以设置参数控制信号在什么时候发射，然后通过 connect 连接信号的接收控件，也就是 lcd。槽是对信号的响应，这里是 lcd.display，即更新 LCD 面板的数字信息。

```
slider.valueChanged.connect(lcd.display)
```

除 valueChanged()之外，QSlider 还有 sliderPressured()、sliderMoved()、sliderReleased()等信号函数，详细信息可参考 PyQt 官方文档。

7.5.2　多窗口数据传递：调用属性

在 PyQt 编程过程中，经常会遇到输入或选择多个参数的问题。把多个参数写到一个窗口中，主窗口会显得很臃肿，所以一般是添加一个按钮，调用对话框，在对话框中进行参数的选择，关闭对话框时将参数值返回给主窗口。

PyQt 提供了一些标准的对话框类，用于输入数据、修改数据、更改应用的设置等，常见的有 QFileDialog、QInputDialog、QColorDialog、QFontDialog 等。在不同的窗口之间传参有两种常用的方式：一种是在自定义对话框之间通过属性传参；另一种是在窗口之间使用信号与槽机制传参。本节主要介绍前一种方式。

在这个例子中，将自定义对话框作为一个子窗口，后面会新建一个主窗口来调用这个子窗口的属性。本例文件名为 PyQt5/Chapter07/transParam/ DateDialog.py，其完整代码如下：

```python
from PyQt5.QtCore import *
from PyQt5.QtGui import *
from PyQt5.QtWidgets import *

class DateDialog(QDialog):
    def __init__(self, parent = None):
        super(DateDialog, self).__init__(parent)
        self.setWindowTitle('DateDialog')

        # 在布局中添加控件
        layout = QVBoxLayout(self)
        self.datetime = QDateTimeEdit(self)
        self.datetime.setCalendarPopup(True)
        self.datetime.setDateTime(QDateTime.currentDateTime())
        layout.addWidget(self.datetime)

        # 使用两个按钮(Ok 和 Cancel)分别连接 accept()和 reject()槽函数
        buttons = QDialogButtonBox(
            QDialogButtonBox.Ok | QDialogButtonBox.Cancel,
            Qt.Horizontal, self)
        buttons.accepted.connect(self.accept)
        buttons.rejected.connect(self.reject)
        layout.addWidget(buttons)

    # 从对话框中获取当前日期和时间
    def dateTime(self):
        return self.datetime.dateTime()

    # 使用静态函数创建对话框并返回 (date, time, accepted)
    @staticmethod
    def getDateTime(parent = None):
        dialog = DateDialog(parent)
        result = dialog.exec_()
```

```
date = dialog.dateTime()
return (date.date(), date.time(), result == QDialog.Accepted)
```

注意

（1）使用两个按钮（Ok 和 Cancel）分别连接 accept()和 reject()槽函数。

（2）在类中定义一个静态函数 getDateTime()，该静态函数返回 3 个时间值。原理是利用静态函数的特性，在静态函数中实例化 DateDialog 类，并调用 dialog.exec_()函数来显式执行对话框。通过 dialog.exec_()的返回值来判断用户单击的是 Ok 按钮还是 Cancel 按钮，然后做出下一步判断。

新建一个调用对话框的主窗口文件 CallDialogMainWin.py，保存路径为 PyQt5/Chapter07/transParam/CallDialogMainWin.py，其完整代码如下：

```
import sys
from PyQt5.QtCore import *
from PyQt5.QtGui import *
from PyQt5.QtWidgets import *
from DateDialog import DateDialog

class WinForm(QWidget):

    def __init__(self, parent=None):
        super(WinForm, self).__init__(parent)
        self.resize(400, 90)
        self.setWindowTitle('对话框关闭时返回值给主窗口例子')

        self.lineEdit = QLineEdit(self)
        self.button1 = QPushButton('弹出对话框1')
        self.button1.clicked.connect(self.onButton1Click)

        self.button2 = QPushButton('弹出对话框2')
        self.button2.clicked.connect(self.onButton2Click )

        gridLayout = QGridLayout()
        gridLayout.addWidget(self.lineEdit )
        gridLayout.addWidget( self.button1 )
        gridLayout.addWidget( self.button2 )
        self.setLayout(gridLayout)

    def onButton1Click(self ):
        dialog = DateDialog(self)
```

```
            result = dialog.exec_()
            date = dialog.dateTime()
            self.lineEdit.setText( date.date().toString() )
            print('\n 日期对话框的返回值' )
            print('date=%s' %  str(date.date()) )
            print('time=%s' %  str(date.time()) )
            print('result=%s' %  result )
            dialog.destroy()

        def onButton2Click(self ):
            date, time, result = DateDialog.getDateTime()
            self.lineEdit.setText( date.toString() )
            print('\n 日期对话框的返回值' )
            print('date=%s' %  str(date) )
            print('time=%s' %  str(time ) )
            print('result=%s' %  result )

if __name__ == "__main__":
    app = QApplication(sys.argv)
    form = WinForm()
    form.show()
    sys.exit(app.exec_())
```

运行脚本，显示效果如图 7-33 和图 7-34 所示。

图 7-33

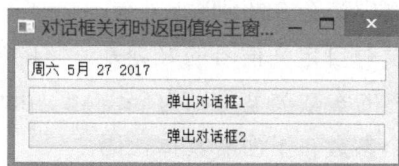

图 7-34

代码分析：

在主窗口中调用对话框有两种方法，本例中这两种方法的操作是一样的（本质上也没有什么不同），都需要单击"弹出对话框"按钮，在对话框的时间日期控件中选择日期，则会把所选中的日期返回到主窗口的 lineText 文本框控件中。

第一种方法：直接在主窗口程序中实例化该对话框，然后调用该对话框的函数来获取返回值，根据对话框的返回值单击确认按钮还是取消按钮来进行下一步操作。同理，对于上面的 DateDialog，主窗口程序的代码如下：

```
def onButton1Click(self ):
    dialog = DateDialog(self)
    result = dialog.exec_()
    date = dialog.dateTime()
    self.lineEdit.setText( date.date().toString() )
    dialog.destroy()
```

第二种方法：在主窗口程序中调用子窗口的静态函数，实际上这种方法与第一种方法是一样的，只不过它是利用静态函数的特点，在子窗口的静态函数中创建实例化对象。

```
def onButton2Click(self ):
    date, time, result = DateDialog.getDateTime()
    self.lineEdit.setText( date.toString() )
    if result == QDialog.Accepted :
        print('选择确认按钮')
    else :
        print('选择取消按钮')
```

7.5.3 多窗口数据传递：信号与槽

对于多窗口的数据传递，一般是通过子窗口发射信号的，主窗口通过槽函数捕获这个信号，然后获取信号里面的数据。子窗口发射的信号有两种，其中一种是发射 PyQt 内置的一些信号；另一种是发射自定义的信号。这两种方式的信号与槽机制在本例中都会介绍到。

发射自定义信号的好处是，它的参数类型可以自定义。比如发射一个自定义信号，它的参数类型可以为 int、str、dict、list 等；如果发射内置信号，则只能是特定的几个参数。下面看具体代码。

首先，建立一个对话框文件 DateDialog2.py，保存路径为 PyQt5/Chapter07/transParam/DateDialog2.py，其完整代码如下：

```
from PyQt5.QtCore import *
from PyQt5.QtGui import *
from PyQt5.QtWidgets import *


class DateDialog(QDialog):
    Signal_OneParameter = pyqtSignal(str)
```

```python
    def __init__(self, parent=None):
        super(DateDialog, self).__init__(parent)
        self.setWindowTitle('子窗口：用来发射信号')

        # 在布局中添加控件
        layout = QVBoxLayout(self)

        self.label = QLabel(self)
        self.label.setText('前者发射内置信号\n后者发射自定义信号')

        self.datetime_inner = QDateTimeEdit(self)
        self.datetime_inner.setCalendarPopup(True)
        self.datetime_inner.setDateTime(QDateTime.currentDateTime())

        self.datetime_emit = QDateTimeEdit(self)
        self.datetime_emit.setCalendarPopup(True)
        self.datetime_emit.setDateTime(QDateTime.currentDateTime())

        layout.addWidget(self.label)
        layout.addWidget(self.datetime_inner)
        layout.addWidget(self.datetime_emit)

        # 使用两个button(Ok和Cancel)分别连接accept()和reject()槽函数
        buttons = QDialogButtonBox(
            QDialogButtonBox.Ok | QDialogButtonBox.Cancel,
            Qt.Horizontal, self)
        buttons.accepted.connect(self.accept)
        buttons.rejected.connect(self.reject)
        layout.addWidget(buttons)

        self.datetime_emit.dateTimeChanged.connect(self.emit_signal)

    def emit_signal(self):
        date_str = self.datetime_emit.dateTime().toString()
        self.Signal_OneParameter.emit(date_str)
```

新建一个调用对话框的主窗口文件 CallDialogMainWin2.py，保存路径为 PyQt5/Chapter07/transParam/CallDialogMainWin2.py，其完整代码如下：

```python
import sys
from PyQt5.QtCore import *
from PyQt5.QtGui import *
```

```python
from PyQt5.QtWidgets import *
from DateDialog2 import DateDialog

class WinForm(QWidget):
    def __init__(self, parent=None):
        super(WinForm, self).__init__(parent)
        self.resize(400, 90)
        self.setWindowTitle('信号与槽传递参数的示例')

        self.open_btn = QPushButton('获取时间')
        self.lineEdit_inner = QLineEdit(self)
        self.lineEdit_emit = QLineEdit(self)
        self.open_btn.clicked.connect(self.openDialog)

        self.lineEdit_inner.setText('接收子窗口内置信号的时间')
        self.lineEdit_emit.setText('接收子窗口自定义信号的时间')

        grid = QGridLayout()
        grid.addWidget(self.lineEdit_inner)
        grid.addWidget(self.lineEdit_emit)

        grid.addWidget(self.open_btn)
        self.setLayout(grid)

    def openDialog(self):
        dialog = DateDialog(self)
        '''连接子窗口的内置信号与主窗口的槽函数'''
        dialog.datetime_inner.dateTimeChanged.connect(
                self.deal_inner_slot)
        '''连接子窗口的自定义信号与主窗口的槽函数'''
        dialog.Signal_OneParameter.connect(self.deal_emit_slot)
        dialog.show()

    def deal_inner_slot(self, date):
        self.lineEdit_inner.setText(date.toString())

    def deal_emit_slot(self, dateStr):
        self.lineEdit_emit.setText(dateStr)

if __name__ == "__main__":
    app = QApplication(sys.argv)
    form = WinForm()
```

```
    form.show()
    sys.exit(app.exec_())
```

运行脚本，显示效果如图 7-35 和图 7-36 所示。

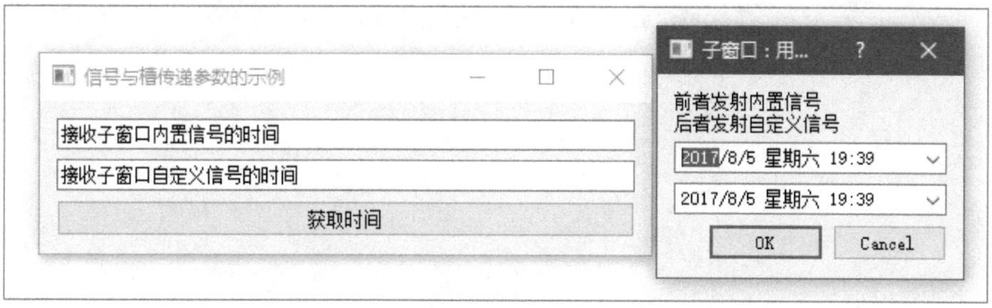

图 7-35

图 7-36

这些代码的逻辑其实很简单，对于子窗口（文件为 PyQt5/Chapter07/transParam/DateDialog2.py），关键是如何实现符合特定条件的自定义信号的发射问题。下面的代码表示当控件 datetime_emit 的时间发生变化时，就会触发子窗口的槽函数 emit_signal，而在这个槽函数中又会发射自定义信号 Signal_OneParameter，这个信号函数是为了传递 date_str 参数给主函数的槽函数。

```
    self.datetime_emit.dateTimeChanged.connect(self.emit_signal)

    def emit_signal(self):
        date_str = self.datetime_emit.dateTime().toString()
        self.Signal_OneParameter.emit(date_str)
```

对于主窗口（文件为 PyQt5/Chapter07/transParam/CallDialogMainWin2.py），关键是获取子窗口的信号，并把它绑定在自己的槽函数上，这样就实现了子窗口的控件与主窗口的控件的信号与槽的绑定。下面的代码是这个文件的关键，展示了如何把子窗口的内置信号与自定义信号绑定到主窗口的槽函数。

```
def openDialog(self):
    dialog = DateDialog(self)
```

```
    '''连接子窗口的内置信号与主窗口的槽函数'''
dialog.datetime_inner.dateTimeChanged.connect(
            self.deal_inner_slot)
    '''连接子窗口的自定义信号与主窗口的槽函数'''
dialog.Signal_OneParameter.connect(self.deal_emit_slot)
dialog.show()
```

第 8 章

8

PyQt 5 图形和特效

使用 PyQt 实现的窗口样式，默认使用的就是当前操作系统的原生窗口样式。在不同操作系统下原生窗口样式的显示效果是不一样的，在 Ubuntu 下窗口的美化效果可以用美观来形容，而在 Windows 下就不那么美观了。虽然应用程序关心的是业务和功能，但是也需要实现一些个性化的界面，如 QQ、微信和 360 等软件的界面，就很漂亮、吸引人，符合用户的使用习惯。总而言之，软件界面的设计，直接决定着用户对该软件的第一印象，决定着使用者对其青睐与否，所以我们需要定制窗口样式，以实现统一的窗口风格和美化窗口界面。

8.1 窗口风格

8.1.1 设置窗口风格

（1）可以为每个 Widget 都设置风格。

```
setStyle(QStyle style)
```

（2）获得当前平台支持的原有的 QStyle 样式。

```
QStyleFactory.keys()
```

（3）对 QApplication 设置 QStyle 样式。

```
QApplication.setStyle(QStyleFactory.create("WindowsXP"))
```

如果其他 Widget 没有设置 QStyle，则默认使用 QApplication 设置的 QStyle。

案例 8-1　设置窗口风格

本例文件名为 PyQt5/Chapter08/qt08_changeStyle.py，演示设置窗口风格。其完整代码如下：

```
import sys
from PyQt5.QtWidgets import *
from PyQt5.QtCore import *
from PyQt5 import QtCore
from PyQt5.QtGui  import *

class AppWidget( QWidget):
    def __init__(self, parent=None):
        super(AppWidget, self).__init__(parent)
        horizontalLayout =  QHBoxLayout()
        self.styleLabel = QLabel("Set Style:")
        self.styleComboBox =  QComboBox()
        # 从 QStyleFactory 中增加多个显示样式
        self.styleComboBox.addItems( QStyleFactory.keys())
        # 选择当前窗口风格
        index = self.styleComboBox.findText(
                QApplication.style().objectName(),
                QtCore.Qt.MatchFixedString)
        # 设置当前窗口风格
        self.styleComboBox.setCurrentIndex(index)
        # 通过 comboBox 控件选择窗口风格
        self.styleComboBox.activated[str].connect
(self.handleStyleChanged)
        horizontalLayout.addWidget(self.styleLabel)
        horizontalLayout.addWidget(self.styleComboBox)
        self.setLayout(horizontalLayout)

    # 改变窗口风格
    def handleStyleChanged(self, style):
        QApplication.setStyle(style)

if __name__ == "__main__":
    app =  QApplication(sys.argv)
    widgetApp = AppWidget()
    widgetApp.show()
    sys.exit(app.exec_())
```

运行脚本，显示效果如图 8-1 所示。

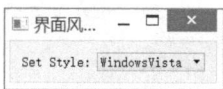

图 8-1

8.1.2 设置窗口样式

PyQt 使用 setWindowFlags(Qt.WindowFlags)函数设置窗口样式，其具体参数如下。

（1）PyQt 有如下几种基本的窗口类型。

- Qt.Widget，默认窗口，有最小化、最大化、关闭按钮。
- Qt.Window，普通窗口，有最小化、最大化、关闭按钮。
- Qt.Dialog，对话框窗口，有问号和关闭按钮。
- Qt.Popup，弹出窗口，窗口无边框。
- Qt.ToolTip，提示窗口，窗口无边框，无任务栏。
- Qt.SplashScreen，闪屏，窗口无边框，无任务栏。
- Qt.SubWindow，子窗口，窗口无按钮，但有标题。

（2）自定义顶层窗口外观标志。

```
Qt.MSWindowsFixedSizeDialogHint       #窗口无法调整大小
Qt.FramelessWindowHint                #窗口无边框
Qt.CustomizeWindowHint                #有边框但无标题栏和按钮，不能移动和拖动
Qt.WindowTitleHint                    #添加标题栏和一个关闭按钮
Qt.WindowSystemMenuHint               #添加系统目录和一个关闭按钮
Qt.WindowMaximizeButtonHint           #激活最大化和关闭按钮，禁止最小化按钮
Qt.WindowMinimizeButtonHint           #激活最小化和关闭按钮，禁止最大化按钮
Qt.WindowMinMaxButtonsHint            #激活最小化、最大化和关闭按钮，相当于
            Qt.WindowMaximizeButtonHint| Qt.WindowMinimizeButtonHint
Qt.WindowCloseButtonHint              #添加一个关闭按钮
Qt.WindowContextHelpButtonHint        #添加问号和关闭按钮，像对话框一样
Qt.WindowStaysOnTopHint               #窗口始终处于顶层位置
Qt.WindowStaysOnBottomHint            #窗口始终处于底层位置
```

在窗口类的 __init__ 函数中使用 self.setWindowFlags()函数。本例文件名为 PyQt5/Chapter08/qt08_winStyle01.py，演示设置窗口样式。其完整代码如下：

```
from PyQt5.QtCore import Qt
import sys
```

```
from PyQt5.QtWidgets import QMainWindow , QApplication

class MainWindow(QMainWindow):
    def __init__(self,parent=None):
        super(MainWindow,self).__init__(parent)
        self.resize(400, 200)
        self.setWindowTitle("设置窗口样式例子")
        # 设置无边框窗口样式
        self.setWindowFlags( Qt.FramelessWindowHint )

if __name__ == "__main__":
    app = QApplication(sys.argv)
    win = MainWindow()
    win.show()
    sys.exit(app.exec_())
```

运行脚本，显示效果如图 8-2 所示。

图 8-2

在上面的代码中，使用主窗口类的 setWindowFlags()函数，设置无边框窗口样式。其核心代码如下：

```
# 设置无边框窗口样式
self.setWindowFlags( Qt.FramelessWindowHint )
```

8.1.3 使用自定义的无边框窗口

随着互联网的发展，越来越多的软件在初始化时，采用在用户的显示屏幕中全屏展开的形式。在接下来的例子中，我们将开发一个自定义的无边框窗口，它可以占用 100%的用户显示屏幕。

（1）设置窗口标志，实现无边框效果。

```
# 设置窗口标志（无边框）
self.setWindowFlags(QtCore.Qt.FramelessWindowHint)
```

（2）覆盖实现最大化函数。

首先，应得到屏幕可显示尺寸，需要用到 QDeskWidget 类的 availableGeometry() 函数。

```
# 得到桌面控件
desktop = QApplication.desktop()
# 得到屏幕可显示尺寸
rect = desktop.availableGeometry()
```

然后，设置窗口尺寸为屏幕可显示尺寸并显示。

```
# 设置窗口尺寸
self.setGeometry(rect)
# 显示窗口
self.show()
```

本例文件名为 PyQt5/Chapter08/qt08_winStyle02.py，演示使用自定义的无边框窗口。其完整代码如下：

```
import sys
from PyQt5.QtWidgets import QMainWindow , QApplication
from PyQt5.QtCore import Qt

class MyWindow( QMainWindow):
    '''自定义窗口类'''
def __init__(self,parent=None):
        '''构造函数'''
        # 调用父类构造函数
        super(MyWindow,self).__init__(parent)

        # 设置窗口标志（无边框）
        self.setWindowFlags(   Qt.FramelessWindowHint)

        # 为便于显示，设置窗口背景颜色(采用 QSS)
        self.setStyleSheet('''background-color:blue; ''')

    def showMaximized(self):
        '''最大化窗口'''
        # 得到桌面控件
        desktop = QApplication.desktop()
        # 得到屏幕可显示尺寸
        rect = desktop.availableGeometry()
        # 设置窗口尺寸
        self.setGeometry(rect)
```

```
        # 显示窗口
        self.show()

# 主函数
if __name__ == "__main__":
    '''主函数'''
    #声明变量
    app = QApplication(sys.argv)
    # 创建窗口
    window = MyWindow()
    # 调用最大化显示函数
    window.showMaximized()
    # 应用程序事件循环
    sys.exit(app.exec_())
```

运行脚本，显示效果如图 8-3 所示。

图 8-3

8.2 绘图

8.2.1 图像类

在 PyQt 中常用的图像类有 4 个，即 QPixmap、QImage、QPicture 和 QBitmap。

- QPixmap 是专门为绘图而设计的，在绘制图片时需要使用 QPixmap。
- QImage 提供了一个与硬件无关的图像表示函数，可以用于图片的像素级访问。
- QPicture是一个绘图设备类，它继承自 QPainter 类。可以使用 QPainter 的 begin()函数在 QPicture 上绘图，使用 end()函数结束绘图，使用 QPicture 的 save()函数将 QPainter 所使用过的绘图指令保存到文件中。

- QBitmap 是一个继承自 QPixmap 的简单类，它提供了 1bit 深度的二值图像的类。QBitmap 提供的单色图像，可以用来制作游标（QCursor）或者笔刷（QBrush）。

图像类的继承关系如图 8-4 所示。

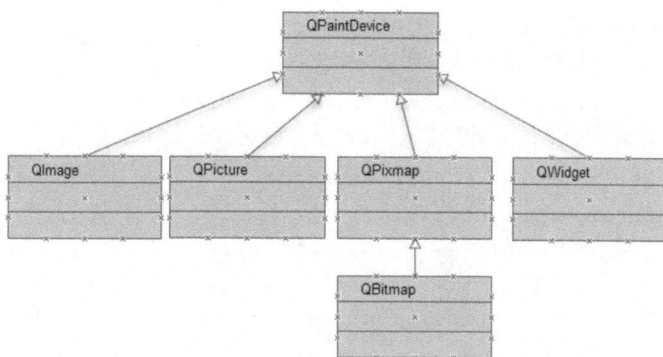

图 8-4

8.2.2　简单绘图

本节实现最基本的画线功能。本例文件名为 PyQt5/Chapter08/qt08_winDraw01.py，其完整代码如下：

```python
import sys
from PyQt5.QtWidgets import QApplication ,QWidget
from PyQt5.QtGui import   QPainter ,QPixmap
from PyQt5.QtCore import Qt , QPoint

class Winform(QWidget):
    def __init__(self,parent=None):
        super(Winform,self).__init__(parent)
        self.setWindowTitle("绘图例子")
        #1
        self.pix = QPixmap()
        self.lastPoint =  QPoint()
        self.endPoint =  QPoint()
        self.initUi()

    def initUi(self):
        # 设置窗口大小为 600*500
        self.resize(600, 500)
```

```
        # 设置画布大小为 400*400, 背景为白色
        self.pix = QPixmap(400, 400)
        self.pix.fill(Qt.white)


    #2
    def paintEvent(self,event):
        pp = QPainter( self.pix)
        # 根据鼠标指针前后两个位置绘制直线
        pp.drawLine( self.lastPoint, self.endPoint)
        # 让前一个坐标值等于后一个坐标值, 就能画出连续的线
        self.lastPoint = self.endPoint
        painter = QPainter(self)
        painter.drawPixmap(0, 0, self.pix)


    #3
    def mousePressEvent(self, event) :
        # 按下鼠标左键
        if event.button() == Qt.LeftButton :
            self.lastPoint = event.pos()
            self.endPoint = self.lastPoint
    #4
    def mouseMoveEvent(self, event):
        # 然后移动鼠标指针
        if event.buttons() and Qt.LeftButton :
            self.endPoint = event.pos()
            # 进行重新绘制
            self.update()
    #5
    def mouseReleaseEvent( self, event):
        # 释放鼠标左键
        if event.button() == Qt.LeftButton :
            self.endPoint = event.pos()
            # 进行重新绘制
            self.update()


if __name__ == "__main__":
        app = QApplication(sys.argv)
        form = Winform()
        form.show()
        sys.exit(app.exec_())
```

运行脚本, 显示效果如图 8-5 所示。

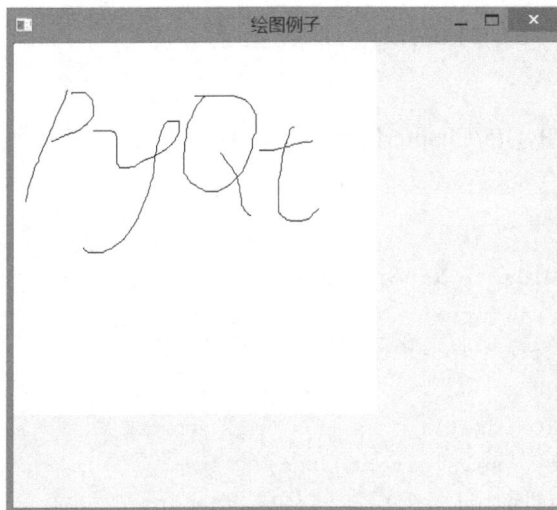

图 8-5

代码分析：

在这个例子中，实现了简单的绘图功能，按住鼠标左键在画板上进行绘画，释放鼠标左键结束绘画。

第 1 组代码：初始化代码。

第 2 组代码：重构 paintEvent()函数。

第 3 组代码：重构 mousePressEvent()函数，使用两个点来绘制线条，这两个点从下面的鼠标事件中获取。

第 4 组代码：重构 mouseMoveEvent()函数，当鼠标左键按下时获得开始点，每次绘制都让结束点和开始点重合，这样确保这两个点的值都是预期的值。

第 5 组代码：重构 mouseReleaseEvent()函数，当鼠标指针移动时获得结束点，并更新绘制。注意，这里的 buttons()函数可以获取在鼠标指针移动过程中按下的所有按键，然后用 Qt.LeftButton 来判断是否按下了左键。在 mouseMoveEvent()中必须使用该函数来判断按下的鼠标按键。最后调用 update()函数，会执行 paintEvent()函数进行重新绘制。

当释放鼠标按键时也会进行重绘。现在运行程序，按下鼠标左键在白色画布上进行绘制，实现了简单的涂鸦板功能。

8.2.3　双缓冲绘图

本节讲解在画板上绘制矩形，还会讲解双缓冲绘图的概念。

案例 8-2　绘制矩形，出现重影

本例文件名为 PyQt5/Chapter08/qt08_winDraw02.py，演示绘制矩形的功能。其完整代码如下：

```python
import sys
from PyQt5.QtWidgets import QApplication ,QWidget
from PyQt5.QtGui import  QPainter ,QPixmap
from PyQt5.QtCore import Qt , QPoint

class Winform(QWidget):
    def __init__(self,parent=None):
        super(Winform,self).__init__(parent)
        self.setWindowTitle("绘制矩形例子")
        self.pix =  QPixmap()
        self.lastPoint =  QPoint()
        self.endPoint =  QPoint()
        self.initUi()

    def initUi(self):
        # 设置窗口大小为600*500
        self.resize(600, 500)
        # 设置画布大小为400*400，背景为白色
        self.pix = QPixmap(400, 400)
        self.pix.fill(Qt.white)

    #1
    def paintEvent(self,event):
        painter = QPainter(self)
        x = self.lastPoint.x()
        y = self.lastPoint.y()
        w = self.endPoint.x() - x
        h = self.endPoint.y() - y

        pp = QPainter(self.pix)
        pp.drawRect(x, y, w, h)
        painter.drawPixmap(0, 0, self.pix)

    def mousePressEvent(self, event) :
        # 按下鼠标左键
        if event.button() == Qt.LeftButton :
            self.lastPoint = event.pos()
```

```
            self.endPoint = self.lastPoint

    def mouseMoveEvent(self, event):
        # 然后移动鼠标指针
        if event.buttons() and Qt.LeftButton :
            self.endPoint = event.pos()
            # 进行重新绘制
            self.update()

    def mouseReleaseEvent( self, event):
        # 释放鼠标左键
        if event.button() == Qt.LeftButton :
            self.endPoint = event.pos()
            # 进行重新绘制
            self.update()

if __name__ == "__main__":
    app = QApplication(sys.argv)
    form = Winform()
    form.show()
    sys.exit(app.exec_())
```

运行脚本，显示效果如图 8-6 所示。

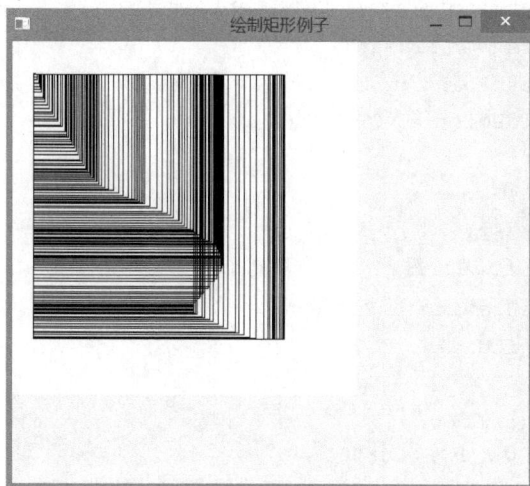

图 8-6

代码分析：

在这个例子中，首先将图形绘制在画布上，然后将画布绘制到窗口中。

第 1 组代码：重构 painEvent()函数，在函数中添加初始化代码，就是通过 lastPoint

和 endPoint 两个点来确定所要绘制的矩形的起点、宽度和高度。

运行程序，使用鼠标拖出一个矩形，发现出现了很多重影。为什么会有重影呢？

可以尝试分别快速和慢速拖动鼠标来绘制矩形，结果发现，拖动速度越快，重影越少。其实，在拖动鼠标的过程中，屏幕已经刷新了很多次，也可以理解为 paintEvent()函数执行了多次，每执行一次就会绘制一个矩形。知道了原因，就可以想办法来避免出现重影了。

案例 8-3   使用双缓冲技术绘制矩形，避免出现重影

本例文件名为 PyQt5/Chapter08/qt08_winDraw03.py，演示使用双缓冲技术绘制矩形，避免出现重影。其完整代码如下：

```python
import sys
from PyQt5.QtWidgets import QApplication ,QWidget
from PyQt5.QtGui import  QPainter ,QPixmap
from PyQt5.QtCore import Qt , QPoint

class Winform(QWidget):
    def __init__(self,parent=None):
        super(Winform,self).__init__(parent)
        self.setWindowTitle("双缓冲绘图例子")
        self.pix =  QPixmap()
        self.lastPoint =  QPoint()
        self.endPoint =  QPoint()
        #1
        # 辅助画布
        self.tempPix = QPixmap()
        # 标志是否正在绘图
        self.isDrawing = False
        self.initUi()

    def initUi(self):
        # 设置窗口大小为 600*500
        self.resize(600, 500);
        # 设置画布大小为 400*400，背景为白色
        self.pix = QPixmap(400, 400);
        self.pix.fill(Qt.white);

        #2
    def paintEvent(self,event):
```

```
            painter = QPainter(self)
            x = self.lastPoint.x()
            y = self.lastPoint.y()
            w = self.endPoint.x() - x
            h = self.endPoint.y() - y

            # 如果正在绘图，就在辅助画布上绘制
            if self.isDrawing :
                # 将以前 pix 中的内容复制到 tempPix 中，保证以前的内容不消失
                self.tempPix = self.pix
                pp = QPainter( self.tempPix)
                pp.drawRect(x,y,w,h)
                painter.drawPixmap(0, 0, self.tempPix)
            else :
                pp = QPainter(self.pix )
                pp.drawRect(x, y, w, h)
                painter.drawPixmap(0, 0, self.pix)
    #3
    def mousePressEvent(self, event) :
        # 按下鼠标左键
        if event.button() == Qt.LeftButton :
            self.lastPoint = event.pos()
            self.endPoint = self.lastPoint
            self.isDrawing = True

    #4
    def mouseReleaseEvent( self, event):
        # 释放鼠标左键
        if event.button() == Qt.LeftButton :
            self.endPoint = event.pos()
            # 进行重新绘制
            self.update()
            self.isDrawing = False

if __name__ == "__main__":
    app = QApplication(sys.argv)
    form = Winform()
    form.show()
    sys.exit(app.exec_())
```

运行脚本，显示效果如图 8-7 所示。

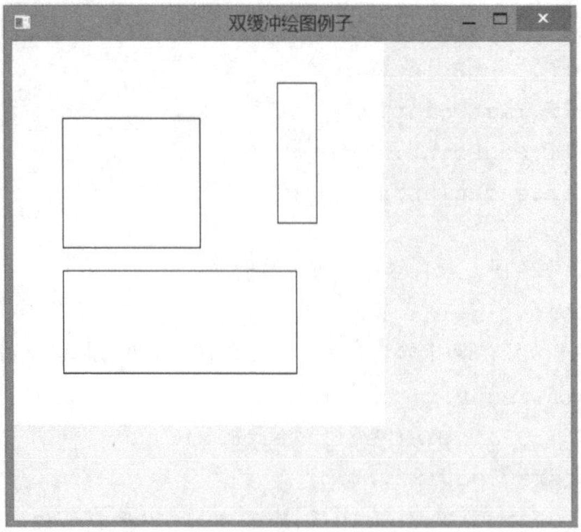

图 8-7

代码分析:

在这个例子中,按下鼠标左键时标志正在绘图,当释放鼠标左键时则取消正在绘图的标志。运行程序,绘图正常,没有重影。

在这个例子中,需要添加一个辅助画布,如果正在绘图,也就是还没有释放鼠标左键时,就在这个辅助画布上进行;只有释放鼠标左键时,才在真正的画布上绘图。

第 1 组代码:添加两个变量。

```
# 辅助画布
self.tempPix = QPixmap()
# 标志是否正在绘图
self.isDrawing = False
```

第 2 组代码:重构 painEvent()函数,如果正在绘图,就在辅助画布上进行,将以前 pix 中的内容复制到 tempPix 中,保证以前的内容不消失。

第 3 组代码:重构 mousePressEvent()函数,更改鼠标按键按下时处理函数的内容。

第 4 组代码:重构 mouseReleaseEvent()函数,更改鼠标按键释放时处理函数的内容。

双缓冲技术总结:

在这个例子中,要实现使用鼠标在界面上绘制一个任意大小的矩形而不出现重影,需要两个画布,它们都是 QPixmap 实例,其中 tempPix 作为临时缓冲区,当拖动鼠标绘制矩形时,将内容先绘制到 tempPix 上,然后再将 tempPix 绘制到界面上;pix 作为缓冲区,用来保存已经完成的绘制。当释放鼠标按键完成矩形的绘制后,则将 tempPix 的内容复制到 pix 上。为了在绘制时不出现重影,而且保证以前绘制的内容不消失，那么每一次绘制都是在原来的图形上进行的，所以需要在绘制 tempPix 之前，先将 pix 的内容复制到 tempPix 上。因为这里有两个 QPixmap 对象，也可以说有两个缓冲区，所以称之为"双缓冲绘图"。

8.3　QSS的UI美化

QSS（Qt Style Sheets）即 Qt 样式表，是用来自定义控件外观的一种机制。QSS 大量参考了 CSS 的内容，但 QSS 的功能比 CSS 要弱得多，体现为选择器少，可以使用的 QSS 属性也少，并且并不是所有的属性都可以应用在 PyQt 的控件上。QSS 使页面美化跟代码层分开，利于维护。

8.3.1　QSS 的语法规则

QSS 的语法规则几乎与 CSS 相同。QSS 样式由两部分组成，其中一部分是选择器（Selector），指定哪些控件会受到影响；另一部分是声明（Declaration），指定哪些属性应该在控件上进行设置。声明部分是一系列的"属性:值"对，使用分号（;）分隔各个不同的属性值对，使用大括号（{}）将所有的声明包括在内。例如：

```
QPushButton {color:red}
```

表示设置 QPushButton 类及其子类的所有实例的前景色是红色。其中，QPushButton 表示选择器，指定所有的 QPushButton 类及其子类都会受到影响。注意，凡是继承自 QPushButton 的子类都会受到影响，这是与 CSS 不同的地方，因为 CSS 应用的都是一些标签，没有类的层次结构，更没有子类的概念。{color:red}则是规则的定义，表示指定前景色是红色。本例文件名为 PyQt5/Chapter08/qt08_qssStyle01.py，其完整代码如下：

```python
from PyQt5.QtWidgets import *
import sys

class WindowDemo(QWidget):
    def __init__(self ):
        super().__init__()

        btn1 = QPushButton(self )
        btn1.setText('按钮 1')

        btn2 = QPushButton(self )
```

```
            btn2.setText('按钮2')

            vbox=QVBoxLayout()
            vbox.addWidget(btn1)
            vbox.addWidget(btn2)
            self.setLayout(vbox)
            self.setWindowTitle("QSS 样式")

if __name__ == "__main__":
    app = QApplication(sys.argv)
    win = WindowDemo()
    qssStyle = '''
            QPushButton {
                background-color: red
            }

        '''
    win.setStyleSheet( qssStyle )
    win.show()
    sys.exit(app.exec_())
```

运行脚本，显示效果如图 8-8 所示。

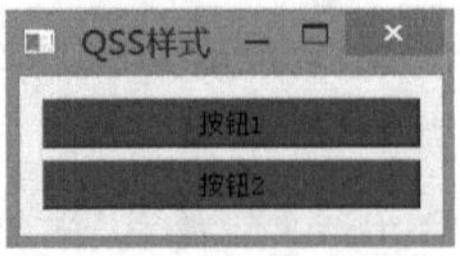

图 8-8

代码分析：

在这个例子中，整个窗口加载了自定义的 QSS 样式，窗口中按钮的背景色都为红色。

首先定义了 QSS 样式，然后使用 win.setStyleSheet()函数加载 QSS 样式，该函数可以对整个窗口进行样式设置，setStyleSheet()函数本身是 QWidget 的成员函数，PyQt 中的大多数控件都可以直接通过该函数来设置样式。

还可以使用多个选择器指定相关的声明，使用逗号将各个选择器分离，例如：

```
QPushButton, QLineEdit, QComboBox { color: blue }
```

它相当于：

```
QPushButton { color: red }
QLineEdit { color: red }
QComboBox { color: red }
```

8.3.2　QSS 选择器类型

QSS 选择器有如下几种类型。

（1）通配选择器：*，匹配所有的控件。

（2）类型选择器：QPushButton，匹配所有的 QPushButton 类及其子类的实例。

（3）属性选择器：QPushButton[name="myBtn"]，匹配所有的 name 属性是 myBtn 的 QPushButton 实例。注意，该属性可以是自定义的，不一定非得是类本身具有的属性。

本例文件名为 PyQt5/Chapter08/qt08_qssStyle02.py，对 qt08_qssStyle01.py 做了一些修改，给按钮 btn2 设置了属性名。其核心代码如下：

```
btn2 = QPushButton(self )
btn2.setProperty( 'name' , 'myBtn' )
btn2.setText('按钮 2')
```

然后将所使用的 QSS 修改为属性名为 myBtn 的 QPushButton，改变背景颜色。

```
win = WindowDemo()
qssStyle = '''
        QPushButton[name="myBtn"] {
                background-color: red
        }

    '''
win.setStyleSheet( qssStyle )
win.show()
```

运行脚本，显示效果如图 8-9 所示，可以看到只有"按钮 2"的背景颜色发生了改变。

图 8-9

（4）类选择器：.QPushButton，匹配所有的 QPushButton 实例，但是并不匹配其子类。注意前面有一个点号，这是与 CSS 中的类选择器不一样的地方。

（5）ID 选择器：#myButton，匹配所有的 ID 为 myButton 的控件，这里的 ID 实际上就是 objectName 指定的值。

（6）后代选择器：QDialog QPushButton，匹配所有的 QDialog 容器中包含的

QPushButton，不管是直接的还是间接的。

（7）子选择器：QDialog > QPushButton，匹配所有的 QDialog 容器中包含的 QPushButton，其中要求 QPushButton 的直接父容器是 QDialog。

另外，上面所有的选择器可以联合使用，并且支持一次设置多种选择器类型，用逗号隔开。例如#frameCut,#frameInterrupt,#frameJoin，表示这些 ID 使用一个规则；#mytable   QPushButton，表示选择所有 ID 为 mytable 的容器中包含的 QPushButton 控件。

8.3.3　QSS 子控件

QSS 子控件实际上也是一种选择器，其应用在一些复合控件上，典型的如 QComboBox，该控件的外观是，有一个矩形的外边框，右边有一个下拉箭头，点击之后会弹出下拉列表。例如：

```
QComboBox::drop-down { image: url(dropdown.png) }
```

上面的样式指定所有 QComboBox 的下拉箭头的图片是自定义的，图片文件为 dropdown.png。

::drop-down 子控件选择器可以与上面提到的选择器联合使用。例如：

```
QComboBox#myQComboBox::drop-down { image: url(dropdown.png) }
```

表示为指定 ID 为 myQComboBox 的 QComboBox 控件的下拉箭头自定义图片。需要注意的是，子控件选择器实际上是选择复合控件的一部分，也就是对复合控件的一部分应用样式,例如为 QComboBox 的下拉箭头指定图片,而不是为 QComboBox 本身指定图片。

本例文件名为 PyQt5/Chapter08/qt08_qssStyle03.py，其完整代码如下：

```python
from PyQt5.QtWidgets import *
import sys

class WindowDemo(QWidget):
    def __init__(self):
        super(WindowDemo, self).__init__();
        self.InitUI();

    def InitUI(self):
        combo = QComboBox(self)
        combo.setObjectName('myQComboBox')
        combo.addItem('Window')
        combo.addItem('Ubuntu')
```

```
            combo.addItem('Red Hat')
            combo.move(50,50)
            self.setGeometry(250,200,320,150)
            self.setWindowTitle('QComboBox 样式')


if __name__ == "__main__":
    app = QApplication(sys.argv)
    win = WindowDemo()
    # 定义 QComboBox 控件的 QSS 样式
    qssStyle = '''
            QComboBox#myQComboBox::drop-down {
                image: url( ./images/dropdown.png)
            }

            '''
    win.setStyleSheet( qssStyle )
    win.show()
    sys.exit(app.exec_())
```

运行脚本，显示效果如图 8-10 所示。

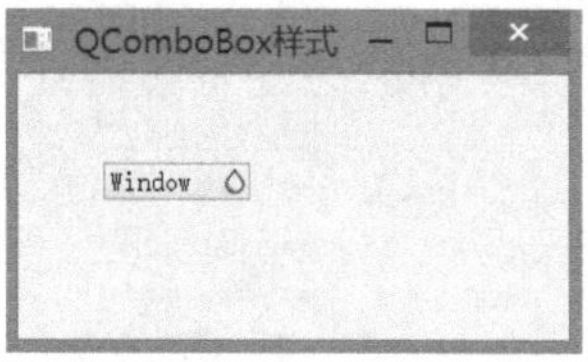

图 8-10

8.3.4　QSS 伪状态

QSS 伪状态选择器是以冒号开头的一个选择表达式，例如:hover，表示当鼠标指针经过时的状态。伪状态选择器限制了当控件处于某种状态时才可以使用 QSS 规则，伪状态只能描述一个控件或者一个复合控件的子控件的状态，所以它只能放在选择器的最后面。例如：

```
QComboBox:hover{background-color:red;}
```

表示当鼠标指针经过 QComboBox 时，其背景色指定为红色，该伪状态 :hover 描述的是 QComboBox 的状态。除可以描述选择器所选择的控件外，伪状态还可以描述子控件选择器所选择的复合控件的子控件的状态。例如：

```
QComboBox::drop-down:hover{background-color:red;}
```

表示当鼠标指针经过 QComboBox 的下拉箭头时,该下拉箭头的背景色变成红色。

此外，伪状态还可以用一个感叹号来表示状态，例如:hover 表示鼠标指针经过的状态，而:!hover 表示鼠标指针没有经过的状态。多种伪状态可以同时使用，例如：

```
QCheckBox:hover:checked { color: white }
```

表示当鼠标指针经过一个选中的 QCheckBox 时，设置其文字的前景色为白色。

QSS 提供了很多伪状态，一些伪状态只能用在特定的控件上，具体有哪些伪状态，在 PyQt 的帮助文档中有详细的列表。

8.3.5　QDarkStyleSheet

除自己编写 QSS 样式表外，网上还有很多质量很高的 QSS 样式表，比如 QDarkStyleSheet，它是一个用于 PyQt 应用程序的深黑色样式表。可以从 GitHub 上下载，地址是：

https://github.com/ColinDuquesnoy/QDarkStyleSheet/tree/master/qdarkstyle

如图 8-11 所示，可以看到 QDarkStyleSheet 的评星是 387，还是很高的。

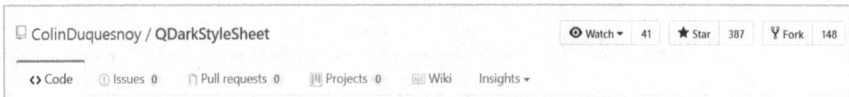

图 8-11

1. 安装 QDarkStyleSheet

第一种方法：单击右侧的"Clone or download"按钮，将 QDarkStyleSheet 下载到本地，保存在 PyQt5\Chapter08\QDarkStyleSheet-master 目录下，如图 8-12 所示。

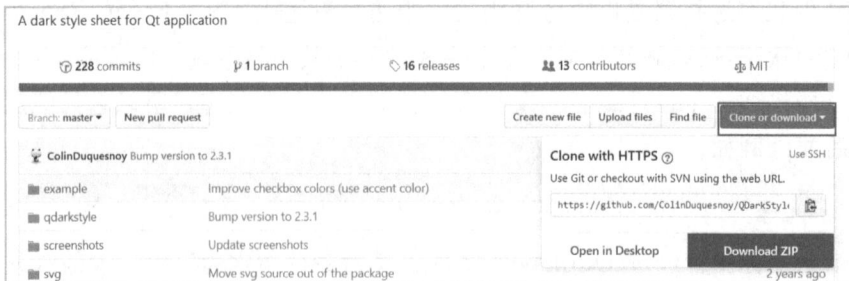

图 8-12

第二种方法：使用 pip 命令安装。

```
pip install qdarkstyle
```

2. 使用 QDarkStyleSheet

首先，需要导入 qdarkstyle 模块。

```
import qdarkstyle
```

然后，使用 app.StyleSheet()加载 qdarkStyle 的样式表。

```
app.setStyleSheet(qdarkstyle.load_stylesheet_pyqt5())
```

本例文件名为 PyQt5/Chapter08/QDarkStyleSheet-master/example/ example_pyqt5.py，其完整代码如下：

```
import logging
import sys
from PyQt5 import QtWidgets, QtCore
# make the example runnable without the need to install
from os.path import abspath, dirname
sys.path.insert(0, abspath(dirname(abspath(__file__)) + '/..'))

import qdarkstyle
import ui.example_pyqt5_ui as example_ui

def main():
"""
    Application entry point
"""
    logging.basicConfig(level=logging.DEBUG)
    # create the application and the main window
    app = QtWidgets.QApplication(sys.argv)
    window = QtWidgets.QMainWindow()

    # setup ui
    ui = example_ui.Ui_MainWindow()
    ui.setupUi(window)
    ui.bt_delay_popup.addActions([
        ui.actionAction,
        ui.actionAction_C
    ])
    ui.bt_instant_popup.addActions([
        ui.actionAction,
        ui.actionAction_C
    ])
    ui.bt_menu_button_popup.addActions([
        ui.actionAction,
```

```
        ui.actionAction_C
    ])
    item = QtWidgets.QTableWidgetItem("Test")
    item.setCheckState(QtCore.Qt.Checked)
    ui.tableWidget.setItem(0, 0, item)
    window.setWindowTitle("QDarkStyle example")

    # tabify dock widgets to show bug #6
    window.tabifyDockWidget(ui.dockWidget1, ui.dockWidget2)

    # setup stylesheet
    app.setStyleSheet(qdarkstyle.load_stylesheet_pyqt5())

    # auto quit after 2s when testing on travis-ci
    if "--travis" in sys.argv:
        QtCore.QTimer.singleShot(2000, app.exit)

    # run
    window.show()
    app.exec_()

if __name__ == "__main__":
    main()
```

运行脚本，显示效果如图 8-13 所示。

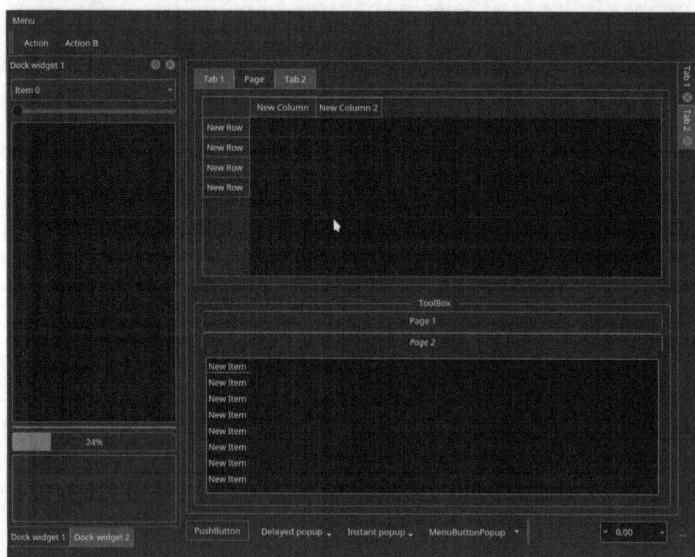

图 8-13

8.4 设置窗口背景

窗口背景主要包括：背景色和背景图片。设置窗口背景主要有三种方法。

- 使用 QSS 设置窗口背景。
- 使用 QPalette 设置窗口背景。
- 实现 paintEvent，使用 QPainter 绘制背景。

8.4.1 使用 QSS 设置窗口背景

在 QSS 中，我们可以使用 background 或者 background-color 的方式来设置背景色。设置窗口背景色之后，子控件默认会继承父窗口的背景色。如果想要为控件设置背景图片或图标，则可以使用 setPixmap 或者 setIcon 来完成。关于这两个函数的用法可以参考第 4 章中的案例 4-7 和案例 4-14。

1. 使用 setStyleSheet()设置窗口背景图片

假设窗口名为 MainWindow，使用 setstyleSheet()来添加背景图片。本例文件名为 PyQt5/Chapter08/qt08_winBkground01.py，其核心代码如下：

```
win = QMainWindow()
# 设置窗口名
win.setObjectName("MainWindow")
# 设置图片的相对路径
win.setStyleSheet("#MainWindow{border-image:url(images/python.jpg);}")
```

还可以通过以下代码，设置图片的绝对路径。

```
win.setStyleSheet("#MainWindow{border-image:url(e:/images/python.jpg)
;}")
```

运行脚本，显示效果如图 8-14 所示。

图 8-14

2．使用 setStyleSheet()设置窗口背景色

```
win = QMainWindow()
# 设置窗口名
win.setObjectName("MainWindow")
win.setStyleSheet("#MainWindow{background-color: yellow}")
```

运行脚本，显示效果如图 8-15 所示。

图 8-15

8.4.2 使用 QPalette 设置窗口背景

1．使用 QPalette（调色板）设置窗口背景色

本例文件名为 PyQt5/Chapter08/qt08_winBkground03.py，其核心代码如下：

```
win = QMainWindow()
palette= QPalette()
palette.setColor(QPalette.Background , Qt.red )
win.setPalette(palette)
```

2．使用 QPalette 设置窗口背景图片

当使用 QPalette 设置背景图片时，需要考虑背景图片的尺寸，当背景图片的宽度和高度大于窗口的宽度和高度时，背景图片将会平铺整个背景；当背景图片的宽度和高度小于窗口的宽度和高度时，则会加载多个背景图片。使用的图片素材为 python.jpg，效果如图 8-16 所示。

图 8-16

　　还需要查看图片的分辨率，用鼠标右键单击图片文件，从弹出的快捷菜单中选择"属性"，在打开的窗口中选择"详细信息"，可以看到图片的分辨率为 478×260，表示宽度为 478 像素，高度为 260 像素，如图 8-17 所示。

图 8-17

　　（1）当背景图片的宽度和高度大于窗口的宽度和高度时，使用 setPalette()添加背景图片。本例文件名为 PyQt5/Chapter08/qt08_winBkground02.py，其核心代码如下：

```
win = QMainWindow()
palette= QPalette()
palette.setBrush(QPalette.Background,QBrush(QPixmap("./images/python.
jpg")))
win.setPalette(palette)
win.resize(460, 255 )
```

　　运行脚本，显示效果如图 8-18 所示。

图 8-18

（2）当背景图片的宽度和高度小于窗口的宽度和高度时，其核心代码如下：

```
palette= QPalette()
palette.setBrush(QPalette.Background,QBrush(QPixmap("./images/python.
jpg")))
win.setPalette(palette)
win.resize(800,  600 )
```

运行脚本，显示效果如图 8-19 所示。

图 8-19

8.4.3 使用 paintEvent 设置窗口背景

1. 使用 paintEvent 设置窗口背景色

本例文件名为 PyQt5/Chapter08/qt08_winBkground04.py，其核心代码如下：

```
class Winform(QWidget):
    def __init__(self,parent=None):
        super(Winform,self).__init__(parent)
        self.setWindowTitle("paintEvent 设置背景色")


    def paintEvent(self,event):
        painter = QPainter(self)
        painter.setBrush(Qt.black );
        # 设置背景色
        painter.drawRect( self.rect());
```

运行脚本，显示效果如图 8-20 所示。

图 8-20

2. 使用 paintEvent 设置窗口背景图片

本例文件名为 PyQt5/Chapter08/qt08_winBkground05.py，其核心代码如下：

```
class Winform(QWidget):
    def __init__(self,parent=None):
        super(Winform,self).__init__(parent)
        self.setWindowTitle("paintEvent 设置背景图片")

    def paintEvent(self,event):
        painter = QPainter(self)
        pixmap = QPixmap("./images/screen1.jpg")
        #设置窗口背景图片，平铺到整个窗口，随着窗口的改变而改变
        painter.drawPixmap(self.rect(),pixmap)
```

运行脚本，显示效果如图 8-21 所示。

图 8-21

8.5 不规则窗口的显示

QWidget 类中比较重要的绘图函数如表 8-1 所示。

表 8-1

函　数	描　述
setMask(self, QBitmap) setMask(self, QRegion)	setMask()的作用是为调用它的控件增加一个遮罩，遮住所选区域以外的部分，使之看起来是透明的。它的参数可以为 QBitmap 或 QRegion 对象，此处调用 QPixmap 的 mask()函数获得图片自身的遮罩，是一个 QBitmap 对象。在示例中使用的是 PNG 格式的图片，它的透明部分实际上就是一个遮罩
paintEvent(self, QPaintEvent)	通过重载 paintEvent()函数绘制窗口背景

（1）实现不规则窗口的最简单方式就是图片素材既当遮罩层又当背景图片，通过重载 paintEvent()函数绘制窗口背景。在下面的例子中，使用如图 8-22 所示的图片素材来绘制窗口背景。

图 8-22

本例文件名为 PyQt5/Chapter08/qt08_paint01.py，其完整代码如下：

```python
import sys
from PyQt5.QtWidgets import QApplication ,QWidget
from PyQt5.QtGui import QPixmap, QPainter , QBitmap

class MyForm(QWidget):
    def __init__(self,parent=None):
        super(MyForm,self).__init__(parent)
        self.setWindowTitle("不规则窗口的实现例子")
```

```
        def paintEvent(self,event):
            painter = QPainter(self)
            painter.drawPixmap(0,0,280,390,QPixmap(r"./images/dog.jpg"))
            painter.drawPixmap(300,0,280,390,Qbitmap
(r"./images/dog.jpg"))

    if __name__ == "__main__":
        app = QApplication(sys.argv)
        form = MyForm()
        form.show()
        sys.exit(app.exec_())
```

运行脚本，显示效果如图 8-23 所示。

图 8-23

（2）使用一张遮罩层图片来控制窗口的大小，然后再利用 paintEvent()函数重绘窗口的背景图等。本例使用的素材图片为 mask.png 和 screen1.jpg，效果如图 8-24 和图 8-25 所示。

图 8-24

图 8-25

本例文件名为 PyQt5/Chapter08/qt08_paint02.py，其完整代码如下：

```python
import sys
from PyQt5.QtWidgets import QApplication ,QWidget
from PyQt5.QtGui import QPixmap,  QPainter , QBitmap

class Winform(QWidget):
    def __init__(self,parent=None):
        super(Winform,self).__init__(parent)
        self.setWindowTitle("不规则窗口的实现例子")

        self.pix = QBitmap("./images/mask.png")
        self.resize(self.pix.size())
        self.setMask(self.pix)

    def paintEvent(self,event):
        painter = QPainter(self)
        # 在指定区域直接绘制窗口背景
        painter.drawPixmap(0,0,self.pix.width(),self.pix.height(),
QPixmap("./images/screen1.jpg"))

if __name__ == "__main__":
        app = QApplication(sys.argv)
        form = Winform()
        form.show()
        sys.exit(app.exec_())
```

（3）实现可以拖动的不规则窗口。本例文件名为 PyQt5/Chapter08/qt08_paint03.py，其完整代码如下：

```python
import sys
from PyQt5.QtWidgets import QApplication ,QWidget
from PyQt5.QtGui import QPixmap,  QPainter ,  QCursor
from PyQt5.QtCore import Qt

class ShapeWidget(QWidget):
    def __init__(self,parent=None):
        super(ShapeWidget,self).__init__(parent)
        self.setWindowTitle("不规则的可以拖动的窗口实现例子")
        self.mypix()

    # 显示不规则的图片
    def mypix(self):
        self.mypic = './images/boy.jpg'
        self.pix = QPixmap(self.mypic , "0", Qt.AvoidDither |
```

```
Qt.ThresholdDither | Qt.ThresholdAlphaDither)
        self.resize(self.pix.size())
        self.setMask(self.pix.mask())
        self.dragPosition=None

    # 重定义鼠标按键按下响应函数 mousePressEvent(QMouseEvent)和鼠标指针移动响
应函数 mouseMoveEvent(QMouseEvent)，使不规则窗口能响应鼠标事件，随意拖动窗口
    def mousePressEvent(self, event):
        if event.button() == Qt.LeftButton:
            self.m_drag=True
            self.m_DragPosition=event.globalPos()-self.pos()
            event.accept()
            self.setCursor(QCursor(Qt.OpenHandCursor))

    def mouseMoveEvent(self, QMouseEvent):
        if Qt.LeftButton and self.m_drag:
            # 当使用左键移动窗口时修改偏移值
            self.move(QMouseEvent.globalPos()- self.m_DragPosition )
            QMouseEvent.accept()

    def mouseReleaseEvent(self, QMouseEvent):
        self.m_drag=False
        self.setCursor(QCursor(Qt.ArrowCursor))

    # 在窗口中首次绘制时，会加载 paintEvent()函数
    def paintEvent(self, event):
        painter = QPainter(self)
        painter.drawPixmap(0, 0,
            self.pix.width(),
            self.pix.height(),
            self.pix )

    # 鼠标双击事件
    def mouseDoubleClickEvent(self, event):
        self.mypix()

if __name__ == '__main__':
    app = QApplication(sys.argv)
    form = ShapeWidget()
    form.show()
    sys.exit(app.exec_())
```

8.5.1 不规则窗口实现动画效果

还可以使用 PyQt 设计不规则窗口的动画效果。在显示不规则图片时主要注意如下两点。

（1）pixmap.setMask()函数的作用是为调用它的控件增加一个遮罩，遮住所选区域以外的部分，使控件看起来是透明的。它的参数可以是一个 QBitmap 对象或一个 QRegion 对象。本例中调用 QPixmap 实例的 self.pix.mask()函数获得图片自身的遮罩，这个遮罩是一个 QBitmap 对象

```
self.pix = QPixmap(self.mypic , "0", Qt.AvoidDither | Qt.ThresholdDither
| Qt.ThresholdAlphaDither)
self.setMask(self.pix.mask())
```

（2）paintEvent()函数每次初始化窗口时只调用一次，所以每加载一次图片就要重新调用一次 paintEvent()函数，即在更新窗口时调用这个函数。更新窗口的核心代码如下：

```
self.timer = QTimer()
self.timer.setInterval(500)
self.timer.timeout.connect(self.timeChange)
self.timer.start()
```

当定时器（timer）的时间到期后更新窗口代码。

```
self.update()
```

本例文件名为 PyQt5/Chapter08/qt08_paint04.py，其完整代码如下：

```
import sys
from PyQt5.QtWidgets import QApplication ,QWidget
from PyQt5.QtGui import QPixmap,  QPainter , QCursor
from PyQt5.QtCore import Qt, QTimer

class ShapeWidget(QWidget):
    def __init__(self,parent=None):
        super(ShapeWidget,self).__init__(parent)
        self.i = 1
        self.mypix()
        self.timer = QTimer()
        self.timer.setInterval(500)   # 定时器每500毫秒更新一次
        self.timer.timeout.connect(self.timeChange)
        self.timer.start()

    # 显示不规则图片
    def mypix(self):
```

```python
            self.update()
        if self.i == 5:
            self.i = 1
        self.mypic = {1: './images/left.png', 2: "./images/up.png", 3:
'./images/right.png', 4: './images/down.png'}
        self.pix = QPixmap(self.mypic[self.i], "0", Qt.AvoidDither |
Qt.ThresholdDither | Qt.ThresholdAlphaDither)
        self.resize(self.pix.size())
        self.setMask(self.pix.mask())
        self.dragPosition = None


    def mousePressEvent(self, event):
        if event.button() == Qt.LeftButton:
            self.m_drag=True
            self.m_DragPosition=event.globalPos()-self.pos()
            event.accept()
            self.setCursor(QCursor(Qt.OpenHandCursor))


    def mouseMoveEvent(self, QMouseEvent):
        if Qt.LeftButton and self.m_drag:
            self.move(QMouseEvent.globalPos()- self.m_DragPosition )
            QMouseEvent.accept()


    def mouseReleaseEvent(self, QMouseEvent):
        self.m_drag=False
        self.setCursor(QCursor(Qt.ArrowCursor))


    def paintEvent(self, event):
        painter = QPainter(self)
        painter.drawPixmap(0, 0,
self.pix.width(),self.pix.height(),self.pix)


    # 鼠标双击事件
    def mouseDoubleClickEvent(self, event):
        if event.button() == 1:
            self.i += 1
            self.mypix()


    # 每 500 毫秒窗口执行一次更新操作，重绘窗口
    def timeChange(self):
        self.i += 1
        self.mypix()
```

```
if __name__ == '__main__':
    app = QApplication(sys.argv)
    form = ShapeWidget()
    form.show()
    sys.exit(app.exec_())
```

运行脚本，显示效果如图 8-26 所示。

图 8-26

运行这个例子，会弹出一个窗口，显示不同方向的箭头，每 500 毫秒改变一次箭头方向，按照上、右、下和左的方向转动。

8.5.2　加载 GIF 动画效果

本例文件名为 PyQt5/Chapter08/qt08_loadGif.py，演示加载 GIT 动画效果。其完整代码如下：

```
import sys
from PyQt5.QtWidgets import QApplication, QLabel ,QWidget
from PyQt5.QtCore import Qt
from PyQt5.QtGui import QMovie

class LoadingGifWin( QWidget):
    def __init__(self,parent=None):
        super(LoadingGifWin, self).__init__(parent)
        self.label = QLabel('', self)
        self.setFixedSize(128,128)
        self.setWindowFlags( Qt.Dialog| Qt.CustomizeWindowHint)
        self.movie = QMovie("./images/loading.gif")
        self.label.setMovie(self.movie)
        self.movie.start()

if __name__ == '__main__':
    app = QApplication(sys.argv)
    loadingGitWin = LoadingGifWin()
    loadingGitWin.show()
    sys.exit(app.exec_())
```

运行脚本，显示效果如图 8-27 所示。

图 8-27

8.6　设置样式

8.6.1　为标签添加背景图片

本例文件名为 PyQt5/Chapter08/qt08_labelStyle.py，其核心代码如下：

```
label1 = QLabel(self)
label1.setToolTip('这是一个文本标签')
label1.setStyleSheet("QLabel{border-image:
url(./images/python.jpg);}")
# 设置标签的宽度和高度
label1.setFixedWidth(476)
label1.setFixedHeight(259)
```

8.6.2　为按钮添加背景图片

本例文件名为 PyQt5/Chapter08/qt08_btnStyle.py，其核心代码如下：

```
btn1 = QPushButton(self )
btn1.setMaximumSize(48, 48)
btn1.setMinimumSize(48, 48)
style = '''
  QPushButton{
      border-radius: 30px;
      background-image: url('./images/left.png');
  }

  '''


btn1.setStyleSheet(style)
```

上面的样式对所有的 **QPushButton** 都有效。如果需要为指定按钮设置背景图片，应该怎么做呢？

需要调用 **QPushButton** 对象的 **setObjectName()**函数，为按钮对象设置一个名字，在 QSS 样式中设置了按钮的三种状态（正常按钮状态、鼠标悬停在按钮上的状态、按下按钮的状态）的背景图。核心代码如下：

```
btn1 = QPushButton(self )
btn1.setObjectName('btn1')
btn1.setMaximumSize(64, 64)
btn1.setMinimumSize(64, 64)
style = '''
    #btn1{
        border-radius: 30px;
        background-image: url('./images/left.png');
    }

    #btn1:hover{
        border-radius: 30px;
        background-image: url('./images/leftHover.png');
    }

    #btn1:Pressed{
        border-radius: 30px;
        background-image: url('./images/leftPressed.png');
    }

    '''

btn1.setStyleSheet(style)
```

运行脚本，显示效果如图 8-28 所示。

图 8-28

8.6.3　缩放图片

本例文件名为 **PyQt5/Chapter08/qt08_imgScaled.py**，其核心代码如下：

```
# filename 为图片的路径
filename = r".\images\Cloudy_72px.png"
 img = QImage( filename )
# 设置标签的宽度为120像素，高度为120像素，所加载的图片按照标签的高度和宽度等比例
缩放
label1 = QLabel(self)
label1.setFixedWidth(120)
label1.setFixedHeight(120)
 # 缩放图片，以固定大小显示
result = img.scaled(label1.width(),
label1.height(),Qt.IgnoreAspectRatio, Qt.SmoothTransformation);
 # 在标签控件上显示图片
label1.setPixmap(QPixmap.fromImage(result))
```

运行脚本，显示效果如图 8-29 所示。

图 8-29

8.6.4　设置窗口透明

如果窗口是透明的，那么通过窗口就能看到桌面的背景。要想实现窗口的透明
效果，那么就需要设置窗口的透明度，核心代码如下：

```
win = QMainWindow()
win.setWindowOpacity(0.5);
```

透明度取值范围为：0.0（全透明）~ 1.0（不透明），默认值为 1.0。

本例文件名为 **PyQt5/Chapter08/qt08_WindowOpacity.py**，显示效果如图 8-30 所
示。

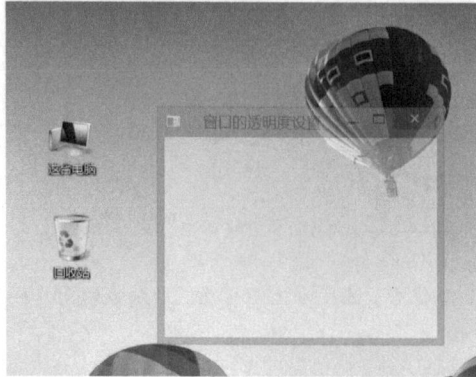

图 8-30

8.6.5　加载 QSS

在 Qt 中经常需要使用样式，为了降低耦合性（与逻辑代码分离），我们通常会定义一个 QSS 文件，然后编写各种控件（如 QLable、QLineEdit、QPushButton）的样式，最后使用 QApplication 或 QMainWindow 来加载样式，这样就可以让整个应用程序共享同一种样式了。

1．编写 QSS

首先新建一个扩展名为.qss 的文件，如 style.qss，然后将其加入资源文件（.qrc）中。在 style.qss 文件中编写样式代码，例如：

```
MainWindow{
    border-image:url(./images/python.jpg);
}


QToolTip{
    border: 1px solid rgb(45, 45, 45);
    background: white;
    color: red;
}
```

2．加载 QSS

为了方便以后调用，可以编写一个加载样式的公共类 CommonHelper。本例文件名为 PyQt5/Chapter08/CommonHelper.py，其核心代码如下：

```
class CommonHelper :
    def __init__(self ) :
        pass
```

```
@staticmethod
def readQss( style):
    with open( style , 'r') as f:
        return f.read()
```

然后在主函数中进行加载。本例文件名为 PyQt5/Chapter08/qt08_loadQss.py，其核心代码如下：

```
app = QApplication(sys.argv)
win = MainWindow()

styleFile = './style.qss'
# 换肤时进行全局修改，只需修改不同的 QSS 文件即可
style = CommonHelper.readQss( styleFile )
win.setStyleSheet( style )
win.show()
sys.exit(app.exec_())
```

在换肤时需要进行全局修改，只需使用 CommonHelper.readQss() 读取不同的 QSS 文件即可。

没有加载样式时，主窗口效果如图 8-31 所示。

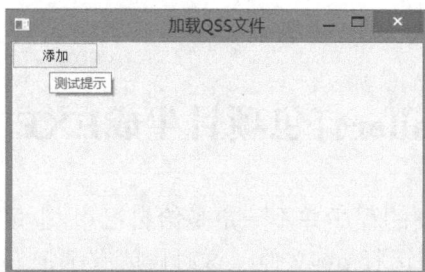

图 8-31

加载样式后，主窗口效果如图 8-32 所示。

图 8-32

9

第 9 章

PyQt 5 扩展应用

在前面的章节中，我们已经介绍了 PyQt 5 的基本用法，但是这只局限在 PyQt 的范围之内。如果仅仅介绍这些基本的内容，那就太对不起伟大的 Python 语言了。PyQt 相对于 Qt 的优势不仅仅在于 Python 的通俗易懂的语法规范，还在于 PyQt 可以集成利用 Python 的一些非常流行的模块库如 PyInstaller、Pandas、Matplotlib、PyQtGraph、Plotly 等。本章就为读者一一呈现这些非常流行又非常好用的模块库在 PyQt 中的应用。利用这些模块库，可以让我们开发 PyQt 的工作量减小若干个数量级，真正达到快速开发 GUI 的目的。

9.1　使用PyInstaller打包项目生成EXE文件

我们使用PyQt 5开发的程序并不一定是给自己用，也可能是给用户或者朋友用，使用者可能并不知道如何运行.py 文件，这时候就有了把.py 文件编译成.exe 文件的需求。本节主要内容是介绍如何通过 PyInstaller 对 PyQt5 项目进行打包，生成可执行的 EXE 文件。

PyInstaller 是一个很好用而且免费的打包工具，支持 Windows、Linux、Mac OS，并且支持 32 位和 64 位系统。它的官方网站地址是：http://www.pyinstaller.org/。本节主要介绍如何通过 PyInstaller 对 PyQt 5 项目进行打包，生成可执行的 EXE 文件。

1. 安装 Python 3.5+PyQt 5.9编译环境

安装 Python 3.5+PyQt 5.9 编译环境，请参考 1.2 节"PyQt 5 环境搭建"。安装环境信息如表 9-1 所示。

2. 安装 PyInstaller

（1）使用 pip 命令安装。我们一直强调，要使用最偷懒的方法，写代码尤其如此。虽然部分第三方模块有独立的 EXE 安装包，但是使用 pip 的好处是会自动安装第三方模块所需要的依赖模块（比如，在这里就帮助我们下载了 pypiwin32 这个依赖模块）。下面使用 pip 命令安装 PyInstaller 模块。

```
pip install PyInstaller
```

安装 PyInstaller 模块成功的提示信息如图 9-1 所示。

表 9-1

名　　称	版　　本
操作系统	64 位 Windows 8
Python	3.5.3
PyQt	5.9
Eric	6.17

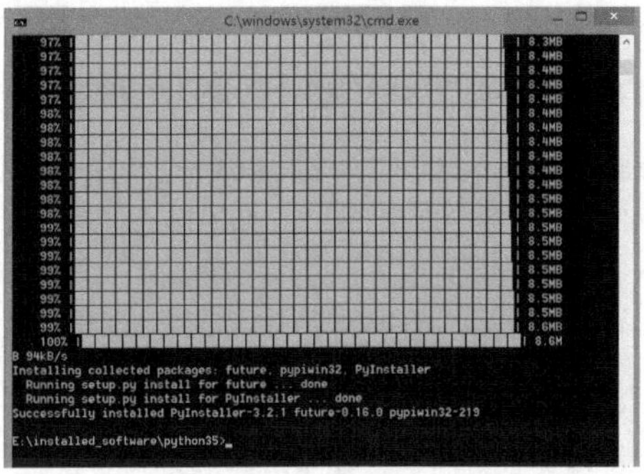

图 9-1

（2）PyInstaller 安装成功后，我们可以在 Python 的安装目录 Scripts 中找到 pyinstaller.exe 应用程序，跟 pip 在同一个目录下。在笔者的机器上安装路径是 E:\installed_software\python35\Scripts，如图 9-2 所示。

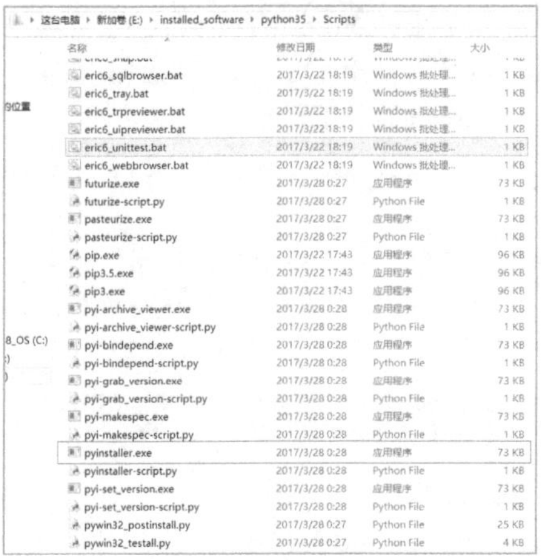

图 9-2

3．PyInstaller 的使用

PyInstaller 的使用非常简单。因为 PyInstaller 已经在 Scripts 目录下生成了可执行的 pyinstaller.exe 文件，所以可以在命令行窗口中进入需要打包的代码所在的目录下，然后运行下面的命令：

```
pyinstaller [opts] yourprogram.py
```

可选的参数有：

- -F, -onefile，打包成一个 EXE 文件。
- -D, -onedir，创建一个目录，包含 EXE 文件，但会依赖很多文件（默认选项）。
- -c, -console, -nowindowed，使用控制台，无窗口（默认）。
- -w, -windowed, -noconsole，使用窗口，无控制台。

4．打包测试

本例文件名为 PyQt5/Chapter09/example/colorDialog.py，其详细内容如下：

```python
from PyQt5.QtWidgets import QApplication, QPushButton, QColorDialog , QWidget
from PyQt5.QtCore import Qt
from PyQt5.QtGui import QColor
import sys


class ColorDialog ( QWidget):
    def __init__(self ):
        super().__init__()
        color = QColor(0, 0, 0)
        self.setGeometry(300, 300, 350, 280)
        self.setWindowTitle('颜色选择')
        self.button = QPushButton('Dialog', self)
        self.button.setFocusPolicy(Qt.NoFocus)
        self.button.move(20, 20)
        self.button.clicked.connect(self.showDialog)
        self.setFocus()
        self.widget = QWidget(self)
        self.widget.setStyleSheet('QWidget{background-color:%s}'%color.name())
        self.widget.setGeometry(130, 22, 100, 100)

    def showDialog(self):
        col = QColorDialog.getColor()
        if col.isValid():
```

```
        self.widget.setStyleSheet('QWidget
{background-color:%s}'%col.name())

if __name__ == "__main__":
    app = QApplication(sys.argv)
    qb = ColorDialog()
    qb.show()
    sys.exit(app.exec_())
```

编写完 colorDialog.py 后，双击.py 文件即可运行，因为
Python 解释器会去执行这个.py 文件（当安装好 Python 3.5 后，
就会获得一个官方版本的解释器 CPython，这个解释器是使
用 C 语言开发的，在命令行下运行 Python 就是启动 CPython
解释器）.双击 colorDialog.py 文件，可以得到如图 9-3 所示的
窗口。

图 9-3

打开命令行窗口，进入 colorDialog.py 文件所在的目录下，
运行下面的命令：

```
pyinstaller -F -w colorDialog.py
```

PyInstaller 自动执行一系列的项目打包过程，最后生成 EXE 文件，如图 9-4 所示。

图 9-4

最后在同目录下的 dist 子文件夹中生成了 colorDialog.exe 文件，如图 9-5 和图
9-6 所示。

图 9-5

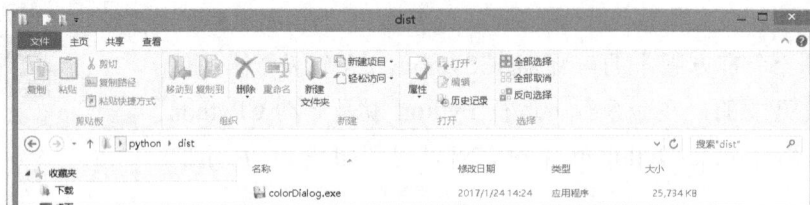

图 9-6

双击 colorDialog.exe 文件，其运行效果与前面直接使用 Python 解释器运行 colorDialog.py 的效果一样。

🌐 **说明**

> calculator.exe 可以在未安装 Python 环境的 Windows 系统上运行。但是由于使用的是 64 位 Python 环境，所以它只能在 64 位 Windows 系统上运行。如果读者使用 32 位 Python 环境进行打包，则其结果既可以在 32 位 Windows 系统上运行，也可以在 64 位 Windows 系统上运行。所以如果读者想要打包程序的话，建议使用 32 位 Python 环境打包。

5. PyInstaller 原理简介

PyInstaller 其实就是把 Python 解释器和脚本打包成一个可执行文件，和编译成真正的机器码完全是两回事。所以千万不要指望打包成可执行文件会提高运行效率，相反，可能会降低运行效率，但是这样做的好处是在运行者的机器上不用安装 Python 和脚本所依赖的库。在 Linux 操作系统下，它主要使用的是 binutil 工具包中的 ldd 和 objdump 命令。

输入指定的脚本后，首先 PyInstaller 会分析该脚本所依赖的其他依赖，然后进行查找，并复制，把所有相关的依赖都收集起来并进行加密处理，包括 Python 解释器，最后把这些文件放在一个目录下，或者打包到一个可执行文件中。

然后就可以直接运行所生成的可执行文件，不需要安装其他包或某个版本的

Python。需要注意的是，使用 PyInstaller 打包生成的可执行文件，只能在和打包机器系统相同的环境下运行。也就是说，这个可执行文件不具备可移植性，若需要在不同的操作系统上运行，就必须在该系统环境上重新进行打包。

9.2　数据库处理

9.2.1　SQLite 介绍

1. 什么是 SQLite

SQLite 是一个轻量级的数据库，实现了自给自足、无服务器、零配置、事务性的 SQL 数据库引擎，其部署最广泛。SQLite 源代码不受版权限制。

SQLite 的主要应用场景是作为手机应用的数据库以及小型桌面软件的数据库。

> 百度百科：SQLite 词条
>
> SQLite 是遵守 ACID 的关系型数据库管理系统，它包含在一个相对小的 C 库中。SQLite 是 D.RichardHipp 建立的公有领域项目，其设计目标是嵌入式的，目前已经使用在很多嵌入式产品中，它占用的资源非常少，在嵌入式设备中可能只需要几百 KB 的内存就够了。SQLite 支持 Windows、Linux、UNIX 等主流的操作系统，同时能够与很多程序语言相结合，比如 Tcl、C#、PHP、Java 等，还有 ODBC 接口，与 MySQL、PostgreSQL 这两款开源的数据库管理系统相比，它的处理速度非常快。

2. 安装并使用 SQLite

SQLite 的官方下载地址为 http://www.sqlite.org/download.html，其中提供了多种版本的 SQLite，截至本书成书之时，其最新版本是 3.18.0。笔者选择下载的压缩包名称为 sqlite-tools-win32-x86-3140200.zip，下载后直接解压缩到磁盘上，可以看到解压缩后有 sqlite3.exe 文件，如图 9-7 所示。

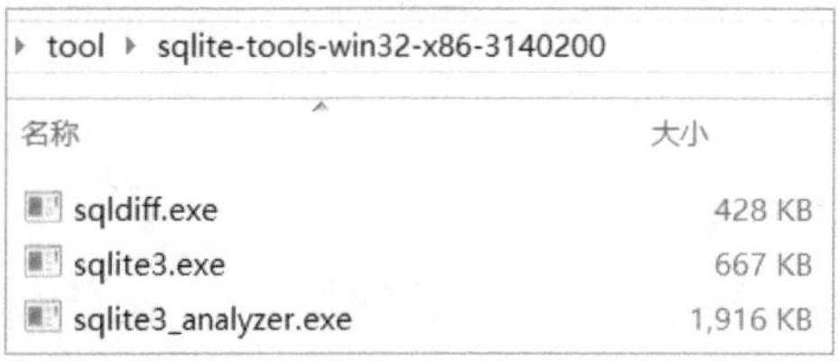

图 9-7

接下来需要将 SQLite 路径加入到 Path 环境变量中，这是为了更方便地使用

SQLite。右键单击"我的电脑",从弹出的快捷菜单中选择"属性"→"高级系统设置"→"环境变量",在系统变量中找到 Path,将解压缩后的 SQLite 路径加入到变量值中。例如,在笔者的机器上 SQLite 路径是 E:\installed_software\sqlite,如图 9-8所示。

图 9-8

打开命令行窗口,输入 sqlite3,如果弹出如图 9-9 所示的信息,就表示 SQLite安装成功了。

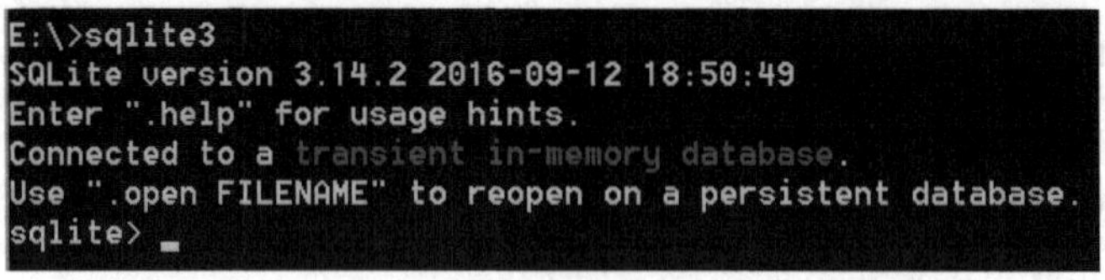

图 9-9

3. SQLite 常用操作

(1)新建一个数据库文件

使用 cd 命令进入到要创建数据库文件的目录下,使用 sqlite3 命令创建数据库文件,基本语法如下:

```
sqlite3 DatabaseName.db
```

比如创建一个新的 testDb.db 文件，命令如下：

```
E:\tool>sqlite3 testDb.db
SQLite version 3.14.2 2016-09-12 18:50:49
Enter ".help" for usage hints.
```

上面的命令将在当前目录下创建一个 testDB.db 文件，该文件将被 SQLite 引擎用作数据库。需要注意的是，使用 sqlite3 命令成功创建数据库文件后，将显示"sqlite>"提示符。

（2）查看已建立的数据库文件

数据库创建成功后，可以使用 SQLite 的.databases 命令来检查它是否在数据库列表中。

```
sqlite> .databases
seq  name              file
---  --------------    --------------------------------------------
0    main              E:\tool\testDb.db
sqlite>
```

（3）打开已建立的数据库文件

使用 cd 命令进入到要打开的数据库文件所在的目录下，使用 sqlite3 命令打开数据库文件。注意：假如数据库文件不存在，则会新建一个数据库文件。使用命令 sqlite3 testDb.db 会打开已建立的数据库文件 testDb.db。

```
E:\tool>sqlite3 testDb.db
SQLite version 3.14.2 2016-09-12 18:50:49
Enter ".help" for usage hints.
sqlite>
```

（4）查看帮助信息

在 SQLite 命令行模式下，输入.help 命令可以查看 SQLite 的帮助信息。

```
sqlite>.help
```

（5）创建表

在 SQLite 命令行模式下，输入如下 SQL 脚本来创建表。

```
sqlite>create table people(id integer primary key, name text);
```

📖 注意

使用 SQLite 生成的数据库保存在一个以.db 为扩展名的文件下，比如 testDb.db。这个数据库文件是轻量级的，可以把 SQLite 生成的数据库文件复制到任意操作系统下，比如 Windows、Linux 或 Mac OS，在这些操作系统下的 SQLite

数据库都可以识别这个数据库文件，可以使用 sqlite3 testDb.db 命令打开这个数据库文件。

接下来往表中写入一些数据，输入如下 SQL 脚本：

```
sqlite>insert into people(id, name) values(1, 'zhangsan');
sqlite>insert into people(id, name) values(2, 'lisi');
sqlite>insert into people(id, name) values(3, 'wangwu');
```

查询 people 表的记录，输入如下 SQL 脚本：

```
sqlite> select * from people;
1|zhangsan
2|lisi
3|wangwu
```

可以看到，从 people 表返回的记录中没有 column（列），可以使用.header on 命令开启表头格式。

```
sqlite> .header on
sqlite> select * from people;
id|name
1|zhangsan
2|lisi
3|wangwu
sqlite>
```

查询 people 表结构：

```
sqlite> .schema people
CREATE TABLE people(id integer primary key, name text);
sqlite>
```

4．使用 SQLite 管理工具

Shell 脚本虽然提供了强大的功能，但是使用起来不是很方便，幸运的是，SQLite 有很多开源且优秀的 DBMS（数据库管理系统），提供了界面操作 SQLite 数据库。

在这里笔者使用的是 SQLiteStudio 软件，其官方下载地址为 https://sqlitestudio.pl/index.rvt。这款软件是绿色的、免安装的，解压缩后直接运行就可以了。笔者选择下载的压缩包名称为 sqlitestudio-3.1.1.zip，下载后直接解压缩到磁盘上，可以看到解压缩后有 SQLiteStudio.exe 文件，双击这个文件就可以打开 SQLiteStudio。SQLiteStudio 的界面如图 9-10 所示。

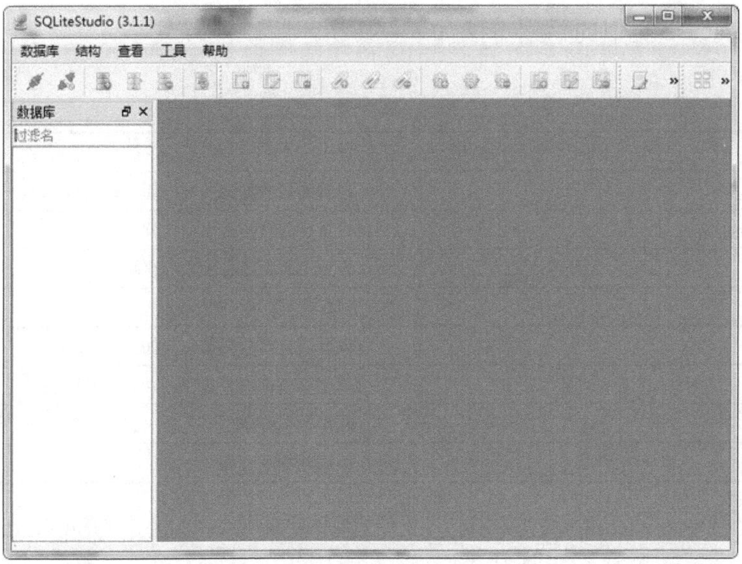

图 9-10

可以看到，SQLiteStudio 的界面布局和 SQLServer 很相近，操作也很方便，单击 SQLiteStudio 菜单栏中的"数据库"→"添加数据库"，把需要导入的 .db 文件添加进来即可，非常简单，读者可自行尝试。

9.2.2　连接数据库

PyQt API 经过精心设计，提供了很多基于 SQL 的数据库通信类。其中 QSqlDatabase 类用来连接数据库，可以使用数据库驱动（Driver）与不同的数据库进行交互。一个 QSqlDatabase 实例代表了一次数据库连接。

当前可用的数据库驱动类型如表 9-2 所示。

表 9-2

数据库驱动类型	描　述
QDB2	IBM DB2 驱动程序
QIBASE	Borland InterBase 驱动程序
QMYSQL	MySQL 驱动程序
QOCI	Oracle 调用接口驱动程序
QODBC	ODBC 驱动程序（包括 Microsoft SQL Server）
QPSQL	PostgreSQL 驱动程序
QSQLITE	SQLite3 或更高版本的驱动程序
QSQLITE2	SQLite2 驱动程序

QSqlDatabase 类中的常用方法如表 9-3 所示。

表 9-3

方　　法	描　　述
addDatabase()	设置连接数据库的数据库驱动类型
setDatabaseName()	设置所连接的数据库名称
setHostName()	设置安装数据库的主机名称
setUserName()	指定连接的用户名
setPassword()	设置连接对象的密码（如果有）
commit()	提交事务，如果执行成功则返回 True
rollback()	回滚数据库事务
close()	关闭数据库连接

使用 addDatabase()静态方法创建一个数据库连接（也就是 QSqlDatabase 实例），指定数据库的驱动类型和连接的主机名称（host）。主机名称是安装数据库的主机 IP 地址或域名。

QSqlDatabase 还支持默认连接，没有数据库名称的连接就是默认连接。要创建默认连接，在调用 addDatabase()方法时，不传递所要连接的数据库名称参数即可。

下面代码演示了如何创建并打开一个到 MySQL 数据库的连接。

```python
from PyQt5.QtSql import QSqlDatabase

db = QSqlDatabase.addDatabase("QMYSQL")
db.setHostName("192.168.55.110")
db.setDatabaseName("user")
db.setUserName("root")
db.setPassword("ctsi123")
dbConn = db.open()
```

如下代码创建并打开了一个到 SQLite 数据库的默认连接。

```python
from PyQt5.QtSql import QSqlDatabase

db = QSqlDatabase.addDatabase('QSQLITE')
db.setDatabaseName('./db/sports.db')
# 打开数据库
dbConn = db.open()
```

9.2.3　执行 SQL 语句

QSqlQuery 类具有执行和操作 SQL 语句的功能，可以执行 DDL 和 DML 类型的

SQL 查询。该类中最重要的方法是 exec_()，它将一个包含要执行的 SQL 语句的字符串作为参数。

```
query = QSqlQuery()
query.exec_("create table people(id int primary key, name varchar(20),
address varchar(30))")
```

本例文件名为 PyQt5/Chapter09/qt09_db01.py，演示创建一个 SQLite 数据库 database.db，其中的 people 表有 5 条记录。其完整代码如下：

```python
import sys
from PyQt5.QtCore import *
from PyQt5.QtGui import *
from PyQt5.QtWidgets import *
from PyQt5.QtSql import QSqlDatabase , QSqlQuery

def createDB():
    db = QSqlDatabase.addDatabase('QSQLITE')
    db.setDatabaseName('./db/database.db')

    if not db.open():
        QMessageBox.critical(None,  ("无法打开数据库"),
        ( "无法建立到数据库的连接,这个例子需要SQLite 支持,请检查数据库配置。
\n\n 单击取消按钮退出应用。"),
        QMessageBox.Cancel )
        return False


    query = QSqlQuery()
    query.exec_("create table people(id int primary key, name
varchar(20), address varchar(30))")
    query.exec_("insert into people values(1, 'zhangsan1', 'BeiJing')")
    query.exec_("insert into people values(2, 'lisi1', 'TianJing')")
    query.exec_("insert into people values(3, 'wangwu1', 'HenNan')")
    query.exec_("insert into people values(4, 'lisi2', 'HeBei')")
    query.exec_("insert into people values(5, 'wangwu2', 'shanghai')")
    # 关闭数据库
    db.close()
    return True


if __name__ == '__main__':
    app = QApplication(sys.argv)
    createDB()
    sys.exit(app.exec_())
```

运行脚本，使用 SQLiteStudio 打开 database.db 数据库文件，显示效果如图 9-11 所示。可以看到，在 database 数据库中建立了 people 表，并成功插入了 5 条记录。

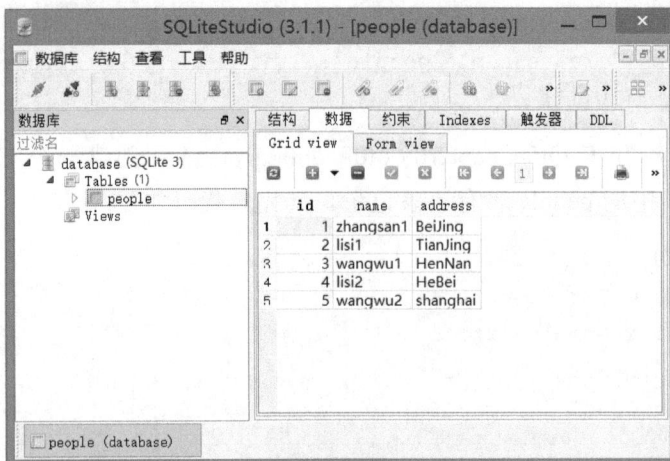

图 9-11

执行完 SQL 语句后，如果不再执行其他数据库操作，则必须执行 db.close()语句关闭数据库。因为数据库连接资源是有限的，如果程序没有关闭数据库连接，那么每次执行 SQL 语句后都会留下一些没有关闭的数据库连接，这些连接又不能被重新使用，那么数据库连接资源最终将被耗尽，导致程序无法正常连接数据库，这样就会影响数据库的正常运转。

在 PyQt 的窗口中常常需要读取数据库的记录并进行显示，那么在窗口初始化时就需要打开数据库，保持数据库连接。当单击窗口右上角的 ▇▇▇ 按钮关闭窗口后，就需要重载 closeEvent() 事件，在事件中断开数据库连接。本例文件名为 PyQt5/Chapter09/qt09_db02.py，演示在关闭窗口时断开数据连接。其完整代码如下：

```python
class ExecDatabaseDemo(QWidget):

    def __init__(self, parent=None):
        super(ExecDatabaseDemo , self).__init__(parent)

        self.db = QSqlDatabase.addDatabase('QSQLITE')
        self.db.setDatabaseName('./db/database.db')
        # 打开数据库
        self.db.open()

    def closeEvent(self, event):
        # 关闭数据库
        self.db.close()
```

```
if __name__ == '__main__':
    app = QApplication(sys.argv)
    demo = ExecDatabaseDemo()
    demo.show()
    sys.exit(app.exec_())
```

9.2.4　数据库模型视图

PyQt 中的 QSqlTableModel 类是一个高级接口，提供了可读的数据模型，用于在单个表中读取和保存数据。此模型用于填充 QTableView 对象，它向用户呈现了可以放在任何顶层窗口中的可滚动和可编辑的视图。

可以用下列方式声明 QSqlTableModel 对象，然后查询 people 表中的数据，最后保存数据到 QSqlTableModel 对象的只读数据模型中。

```
model = QtSql.QSqlTableModel()
model.setTable("people")
model.setEditStrategy(QSqlTableModel.OnManualSubmit)
model.setFilter("id > 1")
model.select()
model.setHeaderData(0, Qt.Horizontal, "id")
model.setHeaderData(1, Qt.Horizontal, "name")
model.setHeaderData(2, Qt.Horizontal, "address")
view = QTableView(self)
view.setModel(model)
view.show()
```

QSqlTableModel 类是一个可以读和写的表格模型，当连接到数据库后，使用 setTable()函数设置要查询的表，使用 setFilter()函数设置过滤器条件，这个过滤器条件与 SQL 查询语句中的 where 条件一样，然后使用 select()函数执行查询，最后使用 setEditStrategy()函数设置"编辑策略"。可设置的编辑策略如表 9-4 所示。

表 9-4

编辑策略	描　　述
QSqlTableModel.OnFieldChange	所有变更实时更新到数据库中
QSqlTableModel.OnRowChange	当用户选择不同的行时，在当前行进行变更
QSqlTableModel.OnManualSubmit	手动提交，不自动提交

本例文件名为 PyQt5/Chapter09/qt09_db03.py，演示在 PyQt 5 的窗口中使用 QSqlTableModel 控件。其完整代码如下：

```python
import sys
from PyQt5.QtCore import *
from PyQt5.QtGui import *
from PyQt5.QtWidgets import *
from PyQt5.QtSql import QSqlDatabase , QSqlTableModel
from PyQt5.QtCore import Qt

def initializeModel(model):
    model.setTable('people')
    model.setEditStrategy( QSqlTableModel.OnFieldChange)
    model.select()
    model.setHeaderData(0, Qt.Horizontal, "ID")
    model.setHeaderData(1, Qt.Horizontal, "name")
    model.setHeaderData(2, Qt.Horizontal, "address")

def createView(title, model):
    view =  QTableView()
    view.setModel(model)
    view.setWindowTitle(title)
    return view

def addrow():
    ret = model.insertRows( model.rowCount(), 1 )
    print( 'insertRows=%s' %str(ret) )

def findrow(i):
    delrow= i.row()
    print('del row=%s' % str(delrow) )

if __name__ == '__main__':
    app = QApplication(sys.argv)
    db = QSqlDatabase.addDatabase('QSQLITE')
    db.setDatabaseName('./db/database.db')
    model = QSqlTableModel()
    delrow = -1
    initializeModel(model)
    view1 = createView("Table Model (View 1)", model)
    view1.clicked.connect(findrow)

    dlg= QDialog()
    layout = QVBoxLayout()
    layout.addWidget(view1)
```

```
    addBtn = QPushButton("添加一行")
    addBtn.clicked.connect(addrow)
    layout.addWidget(addBtn)

    delBtn = QPushButton("删除一行")
    delBtn.clicked.connect(lambda:
        model.removeRow(view1.currentIndex().row()))
    layout.addWidget(delBtn)
    dlg.setLayout(layout)
    dlg.setWindowTitle("Database 例子")
    dlg.resize(430, 450)
    dlg.show()
    sys.exit(app.exec_())
```

运行脚本，显示效果如图 9-12 所示。

图 9-12

代码分析：

在这个例子中，people 表被当作模型，编辑策略被设置为 QSqlTableModel. OnFieldChange。其核心代码如下：

```
model.setTable('people')
model.setEditStrategy( QSqlTableModel.OnFieldChange)
model.select()
```

QTableView 类是一个窗口，是用来显示数据的。 创建 QTableView 对象的核心代码如下：

```
def createView(title, model):
    view = QTableView()
```

```
        view.setModel(model)
        view.setWindowTitle(title)
        return view
```

以上代码将一个 QTableView 对象和两个 QPushButton 控件添加到 QDialog（顶层窗口）中。还需要将添加按钮的 clicked 信号连接到槽函数 addrow()。显示效果如图 9-13 所示。单击"添加一行"按钮，会在窗口中添加一行空白记录，使用了 QSqlTableModel 对象的 insertRows()函数。它的核心代码如下：

```
    addBtn.clicked.connect(addrow)

    def addrow():
        ret = model.insertRows( model.rowCount(), 1 )
        print( 'insertRows=%s' %str(ret) )
```

图 9-13

与删除按钮相关联的槽函数执行一个 lambda 功能，删除用户所选择的行。

```
    delBtn = QPushButton("删除一行")
    delBtn.clicked.connect(lambda:
model.removeRow(view1.currentIndex().row()))
```

9.2.5 封装分页查询控件

本节内容用到了前几章介绍的知识。本例文件名为 PyQt5/Chapter09/DataGrid.py，演示了自定义分页查询控件，效果如图 9-14 所示。

图 9-14

1.　准备分页数据

本例中使用的分页数据保存在 SQLite 数据库的 student 表中，SQLite 数据库文件命名为 database.db，保存在 PyQt5/Chapter09/db 文件夹下。在 student 表中保存的是某所大学的学生数据，其数据结构如表 9-5 所示。

表 9-5

列　　名	数据类型	名　　称	规　　则
id	Int	编号，记录的唯一标识符，不能重复	主键（Primary Key）
name	Varchar	名字	
sex	Varchar	性别	
age	Int	年龄	
deparment	Varchar	系	

创建 student 表并插入数据有两种方法：第一种方法是使用 SQLite 命令；第二种方法是使用 Python 程序。下面分别介绍这两种方法。

第一种方法：使用 SQLite 命令创建 student 表并插入记录。

首先，使用 SQLite 命令创建 student 表。

```
E:\quant\PyQt5\Chapter05\db >sqlite3 datagrid.db
SQLite version 3.14.2 2016-09-12 18:50:49
Enter ".help" for usage hints.
sqlite> create table student(id int primary key, name vchar, sex vchar,
age int, deparment vchar) ;
```

然后，在 student 表中插入 10 条学生记录。

```
sqlite>insert into student values(1,'张三1','男',20,'计算机') ;
sqlite>insert into student values(2,'李四1','男',19,'经管') ;
sqlite>insert into student values(3,'王五1','男',22,'机械') ;
sqlite>insert into student values(4,'赵六1','男',21,'法律') ;
sqlite>insert into student values(5,'小明1','男',20,'英语') ;
sqlite>insert into student values(6,'小李1','女',19,'计算机') ;
```

```
sqlite>insert into student values(7,'小张1','男',20,'机械') ;
sqlite>insert into student values(8,'小刚1','男',19,'经管') ;
sqlite>insert into student values(9,'张三2','男',21,'计算机') ;
sqlite>insert into student values(10,'张三3','女',20,'法律') ;
```

可以看到，往 student 表中成功插入了 10 条学生记录。

第二种方法：使用 Python 程序创建 student 表并插入数据。

以下代码在窗口初始化时执行。这段代码非常直观，这里就不解释了。

```python
def createTableAndInit():
    # 添加数据库
    db = QSqlDatabase.addDatabase('QSQLITE')
    # 设置数据库名称
    db.setDatabaseName('./db/database.db')
    # 判断是否打开数据库
    if not db.open():
        return False

    # 声明数据库查询对象
    query = QSqlQuery()
    # 创建表
    query.exec("create table student(id int primary key, name vchar, sex
vchar, age int, deparment vchar)")

    # 添加记录
    query.exec("insert into student values(1,'张三1','男',20,'计算机')")
    query.exec("insert into student values(2,'李四1','男',19,'经管')")
    query.exec("insert into student values(3,'王五1','男',22,'机械')")
    query.exec("insert into student values(4,'赵六1','男',21,'法律')")
    query.exec("insert into student values(5,'小明1','男',20,'英语')")
    query.exec("insert into student values(6,'小李1','女',19,'计算机')")
    query.exec("insert into student values(7,'小张1','男',20,'机械')")
    query.exec("insert into student values(8,'小刚1','男',19,'经管')")
    query.exec("insert into student values(9,'张三2','男',21,'计算机')")
    query.exec("insert into student values(10,'张三3','女',20,'法律')")

    return True
```

2. 创建分页窗口控件

接下来创建一个分页控件类 DataGrid，在这个类的初始化函数 __init__()中声明所用到的控件，比如提示数据表控件、标签、前一页、后一页和跳转按钮等。

本例文件名为 PyQt5/Chapter09/DataGrid.py，其核心代码如下：

```python
class DataGrid(QWidget):

    def __init__(self):
        super().__init__()
        self.setWindowTitle("分页查询例子")
        self.resize(750,300)

        # 查询模型
        self.queryModel = None
        # 数据表
        self.tableView = None
        # 总页数文本
        self.totalPageLabel = None
        # 当前页文本
        self.currentPageLabel = None
        # 转到页输入框
        self.switchPageLineEdit = None
        # 前一页按钮
        self.prevButton = None
        # 后一页按钮
        self.nextButton = None
        # 转到页按钮
        self.switchPageButton = None
        # 当前页
        self.currentPage = 0
        # 总页数
        self.totalPage = 0
        # 总记录数
        self.totalRecrodCount = 0
        # 每页显示记录数
        self.PageRecordCount = 5
```

现在创建窗口。窗口分为三个部分，其中第一部分放置前一页和后一页按钮的水平栏；第二部分放置显示学生信息的数据表控件；第三部分显示当前所在页数的水平栏。因为第三部分要讲解的内容和第一部分类似，所以下面就不讲第三部分了，读者可以找到相应的代码文件自行查看，其中对关键部分都做了注释，比较容易理解。

第一部分，初始化前一页、后一页和跳转按钮控件，以及相关的标签控件。核心代码如下：

```python
# 操作布局
operatorLayout = QHBoxLayout()
self.prevButton = QPushButton("前一页")
```

```
self.nextButton = QPushButton("后一页")
self.switchPageButton = QPushButton("Go")
self.switchPageLineEdit = QLineEdit()
self.switchPageLineEdit.setFixedWidth(40)

switchPage =  QLabel("转到第")
page = QLabel("页")
operatorLayout.addWidget(self.prevButton)
operatorLayout.addWidget(self.nextButton)
operatorLayout.addWidget(switchPage)
operatorLayout.addWidget(self.switchPageLineEdit)
operatorLayout.addWidget(page)
operatorLayout.addWidget(self.switchPageButton)
operatorLayout.addWidget( QSplitter())
```

第二部分，初始化显示学生信息的数据表控件，设置表格中单元格的宽度自动适应所要显示的数据。核心代码如下：

```
# 设置表格属性
self.tableView = QTableView()
self.tableView.horizontalHeader().setStretchLastSection(True)
self.tableView.horizontalHeader().setSectionResizeMode(
          QHeaderView.Stretch)
```

最后创建分页控件的主窗口。在主窗口中添加第一部分的布局和第二部分的表格控件。核心代码如下：

```
mainLayout =  QVBoxLayout(self);
mainLayout.addLayout(operatorLayout);
mainLayout.addWidget(self.tableView);
mainLayout.addLayout(statusLayout);
self.setLayout(mainLayout)
```

效果如图 9-15 所示。

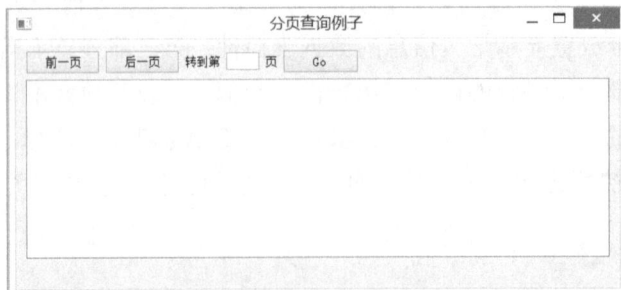

图 9-15

3．获取表格控件用到的数据

声明查询模型类 QSqlQueryModel，然后读取 database.db 数据库中的 student 表，放到 QSqlQueryModel 中。核心代码如下：

```
def setTableView(self):
    self.db = QSqlDatabase.addDatabase('QSQLITE')
    # 设置数据库名称
    self.db.setDatabaseName('./db/database.db')
    # 打开数据库
    self.db.open()
    # 声明查询模型
    self.queryModel = QSqlQueryModel(self)
    # 记录查询
    self.recordQuery(0)
    # 设置模型
    self.tableView.setModel(self.queryModel)
    # 设置表格头
    self.queryModel.setHeaderData(0,Qt.Horizontal,"编号")
    self.queryModel.setHeaderData(1,Qt.Horizontal,"姓名")
    self.queryModel.setHeaderData(2,Qt.Horizontal,"性别")
    self.queryModel.setHeaderData(3,Qt.Horizontal,"年龄")
    self.queryModel.setHeaderData(4,Qt.Horizontal,"院系")


# 记录查询
def recordQuery(self, limitIndex ):
    szQuery = ("select * from student limit %d,%d" % ( limitIndex ,
self.PageRecordCount ) )
    self.queryModel.setQuery(szQuery)
```

最后，给前一页、后一页和跳转按钮添加信号与槽，当单击按钮控件时触发自定义的槽函数。核心代码如下：

```
self.prevButton.clicked.connect(self.onPrevButtonClick )
self.nextButton.clicked.connect(self.onNextButtonClick )
self.switchPageButton.clicked.connect(
    self.onSwitchPageButtonClick )


# 前一页按钮被按下
def onPrevButtonClick(self):
    print('*** onPrevButtonClick ');
    limitIndex = (self.currentPage - 2) * self.PageRecordCount
    self.recordQuery( limitIndex)
    self.currentPage -= 1
```

```
        self.updateStatus()

# 后一页按钮被按下
def onNextButtonClick(self):
    print('*** onNextButtonClick ');
    limitIndex =  self.currentPage * self.PageRecordCount
    self.recordQuery( limitIndex)
    self.currentPage += 1
    self.updateStatus()

# 跳转按钮被按下
def onSwitchPageButtonClick(self):
    # 得到输入字符串
    szText = self.switchPageLineEdit.text()
    # 数字正则表达式
    pattern = re.compile(r'^[-+]?[0-9]+\.[0-9]+$')
    match = pattern.match(szText)

    # 判断是否为数字
    if not match :
        QMessageBox.information(self, "提示", "请输入数字" )
        return

    # 是否为空
    if szText == '' :
        QMessageBox.information(self, "提示" , "请输入跳转页面" )
        return

    # 得到页数
    pageIndex = int(szText)
    # 判断是否有指定页
    if pageIndex > self.totalPage or pageIndex < 1 :
        QMessageBox.information(self, "提示",
            "没有指定的页面，请重新输入" )
        return

    # 得到查询起始行号
    limitIndex = (pageIndex-1) * self.PageRecordCount

    # 记录查询
    self.recordQuery(limitIndex);
```

9.3　Pandas在PyQt中的应用

Pandas 是 Python 的一个数据分析包，是由 AQR Capital Management 在 2008 年 4 月开发的，并于 2009 年年底开源，目前由专注于 Python 数据包开发的 PyData 开发组继续开发和维护，属于 PyData 项目的一部分。Pandas 最初是被作为金融数据分析工具而开发的，并为时间序列分析提供了很好的支持。从 Pandas 这个名称就可以看出，它是面板数据（Panel Data）和 Python 数据分析（Data Analysis）的结合。在 Pandas 出现之前，Python 数据分析的主力军只有 NumPy 比较好用；在 Pandas 出现之后，它基本上占据了 Python 数据分析的霸主地位，它在处理基础数据尤其是金融时间序列数据方面非常高效。

使 Pandas 与 PyQt 结合，最方便的方法就是安装 qtpandas 模块库。这个模块库帮助我们把 Pandas 的数据显示在 QTableWidget 上，并自动实现各种 QTableWidget 的功能，如增加、删除、修改、保存、排序等。这些功能实现起来比较麻烦，但是利用 qtpandas，我们就可以无须费力地手动重新实现。

9.3.1　qtpandas 的安装

首先安装 Pandas，最简单的方式就是使用 pip 命令。

```
pip install pandas
```

pip 默认的镜像源在国外，所以在安装 Pandas 时经常会遇到超时问题，可以改用国内清华大学 TUNA 的镜像源，pypi 镜像每 5 分钟同步一次。注意：清华大学 TUNA 的镜像源地址里的 simple 不能少，还有使用的是 https 而不是 http。

```
pip install -i https://pypi.tuna.tsinghua.edu.cn/simple pandas
```

然后安装 qtpandas，它是 Pandas 的一个依赖库，同样也使用 pip 命令进行安装。

```
pip install qtpandas
```

使用 pip install 命令安装的 qtpandas 版本是 1.03。也就是说，qtpandas 提供的官方版本是 1.03，但是这个版本的 qtpandas 依赖的是 PyQt4 版本，所以如果把这个版本的 qtpandas 集成到 PyQt5 环境下则会报错。

其实 qtpandas 最新版 1.04 的代码已经开始正式支持 PyQt 5，但是 qtpandas 官方还没有发布到公网镜像上，需要使用 git 命令将 qtpandas 的最新版克隆下来，然后手动安装。

第一种方法：使用 git 命令下载最新版的 qtpandas，然后使用命令安装。

对于熟悉 git 命令的读者，可以使用如下命令安装 qtpandas。

```
git clone https://github.com/draperjames/qtpandas.git

cd qtpandas

python setup.py install
```

第二种方法：从 qtpandas 官网下载最新版的代码，然后使用命令安装。

首先，访问 qtpandas 的官方网站：https://github.com/draperjames/qtpandas。

然后，在页面的 Code 导航栏下单击"Clone or download"按钮，选择"Download ZIP"，下载最新版的 qtpandas 压缩包，文件名是 qtpandas-master.zip，解压缩这个 zip 文件。输入以下命令安装 qtpandas。

```
cd qtpandas

python setup.py install
```

如果安装成功，在命令行输入 pip show qtpandas 命令，则会得到如下信息。

```
C:\Users\si\Downloads\qtpandas-master>pip show qtpandas
Name: qtpandas
Version: 1.0.4
Summary: Utilities to use pandas (the data analysis / manipulation
Home-page: None
Author: None
Author-email: None
License: None
Location: e:\installed_software\python35\lib\site-packages\
qtpandas-1.0.4-py3.5.
    Requires: pandas, easygui, pytest, pytest-qt, qtpy, future, pytest-cov
```

表示 qtpandas 已经安装成功，它的最新版本是 1.04。

注意

有时候会存在这种现象：qtpandas 安装时出错，但是打开 Python 却可以 import qtpandas。这时候可以尝试运行本节的案例，如果能够运行成功，则可以忽略这个错误。

9.3.2 官方示例解读

```
from __future__ import unicode_literals
from __future__ import print_function
```

```
from __future__ import division
from __future__ import absolute_import
from future import standard_library
standard_library.install_aliases()
import pandas
import numpy
import sys
from qtpandas.excepthook import excepthook

# 使用 compat 模块中的 QtGui 类，请确保安装了必需的 sip 库
from qtpandas.compat import QtGui
from qtpandas.models.DataFrameModel import DataFrameModel
from qtpandas.views.DataTableView import DataTableWidget
# from qtpandas.views._ui import icons_rc

sys.excepthook = excepthook # 设置 PyQt 的异常钩子，在本例中基本没什么用

# 创建一个空的模型，该模型用于存储与处理数据
model = DataFrameModel()

# 创建一个应用用于显示表格
app = QtGui.QApplication([])
widget = DataTableWidget() # 创建一个空的表格，主要用来呈现数据
widget.resize(500, 300) # 调整 Widget 的大小
widget.show()
# 让表格绑定模型，也就是让表格呈现模型的内容
widget.setViewModel(model)

# 创建测试数据
data = {
    'A': [10, 11, 12],
    'B': [20, 21, 22],
    'C': ['Peter Pan', 'Cpt. Hook', 'Tinkerbell']
}
df = pandas.DataFrame(data)

# 下面两列用来测试委托是否成立
df['A'] = df['A'].astype(numpy.int8) # A 列数据格式变成整型
df['B'] = df['B'].astype(numpy.float16) # B 列数据格式变成浮点型

# 在模型中填入数据 df
model.setDataFrame(df)
```

```
# 启动程序
app.exec_()
```

这是来自官方示例的 BasicExample.py 的内容，这个示例可以在这里找到：
https://github.com/draperjames/qtpandas/tree/master/examples。其运行结果如图 9-16
所示。

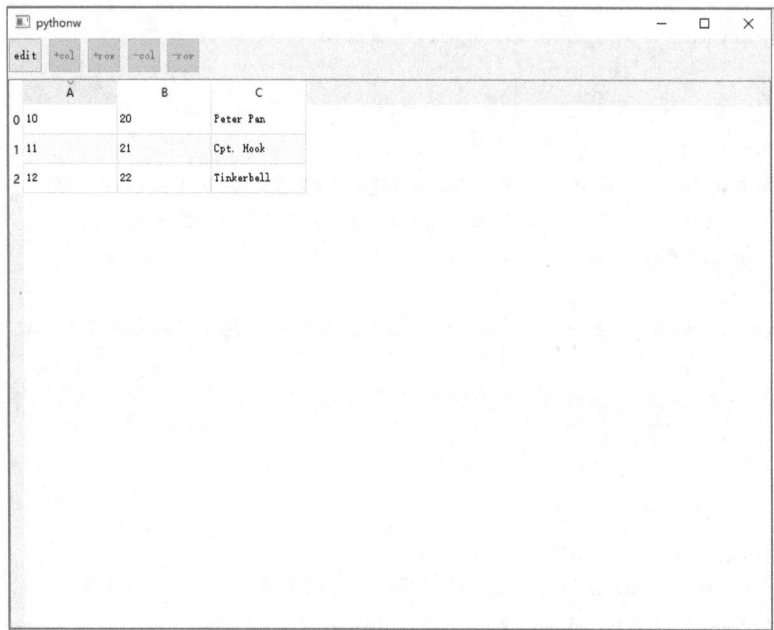

图 9-16

在图 9-16 中，上方第一排按钮用于管理表格，在这里可以对表格进行增加、删除行列操作，如图 9-17 所示。

我们注意到这个示例用到了 PyQt 的委托概念，下面进行解释。请看图 9-18、图 9-19 和图 9-20。

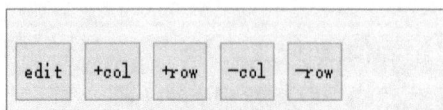

图 9-17

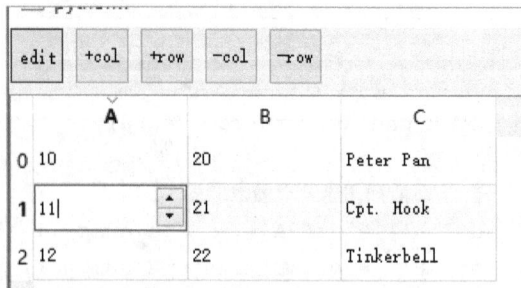

图 9-18

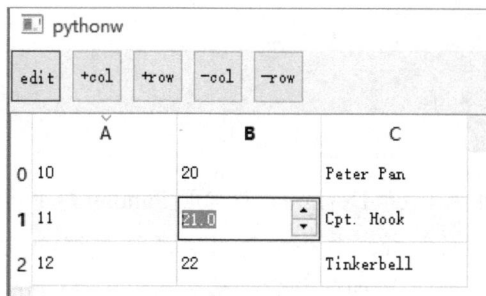

图 9-19

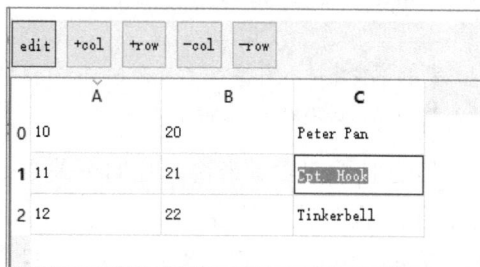

图 9-20

我们看到对于不同类型的列，其外观和编辑操作是不一样的，这就是委托的作用——实现完全控制表格的外观显示和编辑操作。

单击新增列的按钮，可以选择不同的数据类型，对应不同的委托，从而会显示不同的外观和编辑操作，如图 9-21 所示。

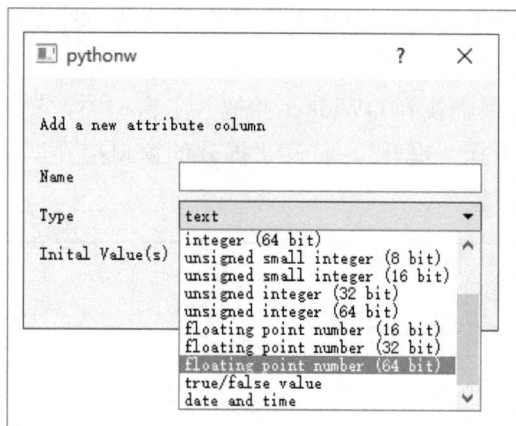

图 9-21

通过官方示例应用我们知道，qtpandas 基本上做完了 Pandas 与 PyQt 结合的所有事情，剩下的就是调用了。那么，如何把 qtpandas 嵌入 PyQt 的主窗口中，而不是像现在这样成为一个独立的窗口呢？这就是本节要介绍的主要内容。

在这个例子中，其核心代码是下面几行，我们只需把这几行代码放入 PyQt 的代码中就行了。

```
# 创建一个空的模型，该模型用于存储与处理数据
model = DataFrameModel()

widget = DataTableWidget() # 创建一个空的表格，主要用来呈现数据
widget.resize(500, 300) # 调整 Widget 的大小
widget.show()
# 让表格绑定模型，也就是让表格呈现模型的内容
```

```
widget.setViewModel(model)

# 在模型中填入数据 df
model.setDataFrame(df)
```

但是对于初学者来说，他们更关心如何使用 Qt Designer 来实现 Pandas 与 PyQt 的结合，这时就会产生一个问题：在 Qt Designer 中并没有 DataTableWidget 和 DataFrameModel 这两个类对应的窗口控件，那么该如何把它们嵌入到 Qt Designer 中呢？这就引出了本章要介绍的另一个内容：提升的窗口控件。

9.3.3 设置提升的窗口控件

所谓提升的窗口控件，就是指有些窗口控件是用户自己基于 PyQt 定义的衍生窗口控件，这些窗口控件在 Qt Designer 中没有直接提供，但是可以通过提升的窗口控件这个功能来实现。具体方法如下：

从 Container 导航栏中找到 QWidget 并拖入主窗口中，然后对其单击鼠标右键，从弹出的快捷菜单中选择"提升"，打开"提升的窗口控件"对话框，如图 9-22 所示，按照图中所示进行输入。

图 9-22

单击"添加"按钮，会发现在"提升的类"中多了一项，如图 9-23 所示。

选中它，然后单击"提升"按钮，则会在对象查看器中看到如图 9-24 所示的内容，这说明已经成功地在 Qt Designer 中引入了 DataTableWidget 类。

图 9-23

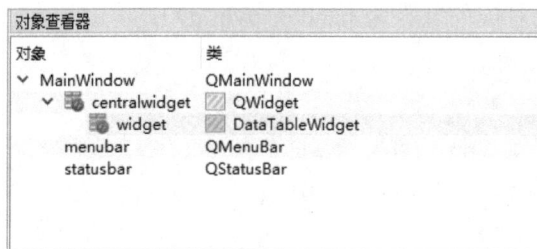

图 9-24

我们对 Widget 重命名为 "pandastablewidget"，这样就基本完成了对提升的窗口控件的操作。核心代码如下：

```
from qtpandas.views.DataTableView import DataTableWidget

self.pandastablewidget = DataTableWidget(self.centralWidget)
self.pandastablewidget.setGeometry(QtCore.QRect(10, 30, 591, 331))
self.pandastablewidget.setStyleSheet("")
self.pandastablewidget.setObjectName("pandastablewidget")
```

至此，我们已经实现了 DataTableWidget 类在 Qt Designer 中的引用。

提升的窗口控件是 PyQt 中非常简单、实用而又强大的功能，利用该功能可以通过 Qt Designer 来实现 PyQt 与 Python 的一些强大的模块之间的交互功能，可以充分利用 PyQt 和 Python 两者的优点来快速开发程序。接下来要介绍的内容都是基于这个功能展开的。

9.3.4 qtpandas 的使用

在前面内容的基础上，我们再添加两个按钮，并设置 clicked 的槽，如图 9-25 所示。

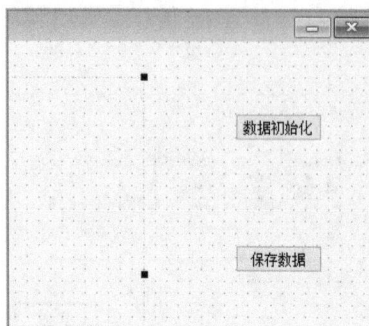

图 9-25

具体代码如下（对应的文件为 pandas_pyqt.py）：

```python
# -*- coding: utf-8 -*-

"""
Module implementing MainWindow.
"""

from PyQt5.QtCore import pyqtSlot
from PyQt5.QtWidgets import QMainWindow, QApplication


from Ui_pandas_pyqt import Ui_MainWindow

from qtpandas.models.DataFrameModel import DataFrameModel
import pandas as pd

class MainWindow(QMainWindow, Ui_MainWindow):
    """
    Class documentation goes here.
    """
    def __init__(self, parent=None):
        """
        Constructor

        @param parent reference to the parent widget
        @type QWidget
```

```
    """
    super(MainWindow, self).__init__(parent)
    self.setupUi(self)

        '''初始化 pandasqt'''
    widget = self.pandastablewidget
        widget.resize(600, 500) # 如果对控件尺寸不满意，可以在这里设置

        self.model = DataFrameModel() # 设置新的模型
    widget.setViewModel(self.model)

        self.df =
pd.read_excel(r'./data/fund_data.xlsx',encoding='gbk')
        self.df_original = self.df.copy() # 备份原始数据
    self.model.setDataFrame(self.df)

    @pyqtSlot()
    def on_pushButton_clicked(self):
    """
    初始化 pandas
    """
    self.model.setDataFrame(self.df_original)

    @pyqtSlot()
    def on_pushButton_2_clicked(self):
    """
    保存数据
    """
        self.df.to_excel(r'./data/fund_data_new.xlsx')

if __name__ == "__main__":
    import sys

    app = QApplication(sys.argv)
    ui = MainWindow()
    ui.show()
    sys.exit(app.exec_())
```

运行脚本，显示效果如图 9-26 所示。

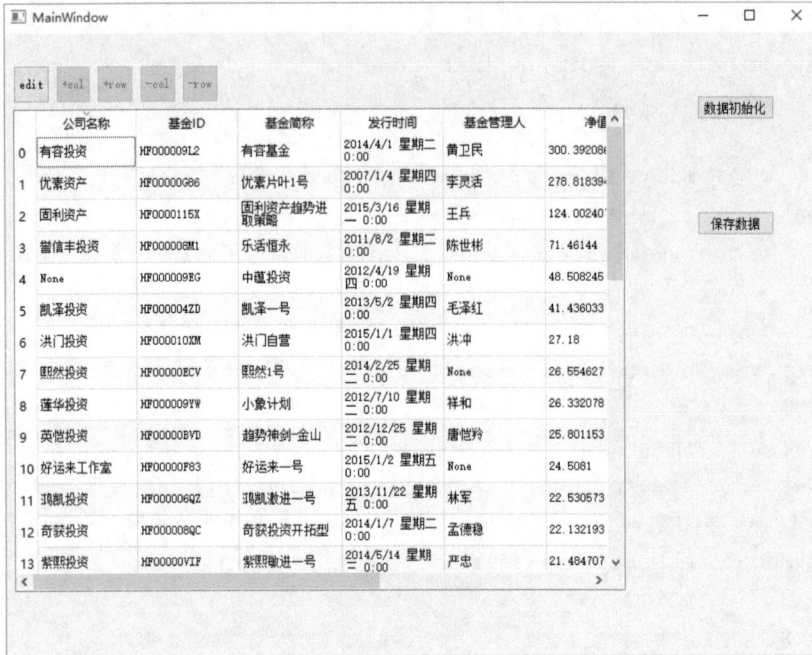

图 9-26

基本上可以实现我们对表格的绝大部分操作，如增加、删除、修改、保存等。
比如对于保存操作，我们删除几列，如图 9-27 所示。

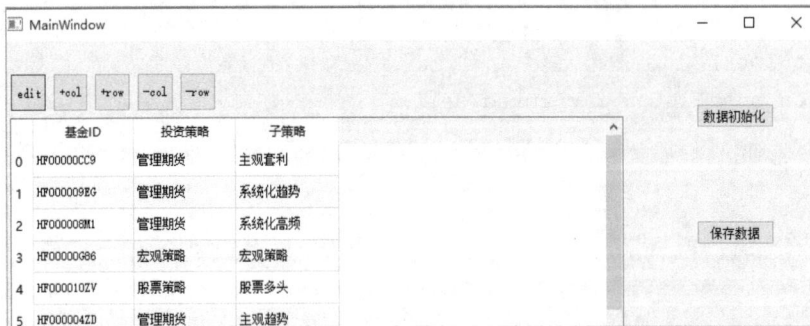

图 9-27

打开 fund_data_new.xlsx，发现结果一致，如图 9-28 所示。

图 9-28

对于初始化数据，读者可以自己尝试。

9.4　Matplotlib在PyQt中的应用

说起 Python 的绘图模块，就不得不提 Matplotlib，基本上每个学习 Python 绘图的人都会接触到 Matplotlib，而且应该是接触的第一个绘图模块。

Matplotlib 是 Python 最著名的绘图库，它提供了一整套和 MATLAB 相似的命令 API，十分适合交互式进行制图。而且也可以方便地将它作为绘图控件，嵌入到 GUI 应用程序中。

Matplotlib 的文档相当完备，并且其 Gallery 页面（网址：http://matplotlib.org/gallery.html）中有上百张缩略图，打开之后就能看到绘图的源代码。这些图像基本可以满足我们日常的绘图需求，如果能够把 Matplotlib 嵌入到 PyQt 中，那么在大多数情况下就不需要通过底层方式手动来实现 PyQt 的绘图功能了。可以直接在 Gallery 页面中找到符合要求的图像，获取该图像的源代码，进行简单的修改，然后嵌入到 PyQt 中就可以了。实际上，通过底层方式来实现 PyQt 的绘图功能并不是本书的重点，而且这部分内容也比较难以理解。

本章通过 MatplotlibWidget.py 文件来实现 Matplotlib 与 PyQt 的结合，从实现这个功能的角度来说，这应该是笔者所见到的最简单的示例了。

9.4.1　对 MatplotlibWidget 的解读

1. 设置绘图类

本例文件名为 PyQt5/Chapter09/MatplotlibWidget.py，首先创建 FigureCanvas 类，在其初始化过程中建立一个空白的图像。注意，下面代码的开头两行是用来解决中文和负号显示问题的，也可以把它应用到使用 Matplotlib 进行的日常绘图中。

```
class MyMplCanvas(FigureCanvas):
"""FigureCanvas 的最终父类其实是 QWidget"""


    def __init__(self, parent=None, width=5, height=4, dpi=100):


        # 设置中文显示
        plt.rcParams['font.family'] = ['SimHei']  # 用来正常显示中文标签
        plt.rcParams['axes.unicode_minus'] = False  # 用来正常显示负号


        # 新建一个绘图对象
```

```
        self.fig = Figure(figsize=(width, height), dpi=dpi)
        # 建立一个子图。如果要建立复合图，可以在这里修改
        self.axes = self.fig.add_subplot(111)

        self.axes.hold(False)  # 每次绘图时都不保留上一次绘图的结果

        FigureCanvas.__init__(self, self.fig)
        self.setParent(parent)

        '''定义 FigureCanvas 的尺寸策略，意思是设置 FigureCanvas，使之尽可能向
外填充空间'''
        FigureCanvas.setSizePolicy(self,
                                   QSizePolicy.Expanding,
                                   QSizePolicy.Expanding)
        FigureCanvas.updateGeometry(self)
```

定义绘制静态图函数，调用这个函数可以在上一步所创建的空白的图像中绘图。注意，这部分内容可以随意定义，可以在 Gallery 页面中找到自己需要的图像，获取其源代码，然后对静态函数（start_static_plot）中的相关代码进行替换即可。

```
    '''绘制静态图，可以在这里定义绘图逻辑'''
    def start_static_plot(self):
        self.fig.suptitle('测试静态图')
        t = arange(0.0, 3.0, 0.01)
        s = sin(2 * pi * t)
        self.axes.plot(t, s)
        self.axes.set_ylabel('静态图：Y 轴')
        self.axes.set_xlabel('静态图：X 轴')
        self.axes.grid(True)
```

定义绘制动态图函数，设置每隔 1 秒就会重新绘制一次图像。注意，对于 update_figure()函数也可以随意定义。

```
    '''启动绘制动态图'''
    def start_dynamic_plot(self, *args, **kwargs):
        timer = QtCore.QTimer(self)
        timer.timeout.connect(self.update_figure)  # 每隔一段时间就会触发
一次 update_figure()函数。
        timer.start(1000)  # 触发的时间间隔为 1 秒

    '''可以在这里修改动态图的绘图逻辑'''
    def update_figure(self):
        self.fig.suptitle('测试动态图')
```

```
        l = [random.randint(0, 10) for i in range(4)]
        self.axes.plot([0, 1, 2, 3], l, 'r')
        self.axes.set_ylabel('动态图: Y轴')
        self.axes.set_xlabel('动态图: X轴')
        self.axes.grid(True)
        self.draw()
```

2. 封装绘图类

这部分主要是使用 QWidget 把上面的绘图类和工具栏封装到 MatplotlibWidget 中，我们只需调用 MatplotlibWidget 这个类就可以实现绘图功能了。

这个示例保留了初始化时就载入图像的接口，把下面注释掉的代码取消注释，那么在载入 MatplotlibWidget 时就会实现绘图功能。其主要适用于那些不需要使用按钮来触发绘图功能的场景。

```
class MatplotlibWidget(QWidget):
    def __init__(self, parent=None):
        super(MatplotlibWidget, self).__init__(parent)
        self.initUi()

    def initUi(self):
        self.layout = QVBoxLayout(self)
        self.mpl = MyMplCanvas(self, width=5, height=4, dpi=100,
title='Title 1')
        # self.mpl.start_static_plot() # 如果想要在初始化时就呈现静态图，请取
消这行注释
        # self.mpl.start_dynamic_plot() # 如果想要在初始化时就呈现动态图，请
取消这行注释
        self.mpl_ntb = NavigationToolbar(self.mpl, self)# 添加完整的工具栏

        self.layout.addWidget(self.mpl)
        self.layout.addWidget(self.mpl_ntb)
```

测试程序：

```
if __name__ == '__main__':
    app = QApplication(sys.argv)
    ui = MatplotlibWidget()
    ui.mpl.start_static_plot()  # 测试静态图效果
    # ui.mpl.start_dynamic_plot() # 测试动态图效果
    ui.show()
    sys.exit(app.exec_())
```

结果如图 9-29 所示，可以看到结果符合预期。

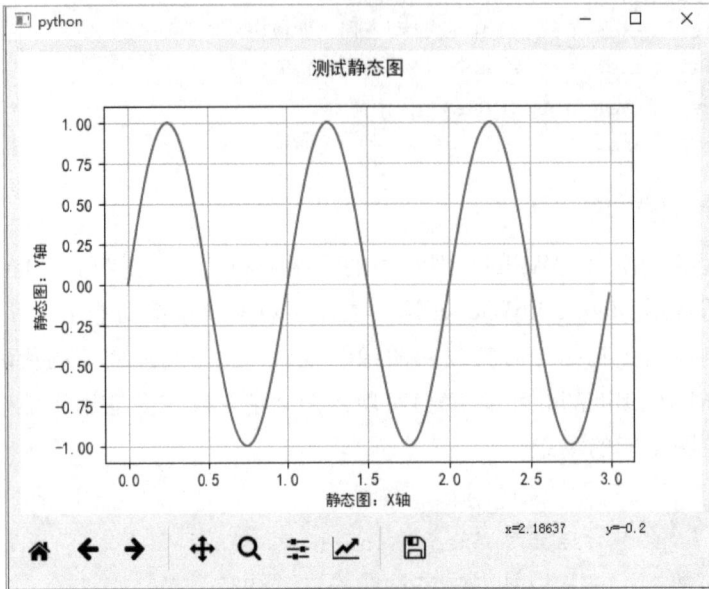

图 9-29

9.4.2 设置提升的窗口控件

和 9.3.3 节一样，本节也是通过 Qt Designer 这个简单而又强大的工具来实现 Matplotlib 与 PyQt 的结合的。

本例使用 Qt Designer 生成的窗口文件名为 PyQt5/Chapter09/matplotlib_pyqt.ui。

首先新建一个 QWidget 类，并按照图 9-30 所示设置提升的窗口控件。

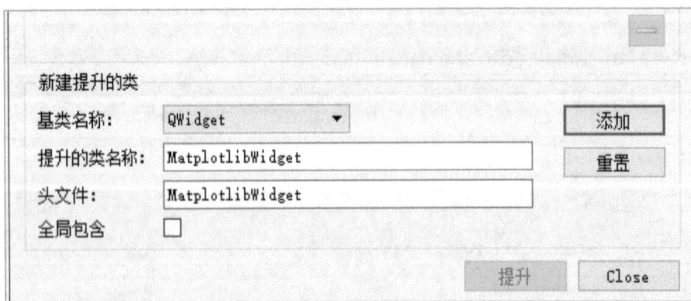

图 9-30

然后对窗口进行布局与设置，如图 9-31 所示。注意，这两个 QWidget 都是提升的窗口控件。

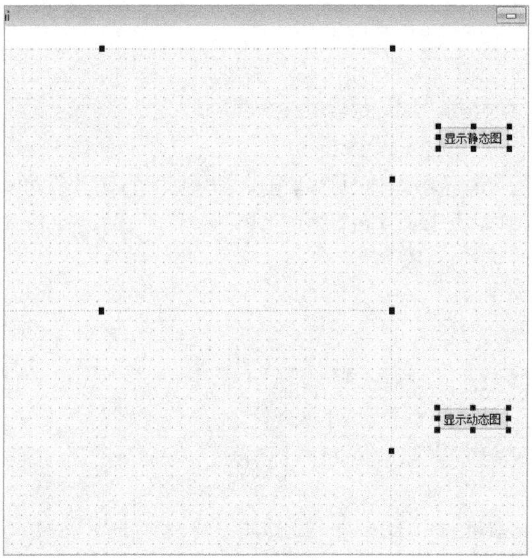

图 9-31

最后，使用 Eric 编译窗口，并设置生成 button.click 的对话框代码（或通过其他方式设置相应的信号与槽）。

注意

> 在生成对话框代码时，可能会提示错误：模型对象没有 MatplotlibWidget。原因是 Eric 没有找到 MatplotlibWidget.py 所在的目录，解决办法是把 MatplotlibWidget.py 文件所在的目录添加到环境变量中，然后重启即可。

9.4.3　MatplotlibWidget 的使用

首先是初始化模型。注意，在初始化过程中隐藏了两个图像，如果想让它们在初始化时就呈现的话，把下面代码中的最后两行注释掉就可以了（见 matplotlib_pyqt.py 文件）。

```
class MainWindow(QMainWindow, Ui_MainWindow):
    def __init__(self, parent=None):
        super(MainWindow, self).__init__(parent)
        self.setupUi(self)
        self.matplotlibwidget_dynamic.setVisible(False)
        self.matplotlibwidget_static.setVisible(False)
```

然后设置按钮的触发操作——使得隐藏的图像可见，并触发对应的绘图函数。

```
@pyqtSlot()
```

```
def on_pushButton_clicked(self):
    """
    Slot documentation goes here.
    """
    self.matplotlibwidget_static.setVisible(True)
    self.matplotlibwidget_static.mpl.start_static_plot()


@pyqtSlot()
def on_pushButton_2_clicked(self):
    """
    Slot documentation goes here.
    """
    self.matplotlibwidget_dynamic.setVisible(True)
    self.matplotlibwidget_dynamic.mpl.start_dynamic_plot()
```

测试程序：

```
if __name__ == "__main__":
    import sys

    app = QApplication(sys.argv)
    ui = MainWindow()
    ui.show()
    sys.exit(app.exec_())
```

结果如图 9-32 所示，可以看到一个是静态图，一个是动态图，和预期的一致。

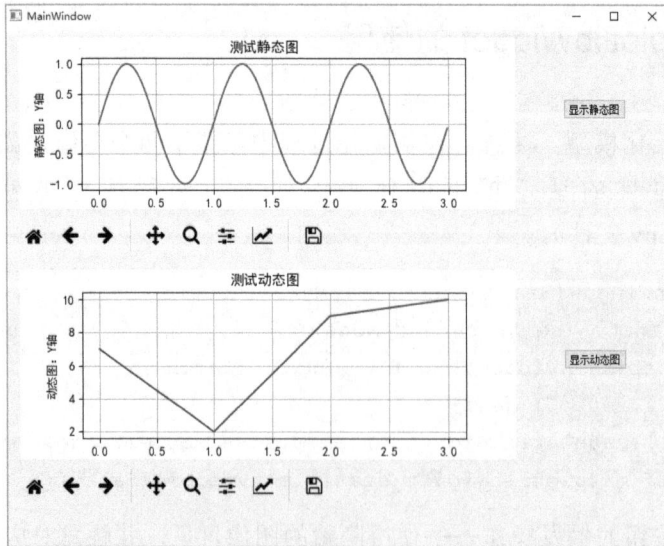

图 9-32

至此，对 Matplotlib 和 PyQt 结合的使用方法就介绍完了。通过上述方法，可以轻松地进行图像绘制，而不必从底层实现 PyQt 的绘图功能。

9.4.4　更多扩展

可以从 http://matplotlib.org/gallery.html 网站获取 Matplotlib 的更多示例（如图 9-33 所示），并根据这些示例代码修改 MyMplCanvas 类，实现 PyQt 与 Matplotlib 更多种类的绘图交互。

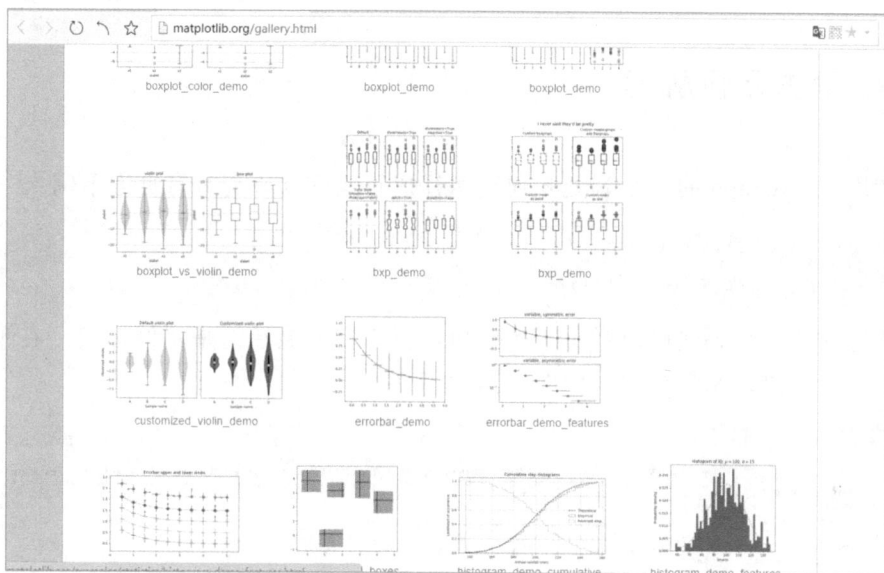

图 9-33

9.5　PyQtGraph在PyQt中的应用

PyQtGraph 是纯 Python 图形 GUI 库，它充分利用 PyQt 和 PySide 的高质量的图形表现水平和 NumPy 的快速的科学计算与处理能力，在数学、科学和工程领域都有广泛的应用。PyQtGraph 是免费的，并且是在 MIT 的开源许可下发布的。PyQtGraph 的主要目标是：

- 为数据、绘图、视频等提供快速、可交互的图形显示。
- 提供快速开发应用的工具。

尽管目前 PyQtGraph 还没有 Matplotlib 成熟，但是 PyQtGraph 比 Matplotlib 要快得多，尤其是在显示时间序列的实时行情图时，Matplotlib 在性能上有些捉襟见肘。这是本书介绍 PyQtGraph 的一个重要原因，另一个重要原因是 PyQtGraph 有自己的特殊应用，如图形交互、参数树、流程图等。由于 PyQtGraph 是基于 PyQt 开发的集成绘图模块，所以使用 PyQtGraph 绘图与通过底层方式来实现 PyQt 的绘图功能在速度上没有太大的区别。

9.5.1　PyQtGraph 的安装

安装 PyQtGraph 最简单的方法就是使用 pip 命令。

```
pip install pyqtgraph
```

9.5.2　官方示例解读

使用 PyQtGraph 的一个好处是通过两行代码就可以看到所有官方示例。

```
import pyqtgraph.examples
pyqtgraph.examples.run()
```

通过这两行代码就可以弹出一个窗口，窗口左侧显示的是示例标题，右侧显示的是对应的代码，非常直观，如图 9-34 所示。

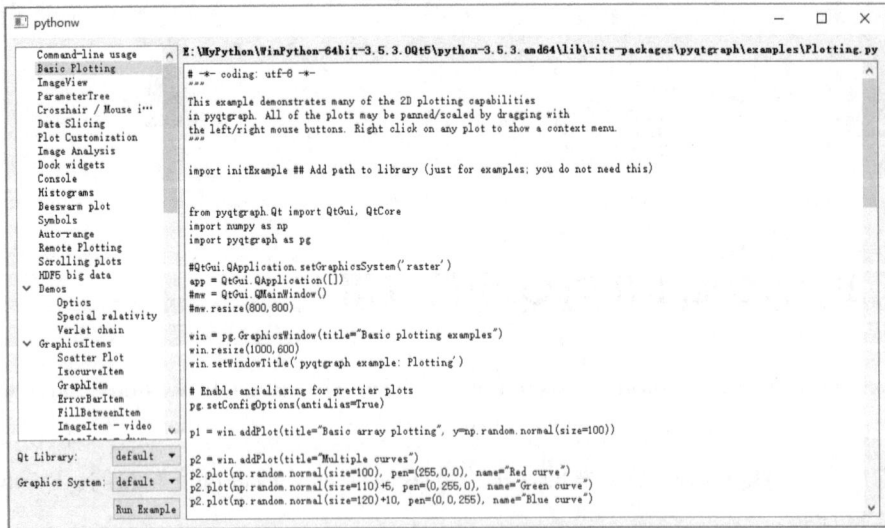

图 9-34

比如单击"Basic Plotting"，然后单击"Run Example"按钮，就会看到一系列优美图像的集合，如图 9-35 所示。

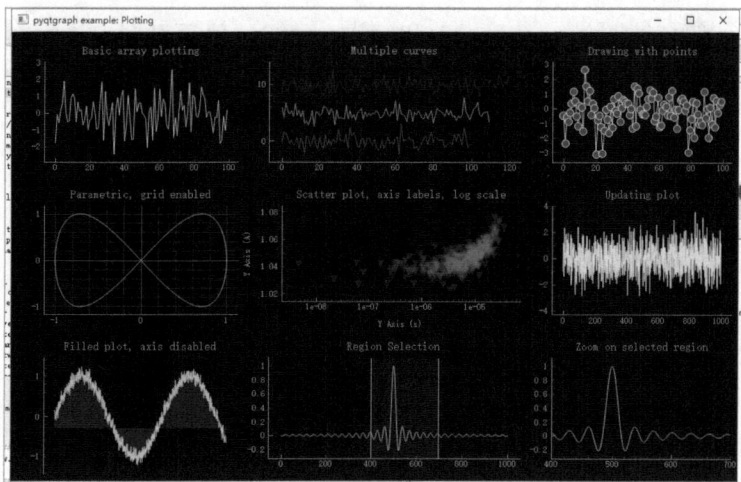

图 9-35

我们以第一个图为例，其核心代码如下：

```
import pyqtgraph as pg
Import numpy as np
win = pg.GraphicsWindow(title="Basic plotting examples")
p1 = win.addPlot(title="Basic array plotting",
y=np.random.normal(size=100))
```

绘图语句非常简洁，又通俗易懂。接下来我们介绍如何结合 Qt Designer 来实现这些代码。

9.5.3 设置提升的窗口控件

和前面所讲的一样，将两个 QWidget 窗口控件拖动到主窗口中，然后对提升的窗口控进行设置，如图 9-36 所示。

图 9-36

将它们分别重命名为 pyqtgraph1 和 pyqtgraph2，然后对窗口进行布局。为减轻阅读负担，这里直接给出运行结果，如图 9-37 所示。

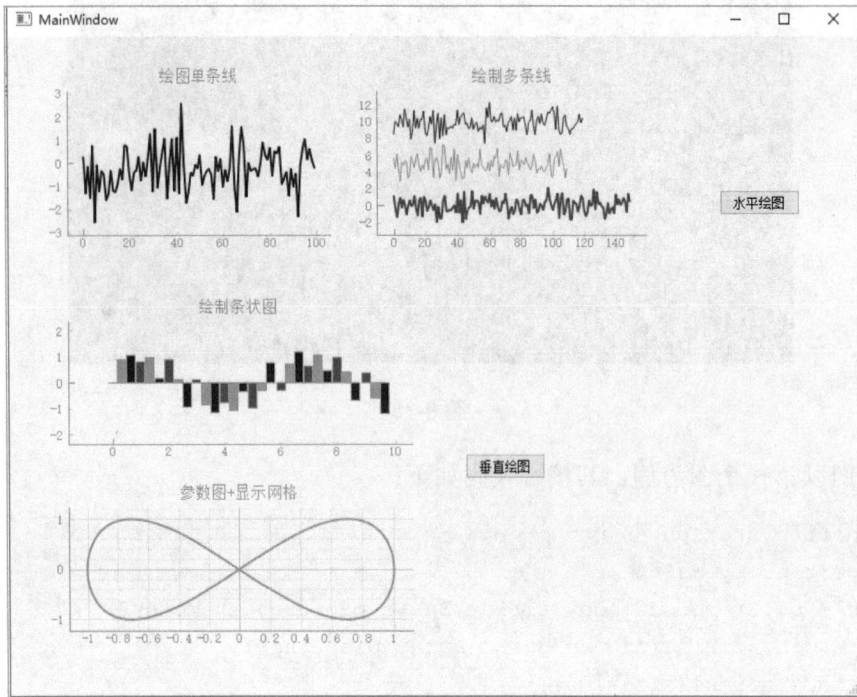

图 9-37

可以看到，图片背景变成和窗口的背景色一样了。接下来会详解其中的设置。

9.5.4　PyQtGraph 的使用

首先对程序进行初始化设置（这部分代码见 pyqtgraph_pyqt.py 文件）。

```
import pyqtgraph as pg
class MainWindow(QMainWindow, Ui_MainWindow):
def __init__(self, parent=None):
super(MainWindow, self).__init__(parent)

        pg.setConfigOption('background', '#f0f0f0')  # 设置背景色为灰色
        pg.setConfigOption('foreground', 'd')  # 设置前景分（包括坐标轴、线
条、文本等）为黑色。
        pg.setConfigOptions(antialias=True) # 使曲线看起来更光滑，而不是呈锯
齿状
        # pg.setConfigOption('antialias',True) # 等价于上一条语句，不同之处
```

在于 setConfigOptions 可以传递多个参数进行多项设置，而 setConfigOption 一次只能接收
一个参数进行一项设置

```
    self.setupUi(self)
```

这里需要详细说明如下两点。

（1）对 pg 的设置要放在主程序初始化设置 self.setupUi(self)之前，否则效果呈
现不出来，因为在 setuiUi()函数中已经按照默认方式设置好了绘图的背景色、文本
颜色、线条颜色等。

（2）关于获取主窗口背景色，有一个简单的方法：在 Qt Designer 的样式编辑器
中随意进入一个颜色设置界面，找到取色器，单击"Pick Screen Color"按钮，对主
窗口取色（这里结果为#f0f0f0），然后把这个结果设置为 PyQtGraph 的背景色即可，
如图 9-38 所示。

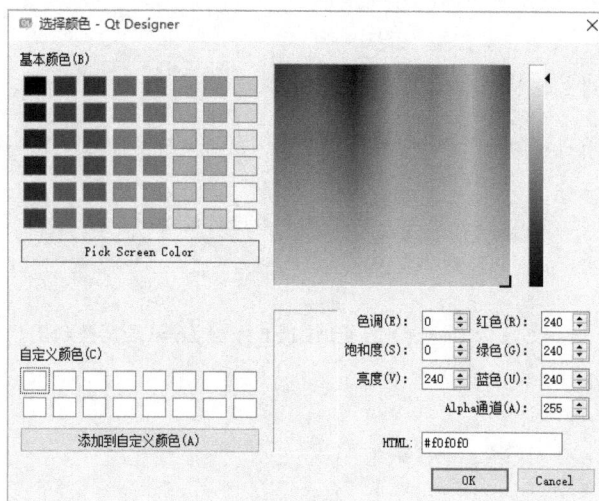

图 9-38

接下来对绘图部分进行介绍。

```
@pyqtSlot()
def on_pushButton_clicked(self):
        self.pyqtgraph1.clear()  # 清空里面的内容，否则会发生重复绘图的结果

        '''第一种绘图方式'''
        self.pyqtgraph1.addPlot(title="绘制单条线",
y=np.random.normal(size=100), pen=pg.mkPen(color='b', width=2))

        '''第二种绘图方式'''
        plt2 = self.pyqtgraph1.addPlot(title='绘制多条线')

        plt2.plot(np.random.normal(size=150), pen=pg.mkPen(color='r',
```

```
width=2), name="Red curve") # pg.mkPen 的使用方法，设置线条颜色为红色，宽度为 2
        plt2.plot(np.random.normal(size=110) + 5, pen=(0, 255, 0),
name="Green curve")
        plt2.plot(np.random.normal(size=120) + 10, pen=(0, 0, 255),
name="Blue curve")
```

第一个按钮要处理的是如何在一行显示两个图。可以看到，PyQtGraph 的绘图方法是非常通俗易懂的，通过 addPlot 函数在水平方向上添加了一个图。

值得说明的是，pg.mkPen 函数是对 Qt 的 QPen 类的简化封装，调用时只需传递几个字典参数就可以了。它的具体使用方法可以参考官方的帮助文档：http://www.pyqtgraph.org/documentation/functions.html#pyqtgraph.mkColor。

```
@pyqtSlot()
def on_pushButton_2_clicked(self):
    """
    Slot documentation goes here.
    """
    '''如果没有进行第一次绘图，就开始绘图，然后做绘图标记，否则就什么都不做'''
    try:
        self.first_plot_flag # 检测是否进行过绘图
    except:

        plt = self.pyqtgraph2.addPlot(title='绘制条状图')
        x = np.arange(10)
        y1 = np.sin(x)
        y2 = 1.1 * np.sin(x + 1)
        y3 = 1.2 * np.sin(x + 2)

        bg1 = pg.BarGraphItem(x=x, height=y1, width=0.3, brush='r')
        bg2 = pg.BarGraphItem(x=x + 0.33, height=y2, width=0.3, brush='g')
        bg3 = pg.BarGraphItem(x=x + 0.66, height=y3, width=0.3, brush='b')

        plt.addItem(bg1)
        plt.addItem(bg2)
        plt.addItem(bg3)

        self.pyqtgraph2.nextRow()

        p4 = self.pyqtgraph2.addPlot(title="参数图+显示网格")
        x = np.cos(np.linspace(0, 2 * np.pi, 1000))
        y = np.sin(np.linspace(0, 4 * np.pi, 1000))
        p4.plot(x, y, pen=pg.mkPen(color='d', width=2))
```

```
        p4.showGrid(x=True, y=True) # 显示网格

        self.first_plot_flag = True # 第一次绘图后进行标记
```

第二个按钮要处理的是如何在一列绘制两个图。关键代码如下：

```
self.pyqtgraph2.nextRow()
```

表示从下一行开始绘图，这在逻辑上是很容易理解的。

注意

这里没有使用 self.pyqtgraph2.clear() 函数，而是使用 try 语句，是因为在垂直方向上进行绘图，使用这个函数会出现问题，具体会出现什么问题读者可以自己去尝试。这个问题应该是官方原因，没有把这个函数处理完善，暂时也找不到其他的能够解决这个问题的函数，因此使用 try 语句是一种无奈的选择。

同时，我们可以看到 PyQtGraph 绘图所使用的数据绝大部分是用 NumPy 生成的，这也从侧面说明了 PyQtGraph 的确是基于 PyQt 和 NumPy 开发的。

本节对使用 PyQtGraph 与 PyQt 结合绘图进行了介绍，虽然例子不多，但是内容却很丰富，读者可以根据需求，轻松地把官方示例快速应用到自己的程序中。

9.5.5　更多扩展

如前所述，运行下面的代码将获取所有官方示例，找到相应的示例代码对本节的例子进行修改，完成扩展。

```
import pyqtgraph.examples
pyqtgraph.examples.run()
```

9.6　Plotly在PyQt中的应用

Plotly 本质上是基于 JavaScript 的图表库，支持不同类型的图表，如地图、箱形图、密度图，以及比较常见的条状图和线形图等。从 2015 年 11 月 17 日开始，Plotly 个人版本可以免费使用了。

Plotly 一经问世就得到了快速发展，特别是开源之后，导致其服务器的发展跟不上用户数量的增长，因此使用在线版本的 Plotly 绘图会有些卡。幸运的是，plotly.js 已经开源，我们可以使用离线版本的 Plotly，不但绘图速度快，而且效果和在线版本没什么不同。因此，本节将以离线版本为例来进行介绍。

除了 Python，Plotly 对 JavaScript、R、MATLAB 也都有很好的支持，而且绘图效果一样，也就是说，它的跨平台性非常强。这也是 Plotly 的优势之一。

本节主要介绍 Plotly 在 PyQt 中的应用，因此不会对 Plotly 的基础知识做过多的介绍，但是会给出一些经典示例（如果你想了解 Plotly 的更多内容，请参考 https://plot.ly/python/）。

9.6.1　Plotly 的安装

安装 Plotly 最简单的方法就是使用 pip 命令。

```
pip install plotly
```

9.6.2　示例解读

在打算把 Plotly 嵌入到 GUI 开发中之前，笔者一直想要在 Plotly 官网中找到相关的线索，遗憾的是，在 Plotly 的帮助文档中并没有找到与 PyQt 结合使用的具体方法。经过笔者的实践，发现可以通过 PyQt 的 QWebEngineView 类封装 Plotly 所生成的绘图结果，从而实现 Plotly 与 PyQt 的交互。

这里使用了 QWebEngineView 类，这个类从 PyQt 5.7 版本才开始引入。引入这个类的最主要原因是在 PyQt 5.6 及以前版本中使用的是 QWebView 类，QWebView 使用的是自己开发维护的 WebKit 内核，这个内核比较陈旧，对 JavaScript 的一些新生事物（如 Plotly）的支持性不好。而 QWebEngineView 使用的是 Chromium 内核，利用 Chrome 浏览器的优势可以完美解决其兼容性问题。但是 QWebEngineView 有一个比较大的缺点，就是启动速度比较慢，相信在日后的发展中，PyQt 团队会慢慢解决这个问题。

需要提醒的是，这里的示例使用的是 PyQt 5.7 及以后版本，9.6.6 节 "Plotly 与 PyQt 5.6 的结合" 会给出使用 PyQt 5.6 及以前版本与 Plotly 进行间接交互的方法，不过其支持的图表会有限制。

QWebEngineView 与 Plotly 交互非常简单，本例文件名为 PyQt5/Chapter09/demo_plotly_pyqt.py，详细代码如下：

```
# -*- coding: utf-8 -*-

"""
Module implementing MainWindow.
"""
```

```
from PyQt5.QtCore import *
from PyQt5.QtGui import *
from PyQt5.QtWidgets import *
import sys
from PyQt5.QtWebEngineWidgets import QWebEngineView

class Window(QWidget):
def __init__(self):
        QWidget.__init__(self)
        self.qwebengine = QWebEngineView(self)
self.qwebengine.setGeometry(QRect(50, 20, 1200, 600))
self.qwebengine.load(QUrl.fromLocalFile('\plotly_html\if_hs300_bais.h
tml'))

app = QApplication(sys.argv)
screen = Window()
screen.showMaximized()
sys.exit(app.exec_())
```

其核心代码如下：

```
self.qwebengine = QWebEngineView(self)
self.qwebengine.load(QUrl.fromLocalFile('\plotly_html\if_hs300_bais.h
tml'))
```

表示新建一个 QWebEngineView，以及在 QWebEngineView 中载入文件。

请注意，if_hs300_bais.html 是用 Plotly 生成的 HTML 本地文件。我们会在后面
介绍如何利用代码生成这个文件。我们先看一下程序运行结果，如图 9-39 所示。

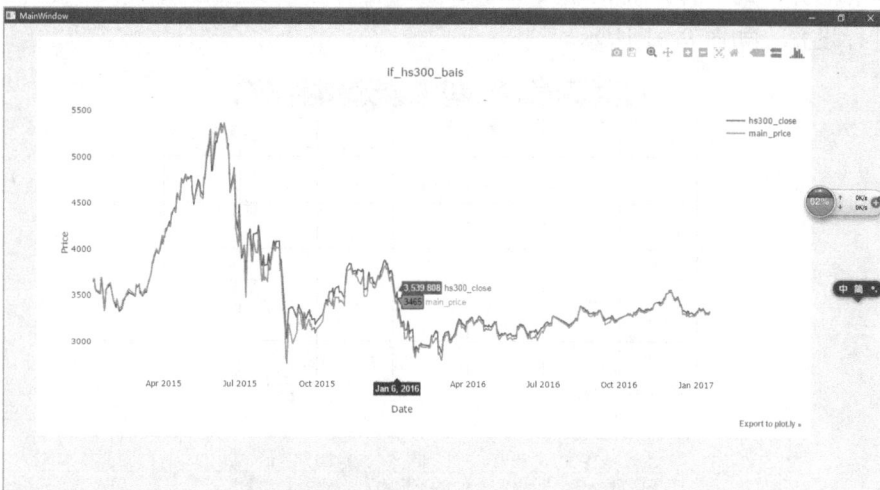

图 9-39

可以看到，这个图非常漂亮，可以动态显示当前时间点的价格。在 Plotly 的绘图结果中也可以找到一些其他好玩的方法，依次单击右上角的几个按钮就可以发现这些方法。此外，若想查看区间图，可以按住鼠标左键向右拖动，如图 9-40 所示。

如果要恢复为初始图的样子，则单击右上角的"autoscale"按钮即可。

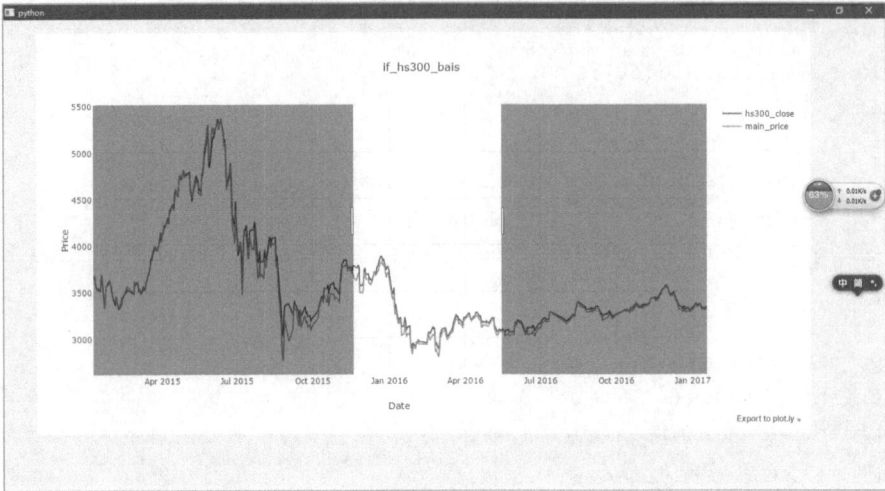

图 9-40

9.6.3 设置提升的窗口控件

由于 Qt Designer 没有直接提供 QWebEngineView 类，所以需要通过提升的窗口控件来间接提供这个类。

和前面介绍的一样，将两个 QWidget 窗口控件拖动到主窗口中，对提升的窗口控件进行设置，如图 9-41 所示。

图 9-41

9.6.4 Plotly_PyQt5 的使用

前面我们已经看到，QWebEngineView 只需接受 Plotly 生成的 HTML 文件路径就可以实现 PyQt 5 与 Plotly 的交互，因此这个示例的主要作用就是通过 Plotly 生成 HTML 本地文件，并返回该 HTML 文件路径（代码见 Plotly_PyQt5.py 文件）。

```python
import pandas as pd
import os
import plotly.offline as pyof
import plotly.graph_objs as go

import numpy as np
import matplotlib.pyplot as plt

class Plotly_PyQt5():
    def __init__(self):
        '''初始化时设置存储 HTML 文件的文件夹名称，默认为 plotly_html'''
        plotly_dir = 'plotly_html'
        if not os.path.isdir(plotly_dir):
            os.mkdir(plotly_dir)

        self.path_dir_plotly_html = os.getcwd() + os.sep + plotly_dir

    def get_plotly_path_if_hs300_bais(self,file_name='if_hs300_bais.html'):
        path_plotly = self.path_dir_plotly_html + os.sep + file_name
        df = pd.read_excel(r'if_index_bais.xlsx')

        '''绘制散点图'''
        line_main_price = go.Scatter(
            x=df.index,
            y=df['main_price'],
            name='main_price',
            connectgaps=True, # 这个参数表示允许连接数据之间的缺失值
        )

        line_hs300_close = go.Scatter(
            x=df.index,
            y=df['hs300_close'],
            name='hs300_close',
            connectgaps=True,
```

```
        )
        data = [line_hs300_close,line_main_price]

        layout = dict(title='if_hs300_bais',
                xaxis=dict(title='Date'),
                yaxis=dict(title='Price'),

        )
        fig = go.Figure(data=data, layout=layout)

        pyof.plot(fig, filename=path_plotly, auto_open=False)
        return path_plotly
```

对于这个示例，需要注意的是：

（1）文件绘图使用的是离线绘图模式，而不是在线绘图模式。因为离线绘图模式的速度非常快，而在线绘图模式由于对方服务器的原因会比较卡。

```
import plotly.offline as pyof
```

（2）禁止自动在浏览器中打开。设置 auto_open 参数为 False。

```
pyof.plot(fig, filename=path_plotly, auto_open=False)
```

（3）绘图完成后将绘图结果保存在本地，通过函数返回保存的路径，然后让 QWebEngineView 调用这个路径就实现了 PyQt 与 Plotly 的交互。

```
return path_plotly
```

对于 PyQt 的主程序，代码如下（见 plotly_pyqt.py 文件）：

```
# -*- coding: utf-8 -*-

"""
Module implementing MainWindow.
"""

from PyQt5.QtCore import pyqtSlot
from PyQt5.QtWidgets import QMainWindow

from Ui_plotly_pyqt import Ui_MainWindow

from PyQt5.QtCore import *
from PyQt5.QtGui import *
from PyQt5.QtWidgets import *
import sys
```

```
from Plotly_PyQt5 import Plotly_PyQt5

class MainWindow(QMainWindow, Ui_MainWindow):
    """
    Class documentation goes here.
    """

    def __init__(self, parent=None):
        """
        Constructor

        @param parent reference to the parent widget
        @type QWidget
        """
        super(MainWindow, self).__init__(parent)
        self.setupUi(self)
        self.plotly_pyqt5 = Plotly_PyQt5()
        self.qwebengine.setGeometry(QRect(50, 20, 1200, 600))
        self.qwebengine.load(QUrl.fromLocalFile(
                self.plotly_pyqt5.get_plotly_path_if_hs300_bais()))

app = QApplication(sys.argv)
win = MainWindow()
win.showMaximized()
app.exec_()
```

其核心代码如下：

```
self.plotly_pyqt5 = Plotly_PyQt5()
self.qwebengine.setGeometry(QRect(50, 20, 1200, 600))
self.qwebengine.load(QUrl.fromLocalFile(self.plotly_pyqt5.get_plotly_
path_if_hs300_bais()))
```

这几行代码的作用类似于前面提到的代码：

```
self.qwebengine.load(QUrl.fromLocalFile('\if_hs300_bais.html'))
```

运行结果如图 9-42 所示，和图 9-39 所示的结果没什么不同。

🌐 **注意**

这里使用很笨的方法，首先从 Plotly 中绘图，把结果保存到本地，然后通过
QWebEngineView 加载这个本地文件。这样就产生了以硬盘写入与读取的问题，
显然会拖慢程序的运行速度。

针对这个问题，笔者也曾经尝试过直接通过 QWebEngineView 来渲染 Plotly 生成的 JavaScript 代码（见 PyQt_plotly_js.py 文件），但是遗憾的是，没有成功，原因是 QWebEngineView 对于太大的 JavaScript 不能很好地支持，这个属于 PyQt5 的 Bug，希望日后这个问题能够完美地解决。所以本章提供的解决方案虽然不是最完美的，但却是目前笔者所知道的最好的方案。

图 9-42

9.6.5　更多扩展

这里仅仅展示了 Plotly 的一个示例，如果你需要了解更多的示例，可以访问 https://plot.ly/python/，如图 9-43 所示。

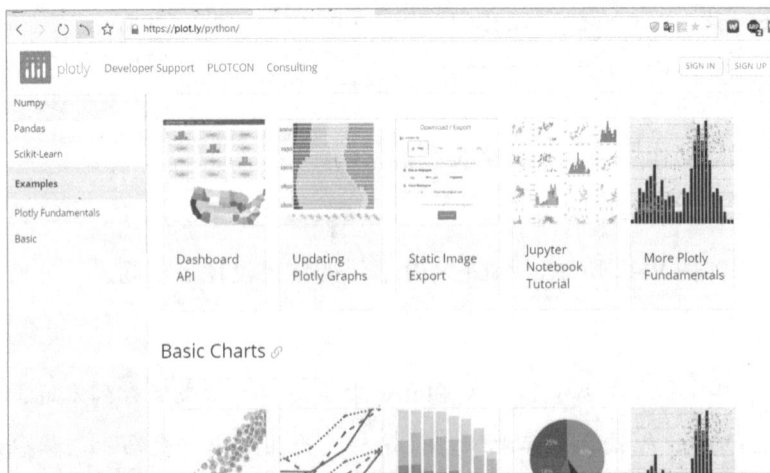

图 9-43

你需要做的仅仅是对相关例子的代码进行修改，并修改 get_plotly_path_if_hs300_bais 函数，使之支持你要实现的绘图结果。就是这么简单。

9.6.6　Plotly 与 PyQt 5.6 的结合

由于 Plotly 所采用的 JavaScript 框架比较新，PyQt 5.6 及以前版本对它的支持性不是很好。笔者经过不断摸索，找到了一种 QWebView 支持 Plotly 的间接方案——就是先用 Matplotlib 进行绘图，然后用 Plotly 渲染结果，最后使之与 QWebView 进行结合。在所有的公开信息中，本书应该是第一个给出这种解决方案的，在这之前还没有见到能够实现 PyQt 5.6 及以前版本与 Plotly 进行交互的案例。

既然这种方案可以解决 PyQt 与 Plotly 进行交互的问题，那么为什么不采用这种方案呢？原因有三点。

（1）这种方案严重依赖 Matplotlib 的图表库，如果有些图表 Matplotlib 无法实现，那么 Plotly 也就无法对其进行渲染了。也就是说，对于一些 Plotly 拥有而 Matplotlib 却没有的图表，该方案无能为力。

（2）这种方案所渲染的 Plotly 图表与 Plotly 的原生图表在外观上有一些不同，Plotly 的原生图表相对比较好看些。

（3）有些自定义的 Matplotlib 图表无法通过 Plotly 进行渲染，笔者曾经对双坐标轴的 Matplotlib 图表进行 Plotly 渲染，但是无论如何都没有结果。可见，使用 Plotly 渲染 Matplotlib 图表的兼容性还有待提高。

接下来介绍如何使用 QWebView 和 Plotly 进行交互。幸运的是，Qt Designer 默认提供了 QWebView 类，所以在此就不用设置提升的窗口控件了。其使用方法如下：

在 Qt Designer 界面左侧的"Display Widgets"导航栏中选中 QWebView 并拖动到主窗口中，结果如图 9-44 所示。

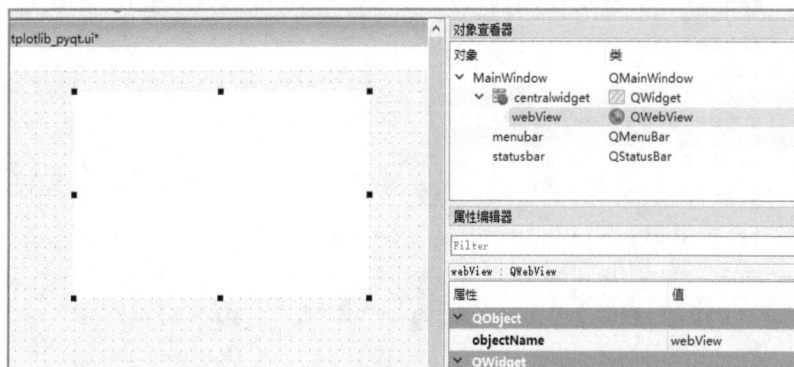

图 9-44

下面给出示例。**特别提示：这个示例需要在 PyQt 5.6 及以前版本中运行，需要读者自行配置相应的 PyQt 环境**（代码见 plotly_matplotlib_pyqt.py 文件）。

```python
# -*- coding: utf-8 -*-

"""
Module implementing MainWindow.
"""

from PyQt5.QtCore import pyqtSlot
from PyQt5.QtWidgets import QMainWindow

from Ui_plotly_matplotlib_pyqt import Ui_MainWindow

from PyQt5.QtCore import *
from PyQt5.QtGui import *
from PyQt5.QtWidgets import *
import sys
from Plotly_PyQt5 import Plotly_PyQt5

class MainWindow(QMainWindow, Ui_MainWindow):
    """
    Class documentation goes here.
    """

    def __init__(self, parent=None):
        """
        Constructor

        @param parent reference to the parent widget
        @type QWidget
        """
        super(MainWindow, self).__init__(parent)
        self.setupUi(self)
        self.plotly_pyqt5 = Plotly_PyQt5()
        self.webView.setGeometry(QRect(50, 20, 1200, 600))
        self.webView.load(QUrl.fromLocalFile
(self.plotly_pyqt5.get_plot_path_matplotlib_plotly()))

app = QApplication(sys.argv)
win = MainWindow()
```

```
win.showMaximized()
app.exec_()
```

其核心代码如下：

```
self.plotly_pyqt5 = Plotly_PyQt5()
self.webView.setGeometry(QRect(50, 20, 1200, 600))
self.webView.load(QUrl.fromLocalFile(self.plotly_pyqt5.get_plot_path_
matplotlib_plotly()))
```

在这里，QWebView 的使用方法和前面介绍的 QWebEngineView 的使用方法一致，把最重要的结果封装到 Plotly_PyQt5 类的 get_plot_path_matplotlib_plotly 函数中。下面看一下这个函数的使用方法。

```
def get_plot_path_matplotlib_plotly(self,
        file_name='matplotlib_plotly.html'):
    path_plotly = self.path_dir_plotly_html + os.sep + file_name

    N = 50
    x = np.random.rand(N)
    y = np.random.rand(N)
    colors = np.random.rand(N)
    area = np.pi * (15 * np.random.rand(N)) ** 2  # 0 to 15 point radii
    scatter_mpl_fig = plt.figure()
    plt.scatter(x, y, s=area, c=colors, alpha=0.5)

    pyof.plot_mpl(scatter_mpl_fig, filename=path_plotly,
        resize=True,auto_open=False)
    return path_plotly
```

需要注意如下几点。

（1）这个示例使用的是 plot_mpl 函数，而不是 plot 函数。plot_mpl 的作用是把 Matplotlib 形式的绘图结果转换成 Plotly 形式的绘图结果。

（2）所传递的第一个参数是 Matplotlib 图表，而不是 Plotly 生成的图表。

（3）resize=True，表示允许 Plotly 重新定义图表的大小，默认为 False。从图 9-45 可以看出，绘图结果的尺寸发生了变化。

可见，我们实现了 Plotly 对 Matplotlib 图表的渲染并且修改了原有图表的大小（默认的 Matplotlib 图表不会有这么大的宽度）。

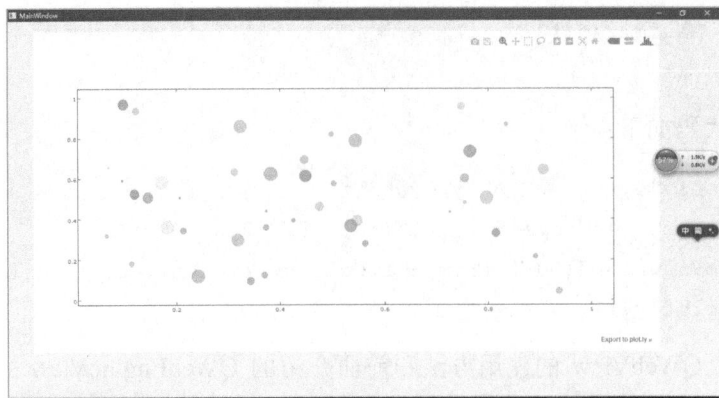

图 9-45

9.6.7 更多扩展

可以从 http://matplotlib.org/gallery.html 网站获取 Matplotlib 的示例（如图 9-46 所示），并修改 get_plot_path_matplotlib_plotly 函数，来间接地实现 PyQt（QWebView）与 Plotly 的交互。

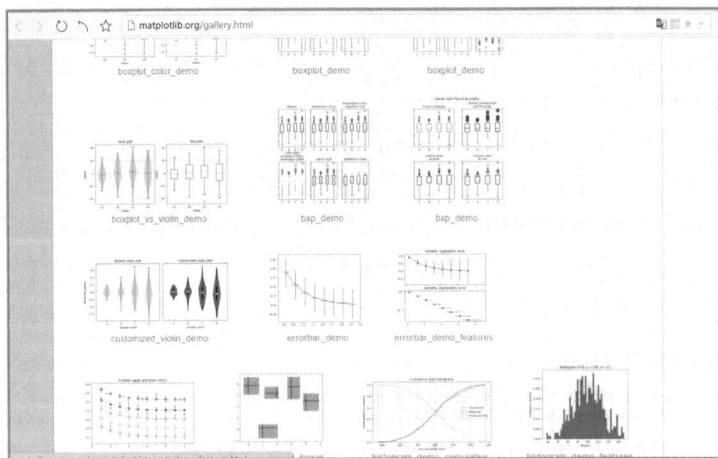

图 9-46

9.7 UI层的自动化测试

一般来说，UI 层的自动化测试是通过工具或编写脚本的方式来模拟手工测试的过程，通过运行脚本来执行测试用例，从而模拟人工对软件的功能进行验证。

PyQt 是 Qt 框架的 Python 语言实现，对于单元测试，Python 可以使用它内部自带的单元测试模块 unittest。对于模拟手工操作，PyQt 可以使用它内部的测试模块 QTest。本节将结合 unittest 和 QTest 模块对 PyQt 5 应用的 UI 窗口进行自动化测试。

注意

> 虽然 Qt C++ API 包含了完整的单元测试框架，但是 PyQt 的 QtTest 模块仅包含 QTest 类，它使用静态方法来模拟按键、鼠标单击和鼠标移动。

9.7.1　手工测试与自动化测试

手工测试是传统、常规的软件测试方法，由测试人员依据设计文档手工编写测试用例，然后执行并记录测试结果。对于手工测试，大部分测试人员再熟悉不过了，例如某个测试用例，是在页面中输入不同的值反复提交一个表单，对查询结果进行测试，然后判断查询数据是否符合业务逻辑。这种测试方法适用于测试用例中输入项比较少的情况，如果需要不断地重复某个测试用例，例如不断地重复验证用户登录系统 10000 次后，是否还能登录系统成功，那么手工测试就会很累，这个时候就需要使用自动化测试来模拟手工登录系统的操作，从而避免重复的劳动。

自动化测试是指利用软件测试工具自动实现全部或者部分测试工作（测试管理、测试用例设计、测试执行和生成测试报告）。自动化测试可节省大量的测试资源，并能够完成一些手工测试无法实现的测试，比如单元测试、统计测试覆盖率等。随着技术的进步，又发展出 UI 层的自动化测试。

UI 层的自动化测试，是自动化测试的一类，是指编写代码、脚本，通过测试框架的驱动，让脚本自动运行，通过 UI 层面的键盘输入和鼠标操作，发现被测系统的缺陷，来代替部分手工测试。它的核心思想是，通过测试框架抓取被测元素对象，保存至对象库，通过脚本的编写以及配置必要的测试数据，在被测系统上进行回放，驱动被测系统完成我们期望的操作，获得最终结果，并将最终结果与预设的期望值进行比对，将比对结果进行报告输出。

综上所述，手工测试和自动化测试的特点总结如下：

（1）手工测试由人手工去执行测试用例；自动化测试由程序代替人去执行测试用例。

（2）手工测试非常消耗时间，持续进行手工测试会使测试人员感到疲惫；自动化测试可以代替一部分机械重复的手工测试。

（3）手工测试永远无法被自动化测试取代。在整个软件开发周期中，手工测试发现 Bug 所占的比例大，大约为 80%；而自动化测试只能发现大约 20% 的 Bug。

（4）手工测试适合测试业务逻辑；自动化测试适合进行回归测试。回归测试用于测试已有功能，而不是新增功能。自动化测试有利于测试项目底层的细节，比如可以测试出软件的崩溃、API 的错误返回值、业务逻辑异常和软件的内存使用等。

由于 PyQt 的 UI 自动化测试用例比较少，因此这里参考了国外网友 John McGehee 编写的测试用例。有兴趣的读者可以查看原文，地址是 http://johnnado.com/pyqt-qtest-example/。John McGehee 使用 QtDesigner 设计了玛格丽特鸡尾酒的调酒器窗口界面，采用的 PyQt 开发版本是 PyQt 4，笔者对他的代码进行了优化，添加了新功能，并使用最新版的 PyQt 5 重写了测试用例。在此向 John McGehee 表示感谢。软件开发就是这样的，"赠人玫瑰，手有余香"，原作者愿意公开源码和思路，后面的开发工程师才可以根据这些资料，在原有的基础上开发出更好的软件。

自动化测试部分的编写要感谢 HP 的自动化测试专家楚建欣，他是中国国内自动化测试方面的专家。4 年前我们一起在 IATA（国际航空运输协会），从无到有搭建了 IATA 内部财务系统的自动化测试项目，使用的是 HP 的自动化测试工具 UFT（Unified Functional Testing）。楚建欣作为自动化项目的技术负责人，承担了大量的自动化工作，虽然整个技术团队只有我们两个人，但他顶着巨大的压力攻克了很多技术难点，无私地教会了笔者很多自动化测试框架的精髓，在此表示感谢。在经过半年多的努力后，IATA 的自动化测试项目也顺利的成功上线。在这个过程中，与楚大哥合作得非常愉快，谨以此篇纪念我们曾经一起战斗过的日子。

在下一节中，将使用 Qt Designer 制作一个模拟调制鸡尾酒的调酒器窗口，然后使用 Python 的 unittest 模块和 PyQt 5 的 QTest 模块对调酒器窗口进行 UI 层的自动化测试。

9.7.2 模拟鸡尾酒的调酒器窗口

现实生活中的调制玛格丽特鸡尾酒的机器如图 9-47 所示。

> 玛格丽特鸡尾酒（Margarita Midori）   图 9-47
>
> 原料：冰块 8 粒、Ei Charro Anejo 龙舌兰酒 20 毫升、Midori 10 毫升、新鲜柠檬汁 20 毫升、Triple Sec 20 毫升、细盐少许。
>
> 做法：将龙舌兰酒、新鲜柠檬汁、Midori 和 Triple Sec 倒入摇酒壶中，加入一些冰块，摇匀后滤入挂有盐霜的酒杯中，并在泡沫上撒少许细盐。

按照调酒方法将龙舌兰酒、新鲜柠檬汁和冰块装入量酒器（jigger）中，就可以根据量酒器的体积（升）推算出可以调制出来的鸡尾酒的体积（升）了。因为不同液体的密度是不一样的，在本例中，一个量酒器可以容纳 0.0444 升的鸡尾酒。

一个量酒器只能调配出一杯鸡尾酒，而调酒器一次可以调制出多杯鸡尾酒。

如图 9-48 和图 9-49 所示分别是在生活中使用的量酒器和玛格丽特鸡尾酒的成品，读者可以很快明白量酒器和鸡尾酒的体积关系。

图 9-48

图 9-49

PyQt Qtest 自动化测试例子中各个文件说明如下。

- MargaritaMixer.ui，Qt Designer 的 XML 输出，用于描述 GUI 对话框设计。
- MargaritaMixer.py，用于描述 GUI 对话框设计的 Python 源代码文件，可以使用如下命令来创建窗口的.py 文件。

```
pyuic5 -o MatrixWinUi.py MatrixWinUi.ui
```

- CallMatrixWinUi.py，包含了实例化 GUI 对话框并处理结果的类。
- MatrixWinTest.py，自动化单元测试。
- RunTestCase.py，进行自动化测试，生成测试报告。

以上文件都保存在 PyQt5/Chapter03/testCase 目录下。读者可以按照自己的想法进行修改，测试代码的覆盖率越高，软件的质量就越好。所以编写完软件后，不要怕麻烦，一定要编写测试代码，在本例中编写了自动化测试代码，使用测试代码来模拟人工执行测试用例，提高了代码测试的覆盖率，并且执行完测试用例后会自动生成测试报告。

对于这个例子，使用 Qt Designer 来设计鸡尾酒调酒器窗口，如图 9-50 和图 9-51所示。该窗口文件名为 MatrixWinUi.ui，保存在 PyQt5/Chapter03/testCase 目录下。

图 9-50

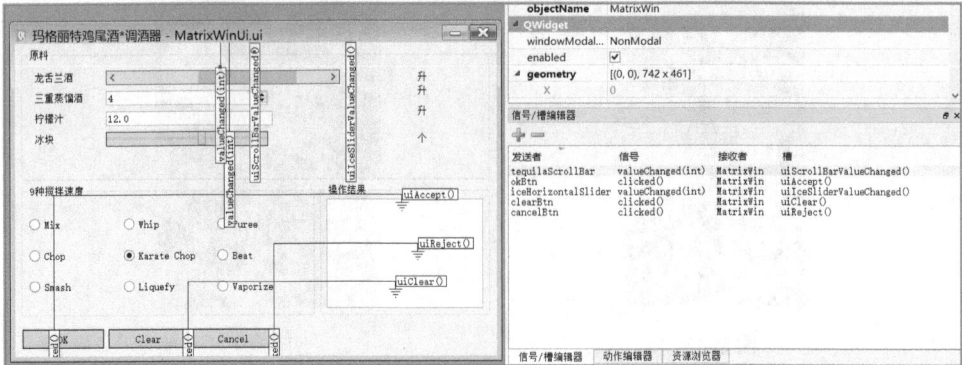

图 9-51

在窗口上部，指定各原料的量酒器容量（一个量酒器为 0.0444 升）。在"9 种搅拌速度"部分，选择搅拌速度。选定原料量和搅拌速度后，单击"Ok"按钮，就会模拟真实机器调制鸡尾酒了，并把结果显示在窗口的"操作结果"部分。单击"Clear"按钮，会清空"操作结果"部分的提示。单击"Cancel"按钮，会关闭调酒器窗口。

这里对窗口中的控件进行简要说明，如表 9-6 所示。

表 9-6

控件类型	控件名称	作　用
QScrollBar	tequilaScrollBar	显示龙舌兰酒的滑动条，连接 uiScrollBarValueChanged 函数的绑定。触发控件信号 valueChanged 的发射
QLabel	selScrollBarLbl	显示选择导入的龙舌兰酒的当前值
QSpinBox	tripleSecSpinBox	显示三重蒸馏酒的文本框
QLineEdit	limeJuiceLineEdit	显示柠檬汁的文本框
QSlider	iceHorizontalSlider	显示冰块的滑动条，连接 uiIceSliderValueChanged 函数的绑定。触发控件信号 valueChanged 的发射
QRadioButton	SpeedButton1	显示搅拌速度的单选钮，速度为 Mix
QRadioButton	SpeedButton2	显示搅拌速度的单选钮，速度为 Whip
QRadioButton	SpeedButton3	显示搅拌速度的单选钮，速度为 Puree
QRadioButton	SpeedButton4	显示搅拌速度的单选钮，速度为 Chop
QRadioButton	SpeedButton5	显示搅拌速度的单选钮，速度为 Karate Chop
QRadioButton	SpeedButton6	显示搅拌速度的单选钮，速度为 Beat
QRadioButton	SpeedButton7	显示搅拌速度的单选钮，速度为 Smash
QRadioButton	SpeedButton8	显示搅拌速度的单选，速度为 Liquefy
QRadioButton	SpeedButton9	显示搅拌速度的单选钮，速度为 Vaporize
QPushButton	okBtn	单击"OK"按钮，连接 uiAccept 函数的绑定。触发控件信号 clicked 的发射
QPushButton	clearBtn	单击"Clear"按钮，连接 uiClear 函数的绑定。触发控件信号 clicked 的发射
QPushButton	cancelBtn	单击"Cancel"按钮，连接 uiReject 函数的绑定。触发控件信号 clicked 的发射
QTextEdit	resultText	显示所调制的鸡尾酒的配置结果和搅拌速度

这里对在信号/槽编辑器中定义的信号和槽进行简要说明，如表 9-7 所示。

表 9-7

发 射 者	信　　号	槽	作　　用
tequilaScrollBar	valueChanged(int)	uiScrollBarValueChanged()	当改变导入龙舌兰酒的滑动条时，发射这个信号
okBtn	clicked()	uiAccept()	当单击"OK"按钮时，发射这个信号
iceHorizontalSlider	valueChanged(int)	uiIceSliderValueChanged()	当用户改变冰块滑块时，发射这个信号
clearBtn	clicked()	uiClear()	当用户单击"Clear"按钮时，发射这个信号
cancelBtn	clicked()	uiReject()	当用户单击"Cancel"按钮时，发射这个信号

9.7.2　将界面文件转换为 Python 文件

需要使用如下命令把 MatrixWinUi.ui 文件转换为 MatrixWinUi.py 文件。如果命令执行成功，在 MatrixWinUi.ui 的同级目录下就会生成一个同名的.py 文件。

```
pyuic5 -o MatrixWinUi.py MatrixWinUi.ui
```

为了节省篇幅，请读者自行查看 PyQt5/Chapter03/testCase/MatrixWinUi.py 文件。

为了实现调用代码与界面的分离，需要新建一个文件 CallMatrixWinUi.py，直接继承界面类和主窗口类。使用 Qt Designer 生成窗口文件 MatrixWinUi.ui 后，还需要使用 pyuic5 命令将它转换成.py 文件，然后在调用主窗口的类中重新加载它就可以了。CallMatrixWinUi.py 文件保存在 PyQt5/Chapter03/mainWin 目录下，其完整代码如下：

```python
import sys
from PyQt5.QtWidgets import *
from MatrixWinUi import *


class CallMatrixWinUi(QWidget ):
    def __init__(self, parent=None):
        super(CallMatrixWinUi, self).__init__(parent)
        self.ui = Ui_MatrixWin()
        self.ui.setupUi(self)
        self.initUi()

    # 初始化窗口
    def initUi(self):
        scrollVal = self.ui.tequilaScrollBar.value()
        self.ui.selScrollBarLbl.setText( str(scrollVal) )
        sliderVal = self.ui.iceHorizontalSlider.value()
```

```
        self.ui.selIceSliderLbl.setText( str(sliderVal) )

    # 获得一个量酒器的重量，单位：克
    def getJiggers(self):
        # 返回玛格丽特鸡尾酒的总容量，以 jigger 量酒器为单位
        # 一个量酒器可以容纳 0.0444 升的酒
        jiggersTequila = self.ui.tequilaScrollBar.value()
        jiggersTripleSec = self.ui.tripleSecSpinBox.value()
        jiggersLimeJuice = float(self.ui.limeJuiceLineEdit.text())
        jiggersIce = self.ui.iceHorizontalSlider.value()
        return jiggersTequila + jiggersTripleSec + jiggersLimeJuice +
jiggersIce

    # 获得一个量酒器的体积，单位：升
    def getLiters(self):
        '''返回鸡尾酒的总容量(升)'''
        return 0.0444 * self.getJiggers()

    # 获得搅拌速度
    def getSpeedName(self):
        speedButton = self.ui.speedButtonGroup.checkedButton()
        if speedButton is None:
            return None
        return speedButton.text()

    # 单击“OK”按钮后，把响应的结果显示在 resultText 文本框里
    def uiAccept(self):
        print('* CallMatrixWinUi accept ')
        print('The volume of drinks is {0} liters ({1}
jiggers).'.format(self.getLiters() , self.getJiggers() ))
        print('The blender is running at speed
"{0}"'.format(self.getSpeedName() ))
        msg1 = '饮料量为：{0} 升 ({1} 个量酒器)。
'.format(self.getLiters() , self.getJiggers() )
        msg2 = '调酒器的搅拌速度是："{0}"。'.format(self.getSpeedName() )
        self.ui.resultText.clear()
        self.ui.resultText.append(msg1)
        self.ui.resultText.append(msg2)

    # 单击“Cancel”按钮，关闭窗口
    def uiReject(self):
        print('* CallMatrixWinUi reject ')
```

```
        '''Cancel.'''
        self.close()


    # 单击 "Clear" 按钮, 清空操作结果
    def uiClear(self):
        print('* CallMatrixWinUi uiClear ')
        self.ui.resultText.clear()


    def uiScrollBarValueChanged(self):
        print('* uiScrollBarValueChanged ---------')
        pos = self.ui.tequilaScrollBar.value()
        self.ui.selScrollBarLbl.setText( str(pos) )


    def uiIceSliderValueChanged( self):
        print('* uiIceSliderValueChanged ---------')
        pos = self.ui.iceHorizontalSlider.value()
        self.ui.selIceSliderLbl.setText( str(pos) )


if __name__=="__main__":
    app = QApplication(sys.argv)
    demo = CallMatrixWinUi()
    demo.show()
    sys.exit(app.exec_())
```

运行脚本，显示效果如图 9-52 所示。

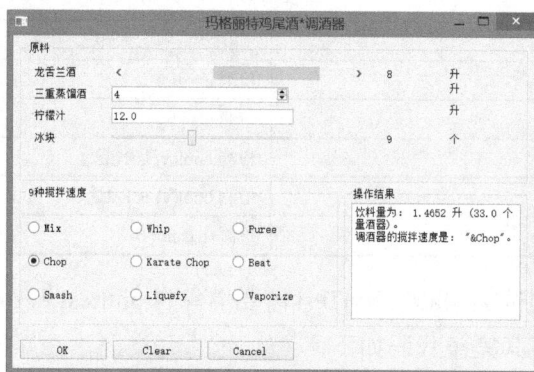

图 9-52

9.7.3　单元测试程序

接下来要对窗口类 CallMatrixWinUi 编写单元测试程序。针对这个窗口编写单元

测试类 MatrixWinTest.py。本例文件名为 PyQt5/Chapter03/testCase/CallMatrixWinUi. py，由于代码比较多，下面一步步进行介绍。

1．编写单元测试类

编写单元测试类 MatrixWinTest 使用的是标准 Python 中的 unittest 模块，它是 Python 内部自带的一个单元测试模块。

（1）首先导入 unittest 模块。

```
import unittest
```

（2）定义一个继承自 unittest.TestCase 的测试用例类 MatrixWinTest。

（3）定义 setUp()和 tearDown()，在每个测试用例的前后做一些辅助工作。使用 setUp()方法调用测试类之前的初始化工作；使用 tearDown()方法调用测试类之后的清理工作。

（4）定义测试用例，名字以 test 开头，比如 test_moveScrollBar() 和 test_tripleSecSpinBox()。

（5）一个测试用例应该只测试一个方面，测试目的和测试内容很明确，主要是调用 assertEqual、assertRaises 等断言方法判断程序执行结果和预期值是否相符。如果测试未通过，则会输出相应的错误提示。

（6）调用 unittest.main()启动测试。

常用的断言方法如表 9-8 所示。

表 9-8

断言方法	说　　明
assertEqual(a, b)	检测 a==b
assertNotEqual(a,b)	检测 a!==b
assertTrue(x)	检测 bool(x) is True
assertFalse(x)	检测 bool(y) is False
assertIsNot(a, b)	检测 a is not b

所编写的单元测试类 MatrixWinTest 需要继承自 unittest.TestCase 类，通过 unittest 模块编写测试业务，其完整代码如下：

```
class MatrixWinTest(unittest.TestCase):
    # 初始化工作
    def setUp(self):
        print('*** setUp ***')
        self.app = QApplication(sys.argv)
        self.form = CallMatrixWinUi.CallMatrixWinUi()
        self.form.show()
```

```
# 退出清理工作
def tearDown(self):
    print('*** tearDown ***')
    self.app.exec_()
```

2．定时关闭窗口

运行完 PyQt 的测试用例后，所生成的测试用例窗口是不会主动消失的，因为 PyQt 使用的是事件主循环机制，当应用启动后，主循环接收事件消息并将其分发给程序的各个控件。如果调用 exit()或主控件被销毁，主循环就会结束。使用 sys.exit() 方法退出可以确保程序完整地结束。所以如果用户不主动关闭窗口，窗口是不会消失的。为了方便测试，可以编写一个线程类，定时关闭所生成的测试用例窗口。

编写一个线程类 BackWorkThread，它继承自 PyQt 的 QThread 类，定时从后台关闭所生成的测试用例窗口。

```
# 继承自 QThread 类
class BackWorkThread(QThread):
    # 声明一个信号，同时返回一个 str
    finishSignal = pyqtSignal(str)
    # 在构造函数中增加形参
    def __init__(self, sleepTime,parent=None):
        super(BackWorkThread, self).__init__(parent)
        # 存储参数
        self.sleepTime = sleepTime


    # 重写 run()函数，在里面定时执行业务
    def run(self):
        # 休眠一段时间
        time.sleep(self.sleepTime)
        # 休眠结束，发送一个信号告诉主线程窗口
        self.finishSignal.emit('ok , begin to close Window')
```

现在对单元测试类 MatrixWinTest 进行优化，在单元测试类的初始化函数 setUp() 中，新建 BackWorkThread 线程对象传入时间参数，每 5 秒就关闭一个测试用例。优化后的单元测试类 MatrixWinTest 的代码如下：

```
class MatrixWinTest(unittest.TestCase):
    # 初始化工作
    def setUp(self):
        print('*** setUp ***')
        self.app = QApplication(sys.argv)
        self.form = CallMatrixWinUi.CallMatrixWinUi()
```

```
    self.form.show()

    # 新建线程对象，传入参数，每 5 秒关闭一个测试用例
    self.bkThread = BackWorkThread(int( 5 ))
    # 连接子进程的信号和槽函数
    self.bkThread.finishSignal.connect(self.closeWindow)
    #self.bkThread.finishSignal.connect(self.app.exec_)

    # 启动线程，开始执行 run()函数中的内容
    self.bkThread.start()


# 退出清理工作
def tearDown(self):
    print('*** tearDown ***')
    self.app.exec_()
```

3. 测试调酒器窗口的默认值

测试设置"原料"部分每一个控件的默认值，以及"9 种搅拌速度"部分的单选钮（QRadioButton），当全部控件默认设置完毕后单击"OK"按钮，把结果显示在"操作结果"部分。

```
    # 测试用例——在默认状态下测试 GUI
    def test_defaults(self):
        '''测试 GUI 处于默认状态'''
        print('*** testCase test_defaults begin ***')
        self.form.setWindowTitle('开始测试用例 test_defaults ')

        self.assertEqual(self.form.ui.tequilaScrollBar.value(), 8)
        self.assertEqual(self.form.ui.tripleSecSpinBox.value(), 4)
        self.assertEqual(self.form.ui.limeJuiceLineEdit.text(),"12.0")
        self.assertEqual(self.form.ui.iceHorizontalSlider.value(),12)
        self.assertEqual(self.form.ui.speedButtonGroup.
checkedButton().text(),"&Karate Chop")
        print('*** speedName='+ self.form.getSpeedName() )

        # 用鼠标左键单击"OK"按钮
        okWidget = self.form.ui.okBtn
        QTest.mouseClick(okWidget, Qt.LeftButton)

        #测试窗口在默认状态下，各控件的默认值是否与预期值一样
        self.assertEqual(self.form.getJiggers() , 36.0)
        self.assertEqual(self.form.getSpeedName(), "&Karate Chop")
```

```
print('*** testCase test_defaults end ***')
```

注意

在测试例子中，QTest.mouseClick()用于实际单击"OK"按钮。

运行测试用例，显示的窗口如图 9-53 所示。

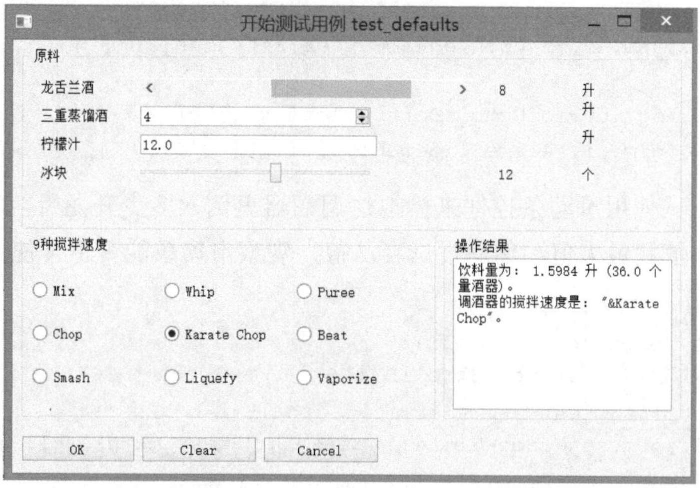

图 9-53

4．测试 PyQt 的 QScrollBar

在运行测试用例前，将窗口中原料对应的所有控件中的所有成分数值设置为 0，将待测试控件的成分设置为非零值（12 或-1）。比如将龙舌兰酒对应的滑动条控件的值超过它的合法范围，设置为 12，而在 UI 文件中实际它的最大值为 11、最小值为 0，查看窗口是否能正常运行，如图 9-54 所示。

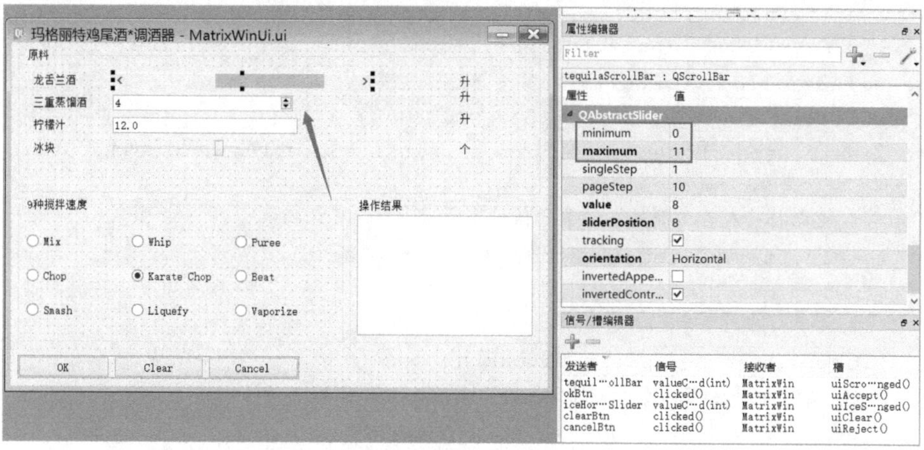

图 9-54

为方便起见，setFormToZero()将所有控件的值都设置为 0。

```python
# 设置窗口中所有控件的值为 0，状态设置为初始状态。
def setFormToZero(self):
    print('* setFormToZero *')
    self.form.ui.tequilaScrollBar.setValue(0)
    self.form.ui.tripleSecSpinBox.setValue(0)
    self.form.ui.limeJuiceLineEdit.setText("0.0")
    self.form.ui.iceHorizontalSlider.setValue(0)

    self.form.ui.selScrollBarLbl.setText("0")
    self.form.ui.selIceSliderLbl.setText("0")
```

接下来测试使用滑动条控件来模拟往调酒器里倒入多少升龙舌兰酒。测试设置滑动条的最小值和最大值，然后尝试合法值，观察滑动条能否正常使用。

```python
# 测试用例——测试滑动条
def test_moveScrollBar(self):
    '''测试用例 test_moveScrollBar'''
    print('*** testCase test_moveScrollBar begin ***')
    self.form.setWindowTitle('开始测试用例 test_moveScrollBar ')
    self.setFormToZero()

    # 测试将龙舌兰酒的滑动条的值设置为 12，在 UI 中实际它的最大值为 11
    self.form.ui.tequilaScrollBar.setValue( 12 )
    print('* 当执行 self.form.ui.tequilaScrollBar.setValue(12) 后,
ui.tequilaScrollBar.value() => ' +
str( self.form.ui.tequilaScrollBar.value() ) )
    self.assertEqual(self.form.ui.tequilaScrollBar.value(), 11 )

    # 测试将龙舌兰酒的滑动条的值设置为 -1，在 UI 中实际它的最小值为 0
    self.form.ui.tequilaScrollBar.setValue(-1)
    print('* 当执行 self.form.ui.tequilaScrollBar.setValue(-1) 后,
ui.tequilaScrollBar.value() => ' +
str( self.form.ui.tequilaScrollBar.value() ) )
    self.assertEqual(self.form.ui.tequilaScrollBar.value(), 0)

    # 重新将将龙舌兰酒的滑动条的值设定置 5
    self.form.ui.tequilaScrollBar.setValue(5)

    # 用鼠标左键单击 "OK" 按钮
    okWidget = self.form.ui.okBtn
    QTest.mouseClick(okWidget, Qt.LeftButton)
    self.assertEqual(self.form.getJiggers() , 5)
    print('*** testCase test_moveScrollBar end ***')
```

运行测试用例，显示的窗口如图 9-55 所示。

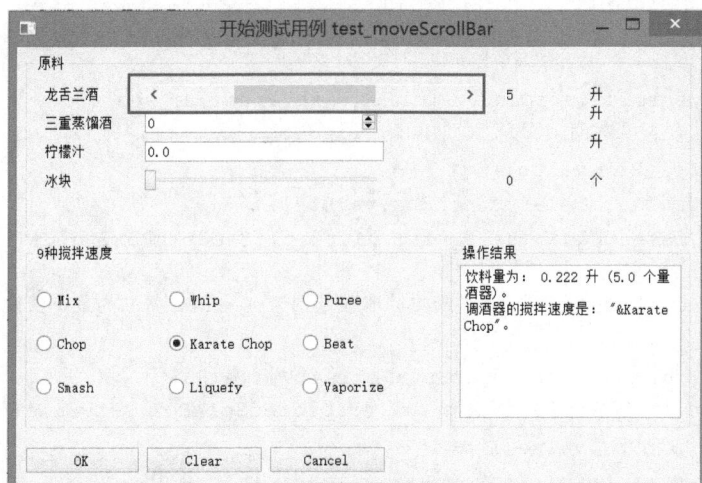

图 9-55

5．测试 PyQt 的 QSpinBox

将三重蒸馏酒对应的计数器控件（QSpinBox）的数值设置为非零值（12 或-1），在 UI 文件中计数器控件的最大值为 11、最小值为 0，通过测试用例设置控件的最小值和最大值，然后尝试设置合法值，最后验证结果，如图 9-56 所示。

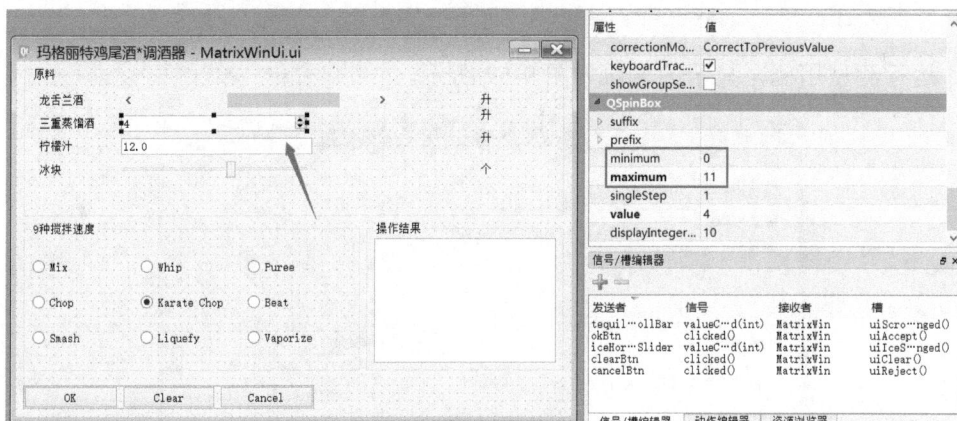

图 9-56

```
# 测试用例——测试计数器控件(QSpinBox)
def test_tripleSecSpinBox(self):
    '''测试用例 test_tripleSecSpinBox '''
    print('*** testCase test_tripleSecSpinBox begin ***')
    self.form.setWindowTitle('开始测试用例 test_tripleSecSpinBox ')
    '''测试修改计数器控件(QSpinBox)的最大值、最小值
        测试它的最小值和最大值作为读者的练习
```

```
                '''
        self.setFormToZero()
        # tripleSecSpinBox 在界面中的取值范围为 0~11，将它的最大值设置为 12，看是
否显示正常
        self.form.ui.tripleSecSpinBox.setValue(12)
        print('* 当执行 self.form.ui.tripleSecSpinBox.setValue(12) 后，
ui.tripleSecSpinBox.value() => ' +
str( self.form.ui.tripleSecSpinBox.value() ) )
        self.assertEqual(self.form.ui.tripleSecSpinBox.value(), 11 )

        # tripleSecSpinBox 在界面中的取值范围为 0~11，将它的最小值设置为 -1，看是
否显示正常
        self.form.ui.tripleSecSpinBox.setValue(-1)
        print('* 当执行 self.form.ui.tripleSecSpinBox.setValue(-1) 后，
ui.tripleSecSpinBox.value() => ' +
str( self.form.ui.tripleSecSpinBox.value() ) )
        self.assertEqual(self.form.ui.tripleSecSpinBox.value(), 0 )

        self.form.ui.tripleSecSpinBox.setValue(2)

        # 用鼠标左键单击 "OK" 按钮
        okWidget = self.form.ui.okBtn
        QTest.mouseClick(okWidget, Qt.LeftButton)
        self.assertEqual(self.form.getJiggers(), 2)
        print('*** testCase test_tripleSecSpinBox end ***')
```

运行测试用例，显示的窗口如图 9-57 所示。

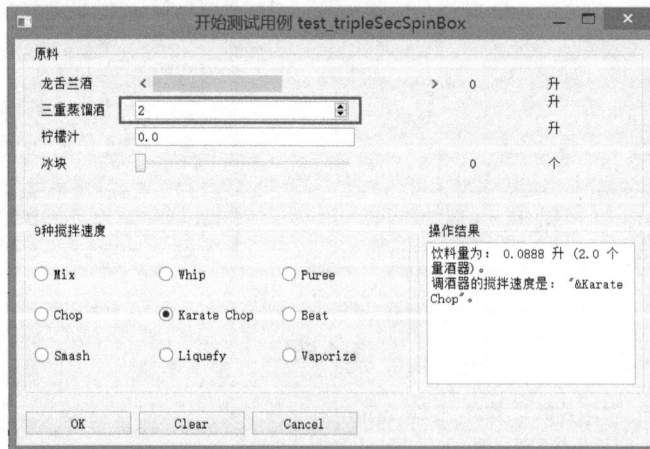

图 9-57

6. 测试 PyQt 的 QLineEdit

使用 QTest.keyClicks()实际输入一个字符串到 limeJuiceLineEdit 文本框控件中，

在本例中是将字符串 "3.5" 输入到 limeJuiceLineEdit 文本框控件中。这里使用
QTest.keyClicks()，是因为本文强调 QtTest。如果使用 QLineEdit.setText() 直接设置控
件文本，测试结果也是一样的。

```python
# 测试用例——测试柠檬汁单行文本框
def test_limeJuiceLineEdit(self):
    '''测试用例 test_limeJuiceLineEdit '''
    print('*** testCase test_limeJuiceLineEdit begin ***')
    self.form.setWindowTitle('开始测试用例 test_limeJuiceLineEdit ')

    '''测试修改 lineEdit 文本框控件的最大值、最小值
    测试它的最小值和最大值作为读者的练习
    '''
    self.setFormToZero()
    # 清除 lineEdit 文本框控件值，然后在 lineEdit 文本框控件中输入 "3.5"
    self.form.ui.limeJuiceLineEdit.clear()
    QTest.keyClicks(self.form.ui.limeJuiceLineEdit, "3.5")

    # 用鼠标左键单击 "OK" 按钮
    okWidget = self.form.ui.okBtn
    QTest.mouseClick(okWidget, Qt.LeftButton)
    self.assertEqual(self.form.getJiggers() , 3.5)
    print('*** testCase test_limeJuiceLineEdit end ***')
```

运行测试用例，显示的窗口如图 9-58 所示。

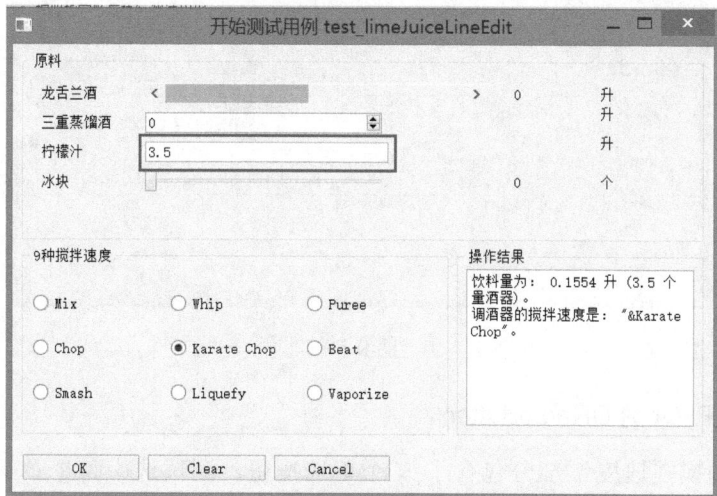

图 9-58

7. 测试 PyQt 的 QSlider

测试冰块滑动条控件，其核心代码如下：

```
# 测试用例——测试 iceHorizontalSlider
def test_iceHorizontalSlider(self):
    '''测试用例 test_iceHorizontalSlider '''
    print('*** testCase test_iceHorizontalSlider begin ***')
    self.form.setWindowTitle('开始测试用例 test_iceHorizontalSlider ')

    '''测试冰块滑动条控件
    测试它的最小值和最大值作为读者的练习
    '''
    self.setFormToZero()
    self.form.ui.iceHorizontalSlider.setValue(4)

    # 用鼠标左键单击"OK"按钮
    okWidget = self.form.ui.okBtn
    QTest.mouseClick(okWidget, Qt.LeftButton)
    self.assertEqual(self.form.getJiggers(), 4)
    print('*** testCase test_iceHorizontalSlider end ***')
```

运行测试用例，显示的窗口如图 9-59 所示。

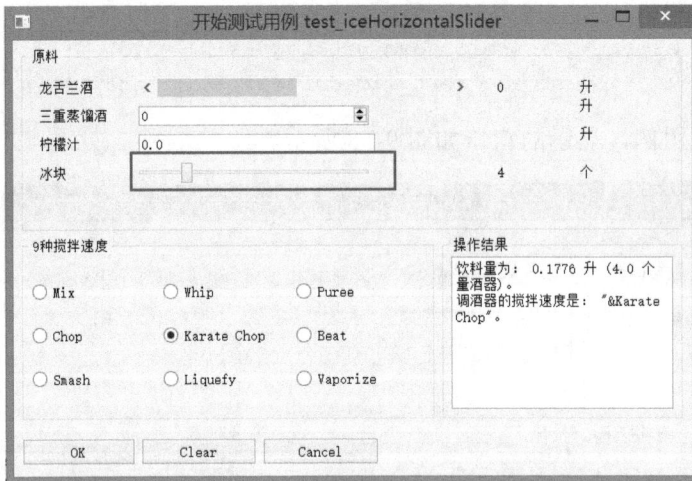

图 9-59

8. 测试 PyQt 的 QRadioButton

在"9 种搅拌速度"部分包含了 9 个单选按钮，测试选中每个单选按钮，取得的值是否和单选按钮的文本一致。比如搅拌速度的文本显示的是'&Mix'，则意味着按住"Alt 键+M"快捷键，可以快速定位到"Mix"单选按钮。

```
# 测试用例——测试搅拌速度单选按钮
def test_blenderSpeedButtons(self):
```

```
print('*** testCase test_blenderSpeedButtons begin ***')
self.form.ui.speedButton1.click()
self.assertEqual(self.form.getSpeedName(), "&Mix")
self.form.ui.speedButton2.click()
self.assertEqual(self.form.getSpeedName(), "&Whip")
self.form.ui.speedButton3.click()
self.assertEqual(self.form.getSpeedName(), "&Puree")
self.form.ui.speedButton4.click()
self.assertEqual(self.form.getSpeedName(), "&Chop")
self.form.ui.speedButton5.click()
self.assertEqual(self.form.getSpeedName(), "&Karate Chop")
self.form.ui.speedButton6.click()
self.assertEqual(self.form.getSpeedName(), "&Beat")
self.form.ui.speedButton7.click()
self.assertEqual(self.form.getSpeedName(), "&Smash")
self.form.ui.speedButton8.click()
self.assertEqual(self.form.getSpeedName(), "&Liquefy")
self.form.ui.speedButton9.click()
self.assertEqual(self.form.getSpeedName(), "&Vaporize")
print('*** testCase test_blenderSpeedButtons end ***')
```

运行测试用例，显示的窗口如图 9-60 所示。

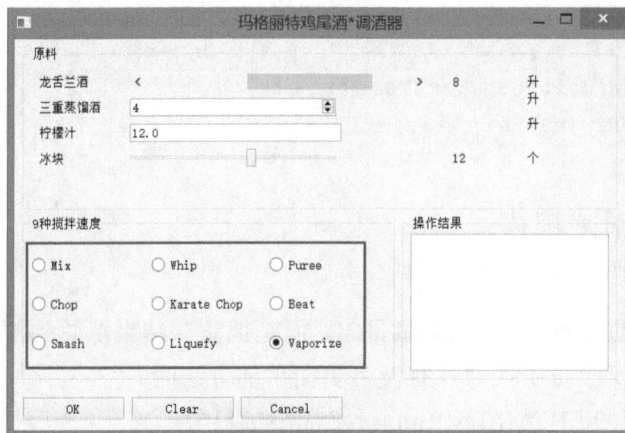

图 9-60

9.7.4　运行测试用例

这一节讲解运行单元测试类 MatrixWinTest。运行单元测试类有两种方法：一种是默认执行所有的测试用例；另一种是按照指定顺序执行测试用例。

首先需要导入 unittest 模块。

```
import unittest
```

1．默认执行所有的测试用例

默认执行所有的测试用例，其核心代码如下：

```
if __name__ == "__main__":
    unittest.main()
```

使用以下命令，将测试结果报告保存到 reportLog.txt 日志文件中。

```
python MatrixWinTest.py >> ./reportLog.txt 2>&1
```

2．按照指定顺序执行测试用例

为了更加灵活地执行测试用例，可以按照指定顺序进行。其核心代码如下：

```
if __name__ == "__main__":
    suite = unittest.TestSuite()
    suite.addTest(MatrixWinTest("test_defaults"))
    suite.addTest(MatrixWinTest("test_moveScrollBar"))
    suite.addTest(MatrixWinTest("test_tripleSecSpinBox"))
    suite.addTest(MatrixWinTest("test_limeJuiceLineEdit"))
    suite.addTest(MatrixWinTest("test_iceHorizontalSlider"))
    suite.addTest(MatrixWinTest("test_liters"))
    suite.addTest(MatrixWinTest("test_blenderSpeedButtons"))
    runner = unittest.TextTestRunner()
    runner.run(suite)
```

9.7.5　生成测试报告

虽然可以通过 unittest 生成测试日志，但是把测试结果汇总到测试报告里，需要手工完成，这样又浪费了人力，有没有更简单的方法呢？

有的，可以使用 HTMLTestRunner 生成测试报告。

HTMLTestRunner 是 Python 标准库 unittest 模块的一个扩展库，使用它可以生成易于使用的 HTML 测试报告。

（1）下载 HTMLTestRunner.py 文件，地址是：http://tungwaiyip.info/software/HTMLTestRunner.html，如图 9-61 所示。

HTMLTestRunner 现在只支持 Python 2 环境，需要将 HTMLTestRunner 修改成支持 Python 3 版本，笔者参考了热心网友的博文 http://www.cnblogs.com/sgtb/p/4169732.html，修改 HTMLTestRunner.py 的源码让它支持 Python 3 环境。

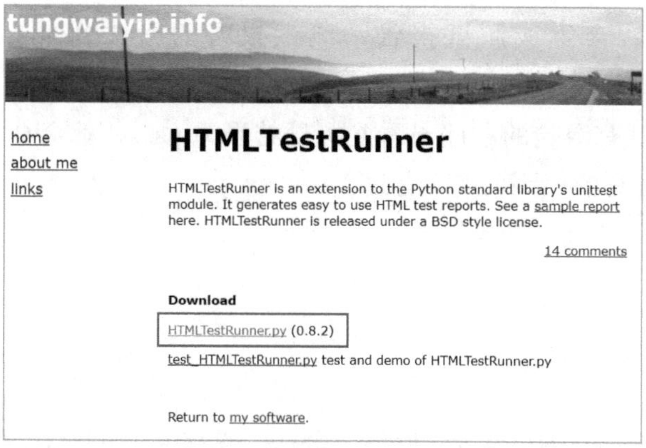

图 9-61

支持 Python 3 环境的 HTMLTestRunner.py 文件位于 PyQt5/Chapter03/testCase 目录下，请读者自行下载。

（2）配置测试环境。把 HTMLTestRunner.py 文件放在 Python3/lib 目录下，在笔者的机器上是 E:\installed_software\python35\Lib 目录。

（3）生成测试报告

本例文件名为 PyQt5/Chapter03/testCase/RunTestCase.py，演示测试用例代码 HTMLTestRunner 整合测试报告。其完整代码如下：

```python
import unittest
import HTMLTestRunner
import time
from MatrixWinTest import MatrixWinTest

if __name__ == "__main__":

    now = time.strftime("%Y-%m-%d-%H_%M_%S",
time.localtime(time.time()))
    print( now )
    testunit = unittest.TestSuite()
    testunit.addTest(unittest.makeSuite(MatrixWinTest ))

    htmlFile = ".\\"+now+"HTMLtemplate.html"
    print( 'htmlFile='+ htmlFile)
    fp = open(htmlFile,'wb')
    runner = HTMLTestRunner.HTMLTestRunner(
        stream=fp,
        title=u"PyQt5 测试报告",
        description=u"用例测试情况")
    runner.run(testunit)
    fp.close()
```

运行脚本后，会生成测试报告，测试报告的格式为：{当前日期-当前时间}HTMLtemplate.html，例如 2017-05-26-20_22_06HTMLtemplate.html，显示效果如图 9-62 所示。相信有经验的程序员看到测试结果为 pass，都会会心一笑，终于有数据可以证明自己编写的代码没有问题了。

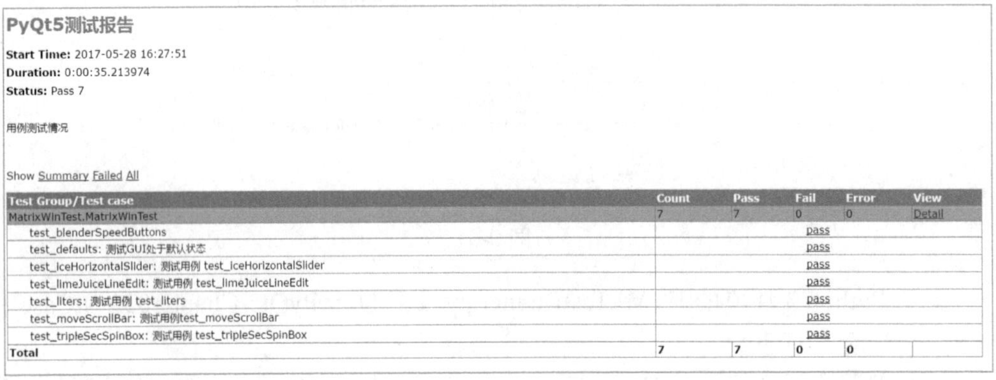

Test Group/Test case	Count	Pass	Fail	Error	View
MatrixWinTest.MatrixWinTest	7	7	0	0	Detail
test_blenderSpeedButtons			pass		
test_defaults: 测试GUI处于默认状态			pass		
test_iceHorizontalSlider: 测试用例 test_iceHorizontalSlider			pass		
test_limeJuiceLineEdit: 测试用例 test_limeJuiceLineEdit			pass		
test_liters: 测试用例 test_liters			pass		
test_moveScrollBar: 测试用例test_moveScrollBar			pass		
test_tripleSecSpinBox: 测试用例 test_tripleSecSpinBox			pass		
Total	7	7	0	0	

PyQt5测试报告

Start Time: 2017-05-28 16:27:51
Duration: 0:00:35.213974
Status: Pass 7

用例测试情况

Show Summary Failed All

图 9-62

第 10 章

PyQt 5 实战一：经典程序开发

10.1 获取城市天气预报

使用 Python 获取天气预报很简单，就是发送一个 HTTP 请求，然后解析请求返回的结果，最后把请求结果显示在窗口中。

10.1.1 获取天气数据

使用 Python 获取天气数据有两种方法，其中一种方法是通过爬虫的方式，获取天气预报网站的 HTML 页面，然后使用 XPath 或 BeautifulSoap 解析 HTML 页面的内容；另一种方法是通过天气预报网站提供的 API，直接获取结构化数据，省去了解析 HTML 页面这一步。本例使用中国天气网站提供的 API。中国天气官网地址是：http://www.weather.com.cn/，如图 10-1 所示。

获取天气数据使用的是 Requests 库，它是使用 Python 语言基于 urllib 编写的 HTTP 库，需要使用 pip 命令进行安装。

```
pip install requests
```

Requests 库包含一个名为 json 的方法，当请求的地址返回的是 JSON 格式的数据时，直接使用该方法访问即可，而不需要再使用 Python 标准库中的 json 库。

图 10-1

10.1.2　获取不同城市的天气预报 API

请求地址是：http://www.weather.com.cn/data/sk/城市代码.html。

部分城市代码如表 10-1 所示，完整的城市代码可以在网上搜索到。

表 10-1

城市名称	城市代码
北京	101010100
天津	101030100
上海	101020100

返回参数如表 10-2 所示。

表 10-2

名　　称	描　　述
weatherinfo	weatherInfo 消息根节点
city	城市中文名
cityid	城市 ID
temp	温度
WD	风向
WS	风力
SD	湿度
WSE	风力

续表

名　　称	描　　述
time	发布时间
rain	是否下雨，1，有雨；0，无雨
isRadar	是否有雷达图，1，代表有雷达图；0，代表没有雷达图
Radar	雷达图编号，雷达图的地址为：http://www.weather.com.cn/html/radar/雷达图编号.shtml

例如，在浏览器地址栏中输入 http://www.weather.com.cn/data/sk/101010100.html 这个请求地址，浏览器就会返回北京的天气实况信息，该信息其实就是一个 JSON 格式的字符串，格式化后字符串像下面这样：

```
{
    "weatherinfo": {
        "city": "北京",
        "cityid": "101010100",
        "temp": "18",
        "WD": "东南风",
        "WS": "1 级",
        "SD": "17%",
        "WSE": "1",
        "time": "17:05",
        "isRadar": "1",
        "Radar": "JC_RADAR_AZ9010_JB",
        "njd": "暂无实况",
        "qy": "1011",
        "rain": "0"
    }
}
```

本例文件名为 PyQt5/Chapter10/example1/getWeatherInfo.py，代码如下：

```
import requests

rep = requests.get('http://www.weather.com.cn/data/sk/101010100.html')
rep.encoding = 'utf-8'

print('返回结果: %s' % rep.json() ) print('城市: %s' %
rep.json()['weatherinfo']['city'] )
print('风向: %s' % rep.json()['weatherinfo']['WD'] )
print('温度: %s' % rep.json()['weatherinfo']['temp'] + " 度")
print('风力: %s' % rep.json()['weatherinfo']['WS'] )
print('湿度: %s' % rep.json()['weatherinfo']['SD'] )
```

以上代码加载指定网页，模拟发送一次 HTTP 的 GET 请求，请求成功后会得到一个响应值（Response Text），这个响应值就是中国天气网返回的天气数据，而且是 JSON 格式的字符串。

🌐 注意

中国天气网返回的天气数据是 utf-8 格式的，为了避免出现乱码，对于所返回的数据也一定要使用 utf-8 格式解码。

运行脚本，显示结果如下，表示查询天气的业务逻辑代码调试成功。

```
返回结果: {'weatherinfo': {'city': '北京', 'cityid': '101010100', 'temp':
'18', 'WD': '东南风', 'WS': '1级', 'SD': '17%', 'WSE': '1', 'time': '17:05',
'isRadar': '1', 'Radar': 'JC_RADAR_AZ9010_JB', 'njd': '暂无实况', 'qy': '1011',
'rain': '0'}}
    城市: 北京
    风向: 东南风
    温度: 18 度
    风力: 1 级
    湿度: 17%
```

10.1.3 界面实现

使用 Qt Designer 来设计天气预报窗口，如图 10-2 和图 10-3 所示。本例文件名为 PyQt5/Chapter10/example1/WeatherWin.ui。

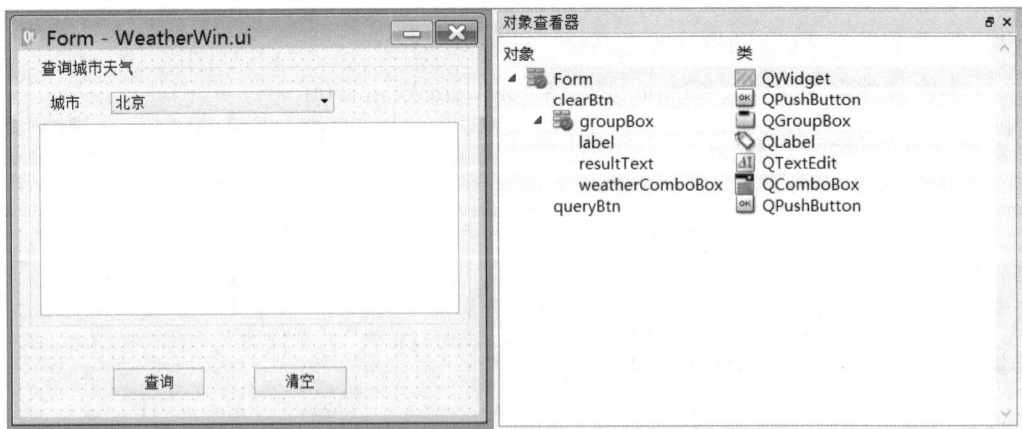

图 10-2

图 10-3

从图 10-3 中可以看出，在界面文件 WeatherWin.ui 中定义了两个按钮，查询按钮的对象名称为 okBtn，清空按钮的对象名称为 queryBtn，并把查询按钮的 clicked 信号与 queryWeather()槽函数进行绑定，清空按钮的 clicked 信号与 clearResult()槽函数进行绑定。

在"城市"下拉列表框中默认显示的是"北京"，单击"查询"按钮，把查询结果显示在窗口中；单击"清空"按钮，可以清除窗口中所显示的天气信息。

在窗口中布局了多个控件，下面对这些控件进行简要说明，如表 10-3 所示。

表 10-3

控件类型	控件名称	作　　用
QComboBox	weatherComboBox	显示城市下拉列表框，添加了 3 个条目：北京、天津和上海。
QTextEdit	resultText	显示查询天气的结果
QPushButton	queryBtn	查询天气信息，连接 queryWeather 函数进行绑定，触发 clicked 信号
QPushButton	clearBtn	清空查询结果，连接 clearResult 函数进行绑定，触发 clicked 信号

10.1.4　将界面文件转换为.py 文件

使用 pyuic5 命令将界面文件转换为.py 文件，转换后的 Python 文件名是 WeatherWin.py。

```
pyuic5 -o WeatherWin.py WeatherWin.ui
```

本例文件名为 PyQt5/Chapter10/example1/WeatherWin.py，其完整代码如下：

```
from PyQt5 import QtCore, QtGui, QtWidgets
```

```python
class Ui_Form(object):
    def setupUi(self, Form):
        Form.setObjectName("Form")
        Form.resize(450, 347)
        self.groupBox = QtWidgets.QGroupBox(Form)
        self.groupBox.setGeometry(QtCore.QRect(10, 10, 431, 251))
        self.groupBox.setObjectName("groupBox")
        self.weatherComboBox = QtWidgets.QComboBox(self.groupBox)
        self.weatherComboBox.setGeometry(QtCore.QRect(80, 30, 221, 21))
        self.weatherComboBox.setObjectName("weatherComboBox")
        self.weatherComboBox.addItem("")
        self.weatherComboBox.addItem("")
        self.weatherComboBox.addItem("")
        self.resultText = QtWidgets.QTextEdit(self.groupBox)
        self.resultText.setGeometry(QtCore.QRect(10, 60, 411, 181))
        self.resultText.setObjectName("resultText")
        self.label = QtWidgets.QLabel(self.groupBox)
        self.label.setGeometry(QtCore.QRect(20, 30, 72, 21))
        self.label.setObjectName("label")
        self.okButton = QtWidgets.QPushButton(Form)
        self.okButton.setGeometry(QtCore.QRect(90, 300, 93, 28))
        self.okButton.setObjectName("okButton")
        self.clearBtn = QtWidgets.QPushButton(Form)
        self.clearBtn.setGeometry(QtCore.QRect(230, 300, 93, 28))
        self.clearBtn.setObjectName("clearBtn")

        self.retranslateUi(Form)
        self.clearBtn.clicked.connect(Form.clearResult)
        self.okButton.clicked.connect(Form.queryWeather)
        QtCore.QMetaObject.connectSlotsByName(Form)

    def retranslateUi(self, Form):
        _translate = QtCore.QCoreApplication.translate
        Form.setWindowTitle(_translate("Form", "Form"))
        self.groupBox.setTitle(_translate("Form", "查询城市天气"))
        self.weatherComboBox.setItemText(0, _translate("Form", "北京"))
        self.weatherComboBox.setItemText(1, _translate("Form", "天津"))
        self.weatherComboBox.setItemText(2, _translate("Form", "上海"))
        self.label.setText(_translate("Form", "城市"))
        self.okButton.setText(_translate("Form", "查询"))
        self.clearBtn.setText(_translate("Form", "清空"))
```

10.1.5　调用主窗口类

在主窗口类 MainWindow 中调用界面类 Ui_Form，然后在主窗口类中添加查询天气的业务逻辑代码，这样就做到了界面显示和业务逻辑的分离。

本例文件名为 PyQt5/Chapter10/example1/CallWeatherWin.py，在主窗口类中定义了两个槽函数 queryWeather()和 clearResult()，以便在界面文件 WeatherWin.ui 中定义的两个按钮（queryBtn 和 clearBtn）触发 clicked 信号与这两个槽函数进行绑定。其完整代码如下：

```python
import sys
from PyQt5.QtWidgets import QApplication , QMainWindow
from WeatherWin import Ui_Form
import requests

class MainWindow(QMainWindow ):
    def __init__(self, parent=None):
        super(MainWindow, self).__init__(parent)
        self.ui = Ui_Form()
        self.ui.setupUi(self)

    def queryWeather(self):
        print('* queryWeather ')
        cityName = self.ui.weatherComboBox.currentText()
        cityCode = self.transCityName(cityName)

        rep = requests.get('http://www.weather.com.cn/data/sk/' +
cityCode + '.html')
        rep.encoding = 'utf-8'
        print( rep.json() )

        msg1 = '城市: %s' % rep.json()['weatherinfo']['city'] + '\n'
        msg2 = '风向: %s' % rep.json()['weatherinfo']['WD'] + '\n'
        msg3 = '温度: %s' % rep.json()['weatherinfo']['temp'] + ' 度' +
'\n'
        msg4 = '风力: %s' % rep.json()['weatherinfo']['WS'] + '\n'
        msg5 = '湿度: %s' % rep.json()['weatherinfo']['SD'] + '\n'
        result = msg1 + msg2 + msg3 + msg4 + msg5
        self.ui.resultText.setText(result)

    def transCityName(self ,cityName):
        cityCode = ''
```

```
            if cityName == '北京' :
                cityCode = '101010100'
            elif cityName == '天津' :
                cityCode = '101030100'
            elif cityName == '上海' :
                cityCode = '101020100'

            return cityCode

        def clearResult(self):
            print('* clearResult  ')
            self.ui.resultText.clear()

    if __name__=="__main__":
        app = QApplication(sys.argv)
        win = MainWindow()
        win.show()
        sys.exit(app.exec_())
```

运行脚本，显示效果如图 10-4 所示。

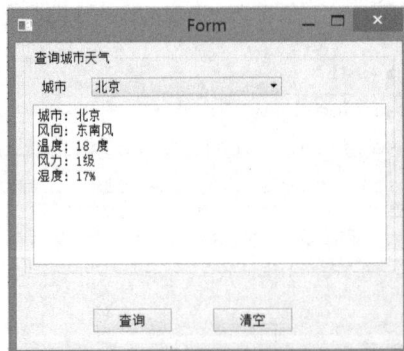

图 10-4

10.2 复利计算

10.2.1 复利计算业务

复利计算，是指每经过一个计息期后，都要将本期所生的利息加入本金中，以计算下期的利息。这样，在每一个计息期内，上期的利息都将成为生息的本金，即以利生利，也就是俗称的"利滚利"。这就涉及了复利现值、复利终值和复利计算公式。

复利现值，是指在计算复利的情况下，要达到未来某一特定的资金金额，现在必须投入的本金。所谓复利，也称利上加利，是指一笔存款或者投资获得回报之后，再连本带利进行新一轮投资的方法。

复利终值，是指本金在约定期限内获得利息后，将利息加入本金中再计算利息，逐期滚算到约定期末的本金之和。

复利计算公式是：$S=P(1+i)^n$。其中，P 为本金，i 为利率，n 为持有期限。

例如：某人用 20000 元人民币投资一个项目，年报酬率为 5%，那么两年后利息收入是多少？

按照复利计算公式进行计算，所获的利息收入就是：

$$20000 \times (1+5\%)^2 = 2000 \times (1+5\%) \times (1+5\%)$$
$$= 2000 \times 1.05 \times 1.05$$
$$= 22050（元）$$

10.2.2　界面实现

本例文件名为 PyQt5/Chapter10/example2/interest.py，其完整代码如下：

```python
from __future__ import division
import sys
from PyQt5.QtWidgets import (QApplication, QComboBox, QDialog,
        QDoubleSpinBox, QGridLayout, QLabel)


class Form(QDialog):

    def __init__(self, parent=None):
        super(Form, self).__init__(parent)

        principalLabel = QLabel("Principal:")
        self.principalSpinBox = QDoubleSpinBox()
        self.principalSpinBox.setRange(1, 1000000000)
        self.principalSpinBox.setValue(1000)
        self.principalSpinBox.setPrefix("RMB ")
        rateLabel = QLabel("Rate:")
        self.rateSpinBox = QDoubleSpinBox()
        self.rateSpinBox.setRange(1, 100)
        self.rateSpinBox.setValue(5)
        self.rateSpinBox.setSuffix(" %")
        yearsLabel = QLabel("Years:")
        self.yearsComboBox = QComboBox()
```

```
        self.yearsComboBox.addItem("1 year")
        self.yearsComboBox.addItems(["{0} years".format(x)
                                    for x in range(2, 31)])
        amountLabel = QLabel("Amount")
        self.amountLabel = QLabel()

        grid = QGridLayout()
        grid.addWidget(principalLabel, 0, 0)
        grid.addWidget(self.principalSpinBox, 0, 1)
        grid.addWidget(rateLabel, 1, 0)
        grid.addWidget(self.rateSpinBox, 1, 1)
        grid.addWidget(yearsLabel, 2, 0)
        grid.addWidget(self.yearsComboBox, 2, 1)
        grid.addWidget(amountLabel, 3, 0)
        grid.addWidget(self.amountLabel, 3, 1)
        self.setLayout(grid)

        self.principalSpinBox.valueChanged.connect(self.updateUi)
        self.rateSpinBox.valueChanged.connect(self.updateUi)
        self.yearsComboBox.currentIndexChanged.connect(self.updateUi)

        self.setWindowTitle("Interest")
        self.updateUi()

    def updateUi(self):
        principal = self.principalSpinBox.value()
        rate = self.rateSpinBox.value()
        years = self.yearsComboBox.currentIndex() + 1
        amount = principal * ((1 + (rate / 100.0)) ** years)
        self.amountLabel.setText("RMB {0:.2f}".format(amount))

if __name__=="__main__":
    app = QApplication(sys.argv)
    form = Form()
    form.show()
    sys.exit(app.exec_())
```

运行脚本，显示效果如图 10-5 所示。某人使用 20000 元人民币投资一个项目，年报酬率为 5%，预计获得的收入为 22050 元，与本节开始介绍的复利计算所获得的收益是一样的。

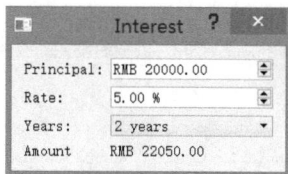

图 10-5

10.3　刷新博客点击量

感谢网友不蒜子编写的页面统计代码，只需在统计页面中引入两行代码，就可以统计页面的浏览次数。赠人玫瑰，手有余香。学习知识也是一样的，在成就别人的同时也提高了自己。

网友不蒜子的官方网站：http://busuanzi.ibruce.info/，如图 10-6 所示。

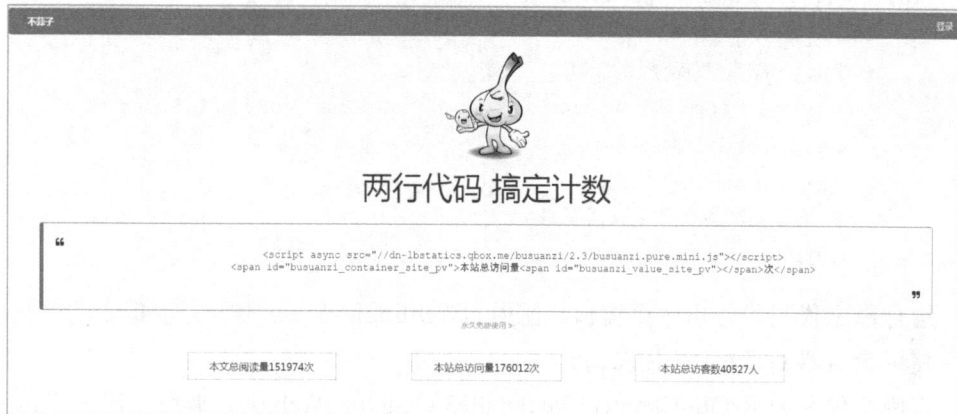

图 10-6

可以看到网友不蒜子的网站提供的访问网页计数的功能代码非常简单，只需复制两行代码到自己的网站页面就可以搞定。复制的代码如下：

```
<scriptasync src="//dn-lbstatics.qbox.me/busuanzi/2.3/busuanzi.pure.
mini.js"></script>
<span id="busuanzi_container_site_pv">
本站总访问量<span id="busuanzi_value_site_pv"></span>次<br/>
本文总阅读量<span id="busuanzi_value_page_pv"></span>次
</span>
```

在笔者的博客（http://www.cnblogs.com/wangshuo1/）后台设置页面的侧边栏公告中添加以上两行代码，如图 10-7 所示。

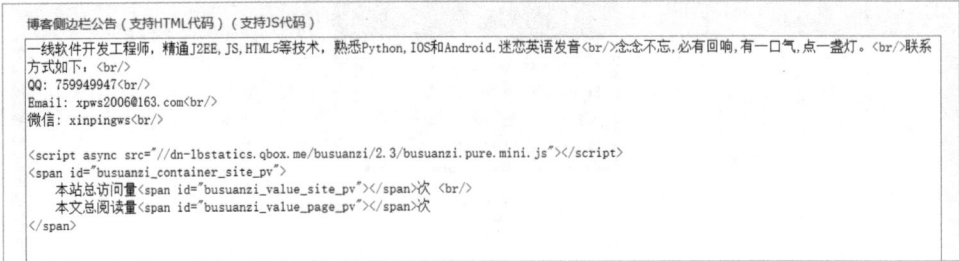

博客侧边栏公告（支持HTML代码）（支持JS代码）

一线软件开发工程师，精通J2EE, JS, HTML5等技术，熟悉Python, IOS和Android. 迷恋英语发音
念念不忘,必有回响,有一口气,点一盏灯。
联系
方式如下：
QQ: 759949947
Email: xpws2006@163.com
微信: xinpingws

<script async src="//dn-lbstatics.qbox.me/busuanzi/2.3/busuanzi.pure.mini.js"></script>
<span id="busuanzi_container_site_pv">
    本站总访问量<span id="busuanzi_value_site_pv"></span>次
    本文总阅读量<span id="busuanzi_value_page_pv"></span>次
</span>

图 10-7

本例文件名为 PyQt5/Chapter10/example3/openweb.py，其完整代码如下：

```python
from PyQt5.QtWebEngineWidgets import QWebEngineView
from PyQt5.QtCore import *
from PyQt5.QtWidgets import  *


class WebView(QWebEngineView):
    def __init__(self ):
        super(WebView, self).__init__()
        url = 'http://www.cnblogs.com/wangshuo1/p/6707631.html'
        self.load( QUrl( url ) )
        self.show()
        # 使用定时器 5 秒后关闭窗口
        QTimer.singleShot(1000*5 , self.close)
```

运行以上代码将弹出一个窗口，使用 QWebEngineView 类打开了指定的网页，5
秒后使用定时器 QTimer 关闭窗口。

本例文件名为 PyQt5/Chapter10/example3/CallOpenWeb.py，调用代码如下：

```python
import time
import os


if __name__ == '__main__' :
    for i in range(5):
        os.system("python openweb.py")
        print("正在刷新页面. 次数 =>" ,  i)
        time.sleep(10)
```

运行脚本后，弹出一个加载指定网页的窗口，如图 10-8 所示，窗口显示 5 秒后
会自动消失。整个过程总共循环 5 次，代表刷新 5 次页面。

图 10-8

在运行 CallOpenWeb.py 文件前，可以看到 http://www.cnblogs.com/wangshuo1/p/6707631.html 页面中本文总阅读量是 118 次，如图 10-9 所示。

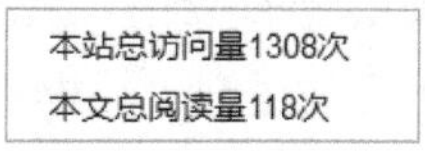

图 10-9

刷新页面后，本文总阅读量就变成了 124 次，如图 10-10 所示。因为机器刷新页面 5 次，手工刷新页面 1 次，所以本文总阅读量就是：118 + 5 + 1 = 124 次。

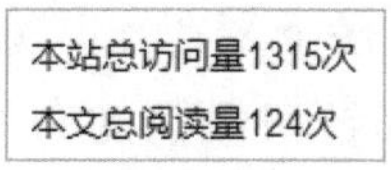

图 10-10

第 11 章

PyQt 5 实战二：金融领域应用

在前面的章节中，我们介绍了 PyQt 5 的基本用法与扩展应用，接下来将介绍 PyQt 5 在实际中的应用。

理论上说，使用 Qt 能做的事情，PyQt 也能做，但是我们并不会使用 PyQt 去开发 WPS Office、Photoshop 等这样的大型软件，只需利用 PyQt 相对于 Qt 的便捷性去快速开发一些小型软件就可以了。

本章主要介绍 PyQt 5 在金融领域的应用。在金融行业中，懂得 IT 技术的人是很吃香的，因为金融离不开数据分析与处理，数据分析与处理离不开编程。那么 PyQt 5 在这里有什么用呢？想想看，老板交给你一个任务，你为了好好表现，运用自己的编程能力，完美地完成了这个任务。但是这个任务每周都需要定期来做，感觉挺麻烦的，于是你想到了 PyQt 5——使用它做了一个界面，老板只需要点击几下鼠标、选择几个参数就可以进行自动处理了。老板使用后非常开心，这样你就既得到了老板的赏识，又减轻了自己的负担。接下来在正式介绍使用 PyQt 5 开发 GUI 之前，我们先来了解控件级别的布局管理和窗口级别的布局管理。

11.1　控件级别的布局管理

首先打开 Qt Designer，新建一个窗口，并先后向里面添加一个 Scroll Area、两个 Widget 和一个 Tab 控件，然后把其他控件拖入 Scroll Area 中。

对于其中的一个 Widget，设置提升的窗口类，如图 11-1 所示；对于另一个 QWidget，设置对象名为"widget_parameter_tree"。

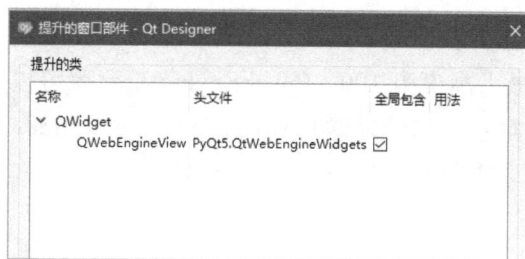

图 11-1

对于 Tab 控件，设置三个标签并分别命名为：月度收益，区间收益和回撤情况。然后在这三个标签中添加 QWidget，并设置提升的窗口类为 QWebEngineView。

最后对所有的 QWebEngineView 类修改样式，选中它并单击鼠标右键，从弹出的快捷菜单中选择"修改样式表"→"添加颜色"，background-color 选择灰色。这样做只是为了更好地区分 QWidget 和 QWebEngineView，如果你觉得比较麻烦或者不想这样做，也可以忽略这一步操作。初步效果如图 11-2 所示。

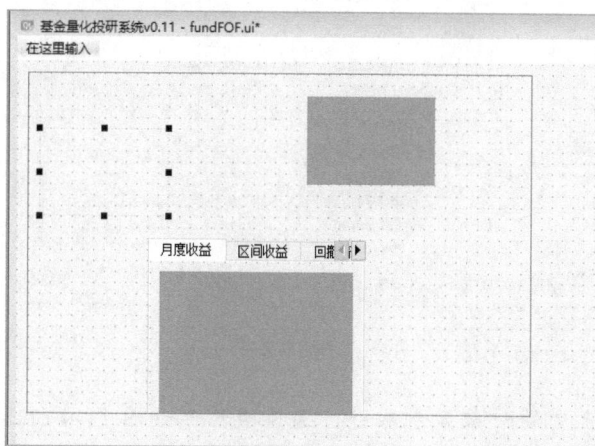

图 11-2

🌐 **注意**

在窗口左边用鼠标选中的控件是 widget parameter tree，其他控件都很容易识别出来。

接下来进行布局管理。

（1）设置 tabWidget 的 minimumsize 属性，高度与宽度都为 200。

（2）选中 tabWidget 的每一个页，然后单击鼠标右键，从弹出的快捷菜单中选择"布局"→"水平布局"（也可以选择"垂直布局"）。

（3）选中 tabWidget 和上面的 QWebEngineView，然后单击鼠标右键，从弹出的快捷菜单中选择"布局"→"垂直布局"。

这样设置之后，你会发现 QWebEngineView 不见了。设置 QWebEngineView 的 minimumsize 属性，最小高度为 100，QWebEngineView 就可以看到了。

（4）选中上面的垂直布局管理器和 widget_parameter_tree，然后单击鼠标右键，从弹出的快捷菜单中选择"布局"→"水平布局"。

🌐 **提示**

如果你不知道如何选择这个布局管理器，则可以参考图 11-3。

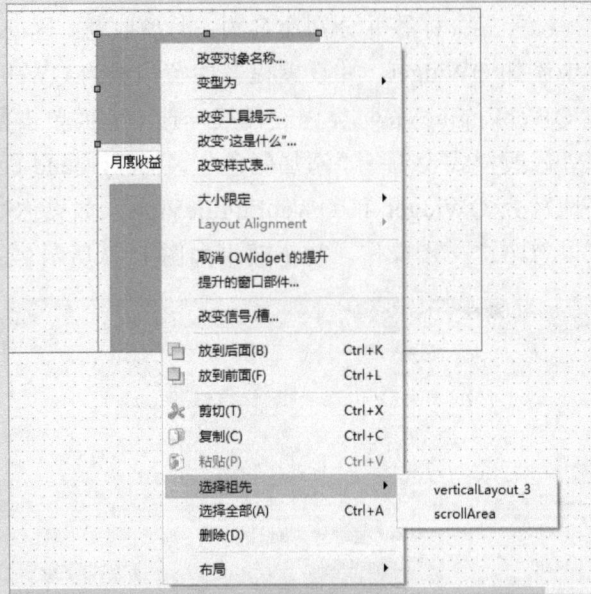

图 11-3

或者单击右上角的对象查看器进行选择操作，如图 11-4 所示。

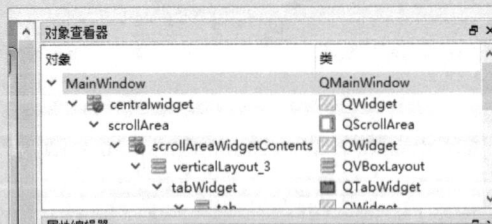

图 11-4

这时发现 widget_parameter_tree 又不见了，需要设置其最小宽度为 100。

（5）单击 scrollArea，然后单击鼠标右键，从弹出的快捷菜单中选择"布局"→"水平布局"（也可以选择"垂直布局"），效果如图 11-5 所示。

至此，我们就完成了控件级别的布局管理。

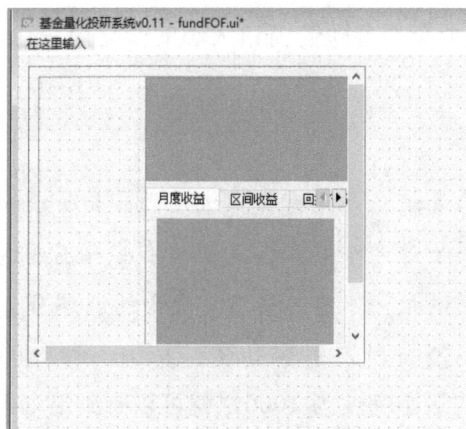

图 11-5

11.2 窗口级别的布局管理

窗口级别的布局管理，就是指整个窗口的布局由布局管理器接管，随着窗口的缩放里面的控件也会跟着缩放。

窗口级别的布局管理非常简单，相对于控件级别的布局管理仅仅多了一两个步骤而已。

单击窗口的空白处，也就是选中 MainWindow，然后单击鼠标右键，从弹出的快捷菜单中选择"布局"→"水平布局"，效果如图 11-6 所示。

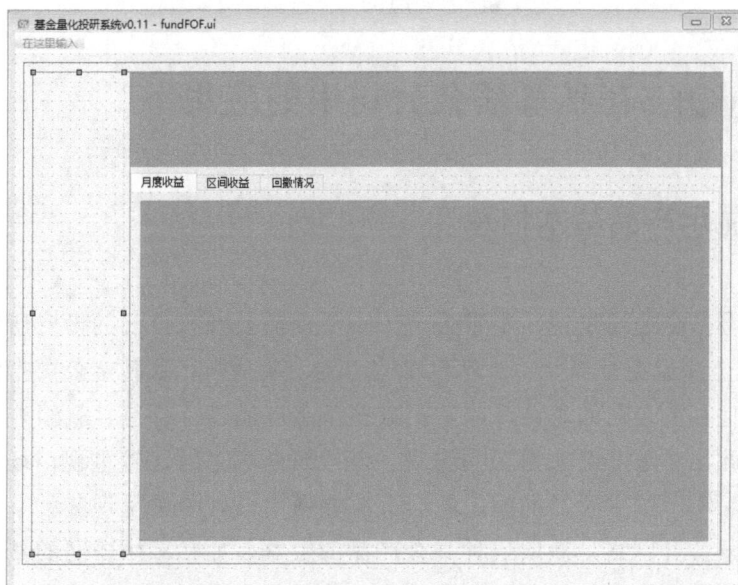

图 11-6

通过预览，发现整个布局会随着窗口大小的变化而变化。至此，我们的目的就达到了。

> **注意**
>
> 实际上，对于布局管理，并没有窗口级别的布局管理和控件级别的布局管理这两个概念。之所以提出这两个概念，是因为有些人不知道如何用布局管理器接管窗口，导致设计出来的控件不能随着窗口大小的调整而自动缩放。

在这里 scrollArea 没有显示出滚动条，是因为控件的高度还不够高，设置 widget_parameter_tree 的最小高度为 1000，就可以看到滚动条了，如图 11-7 所示。

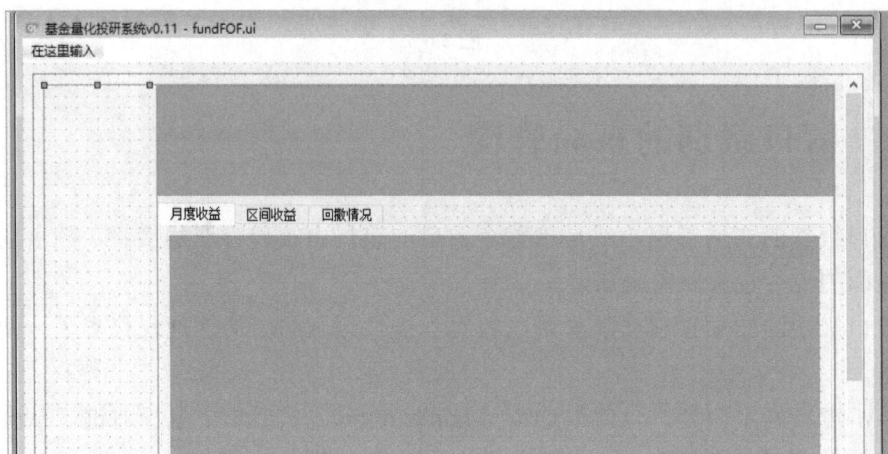

图 11-7

11.3　PyQt 5在私募基金公司中的应用

11.3.1　显示产品基本信息

对于私募基金公司来说，不管公司大小，都需要拥有自己的投资研究系统，对于 FOF 型基金来说更是如此。所谓 FOF 型基金，就是指私募基金公司把钱投向表现比较好的其他私募公司的基金产品，把这些基金产品进行打包，就组成了自己的基金产品。因此，对于 FoF 私募公司来说，其投资研究系统比较重视市场上存在的基金产品信息。本节的主要目的就是教会大家如何用 PyQt 去呈现某种基金产品的信息。这里以从公开网络上获取一种基金产品的数据，如私募排排网的基金产品：千石资本-和聚光明 1 号资产管理计划为例，网址为：http://dc.simuwang.com/product/HF00000XEG.html。需要注意的是，打开这个网址需要注册，如果你不想注册的话，我们已经另存了一份后缀为.mthml 的离线文件，只需使用浏览器打开即可。

　　首先，根据 PyQt 5 的扩展应用，介绍一个新成员：ParameterTree 类。这个类实际上是使用 pyqtgraph 改写的 QTreeWidget 的子类。但是相对于 QTreeWidget，ParameterTree 的表现更美观而且更具有实用价值。下面的示例中会用到 ParameterTree 类。

　　这一节的示例使用上一节设计的结果，我们先看一下示例结果，如图 11-8 所示。

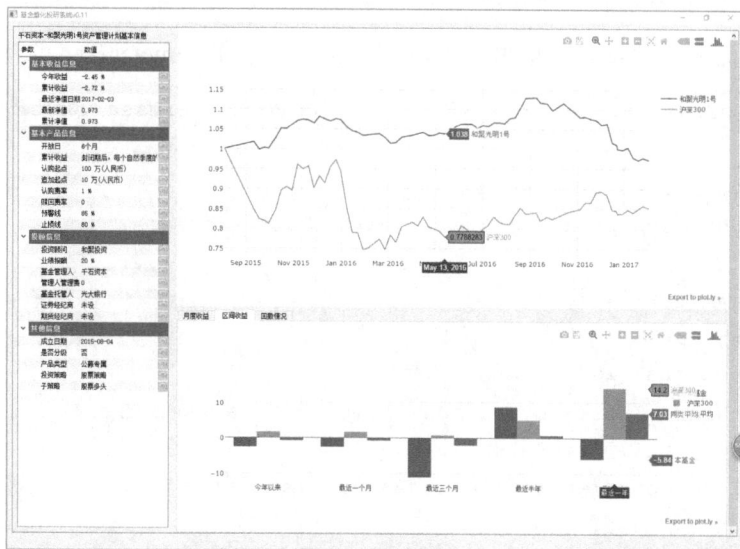

图 11-8

　　从图 11-8 可以看出，左侧使用 ParameterTree（QTreeWidget 的子类）来显示产品基本信息，右侧从上到下使用四个 QWebEngineView 类来显示产品净值与沪深 300 对比图、月度收益图、区间收益图、回撤情况图。本节将重点介绍 ParameterTree 的使用方法。

　　我们发现图 11-8 所示的图片的大小与上一节设计的大小不一样，这是因为在窗口初始化时手动调整了窗口控件的大小。代码如下（本例文件名为 PyQt5/Chapter11/fundFOF.py）：

```python
def __init__(self, parent=None):
    """
    Constructor

    @param parent reference to the parent widget
    @type QWidget
    """

    super(MainWindow, self).__init__(parent)
```

```
    self.setupUi(self)
    self.plotly_pyqt5 = Plotly_PyQt5()

    '''手动调整窗口控件的大小，使之看起来更美观'''
    self.widget_parameter_tree.setMaximumWidth(300)
    self.widget_parameter_tree.setMinimumWidth(200)
    self.QWebEngineView_ProductVsHs300.setMinimumHeight(500)
    self.tabWidget.setMinimumHeight(400)
```

上面的代码非常直观，这里就不解释了。下面看 ParameterTree 的使用方法。

```
'''显示 parametertree，这里通过布局管理器把 ParameterTree 间接地嵌套到 Widget
窗口中'''
from mypyqtgraph import  p
from pyqtgraph.parametertree import  ParameterTree

t = ParameterTree()
t.setParameters(p, showTop=False)
t.setHeaderLabels(["参数", "数值"])
# t.setWindowTitle('pyqtgraph example: Parameter Tree')
layout = QtGui.QGridLayout()
self.widget_parameter_tree.setLayout(layout)
layout.addWidget(
    QtGui.QLabel("千石资本-和聚光明1号资产管理计划基本信息"), 0, 0, 1, 1)
    layout.addWidget(t)
```

我们看到，这里的代码没有说明如何使用数据创建成树。关键代码如下：

```
from mypyqtgraph import  p
t = ParameterTree()
t.setParameters(p, showTop=False)
```

mypyqtgraph 是一个文件，为了使代码简洁、可读性好，我们把它放在另一个文件中了。下面对这个文件进行解读（代码见 PyQt5/Chapter11/mypyqtgraph.py 文件）。
首先看传入的部分数据。

```
# 创建参数树的数据
params = [
    {'name': '基本收益信息', 'type': 'group', 'children': [
        {'name': '今年收益', 'type': 'float', 'value': -2.45, 'siPrefix':
True, 'suffix': '%'},
        {'name': '累计收益', 'type': 'float', 'value': -2.72, 'step': 0.1,
'siPrefix': True, 'suffix': '%'},
        {'name': '最近净值日期', 'type': 'str', 'value': "2017-02-03"},
        {'name': '最新净值', 'type': 'float', 'value': 0.9728, 'step':
```

```
0.01},
         {'name': '累计净值', 'type': 'float', 'value': 0.9728, 'step':
0.01},
     ]},
    ......
## 创建参数树
p = Parameter.create(name='params', type='group', children=params)
```

结果如图 11-9 所示。

图 11-9

我们看到，参数'type': 'group'对应的是树的分支，参数'type': 'str'对应的是lineEdit，参数'type': 'float'对应的是 doubleSpinBox。

下面代码的作用是"数值"那一列的任何控件的 value 发生变化时，都会触发change 函数，并输出变化。

```
## 若树里面的任何内容发生变化，则输出这些变化
def change(param, changes):
    print("tree changes:")
    for param, change, data in changes:
        path = p.childPath(param)
        if path is not None:
            childName = '.'.join(path)
        else:
            childName = param.name()
        print('  parameter: %s' % childName)
        print('  change:    %s' % change)
        print('  data:      %s' % str(data))
        print('  ----------')


p.sigTreeStateChanged.connect(change)
```

下面代码的作用是如果对某一个控件的value撤销修改，就会触发valueChanging函数。

```
def valueChanging(param, value):
    print("Value changing (not finalized):", param, value)
```

```
    # Too lazy for recursion:
    for child in p.children():
        child.sigValueChanging.connect(valueChanging)
        for ch2 in child.children():
            ch2.sigValueChanging.connect(valueChanging)
```

欲了解更多的 ParameterTree 使用方法，可以参考 pyqtgraph 的官方示例。运行如下代码，从中找到 ParameterTree 的示例。

```
import pyqtgraph.examples
pyqtgraph.examples.run()
```

接下来介绍几个绘图函数。

```
'''显示绘图函数'''
self.QWebEngineView_ProductVsHs300.load(

QUrl.fromLocalFile(self.plotly_pyqt5.get_plotly_path_product_vs_hs300()))
    self.QWebEngineView_LagestBack.load(QUrl.fromLocalFile(self.plotly_py
qt5.get_plotly_path_lagest_back()))
    self.QWebEngineView_PeriodReturn.load(QUrl.fromLocalFile(self.plotly_
pyqt5.get_plotly_path_period_return()))
    self.QWebEngineview_MonthReturn.load(QUrl.fromLocalFile(self.plotly_p
yqt5.get_plotly_path_month_return()))
```

这几个绘图函数的使用方法一样，意思是用 QWebEngineView 类实例载入本地 HTML 文件。注意 plotly_pyqt5.get_plotly_path_product_vs_hs300()返回的是使用 plotly 绘图所保存的 HTML 文件路径。

下面对 plotly_pyqt5.get_plotly_path_product_vs_hs300()代码进行解读（代码见 PyQt5/Chapter11/Plotly_PyQt5.py 文件）。

```
    def get_plotly_path_product_vs_hs300(self,
file_name='product_vs_hs300.html'):
        path_plotly = self.path_dir_plotly_html + os.sep + file_name

        data = pd.read_excel(r'data\和聚光明 1 号_hs300_merge.xlsx',
index_col=[0] )
        data.rename_axis(lambda x: pd.to_datetime(x), inplace=True)
        data.dropna(inplace=True)

        data = [
            go.Scatter(
                x=data.index, # assign x as the dataframe column 'x'
                y=data.cumulative_nav,
                name='和聚光明 1 号'
            ),
```

```
            go.Scatter(
                x=data.index, # assign x as the dataframe column 'x'
                y=data.close,
                name='沪深 300'
            )
        ]
    pyof.plot(data, filename=path_plotly, auto_open=False)
    return path_plotly
```

首先获取存储 HTML 文件的路径。

```
    path_plotly = self.path_dir_plotly_html + os.sep + file_name
    data = pd.read_excel(r'data\和聚光明 1 号_hs300_merge.xlsx',
index_col=[0])
```

然后对数据进行处理。下面代码的作用是把 data 数据索引设置成日期格式以及去掉 data 的缺失值。设置成日期格式的好处是绘图库会自动调整刻度大小，而不是在坐标轴上呈现出每一天的日期。比如，如果 data 的数据跨度是 10 年，那么会以月为最小的时间单位进行绘图，而不是以日为最小的时间单位。

```
    data.rename_axis(lambda x: pd.to_datetime(x), inplace=True)
    data.dropna(inplace=True)
```

接下来是绘图函数，其中 pyof.plot 的参数 auto_open=False 表示绘图完成之后不用浏览器显示绘图结果；filename=path_plotly 表示将 HTML 文件保存到路径 path_plotly 中。

```
    data = [
        go.Scatter(
            x=data.index, # assign x as the dataframe column 'x'
            y=data.cumulative_nav,
             name='和聚光明 1 号'
        ),
        go.Scatter(
            x=data.index, # assign x as the dataframe column 'x'
            y=data.close,
            name='沪深 300'
        )
    ]
    pyof.plot(data, filename=path_plotly, auto_open=False)
    return path_plotly
```

如果想要呈现更多的产品，则可以稍微修改一下这个示例，把数据源换成自己公司的数据库（前提是数据库中有这些产品信息），这样就具有了一个初步的基金调研框架。如果爬虫能力不错的话，也可以在私募排排网上抓取所需要的产品信息，然后把抓取到的数据与这个示例进行对接，这样你就拥有一个 mini 版本的私募排排网的客户端了。

11.3.2　展示产品组合信息

对于机构来说，它们可以从自己的产品信息数据库中筛选出一些优质标的（也就是基金产品）。但是对于投资者来说，他们不像机构那么专业，并不能很准确地识别某一种基金产品的好坏，也没有那么多的时间和精力去市场上寻找适合自己投资的基金产品。一边是投资者想要找出适合自己投资的基金产品，另一边是投资者没有能力找出适合自己投资的基金产品，于是就产生了信息堵塞，其表现就是市场上的一些信息无法有效传递到投资者手中。而机构正好掌握了大量这种信息，具有信息优势，于是机构可以利用这种信息优势给投资者提供服务，并从中收取服务费用。

服务的方式很简单，对于投资者来说，他们其实并不知道适合自己的产品是什么类型的，但是可以预期自己的风险和收益。于是就产生了另一个问题：给定投资者的预期收益与风险的范围，为他们提供最优的投资方案。考虑到风险分散的原则，这个最优的投资计划最好是几种产品的组合。

我们先看一下示例结果，如图 11-10 所示。

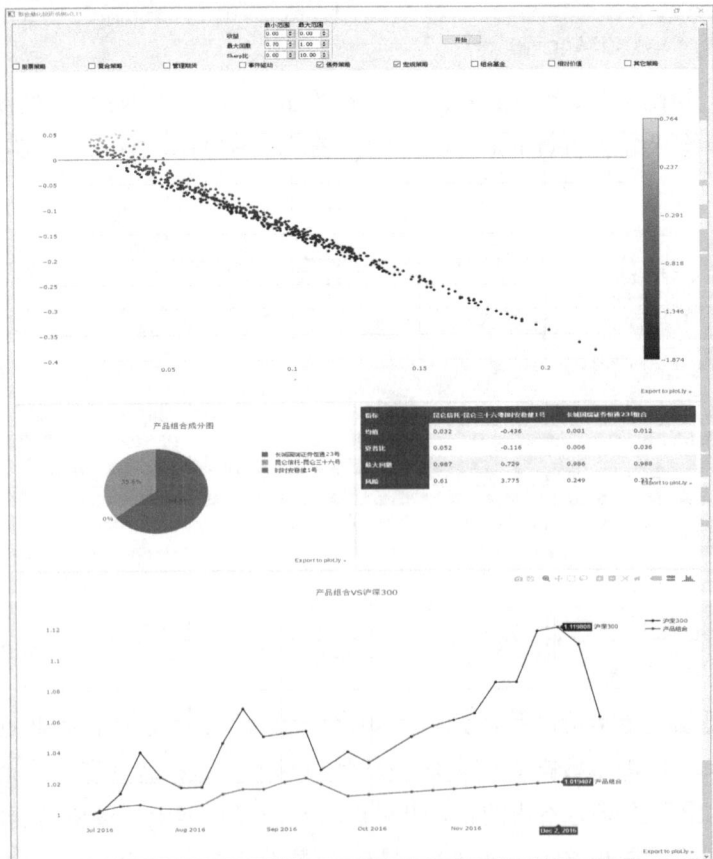

图 11-10

结果分为两个部分，上面部分是让用户选择预期收益、预期风险以及偏好的策略类型，截图如图 11-11 所示。

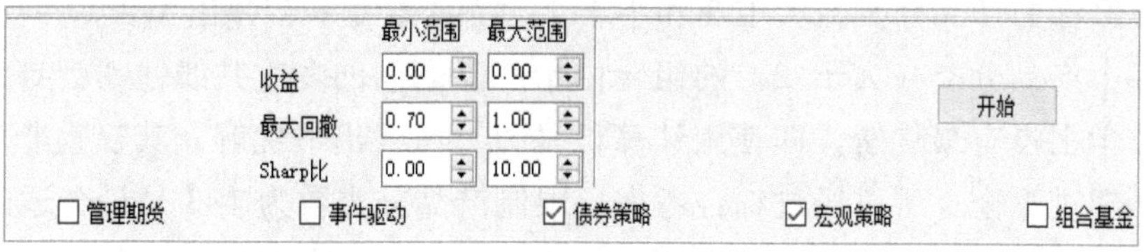

图 11-11

下面部分是从数据库中选取数据，并通过算法找出最优的产品组合以及各自的权重，然后用图表展现出来。

🌐 提示

> 出于安全性考虑，这里只提供 GUI 的实现逻辑，而不会提供基金产品的数据库，也不会提供找出最优产品组合的算法。

对于使用 Qt Designer 进行界面设计这部分内容，这里不再介绍，读者可以参考 PyQt5/Chapter11/combination.ui 文件自行研究。

本例涉及的代码逻辑并不复杂，当用户输入预期收益和预期风险范围之后，单击"开始"按钮，就会触发唯一的信号槽机制。

```
@pyqtSlot()
def on_pushButton_start_combination_clicked(self):
    """
    产品组合分析
    """

    strategy_list = self.check_check_box()
```

self.check_check_box()函数用来检测用户选中的策略是否符合要求，其内容如下，意思是在 strategy_list 中放入已经选中的 checkBox 的名字。

```
def check_check_box(self):
    strategy_list = []
    for each_checkBox in [self.checkBox_bond,self.checkBox_
combination_fund,self.checkBox_compound,self.checkBox_event,self.checkBo
x_future_manage,self.checkBox_macro,self.checkBox_relative_fund,self.che
ckBox_others,self.checkBox_others]:
        if each_checkBox.isChecked():
            strategy_list.append(each_checkBox.text())
    return strategy_list
```

下面的内容对于有金融背景的人来说，理解起来应该没有问题；若没有金融背景，不能理解，则可以略去这部分内容。

当所选择的产品分类数大于 3 和小于 1 时都不合适，会弹出警告，并视为无效。原因是多个产品分类（大于 3）的组合由于产品之间的多重共线性，会导致分类的模型在数学上没有最优解，即使用计算机暴力算法找出最优解，其权重非零的个数一般也不超过 3 个。所以经过综合考虑，限制产品分类数为 1~3 是最合适的。

```python
strategy_list = self.check_check_box()
if len(strategy_list) > 3:
    print('最多选择 3 个策略')
    QMessageBox.information(self, "注意", "最多选择 3 个策略")
    return None

if len(strategy_list) == 0:
    print('最少选择 1 个策略')
    QMessageBox.information(self, "注意", "最少选择 1 个策略")
    return None
```

接下来设置控件的大小和获取参数信息。由于这里并不准备把参数信息导入数据库中，所以只是简单地输出参数信息。

```python
self.QWebEngineview_Combination_monte_markovitz.setMinimumHeight(800)
self.QWebEngineview_Combination_Pie.setMinimumHeight(400)
self.QWebEngineview_Combination_Table.setMinimumHeight(400)
self.QWebEngineview_Combination_Versus.setMinimumHeight(700)

print('收益_min:', self.doubleSpinBox_returns_min.text())
print('收益_max:', self.doubleSpinBox_returns_max.text())
print('最大回撤_min:', self.doubleSpinBox_maxdrawdown_min.text())
print('最大回撤_max:', self.doubleSpinBox_maxdrawdown_max.text())
print('sharp比_min:', self.doubleSpinBox_sharp_min.text())
print('sharp比_max:', self.doubleSpinBox_sharp_max.text())
```

现在假设我们已经从数据库中找出 3 种组合最优的产品，分别为：昆仑三十六号、时时安稳健 1 号和长城国瑞证券恒通 23 号，它们的组合权重分别为 0.4、0.2 和 0.4。

```python
'''假设已经获取产品组合和权重'''
df = pd.read_excel(r'data\组合.xlsx',index_col=[0])
w = [0.4, 0.2, 0.4]
df['组合'] = (df * w).sum(axis=1)
```

最后就是绘图了，代码如下：

```
self.QWebEngineview_Combination_monte_markovitz.load(
QUrl.fromLocalFile(self.plotly_pyqt5.get_plotly_path_monte_markovitz(
monte_count=600)))
self.QWebEngineview_Combination_Pie.load(
QUrl.fromLocalFile(self.plotly_pyqt5.get_plotly_path_combination_pie(
df=df, w=w)))
self.QWebEngineview_Combination_Versus.load(
QUrl.fromLocalFile(self.plotly_pyqt5.get_plotly_path_combination_vers
us(df=df, w=w)))
self.QWebEngineview_Combination_Table.load(
QUrl.fromLocalFile(self.plotly_pyqt5.get_plotly_path_combination_tabl
e(df=df, w=w)))
```

上面的绘图函数 self.plotly_pyqt5.get_plotly_path_monte_markovitz 对应的图相对有些难度，下面简单介绍一下。

通过建立随机的权重来进行蒙特卡洛模拟收益率和方差，然后依次计算出 sharp 比。

```
def get_plotly_path_monte_markovitz(self,
file_name='monte_markovitz.html',monte_count=400,risk_free = 0.03):
    """
    """
    path_plotly = self.path_dir_plotly_html + os.sep + file_name
    df = pd.read_excel(r'data\组合.xlsx',index_col=[0])
    returns = df.pct_change()
    returns.dropna(inplace=True)
    noa = 3

    # 蒙特卡洛随机模拟结果
    port_returns = []
    port_variance = []

    for p in range(monte_count):
        weights = np.random.random(noa)
        weights /= np.sum(weights)
        port_returns.append(np.sum(returns.mean() * 50 * weights)) # 加
入模拟的均值
        port_variance.append(np.sqrt(np.dot(weights.T,
np.dot(returns.cov() * 50, weights)))) # 加入模拟的标准差

    port_returns = np.array(port_returns)
```

```
    port_variance = np.array(port_variance)
    color_array = (port_returns - risk_free) / port_variance # sharp 比,
不同的 sharp 比对应的颜色是不同的
```

接下来对收益率和风险进行绘图，并且不同的 sharp 比对应不同的颜色，即颜色是可变的，并添加 colorbar。

```
# 此处位置为 get_plotly_path_monte_markovitz 函数内部
trace1 = go.Scatter(
    x=port_variance,
    y=port_returns,
    mode='markers',
    marker=dict(
      size='6',
      color=color_array,  # 通过一个可变的变量表示颜色，结果是绘图颜色可变
      colorscale='Viridis',
      # 设置 colorbar
      colorbar=dict(
          tickmode='linear',
          tick0=color_array.min(),
          dtick=(color_array.max() - color_array.min()) / 5,
      ),
      showscale=True,
    )
)
data = [trace1]

pyof.plot(data, filename=path_plotly, auto_open=False)
return path_plotly
```

我们发现这部分内容与“展示产品基本信息”一节所涉及的 GUI 呈现技巧差不多，只是其背后的逻辑更复杂一些，而这些稍微复杂的逻辑由于不是本书的重点，所以都没有介绍。打开这个程序，然后运行，结果会看到使用 QWebEngineView 所绘制的图表是如此的美丽,这种美丽的动态渲染图在其他 GUI 程序中很少能够见到，而且它的设计又是那么的简单，由此，在内心深处对 PyQt 有了特别的喜爱。

11.4 PyQt 5在量化投资中的应用

量化投资，简单地说，就是指通过计算机编程的方法从历史数据中找到可以盈利的规律，并把它应用到未来数据上，在未来数据上实现盈利。与传统投资相比，量化投资最大的特点是在投资策略中广泛地应用程序化思想。

虽然量化投资的核心盈利策略与 PyQt 没什么关系，但是并不意味着 PyQt 就不能应用于量化投资中。实际上，任何投资策略的最终结果都需要一个 GUI 来呈现，这就是 PyQt 在量化投资中的意义。根据笔者的经验，投资策略结果的 GUI 呈现只适合作为回测平台的一个扩展，如果你没有开源的或者自己写的回测平台，那么就没有必要为每个投资策略结果都单独呈现一份 GUI，那样做无异于浪费时间。

本节的目的是给现有的回测平台适配基于 PyQt 的 GUI 输出结果。由于本书使用的是 Python 3+PyQt 5 的本地开发环境，这就限制了市场上的在线回测平台以及基于 Python 2 的本地回测平台的使用。本节选择给回测平台 zwquant 进行 GUI 扩展，是因为 zwquant 免费且开源，支持 Python 3，而且简单、易于上手，整个回测平台仅仅由几个.py 文件构成。

目前 zwquant 只发布了第 1 版，其中有很多细节不够完善，本书提供的 Chapter11/zwquant_pyqt 增加了对 GUI 输出的支持，调整了一些细节，使之更容易扩展和使用。

运行 PyQt5/Chapter11/zwquant_pyqt/zq902_macd_v2.py 文件，结果如图 11-12 所示。

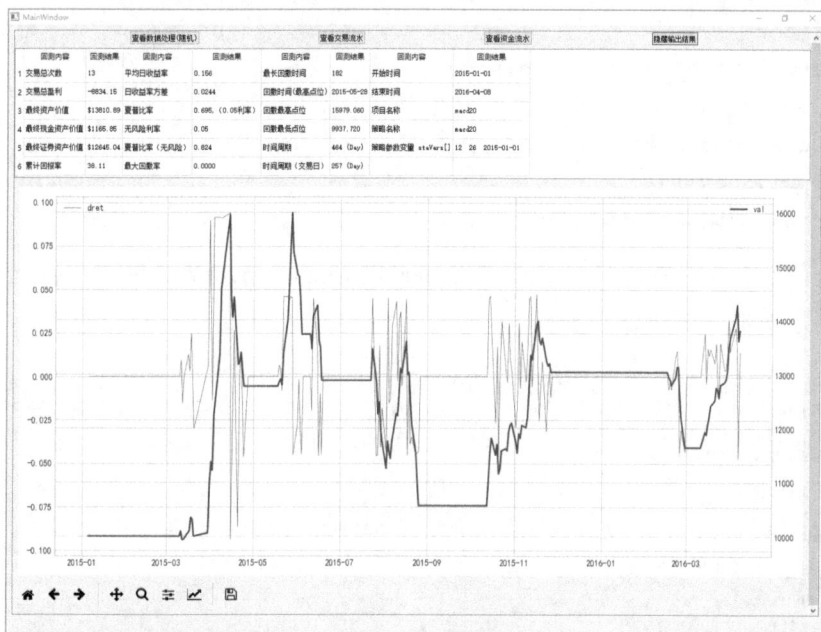

图 11-12

这是对 zwquant 适配 GUI 扩展的界面，下面对这个界面进行解读。

在默认情况下，是不显示 GUI 界面的，要开启这个 GUI 界面的显示，首先需要对策略参数进行如下设置：

```
# 设置策略参数
qx.staVars=[12,26,'2015-01-01','']
```

```
qx.debugMod=1
qx.pyqt_mode_flag = True
qx.staFun=zwsta.macd20 # 绑定策略函数&运行回溯主函数
```

其中，qx.pyqt_mode_flag==True 就是指要开启 GUI 输出模式。如果设置了 qx.pyqt_mode_flag==True，在 bt_endRets 函数中会执行下面的代码：

```
# 自定义输出结果
if qx.pyqt_mode_flag == True:
        zwdr.my_pyqt_show(qx)
else:
        zwdr.my_qunt_plot(qx)
```

zwdr.my_pyqt_show()对应的 PyQt5/Chapter11/zwquant_pyqt/zwQTDraw.py 文件的 my_pyqt_show()函数如下：

```
def my_pyqt_show(qx):
    from my_back_test_show import MainWindow
    from PyQt5.QtWidgets import QMainWindow, QApplication
    import sys
    app = QApplication(sys.argv)
    ui = MainWindow(qx)
    ui.showMaximized()
    # ui.show()
    sys.exit(app.exec_())
```

这个函数其实是在运行 PyQt5/Chapter11/zwquant_pyqt/my_back_test_show.py，这个文件才是本节要介绍的重点。

```
def __init__(self, qx=None, parent=None):
    """
    Constructor

    @param parent reference to the parent widget
    @type QWidget
    """
    super(MainWindow, self).__init__(parent)
    self.setupUi(self)
    if qx != None: # 与 zwquant 结合，qx 是 zwquant 的一个类实例
        self.qx = qx
        self.show_result(self.qx)
        self.matplotlibwidget_static.mpl.start_static_plot(self.qx)
    else: # 用于测试，不需要 zwquant 也能运行，方便快速开发自己的 GUI 界面
        self.show_result()
```

```
        self.matplotlibwidget_static.mpl.start_static_plot()
```

上面是 MainWindow 类的初始化函数，无论是与 zwquant 结合还是独立运行，都会执行 show_result()和 matplotlibwidget_static.mpl.start_static_plot()函数。

```
    def show_result(self, qx=None):

        if qx != None: # 跑回测的话就传入回测数据
            list_result = qx.result_info
            pickle_file = open('my_list.pkl', 'wb') # 以 wb 方式写入
            pickle.dump(list_result, pickle_file) # 向 pickle_file 中写入
my_list
            pickle_file.close()
        else: # 不跑回测的话就读取测试数据
            pickle_file = open('my_list.pkl', 'rb') # 以 rb 方式读取
            list_result = pickle.load(pickle_file) # 读取以 pickle 方式写入的
文件 pickle_file
            pickle_file.close()

        list_result.append(['', '']) # 为了能够凑够 24*2（原来是 23*2）
        len_index = 6
        len_col = 8
        list0, list1, list2, list3 = [list_result[6 * i:6 * i + 6] for i in
range(0, 4)]
        arr_result = np.concatenate([list0, list1, list2, list3], axis=1)
        self.tableWidget.setRowCount(len_index) # 设置行的数量
        self.tableWidget.setColumnCount(len_col) # 设置列的数量
        self.tableWidget.setHorizontalHeaderLabels(['回测内容', '回测结果'] *
4) # 设置垂直方向上的标题
        self.tableWidget.setVerticalHeaderLabels([str(i) for i in range(1,
len_index + 1)]) # 设置水平方向上的标题

        for index in range(len_index):
            for col in range(len_col):
            self.tableWidget.setItem(index, col,
QTableWidgetItem(arr_result[index, col]))
        self.tableWidget.resizeColumnsToContents()# 根据内容来调整列的宽度
```

show_result()函数用来建立一个 tableWidget，由于代码注释非常详细，这里就不过多介绍了。结果如图 11-13 所示。

对于 PyQt5/Chapter11/zwquant_pyqt/MatplotlibWidget.py 中的绘图函数，同样有与 zwquant 结合和独立运行两个版本。需要注意的是，ax2 = ax1.twinx()表示 ax2 建立的是次坐标轴，在次坐标轴上显示组合市值曲线，在主坐标轴上显示当前市值的

收益率情况。

	回测内容	回测结果	回测内容	回测结果	回测内容	回测结果	回测内容	回测结果
1	交易总次数	13	平均日收益率	0.156	最长回撤时间	182	开始时间	2015-01-01
2	交易总盈利	-8834.15	日收益率方差	0.0244	回撤时间(最高点位)	2015-05-28	结束时间	2016-04-08
3	最终资产价值	$13810.89	夏普比率	0.695,（0.05利率）	回撤最高点位	15979.060	项目名称	macd20
4	最终现金资产价值	$1165.85	无风险利率	0.05	回撤最低点位	9937.720	策略名称	macd20
5	最终证券资产价值	$12645.04	夏普比率（无风险）	0.824	时间周期	464（Day）	策略参数变量 staVars[]	12 26 2015-01-01
6	累计回报率	38.11	最大回撤	0.0000	时间周期（交易日）	257（Day）		

图 11-13

```
'''绘制静态图，可以在这里定义自己的绘图逻辑'''

def start_static_plot(self,qx=None):
    if qx != None:  # 与 zwquant 结合，qx 是 zwquant 的一个类实例
        df = qx.qxLib.copy()
        df.set_index('date',inplace=True)
        df.rename_axis(lambda x: pd.to_datetime(x),inplace=True)
        ax1 = self.axes
        ax1.plot(df['dret'], color='green', label='dret', linewidth=0.5)
        ax1.legend(loc='upper left')
        ax2 = ax1.twinx()
        ax2.plot(df['val'], color='red', label='val', linewidth=2)
        ax2.legend(loc='upper right')
    else:  # 用于测试，不需要 zwquant 也能运行，方便快速开发自己的 GUI 界面
        t = arange(0.0, 3.0, 0.01)
        s = sin(2 * pi * t)
        self.axes.plot(t, s)
        self.axes.set_ylabel('静态图：Y 轴')
        self.axes.set_xlabel('静态图：X 轴')
        self.axes.grid(True)
```

结果如图 11-14 所示。

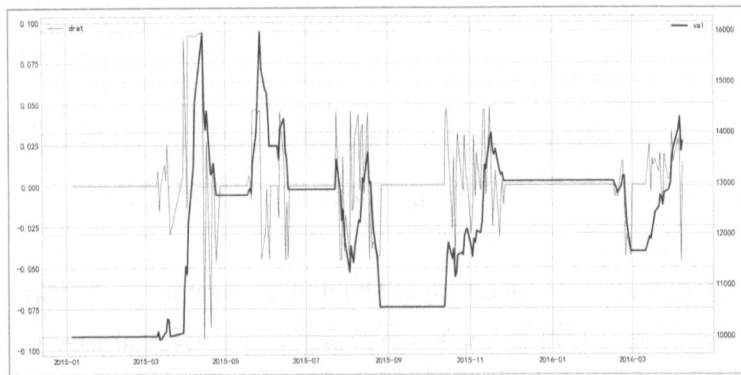

图 11-14

对于剩下的三个"查看"按钮，单击后分别用来查看对应的文件，在 PyQt5/Chapter11/zwquant_pyqt/tmp 文件夹中可以找到这三个文件，分别是 macd20_600401.csv、macd20_qxLib.csv 和 macd20_xtrdLib.csv。

```python
@pyqtSlot()
def on_pushButton_show_dataPre_clicked(self):
    """
    Slot documentation goes here.
    """
    if hasattr(self, 'qx'):# 与 zwquant 结合，再进行下一步
        if hasattr(self.qx,'path_dataPre'):
            os.system(np.random.choice(self.qx.path_dataPre)) # 随机选取
数据预处理的文件结果，并打开


@pyqtSlot()
def on_pushButton_show_money_flow_clicked(self):
    """
    Slot documentation goes here.
    """
    if hasattr(self, 'qx'):# 与 zwquant 结合，再进行下一步
        os.system(self.qx.fn_qxLib)


@pyqtSlot()
def on_pushButton_show_trade_flow_clicked(self):
    """
    Slot documentation goes here.
    """
    if hasattr(self, 'qx'):# 与 zwquant 结合，再进行下一步
    os.system(self.qx.fn_xtrdLib)
```

在这里并没有看到最后一个按钮（隐藏输出结果）的代码，但是这个按钮确实触发了信号槽机制。其实这部分内容是在 Qt Designer 中完成的，方法如下：

首先，对这个按钮的属性进行设置，如图 11-15 所示。

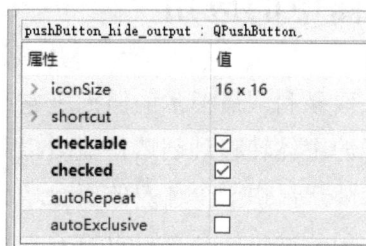

pushButton_hide_output : QPushButton	
属性	值
> iconSize	16 x 16
> shortcut	
checkable	☑
checked	☑
autoRepeat	☐
autoExclusive	☐

图 11-15

然后，单击"Edit"→"编辑信号与槽"，将隐藏输出结果按钮拖动到 tableWidget 上，则会弹出一个对话框，设置如图 11-16 所示。

单击"OK"按钮，就看到了如图 11-17 所示的结果。

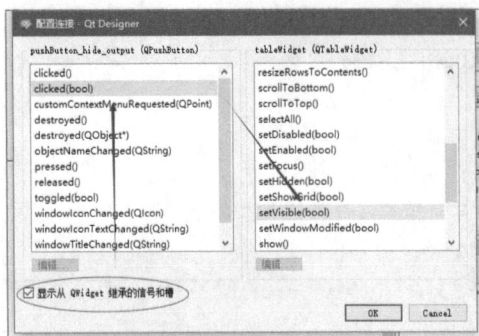

图 11-16

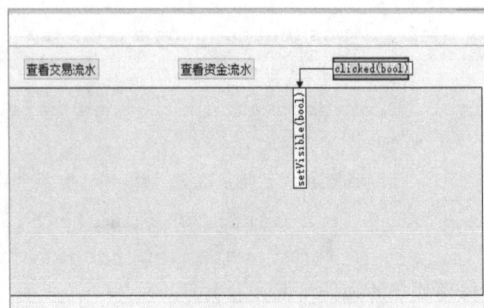

图 11-17

上面的信号与槽对应的代码如下：

```
self.pushButton_hide_output.clicked['bool'].connect(self.tableWidget.
setVisible)
```

可以看到，连这样的代码 Qt Designer 都已经帮我们生成了，由此可见它的强大之处。另外，如果读者在学习 PyQt 时不知道某个控件有哪些信号与槽，一是通过 Qt 官网来找；二是通过这种方法生成。不过，这种方法只适用于 PyQt 对已经存在的信号与槽进行连接的情况，如果想要自定义信号与槽，还是要参考本书中 7.3 节"信号与槽的高级玩法"。

最后，之所以要把绘图结果嵌套到 scrollArea 中，是为了方便日后往里面添加更多的信息。因为一个成熟的量化投资平台的输出结果不仅仅包含几个指标、几个图示，还可能会输出一些交易信息、每日推荐股票，以及显示市场行情信息等。加上 scrollArea，是为了方便日后能够快速添加这些信息，不需要的读者可以根据自己的情况自行删除。

11.5 PyQt 5在券商中的应用

金融行业之所以能够获取暴利，最根本的原因是它是一个资金融通的中介，把资金从创造价值增值能力低的主体转移到创造价值增值高的主体上来。主体又可以分为国家、行业、公司和个体户。由于个体户的资金增值容量有限，且信息很难获取，因此我们排除个体户，主要分析的基本单位就是公司。对于个人投资者来说，从公开信息中获取公司基本情况的途径可能有免费的新浪财经网页、同花顺、大智慧等炒股软件，不差钱的也可以使用付费的 Wind 金融终端；而对于机构这样的专业投资者，在分析公司好坏时不仅需要使用这些信息，还需要从公司发布的各种报告中挖掘出隐藏的信息。因此，如何快速、高效地获取各种报告中的信息对机构投资者来说是一个难题，本节的内容就是要解决这个难题。

虽然可以从同花顺、大智慧以及 Wind 金融终端中获取公司报告，但是这些报告需要一个个获取，效率太低了，因此这些软件并不是我们想要的。

本节给出的做法是用 PyQt 模拟巨潮资讯（http://www.cninfo.com.cn/cninfo-new/index）网站，来实现我们想要的各种功能。为什么要设计一个 GUI 而不直接使用现成的网页搜索呢？这是因为这个网站的公告信息同样需要一个个点击获取，不够智能，实现不了我们想要的功能。

这个案例是笔者在国内一家大型的证券公司工作期间开发的一个快速获取公司公告的工具，并且一经问世就受到了业界的好评。该案例具有完整性和实战性，无须修改就可以使用。说实话，对于这样一个工具，在金融行业绝对会有人花高价来购买，特别是与公司报告接触最多的研究员，最希望能拥有这样的工具。笔者把这个软件放进本书中，也算是对读者购书的一种答谢。软件虽然很简单，但是背后的逻辑却很烦琐，代码比较多，新手可能一下子看不懂，建议新手积累一点 PyQt 经验后再去深入学习。下面我们看具体的细节部分。

11.5.1　从爬虫说起

这个 GUI 案例的功能主要是用来模拟网站的行为，因此最底层调用的一定是网络爬虫，GUI 仅仅是对爬虫的结果封装一个壳而已。这里不会对爬虫知识进行深入讲解，只介绍如何调用已经写好的爬虫程序。

在 PyQt5/Chapter11/juchao/craw.py 文件中，我们只看到了一个简单的函数：

```
'''
模拟巨潮资讯的网络爬虫。
'''

import requests

def get_one_page_data(key, date_start='', date_end='', fulltext_str_
flag='false', page_num=1, pageSize=30,sortName='nothing',sortType='desc'):
    '''
    :param key: 搜索的关键词
    :param date_start:起始时间
    :param date_end: 终止时间
```

```
        :param fulltext_str_flag:是否是内容搜索，默认为 false，即标题搜索
        :param page_num: 要搜索的页码
        :param pageSize: 每页显示的数量
        :param sortName: 排序名称，对应关系为:'相关度': 'nothing', '时间':
'pubdate', '代码': 'stockcode_cat', 默认为相关度
        :param sortType: 排序类型，对应关系为:'升序': 'asc', '降序': 'desc', 默
认为降序
        :return: 总页码 和 当前页码的信息
        '''
        params = {'searchkey': key,
                  'sdate': date_start,
                  'edate': date_end,
                  'isfulltext': fulltext_str_flag,
                  'sortName': sortName,
                  'sortType': sortType,
                  'pageNum': str(page_num),
                  'pageSize': str(pageSize)}
        key_encode = requests.models.urlencode({'a': key}).split('=')[1]

        url = 'http://www.cninfo.com.cn/cninfo-new/fulltextSearch/full'
        headers = {'Accept': 'application/json, text/javascript, */*; q=0.01',
                   'Accept-Encoding': 'gzip, deflate, sdch',
                   'Accept-Language': 'zh-CN,zh;q=0.8',
                   'Connection': 'keep-alive',
                   'Cookie': 'JSESSIONID=7DF993E8D803E8672C6069F48399F60D;
cninfo_search_record_cookie=%s' % key_encode,
                   'Host': 'www.cninfo.com.cn',
                   'Referer': 'http://www.cninfo.com.cn/cninfo-new/fulltext
Search?code=&notautosubmit=&keyWord=%s' % key_encode,
                   'User-Agent': 'Mozilla/5.0 (Windows NT 10.0; Win64; x64)
AppleWebKit/537.36 (KHTML, like Gecko) Chrome/51.0.2704.63 Safari/537.36
Qiyu/2.1.0.0', 'X-Requested-With': 'XMLHttpRequest'}
        try:
            r = requests.get(url, headers=headers, params=params, timeout=20)
            # r.encoding = 'utf-8'
            page_content = r.json()
            page_value = page_content['announcements']
            total_page_num = page_content['totalpages']
            return total_page_num, page_value
        except:
            return None, None
```

```
if __name__ == '__main__':
    total_num, page_value = get_one_page_data('中国中车',
date_start='2015-01-05', date_end='2015-07-03')
```

可以看到，这个函数传递的参数功能很详细，这些参数可以模拟从网页中所能获取的全部信息（模拟的网页为：http://www.cninfo.com.cn/cninfo-new/fulltextSearch?code=&notautosubmit=&keyWord=中国中车）。唯一不同的是，这里返回的是每页显示 30 条信息（pageSize=30），而官方网站则只能每页显示 10 条信息。在如此复杂的网站背后却是这样一个简单的函数，爬虫给人的感觉是不可思议的。读者可以自行修改参数，看看结果与官方网站的结果是否一致，以便对这个爬虫有一个大概的了解。

11.5.2　程序解读

1. Qt Designer 界面

本节案例使用的 UI 界面文件是 PyQt5/Chapter11/juchao/run.ui。可以看到上面爬虫的所有参数在这个界面中都有相对应的控件，剩下的一些控件则是我们对巨潮资讯的扩展，如图 11-18 所示。

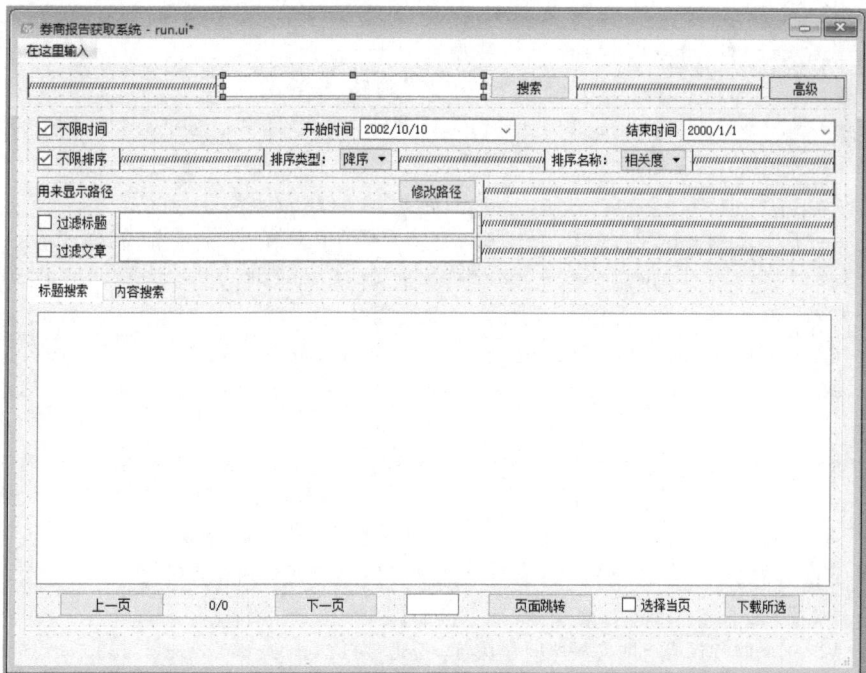

图 11-18

2. 软件的初始化

软件的初始化包括三个部分：设置属性、连接信号与槽、初始化下载目录。

对于属性的设置，需要注意的是 self.frame_advanced.hide()，表示默认隐藏高级选项的内容，因为这些高级选项已经放在了一个 frame 控件中。

对于信号与槽的连接，这部分内容比较难理解，会在后续拆分进行讲解。

```python
def __init__(self, parent=None):
    """
    Constructor

    @param parent reference to the parent widget
    @type QWidget
    """
    super(MainWindow, self).__init__(parent)
    self.setupUi(self)
    self.total_pages_content = 1
    self.total_pages_title = 1
    self.current_page_num_title = 1
    self.current_page_num_content = 1
    self.sort_type = 'desc'
    self.sort_name = 'nothing'
    self.comboBox_dict = {'相关度': 'nothing', '时间': 'pubdate', '代码':
'stockcode_cat', '升序': 'asc', '降序': 'desc'}
    self.frame_advanced.hide() # 默认隐藏 frame
    self.download_info_list = []   # 存储要下载的信息，每个元素都是字典形式的，
存储了要下载的标题、URL 等信息
    self.download_path = os.path.abspath(r'./下载')
    self.label_show_path.setText('当前保存目录为: ' + self.download_path)
    self.tableWidget_title_checked = Qt.Unchecked  # 设置 tableWidget 的
默认选择方式
    self.tableWidget_content_checked = Qt.Unchecked
    self.select_title_page_info = set()   # 记录 checkBox_select 选择的页面
信息
    self.select_content_page_info = set()# 记录 checkBox_select 选择的页面
信息
    self.filter_title_list = [] # 用来显示过滤标题的列表
    self.filter_content_list = [] # 用来显示过滤内容的列表

    '''下面四行代码一定要按照顺序执行，否则 self.start_time 与 self.end_time 这
两行代码会无效'''
    self.dateEdit.setDateTime(datetime.datetime.now())
```

```
    self.dateEdit_2.setDateTime(datetime.datetime.now())
    self.start_time = ''
    self.end_time = ''

    self.dateEdit.setEnabled(False)
    self.dateEdit_2.setEnabled(False)
    self.comboBox_type.setEnabled(False)
    self.comboBox_name.setEnabled(False)
    self.lineEdit_filter_content.setEnabled(False)
    self.lineEdit_filter_title.setEnabled(False)

    '''连接信号与槽'''
    '显示或隐藏高级选项'
    self.pushButton_setting_advanced.toggled['bool'].connect
(self.frame_advanced.setHidden)
    '下载'
    self.pushButton_download_select_title.clicked.connect
(self.download_pdf)
    self.pushButton_download_select_content.clicked.connect
(self.download_pdf)
    download_thread.signal.connect(self.show_status)   # 子线程的信号连接
主线程的槽
    '修改存储路径'
    self.pushButton_change_save_path.clicked.connect
(self.change_save_path)
    'tableWidget 相关'
    self.tableWidget_title.itemChanged.connect(self.select_item)
    self.tableWidget_content.itemChanged.connect(self.select_item)
    self.tableWidget_title.cellClicked.connect(self.view_one_new)
    self.tableWidget_content.cellClicked.connect(self.view_one_new)
    '状态栏显示'
    self.signal_status.connect(self.show_status)   # 将状态栏信号绑定到槽
    '在 lineEdit 控件上按下 Enter 键就可以触发搜索或跳转到页码'
    self.lineEdit.returnPressed.connect(self.on_pushButton_search_
clicked)
    self.lineEdit_filter_title.returnPressed.connect(self.on_
pushButton_search_clicked)
    self.lineEdit_filter_content.returnPressed.connect
(self.on_pushButton_search_clicked)
    self.lineEdit_content_page.returnPressed.connect
(self.pushButton_content_jump_to.click)
    self.lineEdit_title_page.returnPressed.connect(lambda:
```

```
self.page_go('title_jump_to'))
        '页码跳转函数'
        self.pushButton_title_down.clicked.connect(lambda:
self.page_go('title_down'))
        self.pushButton_content_down.clicked.connect(lambda:
self.page_go('content_down'))
        self.pushButton_title_up.clicked.connect(lambda:
self.page_go('title_up'))
        self.pushButton_content_up.clicked.connect(lambda:
self.page_go('content_up'))
        self.pushButton_title_jump_to.clicked.connect(lambda:
self.page_go('title_jump_to'))
        self.pushButton_content_jump_to.clicked.connect(lambda:
self.page_go('content_jump_to'))
        '选择标题或内容'
        self.checkBox_select_title.clicked['bool'].connect
(self.select_checkBox)
        self.checkBox_select_content.clicked['bool'].connect
(self.select_checkBox)
        '显示/下载过滤操作'
        self.checkBox_filter_title.clicked['bool'].connect
(self.filter_enable)
        self.checkBox_filter_content.clicked['bool'].connect
(self.filter_enable)

        '初始化下载目录'
        if not os.path.isdir(self.download_path):
            os.mkdir(self.download_path)
```

3. 开始搜索

打开软件，在文本框中输入关键词，然后单击"搜索"按钮，触发了信号槽机制。

```
    @pyqtSlot()
    def on_pushButton_search_clicked(self):
    """
        Slot documentation goes here.
    """
        self.download_info_list = [] # 每一次重新搜索都要清空下载购物车
        self.current_page_num_title = 1 # 初始化搜索，默认当前页码为1
        self.current_page_num_content = 1
        self.update_tablewidget_title() # 更新标题搜索
```

```
self.update_tablewidget_content() # 更新内容搜索
```

其实不仅单击按钮时需要触发这个槽函数，在文本框中按下 Enter 键时也需要触发这个槽函数，于是就生成了如下代码（在__init__函数中）：

```
在 lineEdit 上按下 Enter 键就可以触发搜索或跳转到页码'
self.lineEdit.returnPressed.connect(self.on_pushButton_search_clicked)
self.lineEdit_filter_title.returnPressed.connect )
(self.on_pushButton_search_clicked)
self.lineEdit_filter_content.returnPressed.connect
(self.on_pushButton_search_clicked)
```

上面的代码表示无论是在搜索的 lineEdit 中还是过滤的 lineEdit 中，只要按下 Enter 键，就会触发这个槽函数。这里使用了两种方法来连接信号与槽，其中一种方法很常见，就是用 Eric 生成的信号与槽连接；另一种方法则是自定义的信号与槽连接。下面还会介绍更多的连接方法，比如传递参数。

接下来分析这个槽函数，可以看到，初始化按钮除更新一些初始化参数外，下面两行代码起关键作用：

```
self.update_tablewidget_title() # 更新标题搜索
self.update_tablewidget_content() # 更新内容搜索
```

update_tablewidget_title 和 update_tablewidget_content 的功能本质上是一样的，下面以 update_tablewidget_title 为例：

```
def update_tablewidget_title(self, page_num=1):
    '''更新 tablewidget_title'''
    key_word = self.lineEdit.text()
    '''从网络爬虫中获取数据'''
    total_pages_title, dict_data_title = get_one_page_data(key_word,
fulltext_str_flag='false', page_num=page_num,

date_start=self.start_time, date_end=self.end_time,

sortName=self.sort_name, sortType=self.sort_type)
    '''把数据显示到表格上'''
    if total_pages_title != None:
        self.total_pages_title = total_pages_title
        self.show_tablewidget(dict_data_title, self.tableWidget_title,
clear_fore=False)
        self.label_page_info_title.setText('%d/%d' %
(self.current_page_num_title, self.total_pages_title)) # 更新当前页码信息
```

可以看到，update_tablewidget_title 主要包括两部分，第一部分是从网页中获取信息；第二部分是把从网页中抓取的信息显示到表格上，主要使用 show_tablewidget 函数，而 self.label_page_info_title.setText 函数则用来显示当前页码信息。下面看一下 show_tablewidget 函数，它是本节中最重要的函数，我们拆分成几部分来解读。

```
def show_tablewidget(self, dict_data, tableWidget, clear_fore=True):
    '''传入 dict_data 与 tableWidget，以实现在 tableWidget 上面呈现
dict_data'''
    '''提取自己需要的信息：'''
    if clear_fore == True:  # 检测在搜索之前是否要清空下载购物车信息
        self.download_info_list = []
```

之所以检测是否要清空下载购物车信息，是因为我们调用的 show_tablewidget 函数是页码跳转函数，比如单击"下一页"按钮时，我们希望的是保留下载购物车的信息。而新建一个搜索（单击"搜索"按钮），则表示需要清空下载购物车的信息。

每一次页码跳转或者新建搜索时都应该清空状态栏的内容，所以会有下面的代码。

```
# 此处位置在函数 show_tablewidget 内部
'更新状态栏信息'
self.signal_status.emit('clear', [])  # 清空状态栏
```

我们希望这个软件能够把之前选中的页面记录下来，并在下一次跳转到这些页面时能够自动选中它们。这个功能网络爬虫是无法实现的，需要用代码手动实现。

```
# 此处位置在函数 show_tablewidget 内部
'检测 checkBox 之前是否被选中过，若选中过则设置为选中，否则设置为不选中'
        if tableWidget.objectName() == 'tableWidget_title':
            if self.current_page_num_title in
self.select_title_page_info:
                self.checkBox_select_title.setCheckState(Qt.Checked)
            else:
                self.checkBox_select_title.setCheckState(Qt.Unchecked)
            flag = 'title'
        else:
            if self.current_page_num_content in
self.select_content_page_info:
                self.checkBox_select_content.setCheckState(Qt.Checked)
            else:
self.checkBox_select_content.setCheckState(Qt.Unchecked)
            flag = 'content'
```

对于过滤信息的显示，我们放在"自定义过滤"部分进行讲解，这里先略过。

```
# 此处位置在函数 show_tablewidget 内部
'''检测过滤显示的信息'''
if self.lineEdit_filter_title.isEnabled() == True:
    filter_text = self.lineEdit_filter_title.text()
    self.filter_title_list = self.get_filter_list(filter_text)
else:
    self.filter_title_list=[]
if self.lineEdit_filter_content.isEnabled() == True:
    filter_text = self.lineEdit_filter_content.text()
    self.filter_content_list = self.get_filter_list(filter_text)
else:
    self.filter_content_list=[]
```

接下来处理从网络中获取的数据。需要说明的是，我们为结果自定义添加了标记：dict_target['flag'] = flag。之所以这样做，是因为服务器返回的标题搜索结果与内容搜索结果有相同的内容。如果把这些相同的内容添加到下载购物车中，则无法明确下载购物车中的基本元素到底是来自于标题搜索还是内容搜索，这样就无法建立下载购物车与标题搜索和内容搜索之间一一对应的关系，不方便管理购物车。而加上标记之后，就可以实现一一对应的关系了。

```
# 此处位置在函数 show_tablewidget 内部

'''从传入的网络爬虫抓取的数据中提取自己需要的数据'''
if len(dict_data) > 0:
    # key_word = self.lineEdit.text()
    len_index = len(dict_data)
    list_target = []  # 从 dict_data 中提取目标数据，基本元素是下面的
dict_target
    for index in range(len_index):
        dict_temp = dict_data[index]# 提取从服务器中返回的其中一行信息
        dict_target = {} # 从 dict_temp 中提取自己需要的信息，主要包括标题、内
容、时间、下载 URL 等
        '提取标题与内容'
        _temp_title = dict_temp['announcementTitle']
        _temp_content = dict_temp['announcementContent']
        for i in ['<em>', '</em>']: # <em>, </em>是服务器对搜索关键词添加的
标记，这里对它们剔除
            _temp_title = _temp_title.replace(i, '')
            _temp_content = str(_temp_content).replace(i, '')

        dict_target['title'] = _temp_title
        dict_target['content'] = _temp_content
```

```
    '提取时间'
    _temp = dict_temp['adjunctUrl']
    dict_target['time'] = _temp.split(r'/')[1]

    '提取 URL'
    id = _temp.split(r'/')[2].split('.')[0]
    download_url = 'http://www.cninfo.com.cn/cninfo-new/disclosure/
fulltext/download/{}?announceTime={}'.format(
        id, dict_target['time'])
    dict_target['download_url'] = download_url
    dict_target['flag'] = flag
    # print(download_url)
    '添加处理的结果'
    list_target.append(dict_target)
```

同样，对于下载过滤，也放在"自定义过滤"部分进行讲解。

```
    # 此处位置在函数 show_tablewidget 内部

    '''根据过滤规则进行自定义过滤，默认是不过滤的'''
    df = DataFrame(list_target)
    df = self.filter_df(df,filter_title_list=self.filter_
title_list,filter_content_list = self.filter_content_list)

    '''过滤后，更新 list_target'''
    _temp = df.to_dict('index')
    list_target = list(_temp.values())

else:  # '处理没有数据的情况'
    list_target = []
```

获取完数据之后，接下来显示这些数据。首先确定需要显示数据的行数、列数，以及每行的名称、每列的名称。

```
    # 此处位置在函数 show_tablewidget 内部

    '''tableWidget 的初始化'''
    list_col = ['time', 'title', 'download_url']
    len_col = len(list_col)
    len_index = len(list_target)  # list_target 可能有所改变，需要重新计算长度
    if tableWidget.objectName() == 'tableWidget_title':
        self.list_target_title = list_target
    else:
```

```
      self.list_target_content = list_target
   tableWidget.setRowCount(len_index)  # 设置行数
   tableWidget.setColumnCount(len_col)  # 设置列数
   tableWidget.setHorizontalHeaderLabels(['时间', '标题', '查看'])  # 设置垂
直方向上的名称
   tableWidget.setVerticalHeaderLabels([str(i) for i in range(1, len_index
+ 1)])  # 设置水平方向上的名称
   tableWidget.setCornerButtonEnabled(True)  # 点击左上角进行全选
```

现在对每行和每列填充数据。

```
# 此处位置在函数 show_tablewidget 内部

'''填充 tableWidget 的数据'''
for index in range(len_index):
    for col in range(len_col):
        name_col = list_col[col]
        if name_col == 'download_url':
            item = QTableWidgetItem('查看')
            item.setTextAlignment(Qt.AlignCenter)
            font = QFont()
            font.setBold(True)
            font.setWeight(75)
            item.setFont(font)
            item.setBackground(QColor(218, 218, 218))
            item.setFlags(Qt.ItemIsUserCheckable | Qt.ItemIsEnabled)
            tableWidget.setItem(index, col, item)
        elif name_col == 'time':
            item = QTableWidgetItem(list_target[index][name_col])
            item.setFlags(Qt.ItemIsUserCheckable |
                    Qt.ItemIsEnabled)
            '''查看当前行的内容是否已经在下载购物车中，如果在就设置为选中'''
            if list_target[index] in self.download_info_list:
                item.setCheckState(Qt.Checked)
            else:
                item.setCheckState(Qt.Unchecked)
            tableWidget.setItem(index, col, item)
        else:
            tableWidget.setItem(index, col,
QTableWidgetItem(list_target[index][name_col]))
   # tableWidget.resizeColumnsToContents()
   tableWidget.setColumnWidth(1, 500)
```

结合结果进行解读效果会更好，如图 11-19 所示。

图 11-19

（1）为什么右侧的"查看"不使用 QPushButton 而使用 QTableWidgetItem？这是因为如果使用 QPushButton，单击按钮只会触发 QPushButton 的信号与槽机制，而且会完全覆盖 tableWidget 的信号与槽机制，因此 tableWidget 的信号与槽机制不会被触发；而使用 QTableWidgetItem 则没有这个问题，所以这里使用 QTableWidgetItem。

```
item = QTableWidgetItem('查看')
item.setTextAlignment(Qt.AlignCenter)
font = QFont()
font.setBold(True)
font.setWeight(75)
item.setFont(font)
item.setBackground(QColor(218, 218, 218))
item.setFlags(Qt.ItemIsUserCheckable | Qt.ItemIsEnabled)
tableWidget.setItem(index, col, item)
```

（2）使用 QTableWidgetItem 自带的 check 功能而不是嵌入 CheckBox 控件，也是这个原因，注意下面开启 check 功能的方法。

（3）对于表格页面中的某一行记录，如果之前选中过，那么当下次跳转到这个页面时，我们希望能够自动选中它。代码如下：

```
item = QTableWidgetItem(list_target[index][name_col])
item.setFlags(Qt.ItemIsUserCheckable |
        Qt.ItemIsEnabled)
'''查看当前行所代表的内容是否已经在下载购物车里面，如果在就设置为选中'''
if list_target[index] in self.download_info_list:
```

```
    item.setCheckState(Qt.Checked)
else:
    item.setCheckState(Qt.Unchecked)
tableWidget.setItem(index, col, item)
```

（4）可以指定第二列的宽度为 500（tableWidget.setColumnWidth(1, 500)），也可以根据列的内容长度自动调整列的宽度（tableWidget.resizeColumnsToContents()）。

```
# tableWidget.resizeColumnsToContents()
tableWidget.setColumnWidth(1, 500)
```

4．页面跳转

页面跳转要实现的是如图 11-20 所示的这几个控件的功能。

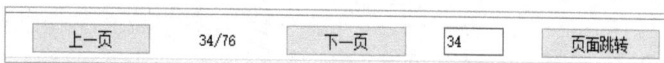

图 11-20

首先，我们从__init__函数中的信号与槽出发，查看程序的实现方式。

```
'页面跳转函数'
    self.pushButton_title_down.clicked.connect(lambda:
self.page_go('title_down'))
    self.pushButton_content_down.clicked.connect(lambda:
self.page_go('content_down'))
    self.pushButton_title_up.clicked.connect(lambda:
self.page_go('title_up'))
    self.pushButton_content_up.clicked.connect(lambda:
self.page_go('content_up'))
    self.pushButton_title_jump_to.clicked.connect(lambda:
self.page_go('title_jump_to'))
    self.pushButton_content_jump_to.clicked.connect(lambda:
self.page_go('content_jump_to'))
```

可以看到，所有的页面跳转函数都指向了 page_go 这个函数，而且此处使用的是可以传递参数的信号与槽机制。

另外，在 lineEdit 中按下 Enter 键，所呈现的效果与单击"页面跳转"按钮一样。

```
    self.lineEdit_content_page.returnPressed.connect(self.pushButton_content_jump_to.click)
    self.lineEdit_title_page.returnPressed.connect(lambda:
self.page_go('title_jump_to'))
```

📍 注意

> 这里使用两种实现方法，其中一种方法是通过触发"页面跳转"按钮来间接触发 page_go 函数；另一种方法是直接触发 page_go 函数。这两种实现方法的结果是一样的。

接下来看 page_go 函数做了什么工作。

```python
def page_go(self, go_type):
    '''页面跳转主函数'''
    if go_type == 'title_down': # 触发"下一页"按钮
        _temp = self.current_page_num_title
        self.current_page_num_title += 1
        if 1 <= self.current_page_num_title <= self.total_pages_title: #
如果待跳转的页面真实、有效，则继续；否则不进行跳转
            self.update_tablewidget_title(page_num=self.current_
page_num_title)
        else:
            self.current_page_num_title = _temp
```

当在标题搜索页面中单击"下一页"按钮时，会触发 page_go 函数，并传递 title_down 参数。上面代码的作用是：若下一页是有效的，则进行跳转；否则，不进行跳转。

对于页码的跳转，其实现方式也是一样的：若待跳转的页码是有效的（就是带跳转的页码 PageNum 的大小在 1 与页码最大值之间），则进行跳转；否则，不进行跳转。

```python
# 此处位置在 page_go 函数内部
elif go_type == 'title_jump_to':
    _temp = self.current_page_num_title
    self.current_page_num_title = int(self.lineEdit_title_page.text())
    if 1 <= self.current_page_num_title <= self.total_pages_title:
        self.update_tablewidget_title(page_num=self.current_
page_num_title)
    else:
        self.current_page_num_title = _temp
```

5. 快速选择

快速选择解决的是图 11-21 所示的黑色框中选项的选择问题。

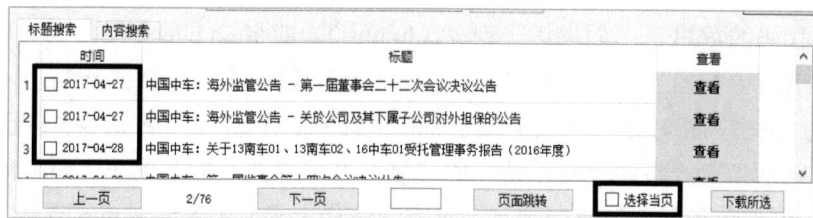

图 11-21

相关的信号与槽的代码如下，其中前两行代码由 tableWidget 的信号触发，后两行代码由 checkBox 控件的信号触发。

```
'tableWidget 相关'
self.tableWidget_title.itemChanged.connect(self.select_item)
self.tableWidget_content.itemChanged.connect(self.select_item)
'选择标题或者内容'
self.checkBox_select_title.clicked['bool']
connect(self.select_checkBox)
self.checkBox_select_content.clicked['bool'].
connect(self.select_checkBox)
```

下面先从 select_item 函数开始解读，它是最基本的选择函数。

```
def select_item(self, item):
    '''处理选择 item 的主函数'''
    # print('item+change')
    column = item.column()
    row = item.row()
    if column == 0:  # 只针对第一列
        if item.checkState() == Qt.Checked:
            if item.tableWidget().objectName() == 'tableWidget_title':
                download_one = self.list_target_title[row]
            else:
                download_one = self.list_target_content[row]
            if download_one not in self.download_info_list:
                self.download_info_list.append(download_one)
                self.signal_status.emit('select_status', [])
        else:
            if item.tableWidget().objectName() == 'tableWidget_title':
                download_one = self.list_target_title[row]
            else:
                download_one = self.list_target_content[row]
            if download_one in self.download_info_list:
                self.download_info_list.remove(download_one)
                self.signal_status.emit('select_status', [])
```

上面代码的意思是：如果第一列（column=0）的 item.checkState 为选中状态，则从当前表格中找出当前行的信息，若信息不在下载购物车（self.download_info_list）中，则添加进去，同时在状态栏上显示 select_status 消息；若 item.checkState 为不选中状态，则从当前表格中找出当前行的信息，若信息在下载购物车（self.download_info_list）中，则需要把信息删除，同时在状态栏上显示 select_status 消息。

需要说明的是，self.signal_status.emit('select_status', [])函数有一个空列表参数，用来向状态栏发送额外的信息。这里不需要额外的信息，所以传递一个空列表就行了，但是不能省略。

当单击"下载所选"按钮后，将会触发下面的函数。

```
def select_checkBox(self, bool):
    sender = self.sender()  # sender()返回的是触发了这个信号的哪个控件
    if sender.objectName() == 'checkBox_select_title':
        self.select_checkBox_one(sender, self.tableWidget_title)
    elif sender.objectName() == 'checkBox_select_content':
        self.select_checkBox_one(sender, self.tableWidget_content)
```

然后调用下面的函数。

```
def select_checkBox_one(self, sender, tableWidget):
    if sender.checkState() == Qt.Checked:
        self.select_tableWidget(tableWidget)
        if tableWidget.objectName() == 'tableWidget_title':
            self.select_title_page_info.add(self.current_page_num_title)
        elif tableWidget.objectName() == 'tableWidget_content':
            self.select_content_page_info.add(self.current_page_num_content)
    else:
        self.select_tableWidget_clear(tableWidget)
        if tableWidget.objectName() == 'tableWidget_title':
            if self.current_page_num_title in self.select_title_page_info:
                self.select_title_page_info.remove(self.current_page_num_title)
        elif tableWidget.objectName() == 'tableWidget_content':
            if self.current_page_num_content in self.select_content_page_info:
                self.select_content_page_info.remove(self.current_page_num_content)
```

上面代码的意思是：如果"选择当页"的 checkBox 处于选中状态，则会触发 self.select_tableWidget(tableWidget)函数全选当前列表的所有内容，并对当前页面已经选中做标记；否则，会触发 self.select_tableWidget_clear(tableWidget)函数不选择当前列表的所有内容，如果标记了"选择当页"则删除标记。这里之所以要进行标记和删除标记，是为了方便在页面跳转时自动帮助用户选中已经标记的页面，详见前面的 show_tablewidget 函数。

可以看到，下面的两个函数是核心，其内容也非常简单。

```
def select_tableWidget(self, tableWidget):
    '''选择 tableWidget 的函数'''
    row_count = tableWidget.rowCount()
    for index in range(row_count):
        item = tableWidget.item(index, 0)
        if item.checkState() == Qt.Unchecked:
            item.setCheckState(Qt.Checked)

def select_tableWidget_clear(self, tableWidget):
    '''清除选择 tableWidget 的槽函数'''
    row_count = tableWidget.rowCount()
    for index in range(row_count):
        item = tableWidget.item(index, 0)
        if item.checkState() == Qt.Checked:
                item.setCheckState(Qt.Unchecked)
```

6. 下载所选

当选择好之后，接下来就要进行下载了，毕竟下载才是我们的目的。"下载所选"虽然只是一个按钮，但是真正实现起来却不太容易，因为用户希望在下载时，既可以知道下载的进度，又可以使用软件进行新的搜索。这就产生了两个问题：

- PyQt 的多线程问题（这里指主线程负责前端的使用，子线程负责后端的下载）。
- PyQt 的子线程与主线程进行交互的问题（这里指使用子线程修改主线程的状态栏的显示结果）。

在 Python 中，解决多线程问题的方法有很多，但是如果需要实现子线程向主线程发射信号的话，那么就只能使用 PyQt 的多线程技术了。原因是 Python 的多线程如 threading 不能实现信号的发射，因此就不能与改变状态栏的槽函数进行连接；而使用 PyQt 的 QThread 则不存在这个问题。

首先从 __init__ 函数中的信号与槽开始。

```
'下载'
self.pushButton_download_select_title.clicked.
connect(self.download_pdf)
self.pushButton_download_select_content.clicked.
connect(self.download_pdf)
```

```
download_thread.signal.connect(self.show_status)  # 连接子线程的信号与主
线程的槽
```

download_thread 是 WorkThread 类的实例,专门用来下载数据。对于 WorkThread 的用法,稍后再进行说明。这里的 download_thread.signal.connect(self.show_status) 函数的意思是将子线程的自定义信号 signal 与主线程的槽函数 show_status 连接,这样就实现了子线程与主线程的交互。此外,self.download_pdf 是最关键的函数,下面对其进行解读。

```
def download_pdf(self):
    '''下载 PDF 的主函数'''
    if download_thread.isRunning() == True:
        QMessageBox.warning(self, '警告!', '检测到下载程序正在运行, 请不要重
复运行', QMessageBox.Yes)
        return None

    download_thread.download_list = self.download_info_list.copy()
    download_thread.download_path = copy.copy(self.download_path)
    download_thread.start()
```

首先,检测这个子线程是否正在执行下载操作,如果是的话则不进行下一步操作。因为单击"下载所选"按钮之后会有一个初始化的时间,用户可能在这段时间里连续单击这个按钮,这样做可以防止出现这种情况。

其次,向 download_thread 类实例传递下载的列表和下载路径参数。

最后,启动 download_thread 的下载函数:download_thread.start()。

下面重点介绍 WorkThread 类。实际上,WorkThread 类与 threading.Thread 类相比,仅仅是多出了一个信号。

```
class WorkThread(QThread):
    #声明一个包括 str 和 list 类型参数的信号
    signal = pyqtSignal(str, list)

    def __int__(self):
        self.download_list = self.download_path = []
        self.download_list_err = []
        self.filter_content_list = self.filter_title_list = []
        super(WorkThread, self).__init__()

    def main_download(self, download_list, download_path,
download_status='download_status'):
        count_all = len(download_list)
        count_err = count_right = count_num = 0
```

```
            self.download_list_err = []
            for key_dict in download_list:
                count_num += 1
                download_url = key_dict['download_url']
                time = key_dict['time']
                title = key_dict['title']
                total_title = time + '_' + title
                total_title = total_title.replace(':', '：')
                total_title = total_title.replace('?', '？')
                total_title = total_title.replace('*', '★')

                file_path = download_path + os.sep + '%s.pdf' % total_title
                if os.path.isfile(file_path) == True:  # 若文件已经存在，则默认为
下载成功
                    count_right += 1
                    signal_list = [count_num, count_all, count_right,
count_err, title]
                    self.signal.emit(download_status, signal_list)  # 循环结束
后发出信号
                    continue
                else:
                    f = open(file_path, "wb")  # 先建立一个文件，以免其他线程重复
建立这个文件
                    try:
                        r = requests.get(download_url, stream=True)
                        data = r.raw.read()
                    except:
                        self.download_list_err.append(key_dict)
                        count_err += 1
                        f.close()
                        os.remove(file_path)  # 文件下载失败，要先关闭 open 函数，
然后删除文件
                        signal_list = [count_num, count_all, count_right,
count_err, title]
                        self.signal.emit(download_status, signal_list)  # 循环
结束后发出信号
                        continue
                    f.write(data)
                    f.close()
                    count_right += 1
                    signal_list = [count_num, count_all, count_right,
count_err, title]
```

```
                    self.signal.emit(download_status, signal_list)  # 循环结束
后发出信号

    def run(self):
        self.main_download(self.download_list, self.download_path,
download_status='download_status')
        self.main_download(self.download_list_err, self.download_path,
download_status='download_status_err')
        self.main_download(self.download_list_err, self.download_path,
download_status='download_status_err')
```

上面的代码并不难理解，但是有三点需要注意。

（1）由于路径中不能出现“:”“?”“*”等字符，因此要对它们进行替换。

```
download_url = key_dict['download_url']
time = key_dict['time']
title = key_dict['title']
total_title = time + '_' + title
total_title = total_title.replace(':', ': ')
total_title = total_title.replace('?', '? ')
total_title = total_title.replace('*', '★')
```

（2）每次下载无论是否成功，都要向主程序发出信号。

```
signal_list = [count_num, count_all, count_right, count_err, title]
self.signal.emit(download_status, signal_list)  # 循环结束后发出信号
```

signal_list 是传递的额外的信号，可以在主线程的 show_status 函数中查看它的使用方法。

```
    def show_status(self, type, list_args):
        if type == 'download_status':
            count_num, count_all, count_right, count_err, title = list_args
            self.statusBar().showMessage(
                '完成:{0}/{3}, 正确:{1}, 错误: {2}, 本次下载:
{4}'.format(count_num, count_right, count_err, count_all, title))
        if type == 'download_status_err':
            count_num, count_all, count_right, count_err, title = list_args
            self.statusBar().showMessage(
                '重新下载失败: 完成:{0}/{3}, 正确:{1}, 错误: {2}, 本次下载:
{4}'.format(count_num, count_right, count_err, count_all, title))
        if type == 'select_status':
            self.statusBar().showMessage('已选择: %d' %
len(self.download_info_list))
        if type == 'change_save_path_status':
```

```
            self.statusBar().showMessage('保存目录修改为：%s' %
self.download_path)
        if type == 'clear':
            self.statusBar().showMessage(' ')
```

（3）当第一次下载操作运行完毕之后，可能会有一些漏网之鱼（因为有下载失败被忽略的情况），解决方法就是重复两次下载失败的操作。一般情况下，第一次下载就可以 100%成功，另外两次下载操作仅仅是多加一层保险而已。

```
    def run(self):
            self.main_download(self.download_list, self.download_path,
download_status='download_status')
            self.main_download(self.download_list_err, self.download_path,
download_status='download_status_err')
            self.main_download(self.download_list_err, self.download_path,
download_status='download_status_err')
```

7. 查看功能

查看功能解决的是单击如图 11-22 所示的“查看”按钮，就可以自动打开相应的 PDF 文件的问题。

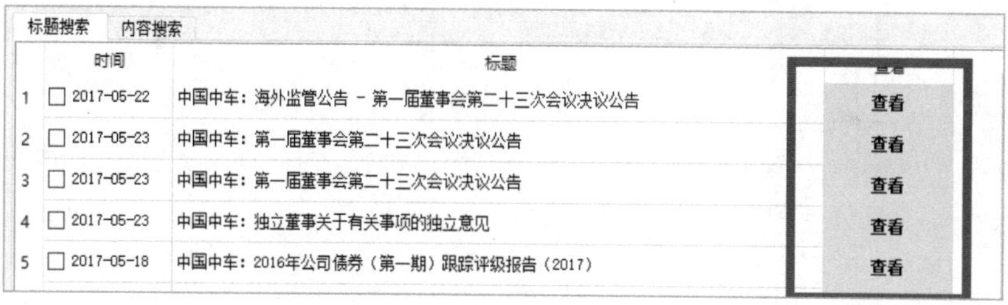

标题搜索　内容搜索

	时间	标题	查看
1	☐ 2017-05-22	中国中车：海外监管公告 - 第一届董事会第二十三次会议决议公告	查看
2	☐ 2017-05-23	中国中车：第一届董事会第二十三次会议决议公告	查看
3	☐ 2017-05-23	中国中车：第一届董事会第二十三次会议决议公告	查看
4	☐ 2017-05-23	中国中车：独立董事关于有关事项的独立意见	查看
5	☐ 2017-05-18	中国中车：2016年公司债券（第一期）跟踪评级报告（2017）	查看

图 11-22

这部分内容很简单，首先从__init__函数的信号与槽开始。

```
    self.tableWidget_title.cellClicked.connect(self.view_one_new)
    self.tableWidget_content.cellClicked.connect(self.view_one_new)
```

可以看到，主要是 view_one_new 函数在起作用。

```
    def view_one_new(self, row, column):
        '''查看新闻的主函数'''
        sender = self.sender()
        if column == 2:  # 只针对第三列--->查看
            if sender.objectName() == 'tableWidget_title':
                download_one = self.list_target_title[row]
            else:
                download_one = self.list_target_content[row]
```

```
        download_path = copy.copy(self.download_path)
        view_thread = threading.Thread(target=self.view_one_new_thread,
args=(download_path, download_one), daemon=True)
        view_thread.start()
```

这里的查看功能使用的也是多线程，因为用户希望在后台下载 PDF 文件的过程中，不影响自己对软件的操作。由于这里的子线程与主线程不进行交互，所以不需要使用 QThread，只需使用相对简单的 threading 模块就可以了。

```
def view_one_new_thread(self, download_path, download_one):
    '''查看功能的多线程程序'''
    download_url = download_one['download_url']
    title = download_one['title']
    title = title.replace(':', ': ')
    title = title.replace('?', '? ')
    title = title.replace('*', '★')

    path = download_path + os.sep + '%s.pdf' % title
    if not os.path.isfile(path):
        try:
            r = requests.get(download_url, stream=True)
            data = r.raw.read()
        except:
            return
        f = open(path, "wb")
        f.write(data)
        f.close()
    os.system(path)
```

子线程中的查看功能实现起来很简单：只需要将相应的 PDF 文档下载到本地，然后用系统默认的 PDF 查看器打开即可。打开 PDF 文档仅仅需要如下一行代码：

```
os.system(path)
```

8．结果排序

有时候用户可能需要对结果进行排序处理，其实质就是模拟网页的操作，因此排序方法和官网的排序方法一致，如图 11-23 所示。

图 11-23

当选择"不限排序"选项时，会触发下面的函数。

```
@pyqtSlot(bool)
def on_checkBox_sort_flag_clicked(self, checked):
        if checked == True: # 恢复默认的排序
            self.comboBox_name.setEnabled(False)
            self.comboBox_type.setEnabled(False)
            self.sort_name = 'nothing'
            self.sort_type = 'desc'
        elif self.comboBox_name.currentText() == '相关度': # 对于相关度,
有些特殊
            self.comboBox_name.setEnabled(True)
            self.comboBox_type.setEnabled(False) # 上面
comboBox_name.currentText()=="相关度",则这个控件不可用。这是模拟官网的操作
            self.sort_name = 'nothing'
            self.sort_type = 'desc'
        else: # 对于其他的,则设置对应的参数
            self.comboBox_name.setEnabled(True)
            self.comboBox_type.setEnabled(True)
            sort_name = self.comboBox_name.currentText()
            sort_type = self.comboBox_type.currentText()

            self.sort_name = self.comboBox_dict[sort_name]
            self.sort_type = self.comboBox_dict[sort_type]
```

上面代码的意思是：如果不需要对结果进行排序，则设置 sort_name 和 sort_type 为默认值；若需要排序，则：

- 如果排序名称选择的是"相关度"，则不允许选择排序名称（这是模拟官网的结果）。
- 如果排序名称没有选择"相关度"，则可以选择排序名称。

排序名称和排序类型两个 comboBox 对应的代码如下，其逻辑同上。

```
@pyqtSlot(str)
def on_comboBox_name_currentTextChanged(self, p0):
        if p0 == '相关度':
            self.comboBox_name.setEnabled(True)
            self.comboBox_type.setEnabled(False)
            self.sort_name = 'nothing'
            self.sort_type = 'desc'
        else:
            self.comboBox_name.setEnabled(True)
            self.comboBox_type.setEnabled(True)
```

```
            sort_name = self.comboBox_name.currentText()
            self.sort_name = self.comboBox_dict[sort_name]

@pyqtSlot(str)
def on_comboBox_type_currentTextChanged(self, p0):
        sort_type = self.comboBox_type.currentText()
        self.sort_type = self.comboBox_dict[sort_type]
```

9. 时间过滤

时间过滤功能相对简单，无非是修改传递时间的参数。

```
@pyqtSlot(QDate)
def on_dateEdit_dateChanged(self, date):
        self.start_time = self.get_dateEdit_time(self.dateEdit)

@pyqtSlot(QDate)
def on_dateEdit_2_dateChanged(self, date):
        self.end_time = self.get_dateEdit_time(self.dateEdit_2)
```

10. 自定义过滤

这部分不仅实现了完整的模拟官方网站的功能，而且还间接地实现了对官方网站进行自定义搜索的功能。用户可以通过设置关键词对搜索结果进行自定义过滤。首先看 GUI 的呈现，如图 11-24 所示。

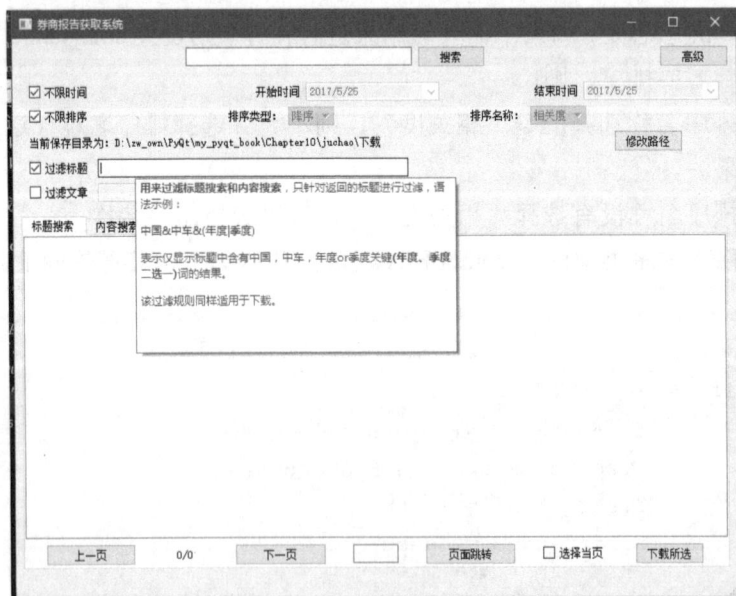

图 11-24

当选择"过滤标题"或"过滤内容"后，对应的 lineEdit 就会设置为可用状态，这时如果鼠标指针在 lineEdit 上停留一会儿，则会出现如图 11-24 所示的提示框，用来说明过滤搜索的使用方法。这个提示框的设计通过 Qt Designer 就可以实现——单击鼠标右键，从弹出的快捷菜单中选择"改变工具提示"。

下面我们仍然从 __init__ 函数的信号与槽开始分析这部分内容。

```
'显示/下载过滤操作'
self.checkBox_filter_title.clicked['bool'].connect(self.filter_enable)
self.checkBox_filter_content.clicked['bool'].connect(self.filter_enable)
```

可见，filter_enable 函数是最关键的。

```
def filter_enable(self, bool):
    sender = self.sender()
    if sender.objectName() == 'checkBox_filter_title':
        if bool == True:
            self.lineEdit_filter_title.setEnabled(True)
        else:
            self.lineEdit_filter_title.setEnabled(False)
    elif sender.objectName() == 'checkBox_filter_content':
        if bool == True:
            self.lineEdit_filter_content.setEnabled(True)
        else:
            self.lineEdit_filter_content.setEnabled(False)
```

filter_enable 所解决的问题非常简单，以"过滤标题"的 checkBox 为例——当选择"过滤标题"的 checkBox 时，对应的 lineEdit 就设置为可用状态；否则，设置为不可用状态。

接下来对 show_tablewidget 函数中的过滤部分进行解读。

```
'''检测过滤显示的信息'''
if self.lineEdit_filter_title.isEnabled() == True:
    filter_text = self.lineEdit_filter_title.text()
    self.filter_title_list = self.get_filter_list(filter_text)
else:
    self.filter_title_list=[]
if self.lineEdit_filter_content.isEnabled() == True:
    filter_text = self.lineEdit_filter_content.text()
    self.filter_content_list = self.get_filter_list(filter_text)
else:
    self.filter_content_list=[]
```

如果启用了 lineEdit_filter_title 或者 lineEdit_filter_content，那么就从中选取过

滤的信息；否则，就设置为[]（不过滤）。我们通过 get_filter_list 对所选取的文本信息进行进一步加工，使之更容易被处理。

```
def get_filter_list(self,filter_text):
    filter_text = re.sub(r'[\s()（）]','',filter_text) #剔除空格，(，)，
（，），换行符等元素
    filter_list = filter_text.split('&')
    return filter_list
```

以传入的关键词"中国&中车&(年度|季度)"为例，这里的小括号"()"仅仅是为了便于理解，没有其他的意思。同时考虑到用户也可能会输入全角状态下的小括号"（）"和空格等元素，因此要删除这些非中文字符。最后，所传入的关键词在这个函数中会返回列表：['中国','中车','年度|季度']。接下来它会被派上用场。

```
'''根据过滤规则进行自定义过滤，默认是不过滤'''
df = DataFrame(list_target)
df = self.filter_df(df,filter_title_list=self.filter_title_list,
filter_content_list = self.filter_content_list)
'''过滤后，更新list_target'''
_temp = df.to_dict('index')
list_target = list(_temp.values())
```

上面代码的意思是：先把 list_target 变成 DataFrame，然后对 DataFrame 进行过滤，最后再把 DataFrame 变成 list_target。在这里过滤的主函数是 filter_df。

```
def filter_df(self, df, filter_title_list=[],filter_content_list=[]):
    '''
    过滤 df 的主函数
    :param df: df.columns
            Out[10]:
            Index(['content', 'download_url', 'time', 'title'],
dtype='object')

    :param filter_title_list: filter_title_list=['成都','年度'|'季度']
    filter_content_list: filter_content_list=['成都','年度'|'季度']
    :return: df_filter
    '''
    for each in filter_title_list:
        ser = df.title
        df = df[ser.str.contains(each)]
    filter_content_list = [each + '|None' for each in filter_content_list]
# 处理内容返回为 None 的情况，作用是若没有文章内容返回，则不进行过滤
    for each in filter_content_list:
```

```
        ser = df.content
        df = df[ser.str.contains(each)]
    return df
```

这里用到了 pandas 模块的一些基本技巧。pandas 是 Python 在处理数据方面的瑞士军刀级别的模块，根据笔者的经验，基本上 90%以上的数据处理任务 pandas 都能够胜任，而且性能卓越。现在对 ser.str.contains 函数进行简单的说明。pandas 对字符串的处理统一封装到 str 类中，contains 接受的参数是一个正则表达式，因此"年度|季度"表示的是年度或季度。ser.str.contains("年度|季度")返回的是一个 bool 类型的 Series（pandas 中非常常用的一个类，也就是 ser 实例化的类），包含"年度|季度"的为 True，不包含的为 False。

接下来 show_tablewidget 函数把过滤后的 list_target 显示到 tableWidget 上，在下载时也会进行这样的过滤。

至此，本书最后一个案例也介绍完毕了。作为本书最具有实战性的案例，可以看出，想要开发出一个具有实用价值的案例是一个很复杂的工程，需要认真处理各方面的细节。同时，也可以看出，PyQt 仅仅是一个制作 GUI 的工具，对于底层的业务逻辑，则需要其他领域的技术来支撑。以本节的案例为例，这个案例所涉及的不仅仅是 PyQt，还有网络爬虫技术、数据分析与处理技术以及多线程技术等。因此，想要学会程序开发，要学的东西不仅仅有 PyQt，还需要读者在其他领域中不断探索。

路漫漫其修远兮，吾将上下而求索。在读者的不断求索中，能够与本书相遇也是一种缘分，如果能够从本书中获取自己想要的东西，那就是笔者最大的欣慰。

最后，提前预祝读者学习上轻松愉快、工作上更进一步、生活上幸福美满。

参 考 文 献

[1] PyQt 在线帮助文档. http://pyqt.sourceforge.net/Docs/PyQt5/class_reference.html.

[2] Qt 在线帮助文档. http://doc.qt.io/qt-5/index.html.

[3] Qt 参考文档. http://www.kuqin.com/qtdocument/.

[4] Python 自动化运维. Automate the Boring Stuff with Python. https://automatethe boringstuff.com/#toc.

[5] Python3 在线手册. https://docs.python.org/3.4/index.html#.

[6] Python2 在线手册. https://docs.python.org/2/library/index.html.

[7] Python3 中文在线手册. http://python.usyiyi.cn/.